中国轻工业"十四五"规划立项教材

普通高等院校材料工程专业"十四五"规划教材

无机材料科学基础

刘敬肖　王　晴　主编

中国建材工业出版社

北　京

图书在版编目（CIP）数据

无机材料科学基础 / 刘敬肖，王晴主编. — 北京：
中国建材工业出版社，2024.5
ISBN 978-7-5160-3649-5

Ⅰ. ①无… Ⅱ. ①刘… ②王… Ⅲ. ①无机材料—材
料科学—高等学校—教材 Ⅳ. ①TB321

中国版本图书馆 CIP 数据核字（2022）第 245837 号

内 容 简 介

本书重点论述了无机非金属材料科学与工程的重要基础理论问题，内容包括晶体几何基础、晶体化学基础、晶体结构、晶体结构缺陷与固溶体、熔体和非晶态固体、固体表面与界面、浆体的胶体化学原理、热力学应用、相平衡、扩散、相变、固相反应、烧结过程，每章后附有习题。本书在注重介绍无机材料基础知识理论的基础上，着重引入科研案例和思政拓展材料，以实现知识传授、能力培养和育人目标的完美结合。

本书可作为无机非金属材料工程专业的本科生教材、低年级研究生教材和相关专业的教学参考书，也可作为从事无机非金属材料相关领域的科研人员和工程技术人员参考用书。

无机材料科学基础
WUJI CAILIAO KEXUE JICHU
刘敬肖　王　晴　主编

出版发行：中国建材工业出版社
地　　址：北京市西城区白纸坊东街 2 号院 6 号楼
邮　　编：100054
经　　销：全国各地新华书店
印　　刷：北京雁林吉兆印刷有限公司
开　　本：787mm×1092mm　1/16
印　　张：22.5
字　　数：540 千字
版　　次：2024 年 5 月第 1 版
印　　次：2024 年 5 月第 1 次
定　　价：**68.00 元**

本书编委会

主　　编： 刘敬肖（大连工业大学）

王　晴（沈阳建筑大学）

副 主 编： 史　非（大连工业大学）

罗民华（景德镇陶瓷大学）

参　　编： 张晶晶（大连工业大学）

赵　宇（沈阳建筑大学）

范学运（景德镇陶瓷大学）

张　淼（沈阳建筑大学）

张　强（沈阳建筑大学）

前　言

无机材料科学基础是无机非金属材料工程专业一门重要的专业基础理论课程，主要讲授无机非金属材料领域的各种材料及其制品的基础共性规律，是研究无机非金属材料的组成、结构、制备工艺与性质之间的相互关系的理论基础。随着科技的发展，无机非金属材料领域的新材料发展日新月异，新的材料科学和技术快速发展，迫切需要重新编写新的《无机材料科学基础》教程，以使专业基础理论教学能够跟上时代发展的步伐。

为适应新时代培养无机非金属材料领域高素质专业人才的需求，编者在多年从事无机材料科学基础教学的基础上编写了本教材，内容包括晶体几何基础、晶体化学基础、晶体结构、晶体结构缺陷与固溶体、熔体和非晶态固体、固体表面与界面、浆体的胶体化学原理、热力学应用、相平衡、扩散、相变、固相反应、烧结过程等基础理论。

在编写过程中，编者参阅了国内外同类教材，吸收了其精华，教材内容既能覆盖无机非金属材料领域的重要基础理论，又力求反映本学科的近代水平和前沿进展。本书突出了以下特色：

（1）结合最新的无机材料前沿进展和研究案例，介绍无机材料基础理论在新型无机非金属材料研究开发中的重要应用，以培养学生利用基础理论分析和解决复杂工程问题的能力。

（2）引入与无机非金属材料基础理论相关的思政拓展资料，以培养学生"科学家精神"和"大国工匠精神"，激发学生作为"材料人"的社会责任感和爱国情怀。

本书由大连工业大学刘敬肖教授和沈阳建筑大学王晴教授任主编，大连工业大学史非教授和景德镇陶瓷大学罗民华教授任副主编，具体编写分工如下：

大连工业大学刘敬肖教授编写第 11 章、第 12 章、第 13 章、附录；

沈阳建筑大学王晴教授、张强实验师编写第 4 章；

大连工业大学史非教授、刘敬肖教授编写第 7 章、第 10 章；

景德镇陶瓷大学罗民华教授编写第 9 章；

景德镇陶瓷大学罗民华教授、范学运教授编写第 8 章；

大连工业大学张晶晶副教授编写第 1 章、第 2 章、第 3 章；

沈阳建筑大学赵宇副教授编写第 6 章；

沈阳建筑大学张淼副教授编写第 5 章。

感谢大连工业大学教材建设基金对本教材的资助。

限于编者水平，书中疏漏之处在所难免，敬请广大读者给予指正。

编　者
2023 年 10 月

目　　录

1 晶体几何基础

本章导读

本章主要介绍晶体学的基础知识，从晶体的基本特征、晶体的对称元素与对称操作、对称型与晶体分类、晶向指数与晶面指数几个方面入手，阐述从几何学的角度分析晶体结构对了解和掌握晶体结构的重要性；总结晶体共有的基本性质；介绍晶体学基本理论在无机材料研究中的应用。

1.1 晶体的基本特征

1.1.1 晶体与空间点阵

物质通常有四种聚集状态，即气态、液态、固态和等离子体。其中，固态物质按照内部质点（原子、离子或分子）排列的规律性可分为晶体（crystal）和非晶体（non-crystal）。晶体是内部质点在三维空间呈周期性重复排列构成的固体物质，具有格子构造。例如水晶、金刚石、陶瓷等。与晶体相反，非晶体的质点排列是无规则的，不具有格子构造。例如玻璃、琥珀、橡胶等。质点的排列方式对材料的结构和性质具有重要影响，因此，掌握晶体内部质点的排列规律非常必要。为了便于分析研究晶体中质点排列的周期性，在晶体理想化的前提下，可将重复性排布的质点抽象为几何点［称为结点（node）］。这些几何点在三维空间周期性重复排列构成空间点阵（space lattice）。

空间点阵严格按照晶体结构的周期性进行排布，因此每个结点都具有完全相同的周围环境。用平行直线将结点连接起来就形成了空间格子［图 1-1 (a)］。需要注意的是，结点仅具有几何意义，只有将质点放入结点位置，才能表示真正的晶体结构。由于晶体具有周期性，空间格子可以看作结点组成的基本单元在三维空间周期性的重复。显然基本单元可以有多种选取方式，图 1-1 (a) 中所示为三种不同选取方式。为了便于分析，这个单元的选取应尽量简单且能充分体现晶体结构的对称性。最小单元选取的原则为：(1) 选取的最小单元为平行六面体，且能反映点阵的最高对称性；(2) 平行六面体内的棱和角相等的数目应最多；(3) 当平行六面体的棱边夹角存在直角时，直角数目应最多；(4) 在满足上述条件的情况下，晶胞应具有最小的体积。这个能够体现晶体对称性的最小重复单元，称为晶胞。晶胞在三维空间重复排布，反映出晶体的周期性，即构成空间点阵。晶胞参数是用来描述晶胞形状和大小的，共 6 个，分别为三条棱边的长度（a、b、c）及相互之间的夹角（α、β、γ），如图 1-1 (b) 所示。

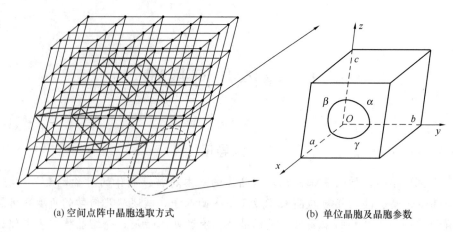

(a) 空间点阵中晶胞选取方式　　　　　　(b) 单位晶胞及晶胞参数

图 1-1　空间点阵中晶胞选取及单位晶胞

1.1.2　晶体的特性

晶体中质点排列的周期性决定了晶体在宏观上具有以下通性：

（1）自限性

自限性也称自范性，指晶体可以自发地形成几何多面体外形的特性，是晶体内部质点规则排列的外在反映。晶体内部格子构造的外在体现是具有规则的几何外形。

（2）均一性

均一性指晶体内部质点的周期性重复排列决定了在该方向任一部位均具有相同的物理性质和化学组成。

（3）各向异性

在同一晶体中的不同方向上，质点排列可以不同（如质点间距不同），即表现出不同的宏观性质称为晶体的各向异性。例如，蓝晶石在不同方向上的硬度是不同的，因此，又称为二硬石。

（4）对称性

晶体的对称性是指晶体的相同部分及物理性质有规律地重复。晶体内部质点的周期性重复排列本身就是一种对称，因此，晶体的对称性既可以表现为几何外形的对称又可以表现为物理性质的对称。

（5）最小内能

最小内能指在相同的热力学条件下，晶体与具有相同化学组成的气体、液体和非晶体相比内能最小。格子构造的晶体内部质点具有规则排列的原因是内部质点间引力与斥力刚好平衡，质点间距增大或缩小都会引起势能增大，因此对于同种物质，晶体具有最小内能性，同时也是最稳定的。非晶体则处于亚稳状态，在一定条件下可以转化为晶体。

1.2　晶体的对称元素与对称操作

对称（symmetry）是物体（或图形）中相同部分之间有规律地重复，如图 1-2 所示的具有对称之美的建筑、蝴蝶、陶瓷艺术品等。在晶体中，由于质点排列的规律性和重复性，必然呈现一定的对称性，因此一切晶体都是对称的。晶体的对称性不仅体现为几何外形的宏观对称，而且包括物理性质（光学、电学、热学）等的对称。同时，晶体的对称受到格子构造的限制，只有符合格子构造的对称才能在晶体中出现。因此，可以将晶体各自的对称特点作为晶体分类的依据。掌握晶体的对称性对晶体的识别和对晶体结构、性质的区分具有重要意义。

(a) 建筑　　　　　　　　　(b) 蝴蝶　　　　　　　　(c) 陶瓷艺术品

图 1-2　对称之美

晶体对称性的体现包括两个方面：一是对称元素（symmetry element），即几何要素，包括点、线、面；二是对称操作（symmetry operation），即能使晶体中等同部分有规律重复的动作，包括旋转、反映、反伸、平移等。

1.2.1　对称中心

对称中心（center of symmetry）为假想的几何点，习惯用 C 来表示，国际符号为 $\bar{1}$。过对称中心作任意直线，距对称中心等距离的两端上必定可以找到对应的点，其对称操作为反伸。晶体的对称中心位于其几何中心。图 1-3 中的 C 点为对称中心。

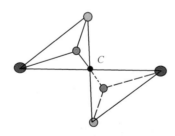

图 1-3　对称中心示意图

1.2.2　对称轴

对称轴（symmetry axis）为一条假想的直线，对称操作为旋转，晶体每绕对称轴旋转一定角度即发生一次重复，习惯用 L^n 表示，其中 n 为轴次，旋转角度与轴次的乘积为 $360°$。受格子构造的限制，晶体对称轴的轴次仅可能出现 1、2、3、4、6，此即为晶体对称定律，可以通过几何的方式进行证明。一个晶体中可以没有对称轴，也可以同时存在多个对称轴。对称轴的具体参数见表 1-1。其中 $n \leqslant 2$ 的对称轴为低次轴，其余为高次轴。几种具有不同轴次的对称轴如图 1-4 所示。

表 1-1 对称轴的具体参数

对称轴符号	国际符号	名称	基转角（α）	轴次（n）	作图符号
L^1	$\bar{1}$	一次对称轴	360°	1	—
L^2	$\bar{2}$	二次对称轴	180°	2	●
L^3	$\bar{3}$	三次对称轴	120°	3	▲
L^4	$\bar{4}$	四次对称轴	90°	4	■
L^6	$\bar{6}$	六次对称轴	60°	6	⬡

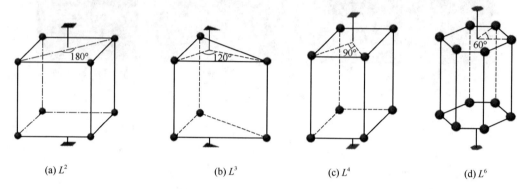

| (a) L^2 | (b) L^3 | (c) L^4 | (d) L^6 |

图 1-4 不同轴次的对称轴示意图

1.2.3 对称面

对称面（symmetry plane）是一个假想的平面，它将晶体分成互为镜像的两个相等的部分，对称操作为对此平面的反映。习惯符号为 P，国际符号为 m。一个晶体中可以有对称面，也可以没有对称面；可以有一个，也可以有多个，但最多不能超过 9 个。对称面通常是晶棱或晶面的垂直平分面或者为多面角的平分面，且必定通过晶体的几何中心。四方柱具有 5 个对称面，如图 1-5 所示。

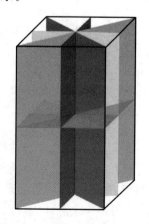

图 1-5 四方柱中的 5 个对称面

1.2.4 倒转轴

倒转轴又称旋转反伸轴（rotoinversion axis），对称元素有两个：一根假想的直线和直线上的一点，对称操作是旋转和反伸。晶体绕倒转轴旋转一定角度，再通过轴上一点进行反伸后使晶体复原。习惯符号为 L_i^n，其中 n 为轴次，与对称轴相同，n 可以为 1、2、3、4、6，对应的基转角分别为 $360°$、$180°$、$120°$、$90°$、$60°$，对应的国际符号分别为 $\bar{1}$、$\bar{2}$、$\bar{3}$、$\bar{4}$、$\bar{5}$、$\bar{6}$。L_i^1 与对称中心的效果相同，因此，其国际符号与对称中心的国际符号均表示为 $\bar{1}$。图 1-6（a）为四次倒转轴 L_i^4，A 点沿逆时针方向旋转 $90°$ 到 B，以几何中心为对称中心反伸至 A' 点，可实现晶体复原；C 点沿逆时针方向旋转 $90°$ 至 D 点，反伸至 C' 点，实现晶体复原。图 1-6（b）为六次倒转轴，A 点沿逆时针旋转 $60°$ 至 B 点，以几何中心为对称中心反伸至 A' 点，实现晶体复原。图中 C 与 C' 点，D 与 D' 点具有相同操作方式。

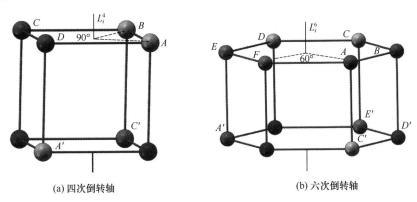

(a) 四次倒转轴　　　　　　　　　(b) 六次倒转轴

图 1-6　倒转轴示例

1.2.5 螺旋轴

螺旋轴（screw axis）为晶体结构中一条假想的直线，当晶体围绕此直线旋转一定的角度，并沿此直线移动一定的距离后复原，对称操作为旋转和平移。国际符号为 n_s（n 为轴次，s 为小于 n 的整数），同样，轴次可为 1、2、3、4、6，对应的基转角分别为 $360°$、$180°$、$120°$、$90°$、$60°$。平移距离 $\tau = (s/n) \cdot t$，称为螺距，其中 t 为平行于螺旋轴的单位矢量，称为基矢，数值与结点间距相等。一次螺旋轴相当于沿轴方向平移一个单位距离，因 s 无意义，一次螺旋轴不成立。螺旋轴按轴次和螺距共分为 11 种，即 2_1、3_1、3_2、4_1、4_2、4_3、6_1、6_2、6_3、6_4、6_5，如图 1-7 所示。

1.2.6 滑移面

滑移面（glide plane）是晶体结构中的一个假想平面，结构以此平面反映后，再沿平行该平面的方向平移一定距离，晶体结构重合，对称操作为反映和平移。平移方向为滑移方向，平移距离为滑移矢量。根据滑移方向和滑移矢量可分为 5 种类型，其中沿晶轴方向滑移称为轴向滑移，根据滑移方向不同分别用 a、b、c 表示；沿晶胞中对角面的对角线或体对角线方向滑移且滑移矢量为对角线的一半称为对角面滑移，用 n 表示；沿晶胞的面对角线或体对角线方向滑移且滑移矢量为对角线的四分之一称为金刚石型滑移，用 d 表示。

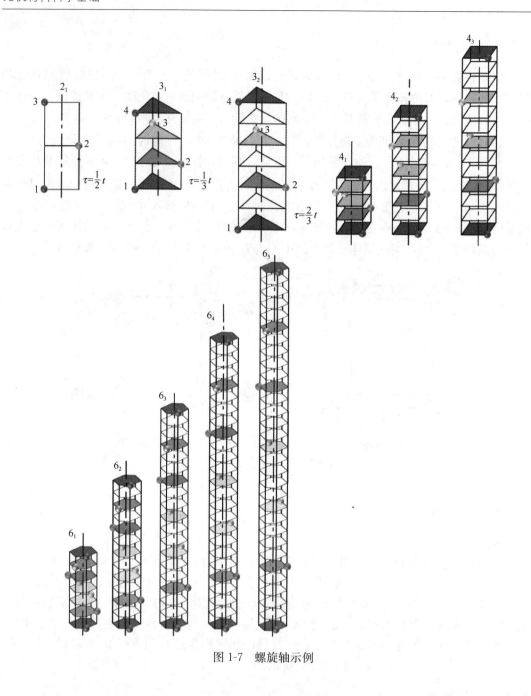

图 1-7　螺旋轴示例

1.3　对称型与晶体分类

1.3.1　对称型

在晶体的对称元素中，独立存在的有 L^1、L^2、L^3、L^4、L^6、C、P、L_i^4 8 种类型，晶体的宏观对称性是由其中部分元素通过对称操作组合而得到的，在晶体周期性的制约下，通过数学方法推导可得到 32 种组合方式，构成了 32 种点群，也称对称型。不同对称型可以通过习惯符号来表示其各自的对称特点，表示方法为：先写高次轴，后写低次轴，再写对称面，最后是对称中心。例如，等轴晶系中的一种对称型为 $3L^4 4L^3 6L^2 9PC$，由此可知相应晶体具有 3 个 4 次对称轴、4 个 3 次对称轴、6 个 2 次对称轴、9 个对称面和 1 个对称中心。四方柱对称型可表示为 $L^4 4L^2 5PC$。

习惯符号简单且容易理解，但未考虑对称元素分布的方向性。而国际符号表示法弥补了这一不足。在上一节介绍了每种对称元素的国际符号表示法，对称面用 m 来表示，当对称面中包含对称轴时，在 m 前加对称轴的国际符号即可，例如 $3m$ 表示这个对称面中包含一个三次对称轴。如果对称面与对称轴垂直，则以对称面为分母，对称轴为分子，如 $6/m$ 为对称面与一个 6 次对称轴垂直。

1.3.2 晶体的分类

依据对称型可以将晶体进行分类，对称型相同的晶体称为一个晶类，因此，晶体共有 32 个晶类。根据其中有无高次轴和高次轴的多少分为高级晶族、中级晶族和低级晶族。在低级晶族中没有高次轴，中级晶族中只有一个高次轴，而高级晶族中有多于一个高次轴。不同晶族按照对称特点又可详细划分，低级晶族可分为没有 L^2 或 P 的三斜晶系；L^2 或 P 不多于一个的单斜晶系；L^2 或 P 多于一个的斜方晶系。而中级晶族可分为拥有一个 L^3 的三方晶系；有一个 L^4 或 L_i^4 的四方晶系；有一个 L^4 或 L_i^6 的六方晶系。高级晶族不再划分，又称为等轴晶系或立方晶系。由此可知，在晶体中共有 32 种对称型，三大晶族，七大晶系。针对不同的晶胞参数，七大晶系又对应于十四种布拉菲格子。具体参数见表 1-2。

1.3.3 空间群

对称型中包含的对称元素主要有对称中心、对称面、对称轴、倒转轴，这些均为晶体的宏观对称元素。而晶体的微观对称元素螺旋轴、滑移面并未包含其中。若将晶体结构的宏观对称与微观对称元素相结合，则可以推导出 230 种组合类型，称为 230 种空间群（group space）。由此可知，空间群为晶体结构中所有对称元素的集合。不同的空间群具有各自的国际符号，表示为布拉菲格子类型＋对称型国际符号，部分布拉菲格子类型符号的含义见表 1-2。此外 A 代表（100）底心点阵、B 代表（010）底心点阵。

表 1-2 七大晶系与十四种布拉菲点阵参数

晶系	布拉菲点阵	符号及含义	晶胞中点阵数	点阵常数
三斜晶系	简单三斜	P 代表简单点阵	1	$a \neq b \neq c$，$\alpha \neq \beta \neq \gamma \neq 90°$
单斜晶系	简单单斜 底心单斜	P C 代表（001）底心点阵	1 2	$a \neq b \neq c$， $\alpha = \gamma = 90° \neq \beta$
六方晶系	简单六角	P	1	$a = b \neq c$，$\alpha = \beta = 90°$， $\gamma = 120°$

续表

晶系	布拉菲点阵	符号及含义	晶胞中点阵数	点阵常数
三方晶系（菱方）	简单三角	R 代表菱面体	1	$a=b=c$, $\alpha=\beta=\gamma\neq90°$
正交晶系（斜方）	简单正交 体心正交 底心正交 面心正交	P I 代表体心点阵 C F 代表面心点阵	1 2 2 4	$a\neq b\neq c$, $\alpha=\beta=\gamma=90°$
四方晶系（正方）	简单四方 体心四方	P I	1 2	$a=b\neq c$, $\alpha=\beta=\gamma=90°$
立方晶系	简单立方 体心立方 面心立方	P I F	1 2 4	$a=b=c$, $\alpha=\beta=\gamma=90$

1.4 晶向指数与晶面指数

1.4.1 晶体学坐标系

晶体具有几何多面体外形，属于相同空间群的晶体可以具有不同的几何外形，为了便于定量分析晶体的空间分布情况和晶面位置，借助几何学原理可以在晶体中建立三维坐标系，将晶体的晶面、晶棱与几何空间的面、线建立关系并通过空间定位、坐标等简单数学符号来表达相应晶体的空间构型。而在晶体中建立的这个坐标系，原则上应符合晶体的格子构造或对称性。这种按照一定原则将空间坐标系引入晶体的过程，称为晶体的定向。

晶体定向首先是坐标轴的选择，要符合晶体对称的特点，例如可以选择对称轴的方向或平行于晶棱等，其次是尽量使坐标轴间夹角为$90°$，通常将三轴记作 x 轴（前后方向，正向朝外）、y 轴（左右方向，正向朝右）、z 轴（上下方向，正向朝上）。三条轴称为结晶轴（crystallographic axis），三轴之间的夹角称为轴角（interaxial angel），以 α 记为 y 轴与 z 轴夹角，β 记为 z 轴与 x 轴夹角，γ 记为 x 轴与 y 轴夹角。结晶轴的单位长度为轴单位（axial unit distance），x、y、z 轴的轴单位分别用 a、b、c 来表示，三个轴单位的比值 $a:b:c$ 称为轴率（axial ratio）。轴率和三个轴角共称为晶体的几何常数，用以区分不同的晶体类型。例如，对于等轴晶系，有 $a=b=c$；对于中级晶族的三方、四方和六方晶系，有 $a=b\neq c$；而对于低级晶族的三斜、单斜和斜方晶系，则有 $a\neq b\neq c$。

以上为三轴定向，适用于大多数晶系。针对六方晶系和三方晶系，为了更好地满足晶体对称特点一般采用四轴定向，即在平面方向多了一个 u 轴，此时，x 轴、y 轴、u 轴三轴夹角均为$120°$，z 轴仍为垂直方向。

各晶系中晶轴的选择及晶体常数特点等见表 1-3。

表 1-3　晶体的分类及晶体定向

晶族	晶系	对称特点	对称型种类	国际符号	晶体定向	
					晶轴的选择及安置	晶体常数特点
低级晶族	三斜	无 L^2，无 P	L^1 C	1 $\bar{1}$	三个主要的晶棱为 x、y、z 轴。z 轴向上，y 轴向右下方，x 轴向前下方	$a \neq b \neq c$ $\alpha \neq \gamma \neq \beta \neq 90°$
	单斜	L^2 或 P 不多于 1 个	L^2 P L^2PC	2 m $2/m$	L^2 或 P 法线为 y 轴，两个垂直 y 轴的晶棱为 x、z 轴，x 轴向正向前下倾	$a \neq b \neq c$ $\alpha = \gamma = 90°$ $\beta \neq 90°$
	斜方	L^2 或 P 多于 1 个	$3L^2$ L^22P $3L^23PC$	222 $mm(mm2)$ mmm	以三个 L^2 为 x、y、z 轴，或以 L^2 为 z 轴，2 个 P 的法线为 x、y 轴	$a \neq b \neq c$ $\alpha = \beta = \gamma = 90°$
中级晶族	三方	有 1 个 L^3	L^3 L^33L^2 L^33P L^3C L^33L^23PC	3 32 $3m$ $\bar{3}$ $\bar{3}m$	以 L^3 为 z 轴直立向上；三个 L^2 或 P 的法线或晶棱的方向为 x、y、u 轴，在水平方向互成 $120°$	$a = b \neq c$ $\alpha = \beta = 90°$ $\gamma = 120°$
	四方	有 1 个 L^4 或 L_i^4	L^4 L^44L^2 L^4PC L^44P L^44L^25PC L_i^4 $L_i^42L^22P$	4 $42(422)$ $4/m$ $4mm$ $4/mmm$ $\bar{4}$ $\bar{4}2m$	以 L^4 或 L_i^4 为 z 轴直立向上；两个 L^2 或 P 的法线或晶棱的方向为 x、y 轴	$a = b \neq c$ $\alpha = \beta = \gamma = 90°$
	六方	有 1 个 L^6 或 L_i^6	L_i^6 $L_i^63L^23P$ L^6 L^66L^2 L^6PC L^66P L^66L^27PC	$\bar{6}$ $\bar{6}2m$ 6 $62(622)$ $6/m$ $6mm$ $6/mmm$	以 L^6 或 L_i^6 为 Z 轴直立向上；三个 L^2 或 P 的法线或晶棱的方向为 x、y、u 轴，在水平方向互成 $120°$	$a = b \neq c$ $\alpha = \beta = 90°$ $\gamma = 120°$
高级晶族	等轴	有 4 个 L^3	$3L^24L^3$ $3L^24L^33PC$ $3L_i^4L^36P$ $3L^44L^36L^2$ $3L^44L^36L^29PC$	23 $m3$ $\bar{4}3m$ 43 $m3m$	三个相互垂直的 L^4、L_i^4 或 L^2 为 x、y、z 轴	$a = b = c$ $\alpha = \beta = \gamma = 90°$

　　在晶体中不同方向质点排列的方式和密度不同，决定了晶体的各向异性。掌握晶体中不同方向原子排布的特点对分析材料相关的性质具有非常重要的意义。国际上通常用密勒（Miller）指数来表示晶向指数（原子列的方向）和晶面指数（原子组成的平面）。

1.4.2 晶向指数

晶向指数一般按以下步骤确定：

（1）以晶胞的某一阵点为原点 O 建立坐标轴，并以三轴方向上的结点间距作为轴单位 a、b、c；

（2）过原点作直线 OP，使其与待标定晶向平行；

（3）在该直线选取距离原点最近的一个阵点 P，确定该点的坐标 (x, y, z)；

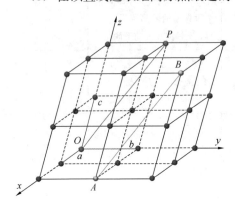

图1-8　晶向指数确定示例图

（4）将此值化成最小整数 $(x/a):(y/b):(z/c)=u:v:w$，加上中括号并改写为 $[uvw]$，即得到待标定晶向的晶向指数。如果所得坐标为负数，则在该坐标值上面标一负号，如 $[u\bar{v}w]$。

由以上步骤可知，晶向指数代表的是一组互相平行且方向一致的晶向。若互相平行，而方向相反，则相应晶向指数负号刚好相反，如 $[1\bar{1}1]$ 与 $[\bar{1}1\bar{1}]$。

以图1-8为例，求 AB 的晶向指数，以 O 为原点建立坐标轴，并确定轴单位，过原点作直线 OP，使 OP 与待标定晶向 AB 平行，确定 P 点坐标为 $(0, b, 2c)$，化成最小整数并去掉轴单位为 $(0/a):(b/b):(2c/c)=0:1:2$，加上中括号为 $[012]$，则 AB 的晶向指数表示为 $[012]$。由此可知，在晶体中，与 AB 平行的所有晶向的晶向指数均相同。

1.4.3 晶面指数

晶面指数的确定方法如下：

（1）在晶胞中建立坐标轴，以晶胞边长作为轴单位；

（2）得到晶面在各晶轴上的截距系数；

（3）求各截距的倒数并化为互质整数比 $h:k:l$，加小括号为待求晶面的晶面指数 (hkl)。

需注意的是，三轴定向时，需按 x、y、z 顺序，而四轴定向时，需按 x、y、u、z 的顺序求截距并化为互质整数比。若某晶面刚好平行于坐标轴，则在该坐标轴的截距为 ∞，倒数为0。

例如，有一四方晶系晶体的晶面在 x、y、z 轴上的截距分别为 $3a$、$4b$、$6c$，其晶面指数的确定过程如下：

分析可知，该晶面在 x、y、z 三晶轴的截距系数分别为3、4、6，其倒数比为 $\frac{1}{3}:\frac{1}{4}:\frac{1}{6}$，化为互质整数比为 $4:3:2$，则该晶面的晶面指数为 (432)。

通过坐标原点且与晶面 (hkl) 平行的晶棱方向 $[uvw]$ 必然包含在晶面内，一定满足关系式 $hu+kv+lw=0$。在立方晶系中，同指数的晶面和晶向之间有严格的对应关系，即同指数的晶向与晶面相互垂直，也就是说，$[hkl]$ 晶向是 (hkl) 晶面的法向。

1.4.4　晶面间距

晶面间距是晶体结构分析测试中非常重要的参数。在简单的点阵中，结合晶面指数 (hkl) 可以利用公式计算得到相互平行的晶面之间的距离，以 d 表示，不同晶系的晶面间距计算如式（1-1）至式（1-4）所示。

立方晶系：

$$\frac{1}{d^2} = \frac{h^2 + k^2 + l^2}{a^2} \tag{1-1}$$

正方晶系：

$$\frac{1}{d^2} = \frac{h^2 + k^2}{a^2} + \frac{l^2}{c^2} \tag{1-2}$$

六方晶系：

$$\frac{1}{d^2} = \frac{4}{3}\left(\frac{h^2 + hk + k^2}{a^2}\right) + \frac{l^2}{c^2} \tag{1-3}$$

斜方晶系：

$$\frac{1}{d^2} = \frac{h^2}{a^2} + \frac{k^2}{b^2} + \frac{l^2}{c^2} \tag{1-4}$$

1.5　案例解析

工艺、结构、性能、应用是材料的四要素，用几何的方式来表示四者之间的关系时，可以将每个要素作为正四面体的一个顶点，也就是说对于材料来讲，每个要素都具有非常重要的地位。其中，材料的结构决定了最终产品的性能以及应用范围，所以，作为材料工程师，要非常熟悉每种材料的结构，才能根据不同的应用环境选择适宜的材料。对晶体材料结构的研究与晶体定向密切相关，采用 X 射线衍射技术结合晶体结构特点可以确定晶体的相组成。

当波遇到一系列有规则的空间阻碍时会发生散射，而两种或两种以上的波遇到障碍发生散射会建立特殊的相位关系，则产生衍射。X 射线衍射法确定晶体结构就是通过衍射峰的角坐标位置来确定晶胞的尺寸和几何形态的。根据衍射图谱确定的晶面指数可以计算晶面间距。如图 1-9 所示为多晶体氧化锆的 X 射线衍射图谱，不同峰位对应不同的晶面。

氧化锆为典型的无机非金属材料，具有高硬度、高化学稳定性和耐高温腐蚀的特点，在机械、电子、石油、化工、航天、纺织、精密仪器和医疗等行业都有广泛的应用。在珠宝行业，常用立方氧化锆（C-ZrO_2）单晶

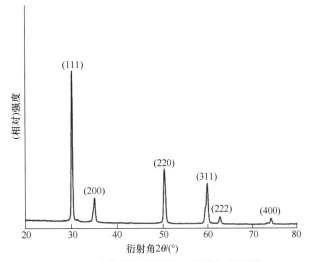

图 1-9　多晶体氧化锆的 X 射线衍射图谱

来代替钻石。C-ZrO$_2$ 与钻石光泽相近，折射率为 2.21，而钻石折射率为 2.42，仅从表观上难以判断是钻石还是锆石。可以通过 X 射线衍射图谱进行比对分析，也可以通过测量热导率来判断，因为氧化锆的热导率低，而金刚石是热的良导体。这些判别方法都是基于材料的结构与性能之间的关系。

1.6　思政拓展

晶体学与无机非金属材料

人类对晶体一般规律的探索是从研究瑰丽多彩的矿物晶体开始的。而自然界中的矿物晶体中，无机非金属类矿物占有较大比重。因此，掌握晶体学的基本理论是了解和掌握无机材料的晶体结构的重要工具，对材料性质调控、材料制备具有重要的指导意义。

对晶体学建立具有重要贡献的晶面夹角守恒定律，源于丹麦学者斯登诺（Nicolaus Steno，1638—1686）对典型的无机材料石英等晶体的研究，奠定了晶体几何基础。推动晶体结构理论发展的有理指数定律是法国晶体学家赫雨依（Rene Just Hauy，1743—1822）在研究典型的硅酸盐矿物原料方解石（CaCO$_3$）晶体沿解理面破裂现象的过程中提出的。经过不同的科学家逐步深入研究探索，终于在 19 世纪末完成了几何晶体学理论。但直到 1912 年劳厄提出 X 射线通过晶体时将发生衍射现象后，通过对五水硫酸铜、硫化锌、铜、氯化钠、黄铁矿、萤石等晶体进行试验得到相应衍射图谱，才开始逐步建立了 X 射线光谱学。

应用 X 射线晶体结构分析方法进行晶体结构的研究，使晶体学迅速兴起。晶体化学、晶体结构及其表达和分析等，是材料学科所必须具备的基础知识。在无机材料领域、新材料的合成及其结构分析，均建立在晶体学知识的基础之上。因此，了解和掌握相应基础知识对材料科学的学习和研究非常重要。

本章总结

本章需要重点掌握的知识主要有晶体的概念及通性，几种典型的对称要素和对称操作，能够熟练破解对称型的含义，熟悉七大晶系和十四种布拉菲格子，能够进行晶向指数和晶面指数的计算。

课后习题

1-1　什么是晶体？晶体具有哪些共有的性质？

1-2　请归纳总结晶体中的对称与相应的对称操作。

1-3　请解析对称型 $3L^2 4L^3 3PC$ 的含义。

1-4　请在立方晶系的晶胞中建立坐标系并分别表示出 x、y、z 轴的晶向指数，并标出 [111] 晶向和 [110] 晶向。

1-5　一个立方晶系晶胞中，一个与 z 轴平行的晶面在晶轴 x、y 上的截距分别为 $3a$、$4a$，求该晶面的晶面指数。

2 晶体化学基础

本章导读

本章主要介绍晶体中的键合、晶体密排结构、离子晶体结构的影响因素、同质多晶、离子晶体的结构规则；阐述晶体键合与相应晶体性质之间的关系；总结影响晶体结构的内在和外在因素；介绍晶体化学在晶体结构和性质的预测与分析中的作用。

2.1 晶体中的键合

在各种晶体结构中，原子借助化学键的作用而形成晶体。依靠静电相互作用和电子相互作用的化学键称为化学键合。原子间相互作用力较强时形成的化学键主要有离子键、共价键和金属键。晶体结构较弱的键合有氢键和范德华键。一种晶体中可以同时存在几种化学键合，一种化学键合中也可能同时存在两种性质的化学键。

2.1.1 离子键

离子键是金属元素与非金属元素结合在一起形成的化合物中的键合，其中金属元素的原子失去电子成为阳离子，非金属元素的原子得到电子成为阴离子，阳、阴离子靠静电引力结合在一起获得稳定的结构。离子电荷分布一般是球形对称的，在各个方向上都可以与带相反电荷的离子结合，因此离子键没有方向性。离子可以同时与几个异号离子相结合，所以离子键也没有饱和性。质点间靠静电引力相结合的晶体为离子晶体。离子键的键能较高，因此离子晶体通常具有较高的熔点和较高的硬度。离子晶体中不存在自由电子，因此离子晶体具有电绝缘性和热绝缘性。脆性较高也是离子晶体的特点之一。典型的离子晶体有 $NaCl$、MgO、CaF_2 等。

2.1.2 共价键

有些同类原子间不产生静电引力，而是通过共用电子对结合形成键合，称为共价键。例如金刚石（C）、砷化镓（GaAs）、碳化硅（SiC）、单质硅（Si）等，共价键在无机非金属材料中占有重要地位。由于形成共价键时，两个原子的电子云必须沿着电子云密度最大的方向彼此接近，发生最大重叠，才能形成稳定的共价键，因此共价键具有方向性。由于每个原子只能提供一定数量的电子与另外的原子形成共用电子对，所以共价键还具有饱和性。共价键晶体一般为绝缘体，由于键强较大，一般具有比离子晶体更高的熔点和硬度。很多陶瓷和聚合物材料都是完全或部分通过共价键相结合的。

2.1.3 金属键

金属原子的最外层电子易于脱离原子核束缚，形成自由电子在整个晶体中运动。金属键即自由电子和金属正离子之间的静电作用力。由此可见，金属键一方面与共价键类似，靠共用自由电子产生原子间的凝聚力；另一方面又与离子键类似，是正负电荷之间的静电作用。自由电子使金属键不具有方向性与饱和性，相应的金属晶体具有良好的导电、导热能力和较好的延展性。

多数金属晶体均具有较高的对称性，其典型结构有以下三种：

（1）面心立方（FCC）结构

在组成这种结构的晶胞中，原子位于立方体的每个角顶和各个面心，称为面心立方结构，也称 A1 型结构。铝、铜、镍、银、金都属于这种结构。

（2）体心立方（BCC）结构

这种结构的晶胞，在每个角顶各有一个原子，在立方体的中心还有一个原子，也称 A2 型结构。铬、钒、铌、钼、钨等三十多种金属均具有这种结构，几乎占金属元素的一半。

（3）密排六方（HCP）结构

这种结构的晶胞顶面和底面由 7 个原子组成，一个原子在中间，6 个原子围绕着它形成规则六边形。可看成是由两个简单六方晶胞穿插而成，也称 A3 结构。钛、锌、镁、镉、钴都属于这种结构。

2.1.4 分子键

分子键又称为范德华力或分子间力，通过微弱的静电引力使分子或原子团连接在一起。分子键主要来源于取向力（静电力）、诱导力和色散力。分子间力是一种吸引力，没有方向性与饱和性，最主要的是色散力。由分子间力作用而形成的晶体为分子晶体。惰性气体和一些由共价键构成的分子均可以形成分子晶体。分子晶体一般熔点和硬度都比较低，可以溶解在非极性溶剂中。

2.1.5 氢键

有氢原子参与的化学键称为氢键。氢键具有方向性与饱和性，性质介于分子键和共价键之间，键强比范德华力高，但比其他化学键弱。例如，滑石与高岭石相比更容易沿层间解理，原因在于高岭石中层与层之间以氢键结合，而滑石中层与层之间以范德华力结合。

2.1.6 混合键

在工程材料或矿物晶体中，常常含有介于离子键与共价键之间、金属键与共价键之间的化学键，称为混合键或中间型键。同时具有离子键和共价键的性质的混合键称为极性共价键。硅酸盐晶体中的 Si—O 键就是典型的极性共价键，其中离子键和共价键的键性各占一半左右。具有极性共价键是形成玻璃的重要条件。同时具有金属键和共价键性质的混合键为半金属共价键。石墨层内具有良好的导电性，说明有自由电子存在，可知在石墨层内是共价键与金属键共存的混合键。这也解释了为什么具有单层碳原子平面的石墨烯具有非常优异的导电性。

2.2 晶体密排结构

离子晶体和金属晶体中的原子和离子具有球形对称的电子云分布，可看作具有一定大小的球体。离子键和金属键都不具备方向性，离子和原子之间的结合可以看作球体之间的堆积，球体相互堆积的密度越大所占的空间越小，则晶体的内能越小。为满足晶体的最小内能和稳定性，原子或离子在晶体中的排列应服从球体的紧密堆积原理。对于由单一元素构成的晶体，球体的堆积方式称为等大球体的紧密堆积。而对于由两种以上元素构成的晶体，称为不等大球体的紧密堆积。

2.2.1 等大球体紧密堆积

第一层等大球体的紧密堆积只有一种形式，在二维平面上每个球与周围6个球紧密接触，如图2-1（a）所示，每三个球围成一个弧面三角形空隙，这些空隙指向相反、数目相等且相间分布。

第二层球体需要落在第一层球的空隙中才能实现紧密堆积，两层球体堆积的方式也只有一种，但会形成两种空隙，一种是贯穿两层的空隙，另一种是可以看见底层球体的空隙，如图2-1（b）所示。

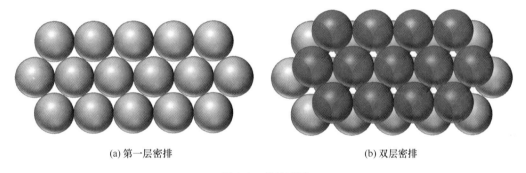

(a) 第一层密排　　　　　　　　　　　　　　(b) 双层密排

图 2-1　球体密排

第三层球叠加时同样需要落在空隙中来实现紧密堆积，但由于存在两种空隙，叠加的方式可以有两种：

（1）将第三层球堆积在可以看见第一层球体的空隙上，则第三层球体的排布刚好与第一层重复，由此逐层堆叠的第四层会与第二层重复，第五层与第一层和第三层重复，即构成 ABABAB……型的堆积方式，球体的堆叠方式刚好与空间格子中的六方底心格子一致，因此称这种堆积方式为六方紧密堆积（hexagonal closet packing，hcp），密排面与（0001）面平行。

（2）将第三层球落在贯穿前两层的空隙上，则第三层球体的排列方式与第一层和第二层都不同。而第四层球堆叠后与第一层球重复，第五层与第二层重复，第六层与第三层重复……由此形成 ABCABCABC……形式的排列，球体的堆叠方式与空间格子中的面心立方格子一致，这种堆积方式称为立方紧密堆积（cubic closet packing，ccp），密排面平行于（111）面。

由球体的堆积情况可知，无论是在六方紧密堆积还是面心立方紧密堆积中，均存在空隙，这些空隙可分两种类型——四面体空隙（tetrahedral viod）和八面体空隙（octahedral void），如图2-2所示。四面体空隙由四个球围成，球心连线刚好形成一个正四面体[图2-2（a）]。八面体空隙由六个球围成，球心连线构成一个正八面体[图2-2（b）]。在球体紧密堆积中，每个球周围都有8个四面体空隙和6个八面体空隙。因此，属于一个球的四面体空隙数$=8 \times 1/4 = 2$（个），属于一个球的八面体空隙数$=6 \times 1/6 = 1$（个）。由此可知，如果由n个球体做紧密堆积，则该系统中四面体空隙数为$2n$个，八面体空隙数为n个。

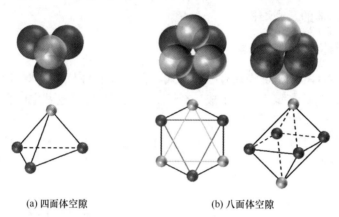

(a) 四面体空隙　　　　　　　　(b) 八面体空隙

图 2-2　四面体空隙和八面体空隙

与空隙相对应的是球体在整个空间占有的比例。在晶体结构中，把原子或离子在整个空间占有的体积百分比称为堆积系数或空间利用率。根据几何关系很容易得到，无论是六方紧密堆积还是面心立方紧密堆积，堆积系数均为74.05％，空隙率为25.95％。

2.2.2　不等大球体紧密堆积

不等大球体紧密堆积，可将大球看作等大球体的紧密堆积，稍小的球填充较大的八面体空隙，而更小的球填充略小的四面体空隙。当然，空隙的填充方式有多种，还有可能出现球体大于空隙或比空隙小很多的情况。在这种情况下，会出现将空隙撑开变形或小球在空隙中可自由移动的现象，而相应的晶体则会体现不同的性质。因此，掌握晶体结构中原子或离子的堆积方式，对了解晶体性质具有重要意义。在离子晶体中，常常可以认为由半径较大的阴离子做紧密堆积，阳离子填充空隙的不等大球体紧密堆积。而阳离子填充空隙的情况受到阳、阴离子半径、配位关系、极化等因素的影响。

2.3　离子晶体结构的影响因素

2.3.1　离子半径与配位数

离子半径的大小对晶体结构具有决定性的影响。作为一级近似，可以将离子周围电子云的大小作为离子半径。由于标定方法不同，离子半径的表达也不同，有哥尔德施密特半径、朗德半径、理论半径、轨道半径、物理半径和有效半径。由 Shanon 和 Previtt 总结的有效半径是以键长的试验数据为基础得出的，并考虑了每种正、负离子在不同配位情况下的半径数值。在晶体化学中采用的离子半径一般为有效半径。

晶体结构中，原子之间或异号离子之间的位置配置关系称为配位（coordination），通常用配位数（coordination number，cn）和配位多面体（coordination polyhedron）来描述。与一个原子或离子直接相邻的原子数或异号离子的个数称为配位数。以中心原子或阳离子为中心，与之配位原子或阴离子中心连线构成的多面体即为配位多面体。正、负离子之间的相互接触形式，根据离子半径的大小有可能出现三种情况：

①稳定结构：正离子刚好填充在负离子形成的空隙中。②亚稳定结构：正离子稍大，将负离子形成的空隙略撑开。③不稳定结构：正离子很小，在空隙中移动有余。出现不稳定结构则说明周围离子的数目需要调整至配位数更适合的稳定结构。

离子的配位数主要与阳、阴离子半径的比值有关。表 2-1 为阴离子做紧密堆积时，根据其几何关系计算出来的阳离子配位数与半径比之间的关系。以 4 配位的四面体为例，阳、阴离子半径比值范围为 $0.225\sim0.414$，根据几何关系可以推导得到阳离子刚好位于由四个阴离子形成的正四面体中心时，阳、阴离子半径比值为 0.225，若比值小于 0.225，则四个阴离子相互接触，而不能与阳离子紧密接触。为保持晶体结构的稳定性，阳离子的配位数需要下降。若比值大于 0.225，虽然阴、阳离子之间相互接触，但阴离子之间逐渐脱离。为保持结构稳定，阳离子会吸引更多的阴离子与其配位，从而使其配位数上升。当其比值大于或等于 0.414 时，阳离子配位数将调整为 6，由此可知，0.414 为 4 配位的上限值，同时也是 6 配位的下限值。每种配位多面体的阳、阴离子半径比的下限值称为临界半径比。几种典型的配位多面体如图 2-3 所示。

表 2-1 配位数与配位多面体参数

阳离子配位数	r_+/r_-	配位多面体形状	实例
2	$0\sim0.155$	哑铃形	—
3	$0.155\sim0.225$	三角形	干冰 CO_2
4	$0.225\sim0.414$	四面体	闪锌矿 ZnS
6	$0.414\sim0.732$	八面体	食盐 $NaCl$
8	$0.732\sim1$	立方体	萤石 CaF_2
12	1	立方八面体	金 Au

   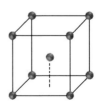

(a) 三角形　　　(b) 四面体　　　(c) 八面体　　　(b) 立方体

图 2-3 配位多面体示例

2.3.2 离子极化

在离子晶体中，通常把离子看作一个球体，并认为离子的正、负电荷中心是重合的。

图 2-4 离子极化示意图

但实际上，在外电场的作用下，离子外层电子云将发生变形，正、负电荷中心不再重合，这种现象称为离子的极化效应（polarization effect），如图 2-4 所示。正、负离子均具有双重极化作用，即极化周围离子（主极化）和自身被极化（被极化）。主极化能力用极化力来表示，与离子电价成正比，与离子半径的平方成反比。被极化能力用极化率来表示，与诱导偶极矩成正比，与离子所在位置的有效电场强度成反比。一般离子半径越大，极化率越大而极化力越小。阴离子以被极化为主，而阳离子以主极化为主。阳离子电价越高，主极化能力越强，阴离子电价越高，被极化能力越强。具有强极化能力的阳离子可以使阴离子电子云显著变形，产生较大的电偶极矩，加强与附近阳离子间的吸引力，使阴、阳离子间距缩短，配位数降低，如图 2-5 所示。离子极化对晶体结构具有重要的影响，是产生一些物理效应的根源，如晶体的压电效应、热释电效应、电光、变频等效应。

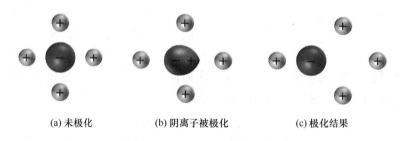

| (a) 未极化 | (b) 阴离子被极化 | (c) 极化结果 |

图 2-5 离子极化过程及结果

2.3.3 电负性

电负性是各种元素的原子在形成价键时吸引电子的能力，用来表示其形成负离子倾向的大小。元素的电负性值越大，越易得到电子，越容易成为负离子。金属元素的电负性较低，非金属元素的电负性较高。两种元素的电负性差值越大，形成的化学键合的离子键性就越强；反之，共价键性就越强。电负性差值较小的两个元素形成化合物时，主要形成混合键。大多数硅酸盐晶体的内部键合都是介于离子键与共价键之间的混合键。

哥希密特在系统研究离子晶体结构后，于 1926 年提出结晶化学定律，即"晶体结构取决于其组成基元（原子、离子或离子团）的数量关系、大小关系与极化性能"。结晶化学定律定性地概括了影响离子晶体结构的主要因素。

2.4 同质多晶

晶体结构除了受到内部质点数量关系、大小关系以及极化性能的影响外，还会受到外界条件诸如温度、压力等的影响。同样由碳元素构成，由于形成所需的热力学条件不同，金刚石和石墨的晶体结构和物理性质千差万别。金刚石属于立方晶系，硬度高并具有优异的导热性，还有半导体性质；石墨属于六方晶系，硬度低并具有良好的导电性，还有润滑性，可作为工业润滑剂。这种化学组成相同、在不同外界条件下结晶为不同结构晶体的现象称为同质多晶或同质多象（polymorphism），由此产生的化学成分相同结构却不同的晶体称为变体。例如自然界广泛存在的氧化硅（SiO_2）在不同条件下会形成七种变体，即 α-石英、β-石英、α-鳞石英、β-鳞石英、γ-鳞石英、α-方石英和方石英。具有相同化学成分的硅酸盐矿物（Al_2SiO_5）在不同的温度和压力条件下可以分别形成属于三方晶系的蓝晶石、斜方晶系的红柱石和矽线石。各变体形成的热力学条件不同，每种变体均具有各自形成的热力学稳定范围。在热力学条件改变的过程中，为达到新的平衡，变体之间可以发生结构的转变，这种现象称为多晶转变。

根据多晶转变的速度和结构变化程度，可分为位移性转变和重建性转变。位移性转变仅发生结构畸变，原子从原来位置发生少许位移，不打开任何键，也不改变原子最邻近的配位数，仅改变次级配位。由图 2-6（b）到图 2-6（a）的转变过程即位移性转变，特点是在一个确定的温度下完成，所需的能量低而转变的速度很快。例如 α-石英与 β-石英，α-方石英与 β-方石英以及 α-鳞石英、β-鳞石英与 γ-鳞石英之间所发生的转变都是位移性转变。在具有位移性转变的硅酸盐矿物的变体中，高温型变体常常具有较高的对称性、较疏松的结构，表现出较大的比容（质量体积）、热容（比热容）和较高的熵。重建性转变是破坏原有原子间化学键，改变原子最邻近配位数，使晶体结构完全改变的一种多晶转变形式。由图 2-6（b）到图 2-6（c）的转变即重建性转变，特点是所需的能量高，转变的速度较慢。α-石英、α-鳞石英与 α-方石英之间的转变属于重建性转变。

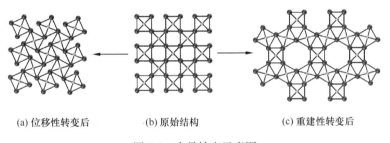

(a) 位移性转变后　　　　(b) 原始结构　　　　(c) 重建性转变后

图 2-6　多晶转变示意图

根据多晶转变的方向，转变可以分为可逆转变与不可逆转变。在一定温度下（当温度高于或低于转变点时），两种变体可以相互转变，称为可逆转变。位移性转变都属于可逆转变。在转变温度下，一种变体可以转变为另一种变体，而反向转变不能发生，称为不可逆转变。少数重建性转变是不可逆转变。例如，α-石英在温度超过 870℃ 并有矿化剂存在时，可转变成 α-鳞石英。但 α-鳞石英冷却到 870℃ 以下不转变为 α-石英，而转变为 β-鳞石英、γ-鳞石英，此即不可逆转变。在无机材料制备过程中，利用多晶转变的不可逆性，可以得到介稳晶体。

2.5　离子晶体的结构规则

1928 年，鲍林（Pauling）总结归纳了离子晶体结构与其化学组成关系的基本规律，称为鲍林规则。从一定程度上，可以根据鲍林规则判断含有离子键的晶体的稳定性。

2.5.1 第一规则——配位多面体规则

围绕每个阳离子形成一个阴离子配位多面体。阴、阳离子的距离取决于它们的半径之和，阳离子的配位数取决于它们的半径比值，与电价无关。

实际晶体结构会受到多种因素的影响，并不能完全符合这一规则。例如，受到极化的影响，阳离子的配位数会降低；当阳、阴离子半径比处于临界值附近时，阳离子的配位数不同，如 B^{3+} 与 O^{2-} 配位时，既可能形成硼氧三角体，又可能形成硼氧四面体。常见的与氧离子配位的一些阳离子的配位数见表 2-2。

表 2-2　氧离子对一些常见离子的配位数

配位数	阳离子
3	B^{3+}，C^{4+}，N^{5+}
4	Be^{2+}，Mn^{2+}，Zn^{2+}，B^{3+}，Al^{3+}，Si^{4+}，Ge^{4+}，P^{5+}，As^{5+}，V^{5+}，S^{6+}，Se^{6+}，Cr^{6+}，Cl^{7+}，Ga^{3+}
6	Li^+，Mg^{2+}，Mn^{2+}，Fe^{2+}，Co^{2+}，Ni^{2+}，Cu^{2+}，Zn^{2+}，Al^{3+}，Ga^{3+}，Cr^{3+}，Fe^{3+}，Se^{3+}，Ti^{4+}，Sn^{4+}，Nb^{5+}
6～8	Na^+，Ca^{2+}，Ba^{2+}，Sr^{2+}，Cd^{2+}，Y^{3+}，Sm^{3+}～Lu^{3+}，Zr^{4+}，Ce^{4+}，Hf^{4+}，Th^{4+}，U^{4+}
8～12	Na^+，K^+，Rb^+，Ca^{2+}，Sr^{2+}，Cs^{2+}，Ba^{2+}，Pb^{2+}，La^{3+}，Ce^{3+}，Sm^{3+}

2.5.2 第二规则——静电价规则

在一个稳定的离子晶体结构中，每一个阴离子的电价等于或近似等于相邻阳离子分配给这个阴离子的离子键强度总和，偏差不大于 1/4 价。用公式表示为

$$S = Z/N \tag{2-1}$$

式中，S 为配位多面体中阳离子与阴离子之间的静电价强度；Z 为阳离子电价数；N 为阳离子的配位数。

静电价规则可以用来判断晶体结构的稳定性。如 CaO 晶体，每个 Ca^{2+} 都处于 6 个 O^{2-} 所形成的配位多面体中，形成 $[CaO_6]$ 八面体，其离子键强度为 $S=2/6=1/3$；而每个 O^{2-} 同时与 6 个 Ca^{2+} 相配位，O^{2-} 得到的阳离子的离子键强度总和为 $6\times1/3=2$，刚好与 O^{2-} 的电价相等，所以 CaO 晶体结构是稳定的。

静电价规则还可以用于确定共用同一顶点的配位多面体的数目，在硅酸盐晶体结构分析中非常重要。以镁铝硅酸盐为例，在 $[SiO_4]$ 四面体中，Si^{4+} 位于由四个 O^{2-} 构成的四面体空隙中。根据静电价规则，从 Si^{4+} 分配到每个 O^{2-} 的离子键强度为 $4/4=1$，但 O^{2-} 的电价为 2，因此，O^{2-} 还有一价可以与另一个 $[SiO_4]$ 四面体中的 Si^{4+} 或其他金属离子相配位。若与 $[AlO_6]$ 八面体中 Al^{3+} 配位，分析可知，由 Al^{3+} 分配到每个 O^{2-} 的离子键强度为 $3/6=1/2$、$1/2\times2=1$，因此，该 O^{2-} 还可以与 2 个 $[AlO_6]$ 八面体中的 Al^{3+} 相配位。若与 $[MgO_6]$ 八面体中的 Mg^{2+} 相配位，由 Mg^{2+} 分配到每个 O^{2-} 的离子键强度则为 $2/6=1/3$、$1/3\times3=1$，因此，该 O^{2-} 还可以与 3 个在 $[MgO_6]$ 八面体中的 Mg^{2+} 相配位，使 $[SiO_4]$ 四面体中的每个 O^{2-} 的电价饱和。

2.5.3 第三规则——配位多面体的共顶、共棱和共面规则

在一个配位结构中，配位多面体有共用棱，特别是有共用面时，会降低结构的稳定性。电价高、低配位的阳离子这种效应特别显著。

以四面体作为配位多面体为例，当两个四面体通过共用顶点相连时，共用顶点数为1，设此时两个四面体中阳离子中心之间的距离为1，当这两个四面体的连接方式由共顶变成共棱时，则共用顶点数为2，此时两个四面体中心间距变为0.58，而当两个四面体的连接方式变为共面时，共用顶点数为3，此时两个四面体中心间距变为0.33。同样，对于配位多面体为八面体的情况，由共顶连接变为共棱和共面连接时，中心阳离子间距由1降低为0.71和0.58；而配位多面体为立方体的情况，共顶、共棱和共面连接的阳离子中心间距分别为1、0.82和0.58。由此可知，当配位多面体连接方式由共顶变为共棱或共面时，中心间距缩短，阳离子之间的斥力会明显增加，距离越短斥力越明显，从而导致晶体结构的稳定性越低。

在硅酸盐晶体中，$[SiO_4]$ 四面体之间一般只通过共顶相连，而 $[AlO_6]$ 八面体却可以共棱相连，在刚玉结构中，$[AlO_6]$ 八面体还可以共面相连。

2.5.4 第四规则——配位多面体连接规则

在一个含有不同价态阳离子的晶体结构中，电价高、配位低的阳离子的配位多面体趋向于彼此不相互连接。也就是说，电价高配位低的阳离子多面体尽量不相互连接，而是与电价低配位高的阳离子多面体相连，使整个晶体的结构稳定性提高。例如镁橄榄石（Mg_2SiO_4）中的 $[SiO_4]$ 四面体之间，由于 Si^{4+} 电价高、场强大，因此，两个硅离子之间斥力较大，$[SiO_4]$ 四面体不能直接相连。但 Si^{4+} 和 Mg^{2+} 之间的斥力较小，因此 $[SiO_4]$ 四面体和 $[MgO_6]$ 八面体之间可以通过共顶或共棱相连成较稳定的结构。

2.5.5 第五规则——节约规则

在同一晶体中，不同结构单元的数目趋向于最少。例如，在硅酸盐晶体中，不会同时出现 $[SiO_4]$ 四面体、$[Si_2O_7]$ 双四面体等结构基元，尽管这两种配位体符合鲍林的其他规则。节约规则的结晶学基础是晶体结构的周期性和对称性，如果组成不同的结构基元较多，每一种基元要形成各自的周期性、对称性，则它们之间会相互干扰，不利于形成晶体结构。

需要注意的是节约规则仅适用于带有不明显共价键性的离子晶体，而且还有少数例外情况需特殊考虑。

2.6 案例解析

金刚石和石墨是典型的同质多晶的两种变体。两者皆由碳元素构成，但由于结构不同，所体现出来的性质差异很大，表2-3为两者的结构、性质参数对比。金刚石结构中，每个原子以 sp^3 杂化轨道与四个碳原子形成共价键，构成四面体，在四面体中心和顶点各有一个碳原子占据，在空间形成连续、坚固的骨架状结构。石墨属于混合键型的晶体，碳

原子通过 sp^2 杂化轨道与相邻的三个碳原子以 σ 键结合,形成正六角形蜂巢状的平面层状结构,而每个碳原子还有一个 2p 轨道,其中有一个 2p 电子。这些 p 轨道相互平行,且垂直于碳原子 sp^2 杂化轨道构成的平面,形成大 π 键。因而,这些 π 电子可以在整个碳原子平面上活动,类似于金属键的性质。而平面结构的层与层之间依靠分子间作用力结合。

由于金刚石的晶体结构以及强共价键使其具有高硬度和低电导率,作为一种非金属材料,还具有异常高的热导率,在电磁光谱的可见光和红外光范围具有光学透明性,并具有高折射率。工业上,金刚石以其较高的硬度经常被用于研磨或制作刀具。气相沉积技术的发展使金刚石薄膜的制备得到了实现,可以在一些材料表面制备金刚石薄膜来提高基体或衬底材料表面的硬度,比如钻头、模具、轴承、刀具等;透镜和天线罩表面沉积金刚石薄膜后既可以保持透明性又可以提高表面耐磨性。金刚石薄膜的潜在应用还包括长期承受磨损的机械元件的表面处理,需要较高耐磨性的光记录头和盘面,以及半导体器件的基体。

表 2-3 金刚石与石墨性质参数对比

材料	金刚石	石墨
晶系	等轴晶系	六方晶系
配位数	4	3
原子间距	0.154nm	层内 0.142nm,层间 0.340nm
键性	共价键	层内共价键,层间分子键
形态	八面体	六方片状
颜色	无色或浅色	黑色
透明度	透明	不透明
光泽	金刚光泽	金属光泽
解理	{111} 中等	{0001} 完全
硬度	10	1
相对密度	3.55	2.23
导电性	良导体	不良导体

由于石墨层间结合的范德华力较弱,很容易发生解理,因此,石墨具有优异的润滑性,可作为润滑剂。石墨具有高导电率,常被用作电阻炉的加热元件;还具有高温和非氧化气氛下良好的化学稳定性、高热导率、低热膨胀系数以及高抗热冲击性能等,常被用作电弧焊电极、冶金坩埚、模具、高温耐热和绝热材料、火箭喷管、化学反应堆容器、电触头、电刷和电阻器、电池中的电极材料等。此外,石墨对气体还具有较高的吸附能力,常用于空气净化装置,是一种应用范围非常广泛的材料。

除了金刚石和石墨,碳家族还有其他成员,例如富勒烯、碳纳米管和近年来的研究热点石墨烯。石墨烯是碳原子基于 sp^2 杂化组成的六角蜂巢状结构,仅有一个原子层厚,是世界上首次被成功制备的二维纳米材料。石墨烯中碳原子之间强大的作用力使其成为目前已知的力学强度最高的材料,将来可能作为增强材料广泛应用于各类高强度复合材料中。石墨烯优异的电学性能使其可广泛应用于集成电路、传感器、存储器件、光电器件等领域;优异的光学性能使其可被应用于激光器、光调制器、光偏振器、光探测器等领域,并有望进一步推动新型光电器件的研究及应用;高透过率使其广泛应用于显示器、触摸屏和太阳能电池等领域；高强度但柔韧性较好的特性使其在柔性器件和电动机械等方面有着很好的应用前景。

结构与性质密切相关，不同的结构使材料展现出不同的性质，材料不可谓不神奇，材料发展未来可期。

2.7 思政拓展

科学精英鲍林

莱纳斯·卡尔·鲍林（Linus Carl Pauling，1901—1994 年）是美国著名化学家，量子化学和结构生物学的先驱者之一。1954 年因在化学键方面的工作获得诺贝尔化学奖，1962 年因反对核弹在地面测试的行动获得诺贝尔和平奖。

鲍林被认为是 20 世纪对化学科学影响最大的人物之一，他所撰写的《化学键的本质》被认为是化学史上最重要的著作之一。他提出的电负度、共振理论、价键理论、杂化轨道理论、蛋白质二级结构等概念和理论，如今已成为化学领域最基础和最广泛使用的观念。

鲍林自幼聪明好学，在读中学时就立志成为一名化学家。1917 年，鲍林以优异的成绩考入俄勒冈州农学院（现俄勒冈州立大学）化学工程系，希望通过学习化学最终实现自己的理想。鲍林的父亲是一位普通药剂师，母亲多病。家中经济收入微薄，居住条件也很差。由于经济困难，鲍林在大学曾停学一年去挣学费，复学以后，靠勤工俭学来维持学习和生活。在如此艰难的条件下，鲍林刻苦攻读，最终以出色的成绩获得化学哲学博士。之后他多次去欧洲游学，与最顶尖的化学家接触并进入他们的实验室学习，不断提高自身在理论和实践方面的知识和水平。鲍林回国后被加利福尼亚州理工学院聘为教授。

经过多年探索，鲍林提出了化学键理论、杂化轨道理论等。在有机化学结构理论中，鲍林提出了"共振论"。在研究量子化学和其他化学理论时，他创造性地提出了许多新的概念，例如共价半径、金属半径、电负性标度等。鲍林还把化学研究推向生物学，他实际上是分子生物学的奠基人之一，在蛋白质的分子结构方面的研究成果，使鲍林于 1954 年荣获诺贝尔化学奖。之后，鲍林开始转向大脑结构与功能的研究，提出了有关麻醉和精神病的分子学基础。后来又从事古生物和遗传学的研究，希望通过这种研究揭开生命起源的奥秘。此外，鲍林坚决反对把科技成果用于战争，特别反对核战争，是一位伟大的科学家与和平战士。鲍林学识渊博，兴趣广泛，在学术方面的成就和不断探索创新的精神值得学习。

本章总结

本章需要重点掌握的主要内容有晶体的几种键合以及各种键合形式的特点、两种晶体密排结构的形成过程、离子晶体结构的几种影响因素、同质多晶转变的两种方式及特点、离子晶体的结构规则及应用。

课后习题

2-1 请解释以下名词：

配位数　配位多面体　极化　同质多晶　多晶转变

2-2 请分析说明面心立方紧密堆积中四面体空隙和八面体空隙的数量和位置。

2-3 请计算几种典型配位多面体的临界半径比，其中包括三角形配位、四面体配位、八面体配位和立方体配位。

2-4 某工程师在对原料进行检测时发现 α-鳞石英、γ-鳞石英两种变体，请分析两种石英之间发生的多晶转变类型，并分析该转变的内容及特点。

2-5 请计算立方紧密堆积的堆积系数。

2-6 氧化钙具有氯化钠型晶体结构，为面心立方紧密堆积，O^{2-} 半径为 0.140nm，Ca^{2+} 半径为 0.106nm，计算 CaO 晶体中球状离子所占据的体积分数，并计算氧化钙的密度。

3 晶体结构

本章导读

本章主要介绍无机材料中典型化合物的晶体结构以及硅酸盐晶体结构；阐述晶体结构、组成与相应材料性能之间的内在关系；总结典型晶体结构的构成特点；展望晶体结构理论在材料合成及新材料制备中的重要作用。

3.1　无机化合物常见晶体结构

典型无机化合物晶体结构，按化学式可分为 AX 型、AX_2 型、A_2X_3 型、ABO_3 型、AB_2O_4 型等。

3.1.1　AX 型二元化合物晶体结构

（1）NaCl 型结构

NaCl 型晶体结构也称岩盐型结构，属于立方晶系，$Fm3m$ 空间群，$a_0 = 0.563nm$，阳、阴离子半径比在 $0.414 \sim 0.732$，可以看作以阴离子做面心立方紧密堆积，阳离子填充全部八面体空隙并占据体心和 12 个棱边的位置，如图 3-1 所示。相当于分别由阴、阳离子构成的面心立方紧密堆积结构沿晶胞棱边方向位移一半的晶胞长度套合而成。阴、阳离子的配位数均为 6，配位多面体之间通过共棱相连，一个晶胞中有 4 个 NaCl 分子。

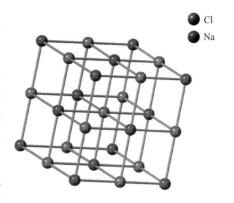

图 3-1　NaCl 型晶体结构

具有 NaCl 型晶体结构的二元化合物有卤化物、氢化物、氧化物、硫化物、硒化物、碲化物、氮化物和一些过渡金属元素的氧化物，其中常见的有 KCl、KBr、MgO、CaO、SrO、BaO、MnO、FeO、CoO、NiO、TiC、TiN 等。以上晶体中，卤化物是重要的光学材料，氧化物一般具有较高的熔点，例如氧化镁熔点高达 2800℃，相应矿物是耐火材料制备的重要原料，同时也是陶瓷和水泥行业的重要原料。

硅酸盐行业的另一种主要原料方解石（$CaCO_3$）的结构可看成变了形的 NaCl 结构形式。只要将 NaCl 的三次轴竖立并加压，使棱的夹角由 $90°$ 变至 $101°55'$，以 Ca^{2+} 代替 Na^+，CO_3^{2-} 代替 Cl^-。CO_3^{2-} 中的 C^{4+} 在中心，三个 O^{2-} 围绕 C 在同一平面上成一等边三角形，Ca^{2+} 的配位数为 6。方解石在陶瓷坯料中在分解前起瘠化作用，分解后起熔剂作用，缩短烧成时间，并能增加产品的透明度，使坯釉结合牢固。

（2）CsCl 型结构

CsCl 型晶体结构属于立方晶系，$Pm3m$ 空间群，$a_0 = 0.411nm$，阴、阳离子均做简单立方堆积，两套格子沿晶胞体对角线位移一半体对角线长度套合而成，如图 3-2 所示。阴离子位于立方体的每个角上，阳离子位于立方体的体心。阴、阳离子的配位数均为 8，一个晶胞中只有 1 个 CsCl 分子。在 AX 型化合物中，阳、阴离子半径比大于 0.732 时多为这种结构。如 CsBr、CsI、AgCd、AgMg、NH_4Cl、NH_4Br 等。

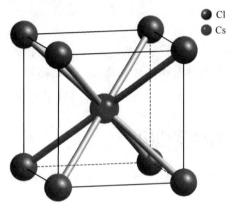

图 3-2　CsCl 晶体结构

（3）闪锌矿 ZnS 型结构

闪锌矿 ZnS 型结构属于立方晶系，$F\bar{4}3m$ 空间群，$a_0 = 0.540nm$，S^{2-} 做面心立方紧密堆积，Zn^{2+} 交错填充于小立方体的体心，占据四面体空隙的一半，配位数为 4，如图 3-3（a）所示。阴、阳离子均做面心立方紧密堆积，两套格子沿晶胞体对角线位移四分之一体对角线长度套合而成，这种结构类似于金刚石结构，将 Zn^{2+} 与 S^{2-} 换成 C 原子即金刚石结构。将结构中的阴、阳离子位置互换，可得到相同的结构，原子间形成的化学键多为共价键。图 3-3（b）为闪锌矿晶胞在（001）面上的投影图，数字为标高，是以晶轴长度为 100 来表示离子在投影方向上所处的高度，晶轴最低面标记为 0，半高处标记为 50，最高处标记为 100。由晶体的周期性可知，在 0 处和 100 处位置，必然存在同种离子，而 50、－50 和 150 处也会出现同种离子。

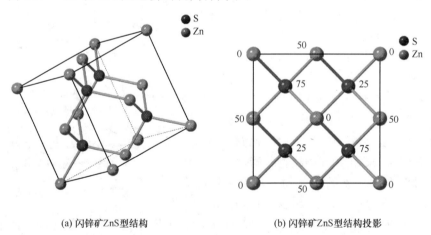

（a）闪锌矿 ZnS 型结构　　（b）闪锌矿 ZnS 型结构投影

图 3-3　闪锌矿 ZnS 型结构及投影

具有闪锌矿 ZnS 型结构的有卤化铜、Be、Cd、Hg 的硫化物、硒化物、GaAs、GaSb、BAs、BN、β-SiC 等。其中，立方 BN 是一种超硬晶体；GaAs 是一种重要的半导体材料，可以用来制作集成电路衬底、红外探测器、光子探测器等。

（4）纤锌矿 ZnS 型结构

纤锌矿 ZnS 晶体结构属于六方晶系，$P6_3mc$ 空间群，$a_0 = 0.382nm$，$c_0 = 0.625nm$，

S^{2-} 做六方密堆积，Zn^{2+} 填充四面体空隙的一半，如图 3-4 所示。与纤锌矿晶体结构的主要区别在于密排方式不同，闪锌矿属于面心立方体紧密堆积，而纤锌矿为六方紧密堆积，闪锌矿中 [ZnS_4] 四面体层平行于 (111) 面，而纤锌矿中 [ZnS_4] 四面体层排列平行于 (0001) 面。具有纤锌矿结构的晶体有 NH_4F、BeO、ZnO、ZnSe、AlN 等。

3.1.2 AX₂ 型结构

（1）CaF_2（萤石）型结构

CaF_2（萤石）型结构属于立方晶系，$Fm3m$ 空间群，晶胞参数 $a_0 = 0.545$nm，Ca^{2+} 做面心立方紧密堆积，F^- 填充在 8 个小立方体的体心，可以看作由 Ca^{2+} 构成的面心立方格子与两套 F^- 构成的面心立方格子互相穿插而成（图 3-5）。Ca^{2+} 的配位数为 8，配位多面体为 [CaF_8]，F^- 的配位数为 4，配位多面体为 [FCa_4]，相当于 F^- 位于 Ca^{2+} 形成的四面体空隙中，一个晶胞中含有 4 个 CaF_2 分子。由于 F^- 填充了全部四面体空隙，其他配位多面体的空隙并无离子填充，F^- 之间便形成了较大的空间，为 F^- 的扩散提供了条件，因此，在 CaF_2 型结构中存在负离子扩散机制。

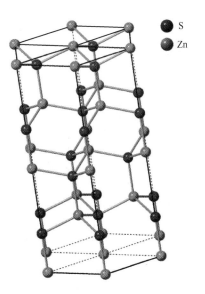

图 3-4 纤锌矿 ZnS 型结构

属于 CaF_2（萤石型）结构的晶体有 ThO_2、CeO_2、VO_2、ZrO_2 等。萤石在水泥、玻璃、陶瓷等工业生产中做矿化剂和助熔剂。萤石晶胞中，存在面心立方格子 Ca^{2+} 一套，F^- 两套，存在沿 (111) 面的解理。萤石具有长余辉发光特性，是重要的光学材料。优质的 CaF_2 晶体还可以用作激光基质晶体，掺 Sm^{3+} 的 CaF_2 是第一次出现四能级系统的激光工作物质，而掺 Dy^{3+} 的 CaF_2 晶体是早期实现激光连续输出的工作物质。

低温型 ZrO_2（单斜晶系）结构类似于萤石结构。ZrO_2 的熔点很高（2680℃），是一种优良的耐火材料。氧化锆又是一种高温固体电解质，利用其氧空位的电导性能，可以制备氧敏传感器元件。利用 ZrO_2 晶形转变时的体积变化，可对陶瓷材料进行相变增韧；而当 ZrO_2 用于高温氧化环境时，相变的发生会导致体积变化，对其稳定性是不利的，因此，常引入部分 Y_2O_3 对氧化锆进行稳定，是航空航天领域常用的热障涂层材料。

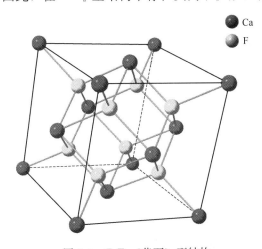

图 3-5 CaF_2（萤石）型结构

将萤石结构中的阴、阳离子的位置互换即可形成反萤石型结构，碱金属氧化物 Li_2O、Na_2O、K_2O、Rb_2O 均属于反萤石型结构。一些碱金属的硫化物和硒化物也具有反萤石型结构。

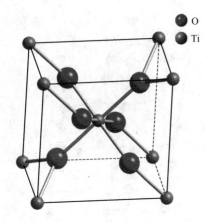

图 3-6　TiO₂（金红石）型结构

（2）TiO₂（金红石）型结构

TiO₂（金红石）型结构属于四方晶系，$P4_2/mnm$ 空间群，$a_0=0.459nm$，$c_0=0.296nm$，O^{2-} 可被看作具有一定畸变的六方紧密堆积，配位数为3，Ti^{4+} 填充于一半的八面体空隙中，配位数为6，一个晶胞中含有 2 个 TiO₂ 分子（图 3-6）。相当于两套由 Ti^{4+} 构成的简单四方格子与四套 O^{2-} 构成的简单四方格子穿插而成。[TiO₆] 以共棱的方式排成链状，链与链之间 [TiO₆] 以共顶相连。

属于金红石型结构的晶体有 GeO₂、SnO₂、PbO、MnO₂、MoO₂、NbO₂、WO₂、CoO₂、MnF₂、MgF₂ 等。TiO₂ 是除了具有金红石（rutile）型结构外，还有锐钛矿（auatase）型结构和板钛矿（brookite）型结构，三种晶体结构都以 [TiO₆] 八面体共棱为基础，但八面体共棱的数目不同。金红石结构中八面体共棱数为 2，锐钛矿为 4，板钛矿为 3，其中金红石最稳定，锐钛矿次之，板钛矿最不稳定。由于金红石的结构特性，使它对紫外线有良好的屏蔽作用，可以被用作紫外吸收剂。锐钛矿具有良好的催化活性，尤其是在颗粒尺寸下降到纳米级时，是在环保方面具有应用前景的光催化材料。

（3）CdI₂（碘化镉）型结构

CdI₂（碘化镉）型结构属于三方晶系，$P3m$ 空间群，$a_0=0.424nm$，$c_0=0.684nm$，其中 I^- 做略有畸变的六方密堆积，配位数为3，Cd^{2+} 交替成层的填充在二分之一的八面体空隙中，配位数为6，形成平行（0001）面的层型结构，如图 3-7 所示，一个晶胞中含有一个 CdI₂ 分子。由于 Cd^{2+} 与 I^- 之间强烈的极化作用，层内化学键有共价键成分，结合牢固，而层间为范德华力结合，因此，层间容易断裂并形成平行于（0001）面的完全解理。

属于 CdI₂ 型结构的晶体有 Ca(OH)₂、Mg(OH)₂ 等。

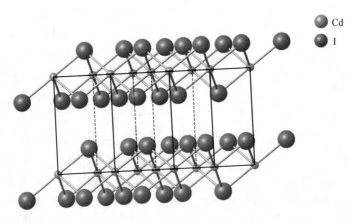

图 3-7　CdI₂（碘化镉）型结构

3.1.3　刚玉（α-Al₂O₃）型结构

刚玉（α-Al₂O₃）型结构属于三方晶体，$R\bar{3}c$ 空间群，$a_0=0.514nm$，$\alpha=55°17'$，O^{2-} 可

被看作六方紧密堆积，Al^{3+} 填充三分之二的八面体空隙，一个晶胞中含有 2 个 $\alpha\text{-}Al_2O_3$ 分子。由于 Al^{3+} 仅填充三分之二的八面体空隙，因此排布需要有一定的规律，根据能量最低原理，Al^{3+} 之间排布应保持最远，沿 z 轴方向 Al^{3+} 间隔填充八面体空隙，每两个填充了 Al^{3+} 的八面体中间空一个八面体（图 3-8）。

刚玉硬度非常大，为莫氏硬度 9 级，熔点高达 2050℃，这与 Al—O 键的牢固性有关。刚玉是高绝缘无线电陶瓷和高温耐火材料中的主要矿物。刚玉质耐火材料对 PbO_2、B_2O_3 含量高的玻璃具有良好的抗腐蚀性能，是硅酸盐工业窑炉中重要的耐火材料之一。刚玉可作为陶瓷、磨料、催化载体。纯净的刚玉是无色的，当 Cr^{3+} 取代微量 Al^{3+} 时使刚玉呈红色，为红宝石（ruby），且具有激光特质，可作为激光晶体；当 Ti^{4+} 和 Fe^{2+} 取代部分 Al^{3+}，使刚玉呈蓝色，

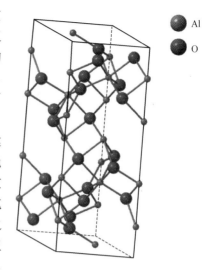

Al
O

图 3-8　刚玉（$\alpha\text{-}Al_2O_3$）型结构

为蓝宝石（sapphire）。属于刚玉型结构的有 $\alpha\text{-}Fe_2O_3$、Cr_2O_3、Ti_2O_3、V_2O_3、$FeTiO_3$、$LiNbO_3$。对刚玉晶体结构的研究有助于对铁电、压电材料 $LiNbO_3$ 晶体结构的理解。

3.1.4　ABO_3 型结构

ABO_3 型结构中，A、B 代表总价态和为 6 的两种阳离子或离子团。主要有钙钛矿（$CaTiO_3$）型结构和钛铁矿（$FeTiO_3$）型结构，两种结构类型的晶体均为非常有潜力的功能材料，这里主要介绍钙钛矿型结构。

钙钛矿（perovskite）型结构中，A 为一价或二价阳离子，B 为五价或四价阳离子，室温下为正交晶系，高温下为立方晶系，一般认为立方晶系为钙钛矿的理想晶体结构，为 $Pm3m$ 空间群。以 $CaTiO_3$ 为例，O^{2-} 与 Ca^{2+} 共同形成面心立方紧密堆积，其中 Ca^{2+} 位于角顶，O^{2-} 位于每个面心，Ti^{4+} 填充四分之一的八面体空隙，位于体心位置，一个晶胞中含有一个 $CaTiO_3$ 分子（图 3-9）。在理想对称的钙钛矿型结构中，三种离子的半径 r_A、r_B、r_O 存在的关系为 $r_A + r_B = \sqrt{2}(r_B + r_O)$；但在实际晶体中满足理想型结构的情况非常少，结构中都有些许畸变，离子半径关系可以满足 $r_A + r_B = t\sqrt{2}(r_B + r_O)$，式中 t 称为容许因子（tolerance factor），其范围在 0.77～1.10，对晶体结构具有显著影响。结构发生畸变会导致晶体出现压电、热释电和非线性光学等性质。

铁电、压电材料中很多都属于钙钛矿型结构，其中，$BaTiO_3$ 结构与性能研究得

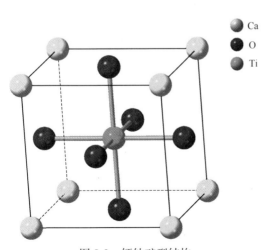

Ca
O
Ti

图 3-9　钙钛矿型结构

比较早，也比较深入。现已发现在居里温度以下，$BaTiO_3$ 晶体不仅是良好的铁电材料，而且是一种很好的可用于光存信息的光折变材料。超导材料 YBaCuO 体系也属于钙钛矿型结构，钙钛矿型结构的研究对揭示这类材料的超导机理有重要的作用。

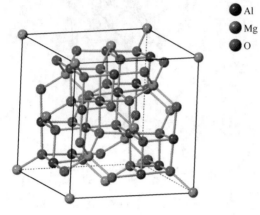

图 3-10　尖晶石（AB_2O_4）型结构

3.1.5　尖晶石（AB_2O_4）型结构

尖晶石（AB_2O_4）型结构中，A 为二价阳离子，B 为三价阳离子，晶体结构属于立方晶系，$Fd3m$ 空间群，$a_0 = 0.808nm$，一个晶胞中含有 8 个尖晶石分子。镁铝尖晶石（$MgAl_2O_4$）是最典型的尖晶石型结构，晶体结构如图 3-10 所示。为便于分析，将晶体的基本结构基元设为 A、B 块，如图 3-11（a）所示，单位晶胞由 4 个 A、B 块拼合而成。由结构图可知，在 $MgAl_2O_4$ 晶胞中，O^{2-} 做面心立方紧密堆积；根据鲍林第三规则，高价离子填充于低配位的四面体空隙中，排斥力要比填充在八面体空隙中大，稳定性要差，所以在结构中 Al^{3+} 填入八面体空隙，而 Mg^{2+} 填入四面体空隙，其中 Al^{3+} 填充二分之一的八面体空隙，Mg^{2+} 填充八分之一的四面体空隙。结构中 A、B 块内质点排列情况如图 3-11（b）所示。

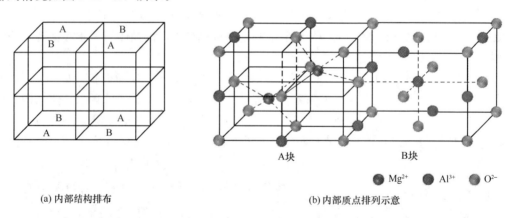

（a）内部结构排布　　　　　　　　（b）内部质点排列示意

图 3-11　尖晶石（AB_2O_4）型结构构成示意

二价阳离子填于四面体空隙，三价阳离子填充于八面体空隙的尖晶石结构称为正尖晶石。二价阳离子 A 填于八面体空隙，而三价阳离子一半填于四面体空隙，另一半填充于八面体空隙中的结构称为反尖晶石。许多重要氧化物磁性材料都是反尖晶石型结构，如 $Fe^{3+}(Mg^{2+}Fe^{2+})O_4$、$Fe^{3+}(Fe^{2+}Fe^{3+})O_4$。

氧化物磁性材料称为铁氧体，作为磁性介质又被称为铁氧体磁性材料。在铁氧体磁性材料中，尖晶石型结构占有重要地位。天然铁氧体——磁铁矿（Fe_3O_4）就是尖晶石结构，分子式为 $Fe^{3+}(Fe^{2+}Fe^{3+})O_4$，称为铁铁氧体。在高频环境下，要求磁性材料既具有强磁性，又有较高的电阻和较低的松弛损耗，此时便体现出铁铁氧体磁性材料的优势，尖晶石型结构的铁氧体陶瓷在高频无线电、电子技术等领域得到了非常广泛的应用。

3.2 硅酸盐晶体结构

硅酸盐（silicate）矿物主要由地表含量最多的硅元素和氧元素组成，种类多、分布广，是主要造岩矿物，也是工业上所需的多种非金属和金属的矿物资源，有些硅酸盐矿物还是珍贵的宝石资源。了解和掌握硅酸盐晶体结构，对无机材料的制备及性能调控具有重要意义。

硅酸盐矿物的结构有两种表示方法：一种是化学式，把构成硅酸盐晶体的氧化物按金属阳离子价态从低到高的顺序按比例写出。例如，钾长石 $KAlSi_3O_8$ 可写为 $K_2O \cdot Al_2O_3 \cdot 6SiO_2$。另一种是无机络盐表示法，先写 1 价、2 价的金属离子，其次是 3 价离子和 Si^{4+}，最后为 O^{2-}，并按一定的离子数的比例写出来，如钾长石的无机络盐式为 $K[AlSi_3O_8]$。

硅酸盐晶体结构非常复杂，但不同的结构都具有以下共同特点：

（1）硅酸盐晶体的基本结构单元均为 $[SiO_4]$；

（2）$[SiO_4]$ 中每个 O^{2-} 最多只能被两个 $[SiO_4]$ 共用；

（3）相邻的 $[SiO_4]$ 相连方式只能是共顶，不能共棱或共面连接。

按照 $[SiO_4]$ 之间的连接及排布方式，可以将硅酸盐晶体结构分为五类：岛状结构、组群状结构、链状结构、层状结构和架状结构。

3.2.1 岛状结构

在硅酸盐晶体结构中，单个 $[SiO_4]$ 共用一个角顶相连，在结构中以孤立状态存在，通过其他阳离子(Mg^{2+}、Ca^{2+}、Al^{3+}、Fe^{2+}、Zr^{4+} 等)相连，而自身并不相连，这种结构称为岛状结构，如图 3-12(a)所示，由顶角四个氧原子与中心硅原子构成硅氧四面体，通过硅以外的阳离子相连。在图 3-12 (b) 中可更加清楚地看到岛状结构的构成情况。结构中氧硅比（O/Si）为 4：1，具有岛状结构的还有锆石($ZrSiO_4$)、石榴石$[A_3B_2(SiO_4)]$、橄榄石$[(Mg^{2+}、Fe^{2+})SiO_4]$ 等。

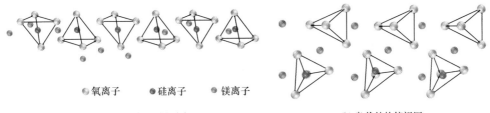

◎氧离子　　●硅离子　　◉镁离子

(a) 岛状结构主视图　　　　　　　　　　(b) 岛状结构俯视图

图 3-12　岛状结构示意

以镁橄榄石为例，其化学式为 Mg_2SiO_4，晶体结构属于正交晶系，$P6mm$ 空间群。$a_0 = 0.476nm$，$b_0 = 1.021nm$，$c_0 = 0.598nm$，一个晶胞中含有四个分子，晶体结构如图 3-13 （a）所示。其（100）面投影如图 3-13 （b）所示，O^{2-} 近似六方紧密堆积排列，其高度为 25、75、125；Si^{4+} 填充于八分之一的四面体空隙；Mg^{2+} 填充于二分之一的八面体空隙；Si^{4+}、Mg^{2+} 的高度为 0、50。$[SiO_4]$ 以孤立状态存在，它们之间通过 Mg^{2+} 连接起

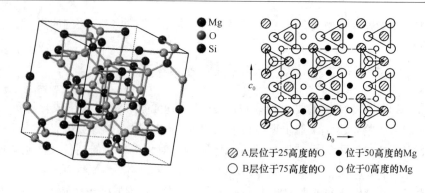

● Mg
● O
○ Si

◫ A层位于25高度的O   ● 位于50高度的Mg
○ B层位于75高度的O   ○ 位于0高度的Mg

(a) 镁橄榄石晶体结构　　　　　　　　　　(b) 镁橄榄石晶体结构投影

图 3-13　镁橄榄石晶体结构及投影

来。根据静电价规则可知，与硅氧四面体中的 O^{2-} 相连接的是三个 Mg^{2+}，使氧离子电价达到饱和，晶体结构稳定。镁橄榄石具有较高的硬度和熔点，是镁质耐火材料的主要原料。

　　镁橄榄石结构中 Mg^{2+} 可以被 Ca^{2+} 取代，形成水泥熟料 $\gamma-Ca_2SiO_4$，可简写为 $\gamma-C_2S$，Ca^{2+} 的配位数为 6，结构稳定，在常温下不与水反应。另一种水泥熟料矿物为 $\beta-Ca_2SiO_4$（$\beta-C_2S$），虽为岛状结构，但在结构中 Ca^{2+} 的配位数有 8 和 6 两种，由于配位不规则，$\beta-C_2S$ 具有较高的水化活性。

3.2.2　组群状结构

　　组群状结构是由两个、三个、四个或六个 $[SiO_4]$ 通过共用顶角的氧离子相连组成的硅氧四面体群体，分别称为双四面体、三节环、四节环、六节环（图 3-14），这些群体在结构中单独存在，通过其他阳离子连接起来。结构中 O/Si 为 7：2 或 3：1。在群体内，$[SiO_4]$ 中顶角的氧有两种：如果 $[SiO_4]$ 中的 O^{2-} 被两个硅氧四面体共用，电价达到饱和，不与其他阳离子相配位，这种氧称为桥氧或非活性氧；若 $[SiO_4]$ 中 O^{2-} 仅与一个 Si^{4+} 相配位，剩余的电价与其他阳离子相配位，这种氧称为非桥氧或活性氧。

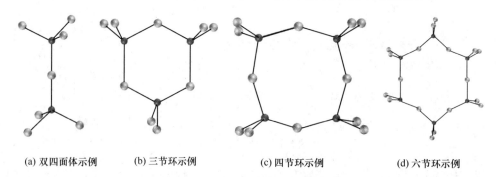

(a) 双四面体示例　　(b) 三节环示例　　　(c) 四节环示例　　　(d) 六节环示例

图 3-14　组群状结构中硅氧四面体连接示意

　　镁黄长石$\{Ca_2Mg[Si_2O_7]\}$的基本结构单元是双四面体$[Si_2O_7]$，每两个 Ca^{2+} 和一个 Mg^{2+} 与双四面体键合而形成岛状结构。蓝锥矿$\{BaTi[Si_3O_9]\}$的基本结构单元是三节环 $[Si_3O_9]$。绿宝石$\{Be_3Al_2[Si_6O_{18}]\}$的基本结构单元是六节环$[Si_6O_{18}]$。

绿宝石的晶体结构属于六方晶系（图 3-15），$P6/mcc$ 空间群，$a_0 = 0.921nm$，$c_0 = 0.917nm$，一个晶胞中含有两个分子，具有六节环结构，结构中的络阴离子为 $[Si_6O_{18}]^{12-}$。绿宝石结构中 Be^{2+} 与 Al^{3+} 通过非桥氧把四个硅氧四面体组成的六节环连起来，Be^{2+} 与非桥氧构成 $[BeO_4]$，Al^{3+} 与非桥氧构成 $[AlO_6]$。而上下叠置的六节环内可以形成一个空腔，这个空腔既可以成为离子迁移的通道，又可以使存在于腔内的离子受热后振幅增大又不发生明显的膨胀。具有这种结构的材料往往有显著的离子电导、较大的介质损耗和较小的膨胀系数，绿宝石就具有这一特性。

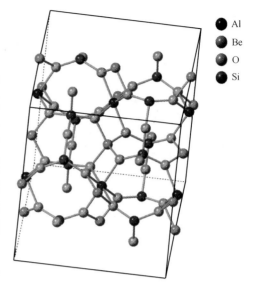

董青石 $Mg_2Al_3[AlSi_5O_{18}]$ 具有绿宝石结构，通过（$3Al^{3+} + 2Mg^{2+}$）置换（$3Be^{2+} + 2Al^{3+}$）的方式保持了电荷平衡。因其膨胀系数小，受热而不

图 3-15　绿宝石晶体结构

易开裂，电工陶瓷以其为主要结晶相；但董青石在高频下使用介质损耗太大，不宜做无线电陶瓷。

3.2.3　链状结构

$[SiO_4]$ 之间通过桥氧相连，在一维方向无限延伸的链状结构称单链[图 3-16(a)]。在单链中，每个 $[SiO_4]$ 中有两个 O^{2-} 为桥氧，结构基元为 $[Si_2O_6]^{4-}$，单链可看作 $[Si_2O_6]^{4-}$ 结构基元在一维方向的无限重复，单链的化学式可写成 $[Si_2O_6]_n^{4n-}$，两条相同的单链通过尚未共用的氧连起来向一维方向延伸的带状结构称双链[图 3-16(b)]。双链结构中，一半 $[SiO_4]$ 有两个桥氧，一半 $[SiO_4]$ 有三个桥氧。双链以结构基元为 $[Si_4O_{11}]^{6-}$，在一维方向的无限重复，其化学式写成 $[Si_4O_{11}]_n^{6n-}$。现以透辉石为例加以介绍。

透辉石的化学式是 $CaMg[Si_2O_6]$，单斜晶系 $C2/c$ 空间群。$a_0 = 0.975nm$，$b_0 = $

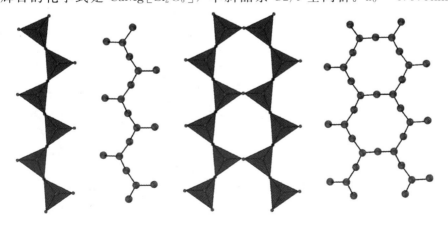

(a) 硅氧四面体单链示意　　　　　　　　(b) 硅氧四面体双链示意

图 3-16　链状结构示意

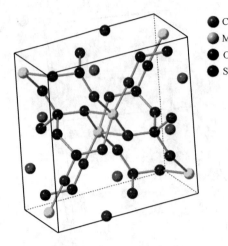

图 3-17　透辉石晶体结构

0.890nm，$c_0 = 0.525$nm，$\beta = 105°37'$，$Z = 4$，晶体结构如图 3-17 所示。透辉石结构中，单链沿 z 轴伸展，[SiO_4]的顶角一左一右更叠排列，相邻两条单链略有偏离，且[SiO_4]的顶角指向正好相反，链之间则由 Ca^{2+} 和 Mg^{2+} 相连，Ca^{2+} 的配位数为 8，与 4 个桥氧和 4 个非桥氧相连；Mg^{2+} 的配位数为 6，与 6 个非桥氧相连。根据 Mg^{2+} 和 Ca^{2+} 的配位形式，Ca^{2+}、Mg^{2+} 分配给 O^{2-} 的静电价强度不等于氧的价态 2，但总体电价仍然平衡，尽管不符合鲍林静电价规则，但这种晶体结构仍然是稳定的。

将透辉石结构中的 Ca^{2+} 全部用 Mg^{2+} 替代，则为斜方晶系的顽火辉石 $Mg_2[Si_2O_6]$；以 Li^+＋Al^{3+} 取代 $2Ca^{2+}$，则得到锂辉石 $LiAl[Si_2O_6]$，两者都有良好的电绝缘性能，是高频无线电陶瓷和微晶玻璃中的主要晶相。

3.2.4　层状结构

层状结构是每个[SiO_4]之间通过三个桥氧相连，在二维平面无限延伸形成的硅氧四面体层。图 3-18 为平面层状结构图，在硅氧层中，[SiO_4]通过三个桥氧相互连接，形成向二维方向无限发展的六边形网络，称硅氧四面体层，其结构基元为[Si_4O_{10}]$^{4-}$。硅氧四面体层中的非桥氧指向同一方向，也可连成六边形网络。这里非桥氧一般由 Al^{3+}、Mg^{2+}、Fe^{2+} 等阳离子相连。它们的配位数为 6，构成[AlO_6]、[MgO_6]等，形成铝氧八面体层或镁氧八面体层。

硅氧四面体和铝氧或镁氧八面体层的连接方式有两种：一种是由一层四面体层和一层八面体层相连，称为 1∶1 型、两层型或单网层结构，如图 3-19（a）所示；另一种是由两层四面体层中间夹一层八面体层构成，称为 2∶1 型、三层型或复网层结构，如图3-19（b）所示。无

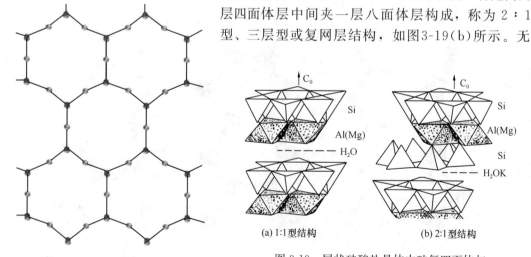

图 3-18　平面层状结构示意

图 3-19　层状硅酸盐晶体中硅氧四面体与铝氧或镁氧八面体连接方式

论是两层型还是三层型，层结构中电荷已经平衡。因此，两层与两层之间或三层与三层之间只能以微弱的分子键或氢键来联系。但是如果在[SiO₄]层中，部分 Si^{4+} 被 Al^{3+} 代替，或在[AlO₆]层中，部分 Al^{3+} 被 Mg^{2+}、Fe^{2+} 代替时，则结构单元中出现多余的负电价，这时，结构中就可以进入一些电价低而离子半径大的水化阳离子(如 K^+、Na^+ 等水化阳离子)来平衡多余的负电荷。如果结构中取代主要发生在[AlO₆]层中，进入层间的阳离子与层的结合并不很牢固，在一定条件下可以被其他阳离子交换，可交换量的大小称为阳离子交换容量。如果取代发生在[SiO₄]中，且量较多时，进入层间的阳离子与层之间有离子键作用，则结合较牢固。

在硅氧四面体层中，非桥氧形成六边形网络和与其等高在网络中心的 OH^- 一起近似地看作密堆积的 A 层，在其上一个高度的 OH^- 或 O^{2-} 构成密堆积的 B 层，阳离子 Al^{3+}、Mg^{2+}、Fe^{2+} 等填充于其间的八面体空隙之中。若有三分之二的八面体空隙被阳离子所填充称二八面体型结构，若全部的八面体空隙被阳离子所填充称三八面体型结构。每一个非桥氧周围有三个八面体空隙，尚有剩余一价可与阳离子相连。对于三价阳离子，静电键强度为 1/2，从电荷平衡考虑，每个非桥氧只能与两个三价阳离子相连，即三价阳离子填充于三个八面体空隙中的两个；对于二价阳离子，静电价强度为 1/3，则每个非桥氧可与三个二价阳离子相连，即三价阳离子填充于全部三个八面体空隙中。

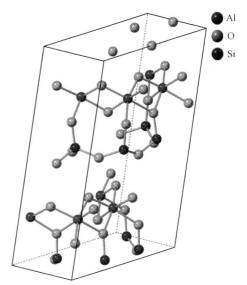

图 3-20　高岭石晶体结构

3.2.4.1　高岭石结构

高岭石($Al_4[Si_4O_{10}](OH)_8$)，晶体结构属于三斜晶系 Cl 空间群，$a_0 = 0.5139nm$，$b_0 = 0.8932nm$，$c_0 = 0.737nm$，$\alpha = 91°36'$，$\beta = 104°48'$，$\gamma = 89°54'$，一个晶胞中含有一个分子。如图 3-20 所示，高岭石为 1:1 型结构，晶体结构由一层四面体层与一层八面体层沿 z 轴方向无限重复而成。在八面体层中，Al^{3+} 的配位数为 6，与四个 OH^- 和两个 O^{2-} 相连，Al^{3+} 填充三分之二的八面体空隙，八面体层由[$AlO_2(OH)_4$]组成，构成二八面体型结构。单网层与单网层之间以氢键相连，层间结合力较弱，因此高岭石易成碎片。但氢键又强于范德华键，水化阳离子不易进入层间，因此可交换的阳离子容量也较小。

高岭石是高岭土的主要成分，高岭土是重要的陶瓷原料之一，具有天然优异的物理化学性质，耐腐蚀、抗蠕变性好、热稳定性强、比表面积大。在我国有"万能土"的美誉，广泛应用于农药、造纸、化妆品、橡胶、建材、耐火材料和环保等领域。

3.2.4.2　蒙脱石结构

蒙脱石的化学式为$(M_x nH_2O)(Al_{2-x}Mg_x)[Si_4O_{10}](OH)_8$。单斜晶系 $C2/m$ 空间群，$a_0 = 0.523nm$，$b_0 = 0.906nm$，c_0 变化较大，具体值随层间水及水化阳离子的含量而变化(当无水时，$c_0 = 0.96nm$；当层间阳离子为 Ca^{2+} 时，如果含有两层水分子，则 c_0 约为

1.55nm；当层间阳离子为 Na^+ 时，可含单层、两层或三层水分子，c_0 可增加到 $1.8\sim$ 1.9nm；当层间吸附有机分子时，c_0 可达到 4.3nm）。蒙脱石的层间排列为 2：1 型结构，由两层硅氧四面体层夹一层铝（镁）氧（羟基）八面体层构成，复网层沿 z 轴方向无限重复，层间以范德华键相连。在铝氧八面体层中，铝与两个 OH^- 和四个 O^{2-} 相配位，构成二八面体型结构，大约有三分之一的 Al^{3+} 被 Mg^{2+} 所取代，水化阳离子进入复网层间以平衡多余的负电荷。由于上述原因，蒙脱石中可交换的阳离子容量大。像这种 Mg^{2+} 取代八面体层中的 Al^{3+} 或 Al^{3+} 取代硅氧四面层中的 Si^{4+} 称同晶取代。在蒙脱石中，硅氧四面体层中的 Si^{4+} 很少被取代，水化阳离子与硅氧四面体层中的 O^{2-} 的作用力较弱。

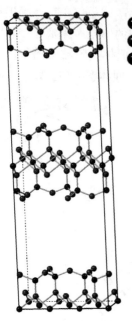

图 3-21　滑石晶体结构

蒙脱石具有独特的晶体结构和表面特性，广泛应用于精铁矿球团黏结剂、石油钻井泥浆、动植物油脱色净化剂、高温润滑剂等。

滑石的化学式为 $Mg_3[Si_4O_{10}](OH)_2$，属单斜晶系 $C2/c$ 空间群，$a_0=0.526nm$，$b_0=0.910nm$，$c_0=1.881nm$，$\beta=100°$。滑石的晶体结构如图 3-21 所示，滑石的结构与蒙脱石结构相似，可看成是八面体层中 Mg^{2+} 取代 Al^{3+} 的 2：1 型结构，Mg^{2+} 为二价，八面体层为三八面体型结构。

伊利石的化学式为 $K_{1-1.5}Al_4[Si_{7-6.5}Al_{1-1.5}O_{20}](OH)_4$，单斜晶系 $C2/c$ 空间群，$a_0=0.520nm$，$b_0=0.900nm$，$c_0=1.000nm$，单位晶胞中含有两个分子。伊利石结构可视为在蒙脱石结构中，硅氧四面体中约 1/6 的 Si^{4+} 被 Al^{3+} 所取代，$1\sim1.5$ 个 K^+ 进入复网层间以平衡多余的负电荷。K^+ 位于上下两层硅氧层的六边形网络的中心，构成 $[KO_{12}]$，与硅氧层结合较牢，因此，这种阳离子不易被交换。

白云母的化学式为 $KAl_2[AlSi_3O_{10}](OH)_2$，单斜晶系 $C2/c$ 空 间 群，$a_0=0.519nm$，$b_0=0.900nm$，$c_0=2.000nm$，$\beta=95°47'$，单位晶胞中含有两个分子。白云母的结构与伊利石结构相似，在硅氧四面体层中约有 1/4 的 Si^{4+} 被 Al^{3+} 所取代，平衡负电荷的 K^+ 量也增多，从伊利石的 $1\sim1.5$ 上升到 2.0。由于 K^+ 增多，复网层之间结合力也增强，但较 Si—O、Al—O 键弱许多，因此，云母易从层间解理成片状。

3.2.5　架状结构

架状结构是硅氧四面体之间通过四个顶角的桥氧连接向三维空间无限发展的骨架状结构，结构示意如图 3-22 所示。石英族矿物即为架状结构，称为架状硅酸盐矿物；长石族矿物也为架状结构，称为架状铝硅酸盐矿物。

3.2.5.1　石英晶体结构

在石英晶体结构中 Si 的四个 sp^3 杂化轨道分别与 4 个 O 的 p 轨道形成 σ 键，构成硅氧四面体，

图 3-22　硅氧四面体连接架状结构示意

硅氧四面体中的 Si^{4+} 不被其他阳离子取代，通过共用顶角相连，O/Si＝2∶1，结构呈电中性，所有原子都具有稳定的电子结构。在常压下，石英共有七种变体，变体之间相互转变的温度条件及具体情况如图 3-23 所示。横向系列晶型之间的转变称一级转变或重建性转变，晶形转变发生时，原化学键被破坏，形成新化学键，所需能量大，转变速度慢。纵向系列晶型之间的转变称二级转变或位移性转变，晶型转变时，化学键不破坏，只发生少许的键角位移，所需能量小，转变速度快。

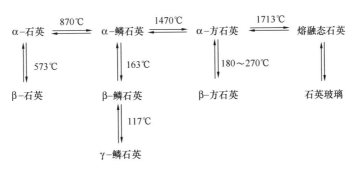

图 3-23 石英七种变体之间的多晶转变

石英主要变体在结构上的差别在于硅氧四面体连接方式不同，如图 3-24 所示，在 α-方石英中[图 3-24(a)]，桥氧为对称中心；在 α-鳞石英中[图 3-24(b)]，以共顶相连的硅氧四面体之间桥氧位置为对称面；而在 α-石英中[图 3-24(c)]，Si—O—Si 键角为 150°，若将键角拉直为 180°，则与 α-方石英的结构相同。下面分别介绍几种石英的结构。

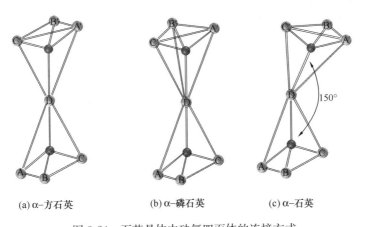

(a)α-方石英　　　　(b)α-磷石英　　　　(c)α-石英

图 3-24 石英晶体中硅氧四面体的连接方式

（1）α-石英结构

α-石英属于六方晶系，$P6_422$ 或 $P6_222$ 空间群，$a_0 ＝ 0.501nm$，$c_0 ＝ 0.547nm$，一个晶胞中含有三个分子。α-石英的结构中，每个硅离子周围有 4 个氧离子，空间取向是两个氧离子在硅离子上方，两个在下方。每个硅氧四面体中异面垂直的两条棱平行于（0001）面。结构在（0001）面的投影图如 3-25 所示，O^{2-} 的高度为 0、33、66、100，局部存在三次螺旋轴；结构总体为六次螺旋轴，围绕螺旋轴的硅离子在（0001）投影图上可连接成正六边形。α-石英有左形和右形之分，因而分别为 $P6_422$ 和 $P6_222$ 空间群。

（2）β-石英结构

β-石英属于三方晶系，$P3_121$ 和 $P3_221$ 空间群，$a_0 = 0.491nm$，$c_0 = 0.540nm$，一个晶胞中含有三个分子。β-石英是 α-石英的低温变体，对称性从 α-石英的六次螺旋轴降低为三次螺旋轴，O^{2-} 在（0001）面上的投影不是正六边形，而是复三方形。β-石英也有左形和右形之分。

（3）α-鳞石英结构

α-鳞石英为六方晶系 $P6_3/mmc$ 空间群，$a_0 = 0.504nm$，$c_0 = 0.825nm$，单位晶胞中含有四个分子。结构由交替指向相反方向的硅氧四面体组成的六节环状的硅氧层平行于（0001）面叠放而形成架状结构。

（4）α-方石英结构

α-方石英属于立方晶系 $Fd3m$ 空间群，$a_0 = 0.713nm$，单位晶胞的分子数为 8。Si^{4+} 位于晶胞的顶点和面心，内部还有四个 Si^{4+}，位置相当于金刚石中的碳原子的位置，晶体结构如图 3-26 所示。由交替指向相反方向的硅氧四面体组成六节环状的硅氧层，以三层为一个重复周期在平行于（111）面的方向上叠放而形成架状结构。

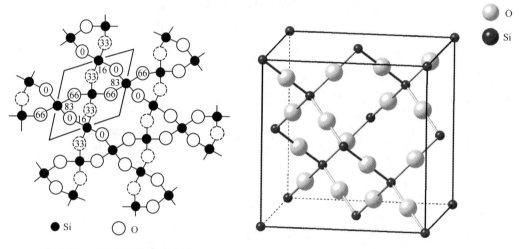

| 图 3-25　α-石英晶体结构投影 | 图 3-26　α-方石英晶体结构 |

石英是玻璃、水泥、耐火材料的重要工业原料。β-石英不具有对称中心，高纯的 β-石英能用作压电材料，在航空航天、电子、激光、能源等领域都得到了广泛应用。

3.2.5.2　长石晶体结构

长石是具有典型架状结构的硅酸盐矿物，与石英结构中的硅氧四面体不同，在长石结构中存在 $R^+ + Al^{3+} \rightarrow Si^{4+}$ 或 $R^{2+} + 2Al^{3+} \rightarrow 2Si^{4+}$ 的取代，其中 R 为 K^+、Na^+、Ca^{2+}、Ba^{2+}，在结构中 O：（Si＋Al）＝2：1，与石英结构中的氧硅比相同。根据结构特点，长石主要分为四种基本类型：钾长石，常用 Or 表示，化学式可写作 $K[AlSi_3O_8]$ 或 $K_2O \cdot Al_2O_3 \cdot 6SiO_2$；钠长石，常用 Ab 表示，化学式可写作 $Na[AlSi_3O_8]$ 或 $Na_2O \cdot Al_2O_3 \cdot 6SiO_2$；钙长石，常用 An 表示，化学式可写作 $Ca[Al_2Si_2O_8]$ 或 $CaO \cdot Al_2O_3 \cdot 2SiO_2$；钡长石，常用 Cn 表示，化学式可写作 $Ba[Al_2Si_2O_8]$ 或 $BaO \cdot Al_2O_3 \cdot 2SiO_2$。由于结构关系，钾长石和钠长石、钠长石与钙长石可以以一定比例互溶成为固溶体。由于长石的互溶

特性，单一长石较少见。

　　按长石的化学组成及晶体结构划分，较重要的两个长石亚族为正长石亚族和斜长石亚族。正长石亚族：主要是钾钠长石系列的矿物；斜长石亚族：是由钠长石和钙长石及它们的中间矿物组成的类质同象系列的总称。所谓类质同象（isomorphism）是指在确定的某种晶体的晶格中，本应全部由某种离子或原子占有的等效位置，一部分被性质相似的其他离子或原子所替代占有，共同结晶成均匀、单一相的混合晶体，但不引起键性和晶体结构类型发生质变的现象。类质同象在矿物中是非常普遍存在的现象。

　　在正长石亚族中，以钠长石含量区分，透长石中钠长石的含量可达 50%，属于单斜晶系，透长石结构的基本单元是四个四面体相互共顶形成一个四联环，四联环之间又通过共顶相连，成为平行于 a 轴的曲轴状的链，链间以桥氧相连，形成三维结构。链与链之间，由于键的密度降低，结合力减弱，存在较大的空腔，Al^{3+} 取代 Si^{4+} 时，K^+ 进入该空腔以平衡负电荷。正长石中钠长石含量可达 30%，也属于单斜晶系。微斜长石中钠长石含量达 20%，属于三斜晶系，由于钠含量最低，熔融温度范围比其他长石宽，且熔体黏度大，熔化缓慢，作为熔剂加入到陶瓷坯体中使坯体在高温下不易变形。

　　长石在陶瓷原料中是作为熔剂使用的，是坯料中碱金属氧化物的主要来源，能降低陶瓷坯体组分的熔化温度，有利于成瓷和降低烧成温度。而在玻璃行业中，长石是作为提供氧化铝的主要原料，同时提供一部分碱金属氧化物，一般含长石的玻璃配合料较容易熔制。

3.3　案例解析

　　硅酸盐矿物是自然界中储量最为丰富的一类矿物，具有许多优良的特性，如比表面积大、高吸附性、较强的离子交换能力等。硅酸盐晶体的结构特点为其功能性改进提供了可能性，可以通过化学合成的方法制备出具有功能特性的矿物基复合功能材料。例如，将无机功能纳米粒子负载、包覆于矿物表面或组装到其层间孔道。通过组装或负载，可获得单分散性好、分布均匀的复合材料，凭借其稳定的网络结构可改善材料的热稳定性，将矿物的高吸附性、较强的离子交换能力与纳米颗粒的小尺寸效应相结合，能使材料的功能强化，实现高性能矿物基复合功能材料的低成本制备。例如，可以利用硅酸盐晶体的结构制备介孔材料、复合导电材料，通过表面组装制备催化材料、制备复合储热材料等。

　　滑石、高岭石是典型的层状硅酸盐材料，因其得天独厚的天然结构成为硅基多孔材料的首选原料，又因其含有大量的硅或铝等介孔材料所需要的化学成分，成为制备有序介孔材料的重要原料。在介孔材料制备的基础上，还可以负载一些纳米粒子，例如负载 SnO_2 可以使介孔滑石、高岭石获得优异的荧光特性。在高岭石表面负载 Al 掺杂 ZnO 导电粒子制备得到高岭石导电矿物材料，赋予传统材料高岭石电功能性，同时发挥了硅酸盐矿物优异的化学稳定性和热稳定性，具有广阔的应用前景。

　　蒙脱石是一种天然的黏土，为 2∶1 型层状铝硅酸盐矿物，晶体结构单元由两层硅氧四面体和一层铝氧八面体组成，层间为可交换阳离子。蒙脱石具有天然的二维形貌、丰富的表面羟基、较强的阳离子交换性、优良的吸附性和良好的亲水性，是各种复合功能材料的优良基体。蒙脱石负载二硫化钼，借助蒙脱石的天然亲水性，可以解决二硫化钼无法在水中高效分散的疏水性，提高其在水相反应中的催化性能。此外，蒙脱石还可以负载稀土镧酸盐、钙钛矿得到兼具吸附性和催化性能的复合材料，在环境修复、催化等领域具有巨大的潜在应用价值。

3.4 思政拓展

无机非金属材料与宝石

宝石多来源于矿石，绝大多数宝石矿物为无机物，在本章介绍的典型无机材料化合物中，包含了多种宝石。例如钻石（金刚石）、红宝石蓝宝石（刚玉）、祖母绿（绿柱石）、水晶（石英）等。长石是具有架状结构的硅酸盐矿物，在长石族矿物中，具有艳丽的色泽、高透明度、无裂纹、大块度的均可作为宝石，如月光石、日光石、拉长石、天河石等。矿物是否能作为宝石，主要取决于是否具有宝石的基本特征，即美丽、耐久性和稀有性。所以，并不是所有金刚石都能成为钻石，石英也并不都是水晶。但相应宝石均具有对应晶体的基本特性，掌握了晶体结构特点，对宝石的辨别与鉴定非常重要。根据掌握的晶体结构的基本知识，运用现代分析测试技术，可以对宝石进行鉴定。例如，化学气相沉积技术合成的钻石与天然钻石，通过肉眼观察是很难辨别的，可以借助红外光谱或 X 射线衍射仪对两者进行区分。翡翠是近年来非常受欢迎是珠宝之一，有些染色翡翠在紫外光的照射下，会发出黄绿色或橙红色的荧光，只要将其放置于紫外灯下便可区分；有些被有机染料染色的翡翠，在红外光谱中会出现 $2854\ \mathrm{cm^{-1}}$ 和 $2920\mathrm{cm^{-1}}$ 的吸收峰，因此，通过红外光谱分析，可鉴别是否为染色翡翠。

材料制备方法在宝石优化处理以及合成宝石方面也发挥着重要作用。常用的合成宝石制备方法主要有熔焰法、水热法、助溶剂法、晶体提拉法、熔体倒膜法、区域熔炼法、高温高压法、化学沉积法等，这些方法也是材料制备的常用方法。可以说，晶体学基础是无机材料科学的基础，同时也是宝石学的基础，同学们学习了晶体学基础的相关理论，如果对宝石鉴定分析感兴趣，可以对相关的内容进行进一步的深入学习研究。无机非金属材料专业的方向不仅限于材料，还有更广阔的空间可待探索！

本章总结

本章需要重点掌握的知识主要有几种典型无机化合物的基本构成、质点之间排列关系、配位数与配位多面体、晶胞分子数以及每种晶体结构对应的特殊性质；硅酸盐的五种晶体结构主要通过硅氧四面体之间的连接方式区分，需要掌握五种晶体结构各自特点，理解晶体的微观结构与宏观性质之间的关系。

课后习题

3-1 尖晶石型结构是重要的无机化合物，请写出尖晶石型结构的通式，分析正尖晶石型结构与反尖晶石型结构的区别并指出哪种尖晶石型结构具有铁磁性。

3-2 镁橄榄石的化学式为 $\mathrm{Mg_2SiO_4}$，其晶体结构中$[\mathrm{SiO_4}]$是以孤立状态存在的，与 $\mathrm{O^{2-}}$ 相连接的是三个 $\mathrm{Mg^{2+}}$ 和一个 $\mathrm{Si^{4+}}$，请分析镁橄榄石属于哪种硅酸盐结构类型，这种结构类型的特点是什么，并请用静电价规则解释为什么 O^{2-} 能与三个 Mg^{2+} 和一个 Si^{4+} 形成稳定结构。

3-3　氧化钙具有氯化钠型晶体结构，为面心立方紧密堆积，O^{2-} 半径为 0.140nm，Ca^{2+} 半径为 0.106nm，计算 CaO 晶体中球状离子所占据的体积分数。

3-4　根据典型无机材料化合物的晶体结构特点，完成以下问题：

（1）在 NaCl 型结构中，_____做立方面心最紧密堆积，_____填全部八面体空隙，_____八面体共棱连接，晶胞中分子数为_____，$CN^+=$_____，$CN^-=$_____，用 Pauling 静电价规则检验晶体稳定性：_____。

（2）在 CsCl 型结构中，Cl^- 做_____堆积，Cs^+ 填充_____空隙，多面体连接方式是_____，晶胞中分子数为_____，$CN^+=$_____，$CN^-=$_____，用 Pauling 静电价规则检验晶体稳定性：_____。

（3）在闪锌矿型结构中，S^{2-} 做_____堆积，Zn^{2+} 填充_____空隙，多面体连接方式是_____，晶胞中分子数为_____，$CN^+=$_____，$CN^-=$_____，用 Pauling 静电价规则检验晶体稳定性：_____。

（4）在纤锌矿型结构中，S^{2-} 做_____堆积，Zn^{2+} 填充_____空隙，多面体连接方式是_____，晶胞中分子数为_____，$CN^+=$_____，$CN^-=$_____，用 Pauling 静电价规则检验晶体稳定性：_____。

（5）在萤石型结构中，F^- 做_____堆积，Ca^{2+} 填充_____空隙，$[CaF_8]$ 连接方式是_____，晶胞中分子数为_____，$CN^+=$_____，$CN^-=$_____，用 Pauling 静电价规则检验晶体稳定性：_____。

3-5　硅酸盐的五种晶体结构分别具有什么特点，请进行比较分析。

3-6　根据 α-石英、α-鳞石英、β-石英三种结构中，α-石英与 α-鳞石英的转变容易，还是与 β-石英的转变容易，为什么？

4 晶体结构缺陷与固溶体

本章导读

在讨论晶体结构时，大家普遍认为整个晶体中所有的原子都是按照理想的晶格点阵排列的。实际上，真实晶体在高于 0K 的任何温度下，都或多或少地存在着对理想晶体结构的偏离，即存在着结构缺陷。结构缺陷的存在及其运动规律与高温过程中的扩散、晶粒生长、相变、固相反应、烧结等机理以及材料的物理化学性能密切相关。晶体缺陷对晶体的某些性质甚至有着决定性的影响。如半导体的导电性质几乎完全是由外来的杂质原子和缺陷存在所决定，还有一些离子晶体的颜色来自缺陷。

液体有纯净液体和含有溶质的液体之分。对于固体，也有纯晶体和含外来杂质原子的固体溶液之分。将外来组元引入晶体结构，占据基质晶体质点位置或进入间隙位置的一部分，仍保持一个晶相，这种晶体称为固溶体，其中外来组元为溶质，基质晶体为溶剂，是一种组成点缺陷。对于缺陷的研究可以帮助我们寻找排除缺陷的方法，从而提高材料的质量和性能的稳定性，可以帮助我们理解高温过程的微观机制。

本章从微观层次上介绍晶体中缺陷的产生原因和缺陷的类型，阐述缺陷的产生、复合、运动以及缺陷的控制与利用，建立缺陷与材料性质和材料加工之间的联系，为控制缺陷在材料中的应用奠定科学基础。

4.1 晶体结构缺陷的类型

在考察不同缺陷的形成与运动规律时，对缺陷进行分类是有必要的。一般根据缺陷的几何形态和形成原因进行缺陷分类。按照几何形态有利于建立起有关缺陷大小、方位、空间取向等概念，按照形成原因分类有利于了解缺陷形成过程，对缺陷控制和利用具有指导意义。

4.1.1 按缺陷几何形态分类

晶体结构缺陷一般按几何形态特征来划分，可以分为点缺陷、线缺陷、面缺陷和体缺陷（表 4-1）。

表 4-1 晶体结构缺陷的主要类型

种类	类型	种类	类型
点缺陷	空位	面缺陷	晶体表面
	间隙原子		晶界
	杂质原子		相界面
线缺陷	位错	体缺陷	二相粒子团、空位团

　　（1）点缺陷：又称零维缺陷，其特点是在三维方向上的尺寸都很小，缺陷的尺寸处在一两个原子大小的级别。其主要类型有空位、间隙质点、杂质质点等，如图4-1所示。空位是指正常结点没有被质点所占据，成为空结点；间隙质点是指质点进入晶格中正常结点之间的间隙位置，成为间隙质点或称填隙质点；杂质质点是指外来质点进入晶格，成为晶体中的杂质。这种杂质质点可能取代原来晶格中的质点而进入正常结点的位置，成为置换式杂质质点；也可能进入本来就没有质点的间隙位置，成为间隙式杂质质点。这类缺陷统称为杂质缺陷。杂质进入晶体可以看作一个溶解的过程，原晶体看作溶剂，杂质看作溶质，我们把这种溶解了杂质原子的晶体称为固体溶液（简称固溶体）。由于杂质进入晶体之后，使原有晶体的晶格发生局部的变化，性能也相应地发生变化。如果杂质原子的离子价与被取代原子的价数不同，还会引起空位或离子价态的变化。在陶瓷材料及耐火材料中，往往有意地添加杂质形成杂质缺陷以获得某些特定性能的材料或改变材料的某些性能。

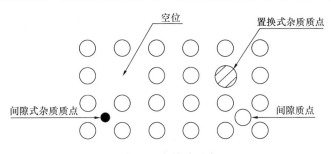

图 4-1　点缺陷示意

　　（2）线缺陷：是指在一维方向上偏离理想晶体中的周期性、规则性排列所产生的缺陷。其特点是仅在一维方向上的尺寸较大，而另外二维方向上的尺寸都很小，故也称一维缺陷，通常是指位错。线缺陷的产生及运动与材料的韧性、脆性密切相关。

　　（3）面缺陷：是指在二维方向上偏离理想晶体中的周期性、规则性排列所产生的缺陷。其特点是仅在二维方向上的尺寸较大，而另外一维方向上的尺寸很小，故也称二维缺陷，如晶体表面、晶界和相界面等。面缺陷的取向及分布与材料的断裂韧性有关。

　　（4）体缺陷：是指在局部的三维空间偏离理想晶体中的周期性、规则性排列所产生的缺陷，又称为三维缺陷，如第二相粒子团、空位团等。体缺陷与物系的分相、偏聚等过程有关。

4.1.2　根据产生缺陷的原因来划分

　　缺陷按其产生的原因分为热缺陷、杂质缺陷、非化学计量缺陷和辐照缺陷。

　　（1）热缺陷（又称本征缺陷）

　　在没有外来质点（原子或离子）时，当晶体的温度高于0K时，由于晶格内质点热振动，使一部分能量较大的质点离开正常的平衡位置，当能量到一定程度时，质点脱离正常格点，进入到晶格其他位置，失去多余的动能后，质点被束缚在那里，从而产生空位和/或间隙质点，这种由于质点热振动而产生的缺陷称为热缺陷。

　　热缺陷有两种基本形式：弗伦克尔缺陷（Frenkel）和肖特基缺陷（Schottky）。

　　① 弗伦克尔缺陷（Frenkel）：在晶格内质点热振动时，一些能量足够大的原子离开平衡位置后，进入晶格点的间隙位置，变成间隙质点，而在原来的位置上形成一个空位，

这种缺陷称为弗伦克尔缺陷，如图 4-2（a）所示。

此缺陷的特点为空位与间隙质点同时出现，成对产生，对晶体体积无影响，在晶体空隙较大时易产生此类缺陷，例如氯化钠不易形成此类缺陷而萤石易形成此类缺陷。

② 肖特基缺陷（Schottky）：如果正常格点上的质点，热起伏过程中获得能量离开平衡位置，跳跃到晶体的表面，在原正常格点上留下空位，这种缺陷称为肖特基缺陷，如图 4-2（b）所示。

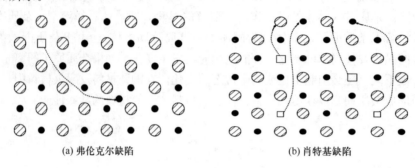

(a) 弗伦克尔缺陷　　　　　　　　　　(b) 肖特基缺陷

图 4-2　热缺陷

离子晶体形成肖特基缺陷时，为了保持晶体电中性，正离子空位和负离子空位是同时成对产生的，同时伴随着晶体体积的增加，这是肖特基缺陷的特点。例如在 NaCl 晶体中，产生一个 Na^+ 空位，同时要产生一个 Cl^- 空位。

在晶体中，两种缺陷可以同时存在，但通常有一种是主要的。一般来说，正负离子半径相差不大时，肖特基缺陷是主要的。两种离子半径相差大时，弗伦克尔缺陷是主要的。

热缺陷的浓度随着温度的上升而呈指数上升，对于某一种特定材料，在一定温度下，都有一定浓度的热缺陷。

（2）杂质缺陷（又称非本征缺陷）

由于杂质进入晶体而产生的缺陷称为杂质缺陷。

杂质质点又称掺杂质点，其含量一般少于 0.1%，进入晶体后，因杂质质点和原有质点的性质不同，故它不仅破坏了质点有规则的排列，还引起了杂质质点周围的周期势场的改变，从而形成缺陷。

杂质质点可分为置换杂质质点和间隙杂质质点两种。前者是杂质质点替代原有晶格中的质点；后者是杂质质点进入原有晶格的间隙位置（图 4-3）。如果晶体中杂质质点含量在

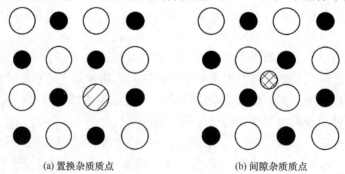

(a) 置换杂质质点　　　　　　　　　　(b) 间隙杂质质点

图 4-3　杂质质点

未超过其固溶度时，杂质缺陷的浓度与温度无关。即当杂质含量一定而且在极限之内，温度变化，杂质缺陷的浓度并不发生变化，这是与热缺陷的不同之处。

（3）非化学计量结构缺陷

由于化学组成明显地随着周围气氛的性质和压力大小的变化而变化，使化学组成偏离化学计量而产生的缺陷，称为非化学计量结构缺陷。

有一些易变价的化合物，在外界条件的影响下，很容易形成空位和间隙质点，造成组成上的非化学计量化，这主要是因为它们能够比较容易地通过自身的变价来平衡由组成的非化学计量化而引起的电荷不中性。这种由组成的非化学计量化造成的空位、间隙质点以及电荷转移引起了晶体内势场的畸变，使晶体的完整性遭到破坏，也即产生非化学计量结构缺陷。它是生成 n 型或 p 型半导体的重要基础。例如，TiO_2 在还原气氛下形成 TiO_{2-x}（$x=0\sim1$），这是一种 n 型半导体。

非化学计量缺陷也是一种重要的缺陷类型。虽然所产生化学计量组成上的偏离很少超过 1%，但是对催化、烧结、半导体等领域有重大影响，所以这部分内容将在非化学计量化合物一节详细讨论。

（4）电荷缺陷

电荷缺陷是指质点排列的周期性未受到破坏，但因电子或空穴的产生，使周期性势场发生畸变而产生的缺陷。如非金属晶体在温度接近 0K 时，其价带中电子全部排满，导带中全空，如果价带中的电子获得足够的能量跃过禁带进入导带，则导带中的电子、价带中的空穴使晶体的势场畸变，从而产生电荷缺陷。

（5）辐照缺陷

辐照缺陷是指材料在辐照之下所产生的结构的不完整性。辐照可以使材料内部产生各种缺陷，如色心、位错环等。辐照对金属、非金属、高分子材料的损伤效应是不同的。

① 金属

高能辐照，例如中子辐照，能把原子从其正常格点位置上撞击出来，产生间隙原子和空位。这些点缺陷会降低金属的导电性并使材料由韧变硬变脆。退火有助于排除辐照损伤。

② 非金属晶体

在非金属晶体中，由于电子激发态可以局域化且能保持很长的时间，所以电离辐照就能使晶体严重损伤，产生大量点缺陷。例如，X 射线辐照 NaCl 晶体后，Cl 离子可以多次电离，损失两个电子后，变成一个带正电荷的反常离子 Cl^+。此反常离子在周围离子的静电排斥作用下脱离正常格点，形成一个空位和一个间隙离子。因为非金属材料是脆性的，所以辐照对材料的力学性质不会产生什么影响，但材料的导热性和光学性可能变差。

③ 高分子聚合物

即使是低能辐照也能够改变高分子聚合物的结构，其链会断裂，聚合度降低，引起分键，最后导致高分子聚合物强度降低。

4.2 点缺陷

点缺陷是材料中普遍存在的一种缺陷，其产生和复合始终处于动态平衡，点缺陷的存在及其相互作用与半导体材料的制备、材料的高温动力学过程，材料的光学、电学性质等密切相关，是无机材料中最基本和最重要的缺陷。本节主要介绍点缺陷的符号表征，反应方程式表述及浓度计算等缺陷化学的基本知识。

4.2.1 点缺陷的克罗格-明克符号表示法

从理论上定性定量地把材料中的点缺陷看作化学物质，并用化学热力学的原理来研究缺陷的产生、平衡及其浓度等问题的一门学科称为缺陷化学。

缺陷化学所研究的对象主要是晶体缺陷中的点缺陷。点缺陷既然为化学物质，就可以像原子、分子一样，在一定的条件下发生一系列类似化学反应的缺陷化学反应。固体材料中可能同时存在各种点缺陷，为了便于讨论缺陷反应，就需要有一整套的符号来表示各种点缺陷。在缺陷化学发展史上，很多学者采用多种不同的符号系统，目前广泛采用克罗格-明克的点缺陷符号。

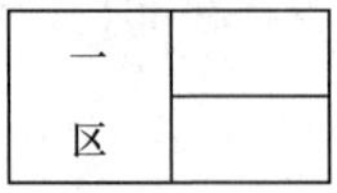

图 4-4 克罗格-明克点缺陷符号构成

它由三部分构成，如图 4-4 所示。一区写缺陷种类，右上角写缺陷所带的有效电荷，右下角写缺陷在晶体中的位置。

在克罗格-明克符号系统中，用一个主要符号来表示缺陷的种类，而用一个下标来表示这个缺陷所在的位置，用一个上标来表示缺陷所带的电荷。如用上标点 "·" 表示正电荷，用撇 " ′ " 表示负电荷，有时用 " × " 表示中性。一 "撇" 或一 "点" 表示一价，两 "撇" 或两 "点" 表示二价，以此类推。下面以 MX 离子晶体（M 为二价阳离子、X 为二价阴离子）为例来说明缺陷化学符号的具体表示方法（图 4-5）。

（1）空位

当出现空位时，对于 M 原子空位和 X 原子空位分别用 V_M 和 V_X 表示，V 表示这种缺陷是空位，下标 M、X 表示空位分别位于 M 和 X 原子的位置上。

（2）间隙原子

当原子 M 和 X 处在间隙位置上，分别用 M_i 和 X_i 表示。例如，Na 原子填隙在 KCl 晶格中，可以写成 Na_i。

（3）置换原子

L_M 表示 M 位置上的原子被 L 原子所置换，S_X 表示 X 位置上的原子被 S 原子所置换。例如 NaCl 进入 KCl 晶格中，K 被 Na 所置换写成 Na_K。

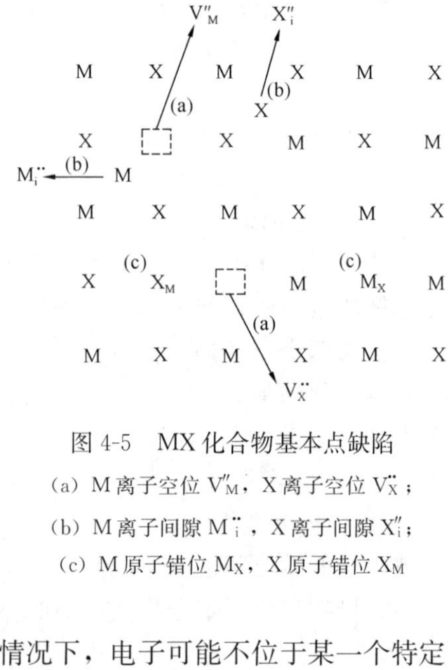

（4）自由电子及电子空穴

在强离子性材料中，通常电子是位于特定的原子位置上的，这可以用离子价来表示。但在有些情况下，电子可能不位于某一个特定的原子位置上，它们在某种光、电、热的作用下，可以在晶体中运动，可用 e' 来表示这些自由电子。同样，不局限于特定位置的电子空穴用 $h^·$ 表示。自由电子和电子空穴都不属于某一个特定位置的原子。

图 4-5 MX 化合物基本点缺陷

(a) M 离子空位 V_M''，X 离子空位 $V_X^{··}$；

(b) M 离子间隙 $M_i^{··}$，X 离子间隙 X_i''；

(c) M 原子错位 M_X，X 原子错位 X_M

（5）带电缺陷

离子空位以及由于不等价离子之间的替代而产生的带电缺陷，如离子空位 V''_M 和 V''_X，分别表示带二价电荷的正离子和负离子空位，如图 4-5（a）所示。例如，在 KCl 离子晶体中，如果从正常晶格位置上取走一个带正电的 K^+ 离子，这和取走一个钾原子相比，少取了一个钾电子，因此，剩下的空位必伴随着一个带有负电荷的过剩电子，过剩电子记作 e'，如果这个过剩电子被局限于空位，这时空位写成 V'_K。同样，如果取走一个带负电的 Cl^-，即相当于取走一个氯原子和一个电子，剩下的那个空位必然伴随着一个正的电子空穴，记作 $h^·$，如果这个过剩的正电荷被局限于空位，这时空位写成 $V^·_{Cl}$。用缺陷反应式表示为：

$$V'_k \longrightarrow V_K + e' \tag{4-1}$$

$$V^·_{Cl} \longrightarrow V_{Cl} + h^· \tag{4-2}$$

用 $M^{··}_i$ 和 X''_i 分别表示 M 及 X 离子处在间隙位置上，如图 4-5 中（b）所示。

若是离子之间不等价取代而产生的带电缺陷，如一个三价的 Al^{3+} 替代在镁位置上的一个 Mg^{2+} 时，由于 Al^{3+} 比 Mg^{2+} 高一价，因此与这个位置原有的电价相比，它高出一个单位正电荷，写成 $Al^·_{Mg}$。如果 Ca^{2+} 取代了 ZrO_2 晶体中的 Zr^{4+} 则写成 Ca''_{Zr}，表示 Ca^{2+} 在 Zr^{4+} 位置上同时带有两个单位负电荷。这里应该注意的是上标 "＋" 和 "－" 是用来表示实际的带电离子，而上标 "·" 和 " ′ " 则表示相对于基质晶格位置上的有效的正、负电荷。

（6）错位原子

当 M 原子被错放在 X 位置上用 M_X 表示，下标总是指晶格中某个特定的原子位置。这种缺陷一般很少出现，如图 4-5 中（c）所示。

（7）缔合中心

一个带电的点缺陷也可能与另一个带有相反符号的点缺陷相互缔合成一组或一群，这种缺陷把发生缔合的缺陷放在括号内来表示。例如 V''_M 和 V''_X 发生缔合，可以记为 $(V''_M V''_X)$，类似的还可以有 $(M^{··}_i X''_i)$。在存在肖特基缺陷和弗伦克尔缺陷的晶体中，有效电荷符号相反的点缺陷之间，存在着一种库仑力，当它们靠得足够近时，在库仑力作用下，就会产生一种缔合作用。例如，在 MgO 晶体中，最邻近的镁离子空位和氧离子空位就可能缔合成空位对，形成缔合中心，用反应式表示如下：

$$V''_{Mg} + V^{··}_O \Longrightarrow (V''_{Mg} V^{··}_O) \tag{4-3}$$

以 $M^{2+} X^{2-}$ 离子晶体为例、克罗格-明克符号表示的点缺陷见表 4-2。

表 4-2 克罗格-明克缺陷符号（以 $M^{2+} X^{2-}$ 为例）

缺陷类型	符号	缺陷类型	符号
M^{2+} 在正常格点上	M_M	阴离子空位	$V^·_X$
X^{2-} 在正常格点上	X_X	M 原子在间隙位	M_i
M 原子空位	V_M	X 原子在间隙位	X_i
X 原子空位	V_X	阳离子间隙	$M^{··}_i$
阳离子空位	V''_M	阴离子间隙	X''_i

缺陷类型	符号	缺陷类型	符号
M 原子在 X 位置	M_X	L 原子在间隙	L_i
X 原子在 M 位置	X_M	自由电子	e'
L^{2+} 溶质置换 M^{2+}	L_M	电子空穴	$h^{\cdot}$
L^+ 溶质置换 M^{2+}	L'_M	缔合中心	$(V''_M V^{\cdot\cdot}_X)$
L^{3+} 溶质置换 M^{2+}	$L^{\cdot}_M$	无缺陷状态	0

为了能把缺陷的形成原因、形成缺陷的类型用简便的方法明确地表达出来，可采用缺陷反应方程式。在离子晶体中，每个缺陷如果看作化学物质，那么材料中的缺陷及其浓度就可以和一般的化学反应一样用热力学函数如反应热效应来描述，也可以把质量作用定律和平衡常数之类的概念应用于缺陷反应。这对于掌握在材料制备过程中缺陷的产生和相互作用等是很重要和很方便的。

4.2.2 缺陷反应方程式书写规则

在写缺陷反应方程式时，也与化学反应式一样，必须遵守一些基本原则，缺陷反应方程式应满足以下几个规则。

（1）位置关系

在化合物 $M_a X_b$ 中，M 位置的数量必须永远与 X 位置的数量保持 $a:b$ 的比例关系。例如，在 MgO 中，Mg∶O=1∶1，在 Al_2O_3 中，Al∶O=2∶3。只要保持比例不变，每一种类型的位置总数可以改变。如果在实际晶体中，M 与 X 的比例不符合位置的比例关系，表明晶体中存在缺陷。例如，在 TiO_2 中，Ti∶O=1∶2，而实际上当它在还原气氛中，由于晶体中氧不足而形成 TiO_{2-x}，此时在晶体中生成氧空位，因而 Ti 与氧之比由原来 1∶2 变为 1∶（2-x）。

（2）位置增殖

当缺陷发生变化时，有可能引入 M 空位 V_M，也有可能把 V_M 消除。当引入空位或消除空位时，相当于增加或减少 M 的点阵位置数。但发生这种变化时，要服从位置关系。能引起位置增殖的缺陷有 V_M、V_X、M_M、M_X、X_M、X_X 等。不发生位置增殖的缺陷有 e'、$h^{\cdot}$、M_i、X_i 等。例如，发生肖特基缺陷时，晶格中原子迁移到晶体表面，在晶体内留下空位时，增加了位置的数目。当表面原子迁移到晶体内部填补空位时，减少了位置的数目。在离子晶体中这种增殖是成对出现的，因此它是服从位置关系的。

（3）质量平衡

和化学反应一样，缺陷方程的两边必须保持质量平衡，必须注意的是缺陷符号的下标只是表示缺陷的位置，对质量平衡没有作用。如 V_M 为 M 位置上的空位，它不存在质量。

（4）电中性

在缺陷反应前后晶体必须保持电中性。电中性的条件要求缺陷反应式两边必须具有相同数目的总有效电荷，但不必等于零。例如，TiO_2 在还原气氛下失去部分氧，生成 TiO_{2-x} 的反应可写为：

$$2TiO_2 - \frac{1}{2}O_2 \uparrow \longrightarrow 2Ti'_{Ti} + V^{\cdot\cdot}_O + 3O_O \tag{4-4}$$

$$2TiO_2 \longrightarrow 2Ti'_{Ti} + V_O^{\cdot\cdot} + 3O_O + \frac{1}{2}O_2 \uparrow \qquad (4-5)$$

$$2Ti_{Ti} + 4O_O \longrightarrow 2Ti'_{Ti} + V_O^{\cdot\cdot} + 3O_O + \frac{1}{2}O_2 \uparrow \qquad (4-6)$$

方程表示，晶体中的氧气以电中性的氧分子的形式从 TiO_2 中逸出，同时，在晶体内产生带正电荷的氧空位和与其符号相反的带负电荷的 Ti'_{Ti} 来保持电中性，方程两边总有效电荷都等于零。Ti'_{Ti} 可以看作 Ti^{4+} 被还原为 Ti^{3+}，三价 Ti 占据了四价 Ti 的位置，因而带一个有效负电荷。而两个 Ti^{3+} 替代了两个 Ti^{4+}，由原来 2∶4 变为 2∶3，因而晶体中出现一个氧空位。

（5）表面位置

当一个 M 原子从晶体内部迁移到表面时，用符号 M_S 表示，下标表示表面位置，在缺陷化学反应中表面位置一般不用特别表示。

缺陷化学反应式在描述固溶体的生成和非化学计量化合物的反应中都是很重要的，为了加深对上述规则的理解，掌握其在缺陷反应中的应用，现举例说明如下。

① $CaCl_2$ 溶质溶解到 KCl 溶剂中的固溶过程。

当引入一个 $CaCl_2$ 分子到 KCl 中时，同时带进两个 Cl^- 和一个 Ca^{2+}。考虑置换杂质的情况，一个 Ca^{2+} 置换一个 K^+，因为作为基体的 KCl 中，K^+∶Cl^-＝1∶1，引入两个 Cl^- 后根据位置关系，为保持原有晶格，必然出现一个 K^+ 空位。由于引入两个 Cl^-，但作为基体的 KCl 中，K∶Cl＝1∶1，因此，根据位置关系，为保持原有晶格，必然出现一个 K 离子空位。

$$CaCl_2 \xrightarrow{KCl} Ca_K^{\cdot} + V'_K + 2Cl_{Cl} \qquad (4-7)$$

第二种可能是一个 Ca^{2+} 置换一个 K^+，而多出的一个 Cl 离子进入间隙位置。

$$CaCl_2 \xrightarrow{KCl} Ca_K^{\cdot} + Cl'_i + Cl_{Cl} \qquad (4-8)$$

第三种可能是 Ca 进入间隙位置，Cl 仍然在 Cl 位置，为了保持电中性和位置关系，必须同时产生两个 K 离子空位。

$$CaCl_2 \xrightarrow{KCl} Ca_i^{\cdot\cdot} + 2V'_K + 2Cl_{Cl} \qquad (4-9)$$

在上面三个缺陷反应式中，→号上面的 KCl 表示溶剂，溶质 $CaCl_2$ 进入 KCl 晶格，写在箭头左边。以上三个缺陷反应式都符合缺陷反应方程的规则，反应式两边保持电中性、质量平衡和正确的位置关系。它们中究竟哪一种是实际存在的缺陷反应式呢？正确判断它们是否合理还需要根据固溶体的生成条件及固溶体研究方法并用试验进一步验证。但是可以根据离子晶体结构的一些基本知识，粗略地分析判断它们的正确性。式（4-9）的不合理性在于离子晶体是以负离子做紧密堆积，正离子位于紧密堆积所形成的空隙内。既然有两个钾离子空位存在，一般 Ca^{2+} 首先应填充到空位中，而不会挤到间隙位置，增加晶体的不稳定因素。式（4-8）由于氯离子半径大，离子晶体的紧密堆积中一般不可能挤进间隙离子，因而上面三个反应式以式（4-7）最合理。

② MgO 溶质溶解到 Al_2O_3 溶剂中的固溶过程。

固溶过程有两种可能，两个反应式如下：

$$2MgO \xrightarrow{Al_2O_3} 2Mg'_{Al} + V_O^{\cdot\cdot} + 2O_O \qquad (4-10)$$

$$3MgO \xrightarrow{Al_2O_3} 2Mg'_{Al} + Mg_i^{\cdot\cdot} + 3O_O \qquad (4\text{-}11)$$

两个方程分别表示，2 个 Mg^{2+} 置换了 2 个 Al^{3+}，Mg 占据了 Al 的位置，由于价数不同产生了 2 个负的有效电荷，为了保持正常晶格的位置关系 Al：O=2：3，可能出现一个 O^{2-} 空位或多余的一个 Mg^{2+} 进入间隙位置两种情况。这两种情况都产生 2 个正的有效电荷，等式两边有效电荷相等，保持了电中性，而且质量平衡，位置关系正确，说明两个反应方程式都符合缺陷反应规则。根据离子晶体结构的基本知识，可以分析出式（4-10）更为合理，因为在 NaCl 型的离子晶体中，Mg^{2+} 进入晶格间隙位置这种情况不易发生。

③ ZrO_2 掺入 Y_2O_3 形成缺陷。

$$2ZrO_2 \xrightarrow{Y_2O_3} 2Zr_Y^{\cdot} + 3O_O + O_i'' \qquad (4\text{-}12)$$

Zr^{4+} 置换了 Y^{3+}，Zr 占据了 Y 的位置，由于价数不同产生了一个正的有效电荷，有一部分 O^{2-} 进入了间隙位置，产生了两个负的有效电荷，正常晶格的位置保持 2：3，质量是平衡的，在等式两边都是两个 ZrO_2，等式两边有效电荷相等，说明反应方程式符合缺陷规则。实际是否能按此方程进行，还需进一步试验验证。

对缺陷反应方程进行适量处理和分析，可以找到影响缺陷种类和浓度的诸因素，从而为制备某种功能性材料提供理论上的指导作用。

4.2.3　热缺陷浓度的计算

在纯的化学计量的晶体中，热缺陷是一种最基本的缺陷。在任何高于绝对零度的温度下，晶体中由于晶格的热振动而产生以及由于复合而消失的缺陷数目相等，处于一种平衡的状态。因此，也可以用化学反应平衡的质量作用定律来处理。令单位体积中正常格点总数为 N，在 TK 温度时形成的孤立热缺陷数为 n，n/N 为热缺陷在总格点中所占分数，即热缺陷浓度。

（1）弗伦克尔缺陷浓度计算

弗伦克尔缺陷可以看作正常格点离子和间隙位置反应生成间隙离子和空位的过程：

（正常格点离子）＋（未被占据的间隙位置）⟶（间隙离子）＋（空位）

弗伦克尔缺陷反应可写成

$$M_M + V_i \Longleftrightarrow M_i^{\cdot\cdot} + V_M'' \qquad (4\text{-}13)$$

式中，M_M 表示 M 在 M 位置上，V_i 表示未被占据的间隙即空间隙，$M_i^{\cdot\cdot}$ 表示 M 在间隙位置，并带二价正电荷，V_M'' 表示 M 离子空位，带二价负电荷。

平衡常数 $$K_F = \frac{[M_i^{\cdot\cdot}][V_M'']}{[M_M][V_i]} \qquad (4\text{-}14)$$

在 AgBr 中，弗伦克尔缺陷的生成可写成

$$Ag_{Ag} + V_i = Ag_i^{\cdot} + V_{Ag}' \qquad (4\text{-}15)$$

由方程式可知，间隙银离子浓度 $[Ag_i^{\cdot}]$ 与银离子空位浓度 $[V_{Ag}']$ 相等。反应达到平衡时，平衡常数 K_f 为：

$$K_f = \frac{[Ag_i^{\cdot}][V_{Ag}']}{[Ag_{Ag}][V_i]} \qquad (4\text{-}16)$$

式中，$[Ag_{Ag}]$ 为正常格点上银离子的浓度，其值近似等于 1，即 $[Ag_{Ag}] \approx 1$。

由物理化学知识可知，弗伦克尔缺陷反应的自由焓变化 ΔG_f 与平衡常数 K_f 符合式（4-17）。

$$\Delta G_f = -kT \ln K_f \tag{4-17}$$

式中，k 为玻尔兹曼常数；ΔG_f 为形成单个弗伦克尔缺陷的自由焓变。

将式（4-16）代入式（4-17）可得：

$$\frac{n}{N} = [Ag_i] = [V'_{Ag}] = \exp\left(-\frac{\Delta G_f}{2kT}\right) \tag{4-18}$$

（2）肖特基缺陷浓度计算

对于肖特基缺陷，生成空位和表面上的离子对数目平衡。

① 单质晶体肖特基缺陷浓度

对于 M 单质晶体形成肖特基缺陷，反应方程式为：

$$O \Longrightarrow V_M$$

当缺陷反应达到平衡时，平衡常数 K_s 为：

$$K_s = \frac{[V_M]}{[O]} \tag{4-19}$$

式中，$[V_M]$ 为 M 原子空位浓度；$[O]$ 为无缺陷状态的浓度，$[O] = 1$。

则上述肖特基缺陷反应的自由焓变 ΔG_s 与平衡常数 K_s 关系为：

$$\Delta G_s = -kT \ln K_s \tag{4-20}$$

故

$$\frac{n}{N} = [V_M] = \exp\left(-\frac{\Delta G_s}{kT}\right) \tag{4-21}$$

② MX 型离子晶体肖特基缺陷浓度

以 CaO 晶体为例，形成肖特基缺陷时，反应方程式为：

$$O \Longrightarrow V''_{Ca} + V_O^{\cdot\cdot} \tag{4-22}$$

因此，Ca^{2+} 空位浓度与 O^{2-} 空位浓度相等，肖特基缺陷的平衡常数为：

$$K_s = \frac{[V''_{Ca}][V_O^{\cdot\cdot}]}{[O]} \tag{4-23}$$

则

$$\frac{n}{N} = [V''_{Ca}] = [V_O^{\cdot\cdot}] = \exp\left(-\frac{\Delta G_s}{2kT}\right) \tag{4-24}$$

③ MX$_2$ 型离子晶体肖特基缺陷浓度

以 CaF$_2$ 晶体为例，形成肖特基缺陷时，反应方程式为：

$$O \Longrightarrow V''_{Ca} + 2V_F \tag{4-25}$$

则，$2[V''_{Ca}] = [V_F]$

由于

$$K_s = \frac{[V''_{Ca}][V_F]^2}{[O]} = \frac{4[V''_{Ca}]^3}{[O]} = \exp\left(-\frac{\Delta G_s}{2kT}\right) \tag{4-26}$$

所以

$$[V''_{Ca}] = \frac{[V_F]}{2} = \frac{1}{\sqrt[3]{4}}\exp\left(-\frac{\Delta G_s}{3kT}\right) \tag{4-27}$$

由式（4-18）、式（4-21）、式（4-24）、式（4-27）表明，热缺陷浓度随温度升高而呈指数增加，随缺陷形成自由焓升高而下降。

4.3　固溶体

由于外来组元引入，破坏了质点排列的有序性，引起周期势场的畸变，造成结构不完整，所以是一种组成点缺陷。如果原始晶体为 AC 和 BC，生成固溶体之后，分子式可以写成（A_xB_y）C。例如，MgO 和 CoO 生成固溶体，可以写成（$Mg_{1-x}Co_x$）O。在固溶体中不同组分的结构基元之间是以原子尺度相互混合的，这种混合并不破坏原有晶体的结构。以 Al_2O_3 晶体中溶入 Cr_2O_3 为例，Al_2O_3 为溶剂，Cr^{3+} 溶解在 Al_2O_3 中以后，并不破坏 Al_2O_3 原有晶格构造。少量 Cr^{3+}（0.5%～2%，质量分数）溶入 Al_2O_3 中，由于 Cr^{3+} 能产生受激辐射，使原来没有激光性能的白宝石（α-Al_2O_3）变为有激光性能的红宝石。

固溶体普遍存在于无机固体材料中，材料的物理化学性质随着固溶程度的不同可在一个较大的范围内变化。现代材料研究经常采用生成固溶体来提高和改善材料性能。在功能材料、结构材料中都离不开它。例如，$PbTiO_3$ 与 $PbZrO_3$ 生成锆钛酸铅压电陶瓷 Pb（Zr_xTi_{1-x}）O_3 结构，广泛应用于电子、无损检测、医疗等技术领域；Si_3N_4 与 Al_2O_3 之间形成固溶体（塞龙）是新型的高温结构材料；在耐火材料的生产和使用过程中难免会遇到各种杂质，这些杂质究竟是固溶到主晶相中还是在基质中形成液相，对耐火材料性能有重大影响，因此需要了解固溶体的基本知识和变化规律。

固溶体可以在晶体生长过程中进行，也可以从溶液或熔体中析晶时形成，还可以通过烧结过程由原子扩散而形成。固溶体、机械混合物和化合物三者之间是有本质区别的。表 4-3 列出固溶体、化合物和机械混合物三者之间的区别。

表 4-3　固溶体、化合物和机械混合物比较

比较项	固溶体	化合物	机械混合物
形成方式	掺杂溶解	化学反应	机械混合
反应式	$2AO \xrightarrow{B_2O_3} 2A'_B + V_O^{\cdot\cdot} + 2O_O$	$AO + B_2O_3 \longrightarrow AB_2O_4$	$AO + B_2O_3$ 均匀混合
化学组成	$B_{2-x}A_xO_{3-\frac{x}{2}}$（$x=0\sim 2$）	AB_2O_4	$AO + B_2O_3$
混合尺度	原子（离子）尺度	原子（离子）尺度	晶体颗粒态
结构	与 B_2O_3 相同	AB_2O_4 型结构	AO 结构＋B_2O_3 结构
相组成	均匀单相	单相	两相有界面

若晶体 A、B 形成固溶体，A 和 B 之间以原子尺度混合成为单相均匀晶态物质。机械混合物 AB 是 A 和 B 以颗粒态混合，A 和 B 分别保持本身原有的结构和性能，AB 混合物不是均匀的单相而是两相或多相。若 A 和 B 形成化合物 A_mB_n，A：B＝m：n 有固定的比例，A_mB_n 化合物的结构不同于 A 和 B。若 AC 与 BC 两种晶体形成固溶体（A_xB_{1-x}）C，A 与 B 可以任意比例混合，$x=0\sim 1$ 范围内变动，该固溶体的结构仍与主晶相 AC 相同。

4.3.1　固溶体的分类

固溶体有两种分类的方法：按杂质质点在固溶体中的位置分；按杂质质点在晶体中的溶解度来分。

4.3.1.1　按杂质质点在固溶体中的位置分类

按杂质质点在固溶体中的位置分类可以分为置换型固溶体和间隙型固溶体两个类型。置换型固溶体是指杂质质点进入晶体中正常格点位置所生成的固溶体。在无机固体材料中所形成的固溶体绝大多数都属于这种类型。例如，对氧化物主要发生在金属离子位置上的置换，MgO-CoO、MgO-CaO、Al_2O_3-Cr_2O_3、$PbZrO_3$-$PbTiO_3$ 等都属于这种类型。

MgO 和 CoO 都是 NaCl 型结构，Mg^{2+} 半径为 0.072nm，Co^{2+} 为 0.074nm。这两种晶体因为结构相同，离子半径接近，MgO 中的 Mg^{2+} 位置可以无限制地被 Co^{2+} 取代，生成无限互溶的置换型固溶体，图 4-6 和图 4-7 为 MgO-CoO 系统相图及固溶体结构图。

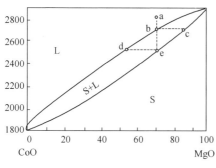

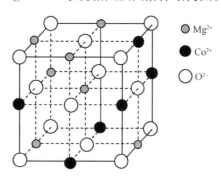

图 4-6 MgO-CoO 系统相图   图 4-7 MgO-CoO 固溶体结构图

杂质质点进入溶剂晶格中的间隙位置所生成的固溶体就是间隙型固溶体。在无机固体材料中，间隙型固溶体一般发生在阴离子或阴离子团所形成的间隙中。一些碳化物晶体就能形成这种固溶体。

由于不等价的离子置换或生成间隙离子，所形成的固溶体中还会出现离子空位结构。例如，MgO 在 Al_2O_3 中有一定的溶解度，当 Mg^{2+} 进入 Al_2O_3 晶格时，它占据 Al^{3+} 的位置，Mg^{2+} 比 Al^{3+} 低一价，为了保持电中性和位置关系，在 Al_2O_3 中产生 O 空位 $V_{O}^{\cdot\cdot}$，反应如下：

$$2MgO \xrightarrow{Al_2O_3} 2Mg'_{Al} + V_{O}^{\cdot\cdot} + 2O_O \tag{4-28}$$

这显然是一种置换型固溶体。

4.3.1.2 按杂质质点在晶体中的溶解度分类

分为无限固溶体和有限固溶体两类。无限固溶体是指溶质和溶剂两种晶体可以按任意比例无限制地相互固溶。例如，在 MgO 和 NiO 生成的固溶体中，MgO 和 NiO 各自都可当作溶质也可当作溶剂，如果把 MgO 当作溶剂，MgO 中的 Mg 可以被 Ni 部分或完全取代，其分子式写成 $(Mg_xNi_{1-x})O$，其中 $x=0\sim1$。当 $PbTiO_3$ 与 $PbZrO_3$ 生成固溶体时，结构中的 $PbTiO_3$ 中的 Ti 也可以全部被 Zr 取代，形成无限固溶体，分子式可以写成 $Pb(Zr_xTi_{1-x})O_3$，其中 $x=0\sim1$。在无限固溶体中，溶质和溶剂两个晶体呈无限溶解时，其固溶体成分可以从一个晶体连续改变成另一晶体，所以又称为连续固溶体或完全互溶固溶体。

因此，在无限固溶体中溶剂和溶质都是相对的。在二元系统中无限型固溶体的相平衡图是连续的曲线，如图 4-6 所示。有限型固溶体则表示溶质只能以一定的溶解限量溶入到溶剂中，即杂质原子在固溶体中的溶解度是有限的，超过这一限度即出现第二相。例如，MgO-CaO 系统，虽然两者都是 NaCl 型结构，但离子半径相差较大，Mg^{2+} 的半径为 0.072nm，Ca^{2+} 的半径为 0.100nm，相互取代存在着一定的限度，所以生成的是有限固溶体。MgO-CaO 系统相图如图 4-8 所示，在 2000℃时，约有质量分数为 3％ CaO 溶入 MgO 中。超过这一限量，便出现第二相——氧化钙固溶体。从图 4-8 相图中可以看出，溶质的溶解度和温度有关，温度升高，溶解度增加。

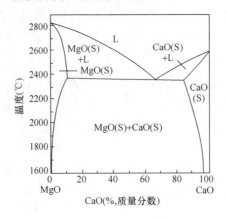

图 4-8　MgO-CaO 系统有限固溶相图

4.3.2　置换型固溶体

图 4-9 是置换型固溶体结构示意图，图中白球代表基质晶体质点，黑球代表外来组元质点。

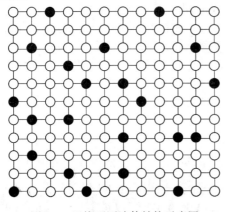

图 4-9　置换型固溶体结构示意图

在硅酸盐的形成过程中，常遇到 NiO 或 FeO 固溶到氧化镁晶体内，即 Ni^{2+} 或 Fe^{2+} 离子置换晶体中 Mg^{2+}，生成置换型固溶体，而且是连续固溶体。固溶体组成可以写成（$Mg_x Ni_{1-x}$）O（$Mg_{1-x} Ni_x$）O，其中 $x=0 \sim 1$。能生成连续固溶体的实例还有 Al_2O_3-Cr_2O_3，ThO_2-UO_2，$PbZrO_3$-$PbTiO_3$、钠长石和钾长石等。另外，像 MgO 和 Al_2O_3、MgO 和 CaO、ZrO_2 和 CaO 等，它们的正离子间相互置换，生成置换型固溶体，但置换的量是有限的，所以生成的是有限固溶体。

4.3.2.1　影响置换型固溶体中溶质离子溶解度的因素

从热力学观点分析，杂质原子进入晶格，会使系统的熵值增大，并且有可能使自由焓下降，因此在任何晶体中，外来杂质原子都可能有一些溶解度。置换型固溶体有连续置换型和有限置换型固溶体两种类型，那么影响置换型固溶体中杂质原子溶解度的因素究竟是什么呢？虽然目前影响置换型固溶体中溶解度的因素及程度还不能进行严格定量地计算，但通过实践经验的积累，已归纳出一些重要的影响因素，现分述如下：

（1）离子尺寸因素

在置换固溶体中，离子的大小对形成连续或有限置换型固溶体有直接的影响。从晶体稳定的观点看，相互替代的离子尺寸越相近，则固溶体越稳定。离子尺寸差对溶解度的影响是由于溶质离子的溶入会使溶剂的晶体结构点阵产生局部的畸变，若溶质离子大于溶剂离子，则溶质离子将排挤它周围的溶剂离子，如图 4-10（a）所示；若溶质离子小于溶剂离子，则其周围的溶剂离子将向溶质离子靠拢，如图 4-10（b）所示。两者的尺寸相差越大，点阵畸变的程度也越大，畸变能越高，晶体结构的稳定性就越低，从而限制了溶质离子的进一步溶入，使固溶体的溶解度减小。

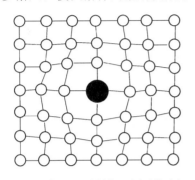 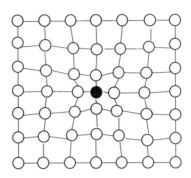

(a) 溶质离子大于溶剂离子时产生的畸变　　　(b) 溶质离子小于溶剂离子时产生的畸变

图 4-10　形成置换固溶体的点阵畸变

因此，从晶体稳定的观点看，相互替代的离子尺寸越相近，则固溶体越稳定。经验证明的规律是只有当溶质和溶剂离子半径的相对差小于 15％时，才可能形成连续固溶体。若以 r_1 和 r_2 分别代表半径大和半径小的溶剂或溶质离子的半径，形成固溶体的尺寸条件的表达式为：

$$\left| \frac{r_1 - r_2}{r_1} \right| < 15\% \tag{4-29}$$

当符合上式时，溶质和溶剂之间有可能形成连续固溶体，这一规律被称为 15％定律，它是生成具有广大固溶度的固溶体的必要条件，但不是充分条件。若此值在 15％～30％时，可以形成有限置换型固溶体，而此值＞30％时，不能形成固溶体。例如，MgO-NiO 之间 $r_{Mg^{2+}} = 0.072nm$，$r_{Ni^{2+}} = 0.070nm$。通过式（4-29）计算得 2.8％，因而它们可以形成连续固溶体。而 CaO-MgO 之间，计算离子半径差别近于 30％，它们不易生成固溶体。在硅酸盐材料中多数离子晶体是金属氧化物，形成固溶体主要是阳离子之间取代。因此，阳离子半径的大小直接影响了离子晶体中正负离子的结合能，从而对固溶的程度和固溶体的稳定性产生影响。

15％规律并不是十分严格的，还应考虑与具有的结构有关。在 $PbTiO_3$-$PbZrO_3$ 系统中，生成连续固溶体。$PbTiO_3$ 和 $PbZrO_3$ 都是 ABO_3 型的钙钛矿型结构。Ti^{4+}（0.061nm）和 Zr^{4+}（0.072nm）都在 B 位，占据氧八面体间隙。离子半径之差为 15.28％，根据 15％的原则，已不符合，但仍然生成连续固溶体，这与 ABO_3 型的钙钛矿新结构有关。

（2）离子的电价因素

离子价对固溶体的生成有明显的影响。只有离子价相同时或离子价总和相同时才可能生成连续置换型固溶体。因此，这也是生成连续置换型固溶体的必要条件。已知生成的连续固溶体的系统，相互取代的离子价都是相同的。例如，MgO-NiO、Al_2O_3-Cr_2O_3、$PbZrO_3$-$PbTiO_3$、MgO-CoO 等系统，都是离子电价相等的阳离子相互取代以后形成的连续固溶体。如果取代离子价不同，则要求用两种以上不同离子复合取代，离子价总和相同，满足电中性取代的条件才能生成连续固溶体。典型的实例有天然矿物，如钙长石 $Ca[Al_2Si_2O_8]$ 和钠长石 $Na[AlSi_3O_8]$ 所形成的固溶体，Ca^{2+} 和 Al^{3+} 同时被 Na^+ 和 Si^{4+} 所取代，其中一个 Al^{3+} 代替一个 Si^{4+}，同时有一个 Ca^{2+} 取代一个 Na^+，即 $Ca^{2+} + Al^{3+} \longrightarrow Na^+ + Si^{4+}$，保证取代离子价总和不变，使结构为总的电中性得到满足，因此也形成连续的固溶体。

这种例子在压电陶瓷材料中很多，也正是对固溶体的研究使得压电陶瓷材料取得迅速的发展。如 $PbZrO_3$ 和 $PbTiO_3$ 是 ABO_3 型钙钛矿型的结构，是两种典型的具有压电、铁电和介电性能的功能陶瓷，可以用众多离子价相等而半径相差不大的离子去取代 A 位上的 Pb^{2+} 或 B 位上的 Zr^{4+}、Ti^{4+}，从而制备出一系列具有各种特殊性能的复合钙钛矿型连续固溶体，使压电陶瓷材料的性能在更大的范围内变化，得到新的材料。例如，$Pb(Fe_{1/2}Nb_{1/2})O_3$-$PbZrO_3$ 是发生在 B 位取代的铌铁酸铅和锆酸铅，$Fe^{3+} + Nb^{5+} \longrightarrow 2Zr^{4+}$，满足电中性要求，A 位替代如 $(Na_{1/2}Bi_{1/2})TiO_3$-$PbTiO_3$。

（3）晶体的结构因素

晶体结构因素是与离子尺寸的大小和离子价相联系的，可以认为是由于离子半径和离子价的不同引起了结构的差别。晶体结构相同是生成连续固溶体的必要条件，结构不同最多只能生成有限固溶体。MgO-NiO、Al_2O_3-Cr_2O_3、Mg_2SiO_4-Fe_2SiO_4、ThO_2-UO_2 等，都是形成固溶体的两个组分具有相同的晶体结构类型。又如 $PbZrO_3$-$PbTiO_3$ 系统中，Zr^{4+} 与 Ti^{4+} 计算半径之差，$r_{Zr^{4+}} = 0.072nm$，$r_{Ti^{4+}} = 0.061nm$，$\dfrac{0.072-0.061}{0.072} = 15.28 > 15$。但由于相变温度以上，任何锆钛比下，立方晶系的结构是稳定的，虽然半径之差略大于 15%，但它们之间仍能形成连续置换型固溶体 $Pb(Zr_xTi_{1-x})O_3$。

又如 Fe_2O_3 和 Al_2O_3 两者的半径差计算为 18.4%，虽然它们都是刚玉型结构，但它们也只能形成有限置换型固溶体。但是在复杂构造的柘榴子石 $Ca_3Al_2(SiO_4)_3$ 和 $Ca_3Fe_2(SiO_4)_3$ 中，它们的晶胞比氧化物大 8 倍，对离子半径相对差的宽容性就提高，因而在柘榴子石中 Fe^{3+} 和 Al^{3+} 能连续置换。

（4）电负性因素

溶质和溶剂之间的化学亲和力对固溶体的溶解度有显著的影响，如果两者之间的化学亲和力很强，则倾向于生成化合物而不利于形成固溶体；生成的化合物越稳定，则固溶体的溶解度就越小。通常以电负性因素来衡量化学亲和力，两元素的电负性相差越大，则它们之间的化学亲和力越强，生成的化合物越稳定。因此，只有电负性相近的元素，固溶体才可能具有大的溶解度。

因此，离子电负性对固溶体及化合物的生成有一定的影响。电负性相近，有利于固溶体的生成，电负性差别大，倾向于生成化合物，而不利于形成固溶体。

达肯和久亚雷考察固溶体时，曾将电负性和离子半径分别作为坐标轴，取溶质与溶剂半径之差为 ±15% 作为椭圆的一个轴，又取电负性差 ±0.4 为椭圆的另一个轴，画一个椭圆。发现在这个椭圆之内的系统里，65% 是具有很大的固溶度，而椭圆范围之外的有85% 的系统固溶度小于 5%。因此，电负性之差小于 ±0.4 也是衡量固溶度大小的一个边界。但与 15% 的离子尺寸规律相比，离子尺寸的影响要大得多，因为在尺寸之差大于

15%的系统中，有90%是不生成固溶体的。对于氧化物系统，固溶体的生成主要还是取决于离子尺寸和离子价因素的影响。

以上就是影响置换型固溶体中溶质离子溶解度的四个主要因素。置换型固溶体普遍存在于无机非金属材料中，例如在水泥生产中，$\beta\text{-}Ca_2SiO_4$ 是硅酸盐水泥熟料中的一种重要成分，但它易发生晶形转变，造成水泥质量的下降。但通过人为地添加 MgO、SrO 或 BaO（5%~10%）到熟料中，就可以和 $\beta\text{-}Ca_2SiO_4$ 生成置换型固溶体，可以有效地阻止 $\beta\text{-}Ca_2SiO_4$ 发生晶形转变。

4.3.2.2 置换型固溶体中的组分缺陷

置换型固溶体可以有等价置换和不等价置换之分，在不等价置换的固溶体中，为了保持晶体的电中性，必然会在晶体结构中产生组分缺陷，即在原来结构的节点位置上产生空位或在无节点位置嵌入新质点。这种组分缺陷与热缺陷是不同的。热缺陷浓度只是温度的函数；而"组分缺陷"仅发生在不等价置换固溶体中，其缺陷浓度取决于掺杂量（溶质数量）和固溶度。不等价离子化合物之间只能形成有限置换型固溶体，由于它们的晶格类型及电价不同，因此它们之间的固溶度一般仅为百分之几。

不等价置换固溶体中，在高价置换低价时，会产生带有正电荷的带电缺陷，为了保持晶体的电中性，必然要产生带有负电荷的带电缺陷，因此可能会出现两种情况，产生阳离子空位，或是出现间隙阴离子。同样在低价置换高价时，也可能有两种情况，产生阴离子空位或是出现间隙阳离子。现将不等价置换固溶体中，可能出现四种组分缺陷归纳如下。

$$\text{高价置换低价}\begin{cases}\text{阳离子出现空位 } Al_2O_3 \xrightarrow{MgO} 2Al_{Mg}^{\cdot} + V_{Mg}'' + 3O_O \\ \text{阴离子进入间隙 } Al_2O_3 \xrightarrow{MgO} 2Al_{Mg}^{\cdot} + O_i'' + 2O_O\end{cases}$$

产生带有效正电荷的杂质缺陷，补偿缺陷带负电荷。

$$\text{低价置换高价}\begin{cases}\text{阴离子出现空位 } CaO \xrightarrow{ZrO_2} Ca_{Zr}'' + V_O^{\cdot\cdot} + O_O \\ \text{阳离子进入间隙 } 2CaO \xrightarrow{ZrO_2} Ca_{Zr}'' + Ca_i^{\cdot\cdot} + 2O_O\end{cases}$$

产生带有效负电荷的杂质缺陷，补偿缺陷带正电荷。

在具体的系统中，究竟出现哪一种组分缺陷，一般通过试验测定和理论计算来确定。

4.3.3 间隙型固溶体

若杂质原子比较小，当它们加入到溶剂中时，由于与溶剂的离子半径相差较大，不能形成置换型固溶体。但是，如果它们能进入晶格的间隙位置内，这样形成的固溶体称为间隙型固溶体。其结构如图 4-11 所示。

间隙型固溶体在无机非金属固体材料中是不普遍的。间隙型固溶体的溶解度不仅与溶质离子的大小有关，而且与溶剂晶体结构中所形成间隙的形状和大小等因素有关。

常见的间隙型固溶体有以下几种：

（1）原子填隙

金属晶体中，原子半径较小的 H、C、B 元素容易进入晶

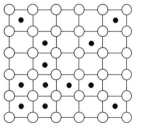

图 4-11　间隙型固溶体结构

格间隙中形成间隙型固溶体。如钢就是碳在铁中形成的间隙型固溶体。

（2）阳离子填隙

当 CaO 加入 ZrO_2 中，形成（$Zr_{1-x}Ca_xO_2$）固溶体。当 CaO 加入量小于 0.15 时，在 1800℃高温下发生下列反应：

$$2CaO \xrightarrow{ZrO_2} Ca''_{Zr} + Ca_i^{\cdot\cdot} + 2O_O \tag{4-30}$$

（3）阴离子填隙

将 YF_3 加入到 CaF_2 中，形成（$Ca_{1-x}Y_xF_{2+x}$）固溶体，其缺陷反应式为：

$$YF_3 \xrightarrow{CaF_2} Y_{Ca}^{\cdot} + F_i' + 2F_F \tag{4-31}$$

在无机非金属材料中，溶质离子要进入间隙位置，也同样与溶剂晶体结构中的间隙状态有关。例如，面心结构的 MgO 只有四面体空隙可以利用；而在 TiO_2 晶格中还有八面体空隙可以利用；在 CaF_2 型结构中则有配位为 8 的较大空隙存在；架状硅酸盐片沸石结构中的空隙就更大。所以在以上这几类晶体中形成间隙型固溶体的次序必然是片沸石 $>CaF_2>TiO_2>MgO$。另外，当外来杂质离子进入间隙时，必然引起晶体结构中电价的不平衡，和置换型固溶体一样，也必须保持电价的平衡。这可以通过部分取代或离子的价态变化来达到。如在前面所举的例子中，将 YF_3 加入到 CaF_2 中形成固溶体，F^- 跑到 CaF_2 晶格的间隙位置中，同时 Y^{3+} 置换了 Ca^{2+}，保持了电中性。此外，在许多硅酸盐固溶体中，Be^{2+}、Li^+ 或 Na^+ 等离子进入到晶格间隙位置中，额外电荷则通过 Al^{3+} 置换一些 Si^{4+} 来达到平衡，如 $Be^{2+}+2Al^{3+} \Longleftrightarrow Si^{4+}$。

4.3.4　形成固溶体后对晶体性质的影响

固溶体就是含有杂质原子（或离子）的晶体，这些杂质原子的进入使原有晶体的性质发生了很大变化，为新材料的来源开辟了一个广大的领域。因此，了解固溶体的性质是具有重要意义的。

4.3.4.1　对材料物理性质的影响

（1）晶胞参数

固溶体的晶胞尺寸随其组成而连续变化。利用固溶体的晶格常数与组成间的这种关系，可以对未知组成的固溶体进行定量分析。

（2）电性能

固溶体的电性能随杂质浓度呈连续变化，应用这一特点，现在制造出了具有各种奇特性能的电子陶瓷材料，尤其是在压电陶瓷中，这一性能作用应用得最为广泛。

（3）光学性能

可以利用掺杂来调节和改变晶体光学性能。例如，各种人造宝石全部都是固溶体，它们的主晶体一般是 Al_2O_3（也有的是 MgA_2O_4、TiO_2 等），Al_2O_3 单晶是无色透明的，通过加入不同着色剂与 Al_2O_3 生成固溶体，就能形成各种颜色的宝石。

（4）机械强度

可以通过杂质的加入来提高材料的强度。例如钢中的马氏体是一种碳和铁形成的固溶体，铁原子做体心正方排列，碳原子择优占据 c 轴上八面体的间隙位置，含碳量越高，长轴 c 与短轴 a 的比值越大，马氏体的强度和硬度也随碳含量的增加而升高。

4.3.4.2 活化晶格，促进烧结

物质间形成固溶体时，由于晶体中出现了缺陷，故使晶体内能大大提高，活化了晶格，促进烧结进行。

Al_2O_3 陶瓷是使用非常广泛的一种陶瓷，它的硬度大、强度高、耐磨、耐高温、抗氧化、耐腐蚀，可用作高温热电偶保护管、机械轴承、切削工具、导弹的鼻锥体等，但其熔点高达 2050℃，依泰曼温度可知，其很难烧结。而形成固溶体后则可大大降低烧结温度。加入 3％ Cr_2O_3 形成置换型固溶体，可在 1860℃ 烧结；加入 1％～2％TiO_2，形成缺位固溶体，只需在 1600℃ 即可烧结致密化。

Si_3N_4 也是一种性能优良的材料，某些性能优于 Al_2O_3，但因 Si_3N_4 为共价化合物，很难烧结。然而 β-Si_3N_4 与 Al_2O_3 在 1700℃ 可以固溶形成置换固溶体，即生成 $Si_{6-0.5x}Al_{0.67x}O_xN_{8-x}$，晶胞中被氧取代的数目最大值为 6，此材料即为 Sialon（塞龙）材料，其烧结性能好，且具有很高的机械强度。

4.3.4.3 稳定晶格，阻止某些晶型转变

形成固溶体往往还能阻止某些晶型转变，所以有稳定晶格的作用。

ZrO_2 是一种典型的耐高温氧化物，熔点高达 2680℃。但在 1000℃ 左右由单斜晶型变成四方晶型，伴随较大体积收缩（7％～9％），且转化迅速、可逆，从而导致制品烧结时开裂。为改善此问题，可加入稳定剂（CaO、MgO、Y_2O_3），当加入 CaO 在 1600～1800℃ 处理，即可生成稳定的立方氧化锆固溶体，在加热过程中不再出现像纯的 ZrO_2 那样异常的体积变化，从而提高了 ZrO_2 材料的性能。

4.3.4.4 固溶强化作用

固溶体的强度与硬度往往高于各组元，而塑性则较低，这种现象称为固溶强化。强化的程度或效果不仅取决于它的成分，还与固溶体的类型、结构特点、固溶度、组元原子半径差等一系列因素有关。

间隙型溶质原子的强化效果一般要比置换型溶质原子更显著。这是因为间隙型溶质原子往往择优分布在位错线上，形成间隙原子"气团"，将位错牢牢地钉扎住，从而造成强化。相反，置换型溶质原子往往均匀分布在点阵内，虽然由于溶质和溶剂原子尺寸不同，造成点阵畸变，从而增加位错运动的阻力，但这种阻力比间隙原子"气团"的钉扎力小得多，因而强化作用也小得多。

显然，溶质和溶剂原子尺寸相差越大或固溶度越小，固溶强化越显著。但是也有些置换型固溶体的强化效果非常显著。这是由于某些置换型溶质原子在这种固溶体中有特定的分布。例如在面心立方的 18Cr-8Ni 不锈钢中，合金元素镍往往择优分布在 {111} 面上的扩展位错层错区，使位错的运动十分困难。

4.3.5 固溶体的应用

固溶体形成对材料电学性能有很大影响，几乎所有功能陶瓷材料均与固溶体形成有关，能在电子陶瓷材料中制造出各种奇特性能的材料，下面介绍固溶体的几种实际应用。

4.3.5.1 超导材料

超导材料可用在高能加速器、发电机、热核反应堆及磁浮列车等方面。所谓超导体即冷却到 0K 附近时，其电阻变为零，在超导状态下导体内的损耗或发热都为零，故能通过

大的电流。超导材料的基本特征有临界温度 T_C、上限临界磁场 H_{C2} 和临界电流密度 J_C 三个临界值，超导材料只有在这些临界值以下的状态才显示超导性，故临界值越高，使用越方便，利用价值越高。

表 4-4 列出了部分单质及形成固溶体时 T_C 和 H_{C2}。由表 4-4 可见，生成固溶体不仅使得超导材料易于制造，而且 T_C 和 H_{C2} 均升高，为实际应用提供了方便。

表 4-4　部分材料 T_C 及 H_{C2}

物质	临界温度 T_C	临界磁场 H_{C2}
Nb	9.2	2.0
Nb_3Al	18.9	32
Nb_3Ge	23.2	—
$Nb_3Al_{0.95}Be_{0.05}$	19.6	
$Nb_3Al_{0.8}Ge_{0.2}$	20.7	41
Pb	7.2	0.8
$BaPb_{0.7}Bi_{0.3}O_3$	13	—

4.3.5.2　压电陶瓷

$PbTiO_3$ 是一种铁电体，纯的 $PbTiO_3$ 陶瓷，烧结性能极差，在烧结过程中晶粒长得很大，晶粒之间结合力很差，居里点为 490℃，发生相变时伴随着晶格常数的剧烈变化。一般在常温下发生开裂，所以没有纯的 $PbTiO_3$ 陶瓷。$PbZrO_3$ 是一个反铁电体，居里点约 230℃。$PbTiO_3$ 和 $PbZrO_3$ 两者都不是性能优良的压电陶瓷。但它们两者结构相同，Zr^{4+} 与 Ti^{4+} 离子尺寸差不多，可生成连续固溶体 $Pb(Zr_xTi_{1-x})O_3$，$x=0\sim1$。随着组成的不同，在常温下有不同晶体结构的固溶体，而在斜方铁电体和四方铁电体的边界组成 $Pb(Zr_{0.54}Ti_{0.46})O_3$ 处，压电性能、介电常数都达到最大值，从而得到了优于纯 $PbTiO_3$ 和 $PbZrO_3$ 的压电陶瓷材料，称为 PZT，其烧结性能也很好。也正是利用了固溶体的特性，在 $PbZrO_3$-$PbTiO_3$ 二元系统的基础上又发展了三元系统、四元系统的压电陶瓷。

在 $PbZrO_3$-$PbTiO_3$ 系统中发生的是等价取代，因此对它们的介电性能影响不大，在不等价的取代中，引起材料的绝缘性能的重大变化，可以使绝缘体变成半导体，甚至导体，而且它们的导电性能是与杂质缺陷浓度成正比的。例如，纯的 ZrO_2 是一种绝缘体，当加入 Y_2O_3 生成固溶体时，Y^{3+} 进入 Zr^{4+} 的位置，在晶格中产生氧空位。缺陷反应如下：

$$Y_2O_3 \xrightarrow{ZrO_2} 2Y'_{Zr} + 3O_O + V_{\ddot{O}}$$ （4-32）

从式（4-32）可以看到，每进入一个 Y^{3+}，晶体中就产生一个准自由电子 e'，而导电率 σ 是与自由电子的数目 n 成正比的，电导率当然随着杂质的浓度的增加直线地上升。电导率与电子数目的关系如下：

$$\sigma = ne\mu$$ （4-33）

式中，σ 为电导率；n 为自由电子数目；e 为电子电荷；μ 为电子迁移率。

4.3.5.3　透明陶瓷及人造宝石

利用加入杂质离子可以对晶体的光学性能进行调节或改变。例如，在 PZT 中加入少量的氧化镧 La_2O_3，生成 PLZT 陶瓷就成为一种透明的压电陶瓷材料，开辟了电光陶瓷的新领域。这种陶瓷的一个基本配方为：

$$Pb_{1-x}La_x(Zr_{0.65}Ti_{0.35})_{1-\frac{x}{4}}O_3 \tag{4-34}$$

式（4-34）中，$x=0.9$，这个组成常表示为 9/65/35。这个公式是假设 La^{3+} 取代钙钛矿结构中的 A 位的 Pb^{2+}，并在 B 位产生空位以获得电荷平衡。PLZT 可用热压烧结或在高 PbO 气氛下通氧烧结而达到透明。为什么 PZT 用一般烧结方法达不到透明，而 PLZT 能透明呢？陶瓷达到透明的主要关键在于消除气孔，就可以做到透明或半透明。烧结过程中气孔的消除主要靠扩散。在 PZT 中，因为是等价取代的固溶体，因此扩散主要依赖于热缺陷，而在 PLZT 中，由于不等价取代，La^{3+} 取代 A 位的 Pb^{2+}，为了保持电中性，不是在 A 位便是在 B 位必须产生空位，或者在 A 位和 B 位都产生空位。这样 PLZT 的扩散，主要将通过由于杂质引入的空位而扩散。这种空位的浓度要比热缺陷浓度高出许多数量级。扩散系数与缺陷浓度成正比，由于扩散系数的增大，加速了气孔的消除，这是在同样有液相存在的条件下，PZT 不透明，而 PLZT 透明的根本原因。

利用固溶体特性制造透明陶瓷的除了 PLZT 之外，还有透明 Al_2O_3 陶瓷。在纯 Al_2O_3 中添加 0.3%～0.5% 的 MgO，氢气氛下，在 1750℃ 左右烧成得到透明 Al_2O_3 陶瓷。之所以可得到 Al_2O_3 透明陶瓷，就是由于 Al_2O_3 与 MgO 形成固溶体的缘故，MgO 杂质的存在，阻碍了晶界的移动，使气孔容易消除，从而得到透明 Al_2O_3 陶瓷。下面讨论由于生成固溶体对单晶光学性能的影响。

表 4-5 人造宝石

宝石名称	基体	颜色	着色剂（%）
淡红宝石	Al_2O_3	淡红色	Cr_2O_3 0.01～0.05
红宝石	Al_2O_3	红色	Cr_2O_3 1～3
紫罗蓝宝石	Al_2O_3	紫色	TiO_2 0.5 Cr_2O_3 0.1 Fe_2O_3 1.5 NiO
黄玉宝石	Al_2O_3	金黄色	0.5 Cr_2O_3 0.01～0.05
海蓝宝石（蓝晶）	$Mg(AlO_2)_2$	蓝色	CoO 0.01～0.5
橘红钛宝石	TiO_2	橘红色	Cr_2O_3 0.05
蓝钛宝石	TiO_2	蓝色	不添加，氧气不足

表 4-5 列出了若干人造宝石的组成。可以看到，这些人造宝石全部是固溶体，其中蓝钛宝石是非化学计量的。同样以 Al_2O_3 为基体，通过添加不同的着色剂可以制出四种不同美丽颜色的宝石来，这都是由于不同的添加物与 Al_2O_3 生成固溶体的结果。纯的 Al_2O_3 单晶是无色透明的，称白宝石。利用 Cr_2O_3 能与 Al_2O_3 生成无限固溶体的特性，可获得红宝石和淡红宝石。Cr^{3+} 能使 Al_2O_3 变成红色的原因与 Cr^{3+} 造成的电子结构缺陷有关。在材料中，引进价带和导带之间产生能级的结构缺陷，可以影响离子材料和共价材料的颜色。

在 Al_2O_3 中，由少量的 Ti^{3+} 取代 Al^{3+}，使蓝宝石呈现蓝色；少量 Cr^{3+} 取代 Al^{3+} 呈现作为红宝石特征的红色。红宝石强烈地吸收蓝紫色光线，随着 Cr^{3+} 浓度的不同，由浅红色到深红色，从而出现表 4-5 中浅红宝石及红宝石。Cr^{3+} 在红宝石中是点缺陷，其能级位于 Al_2O_3 的价带与导电带之间，能级间距正好可以吸收蓝紫色光线而发射红色光线。红宝石除了作为装饰之外，还广泛地作为手表的轴承材料（即所谓钻石）和激光材料。

4.3.6 固溶体的研究方法

物质间可否形成固溶体，形成何种类型的固溶体，可根据前面所述的固溶体形成条件及影响固溶体溶解度的因素进行大略的估计。但究竟是完全互溶，部分互溶，还是根本不生成固溶，还需应用某些技术做出它们的相图。但相图仍不能告诉我们所生成的固溶体是置换型还是间隙型，或者是两者的混合型。这里主要介绍判别固溶体类型的方法。

4.3.6.1　固溶体生成形式的大略估计

生成间隙固溶体比置换固溶体困难。因为形成间隙固溶体除了考虑尺寸因素外，晶体中是否有足够大的间隙位置也是非常重要的，只有当晶体中有很大空隙位置时，才可形成间隙型固溶体。

在 NaCl 型结构中，因为只有四面体空隙是空的，而金属离子尺寸又比较大，所以不易形成间隙型固溶体，这种在结构上只有四面体空隙是空的，可以基本上排除生成间隙型固溶体的可能性。而在金红石型和萤石型结构中，因为有空的八面体空隙和立方体空隙，空的间隙较大，金属离子才能填入，类似这样的结构才有可能生成间隙型固溶体。但究竟是否生成还有待于试验验证。

4.3.6.2　固溶体类型的试验判别

固溶体类型的试验判别有如下几个步骤，下面以 CaO 加入到 ZrO_2 中，生成固溶体为例。

（1）写出可能形成固溶体的缺陷反应式

模型 Ⅰ：生成置换型固溶体——阴离子空位型模型。

$$CaO \xrightarrow{ZrO_2} Ca''_{Zr} + O_O + V_O^{··} \tag{4-35}$$

模型 Ⅱ：生成间隙型固溶体——阳离子间隙模型。

$$2CaO \xrightarrow{ZrO_2} Ca_i^{··} + 2O_O + Ca''_{Zr} \tag{4-36}$$

究竟以上两式哪一种正确，它们之间形成何种组分缺陷，可从计算和实测固溶体密度的对比来决定。

（2）写出固溶体的化学式

根据式（4-35）可以写出置换型固溶体的化学式为 $Zr_{1-x}Ca_xO_{2-x}$，x 表示 Ca^{2+} 进入 Zr 位置的分数。根据式（4-36）可以写出间隙型固溶体的化学式为 $Zr_{1-x}Ca_{2x}O_2$。

（3）计算理论密度 d_t

理论密度 d_t 的计算，是根据 X 射线分析，得到不同溶质含量时形成固溶体的晶格常数 a，计算出固溶体不同固溶量时晶胞体积 V，再根据固溶体缺陷模型计算出含有一定杂质的固溶体的晶胞质量 W，可得

$$d_t = \frac{W}{V}$$

其中：

$$W = \sum_{i=1}^{n} W_i$$

式中，i 为固溶体晶胞中所含的原子；n 为所含原子的种类数。

$$W = \frac{(晶胞中\ i\ 原子的位置数) \times (i\ 原子实际占据分数) \times (i\ 原子量)}{阿伏加德罗常数} \tag{4-37}$$

以添加的 $x=0.15$ 的 CaO 的 ZrO_2 固溶体为例。设 CaO 与 ZrO_2 形成置换型固溶体，生成固溶体的缺陷反应式如式（4-35）所示，则固溶式可表示为 $Zr_{0.85}Ca_{0.15}O_{1.85}$ 计算。

ZrO_2 属萤石结构，每个晶胞应有 4 个阳离子和 8 个阴离子。则：

$$W = \frac{(4 \times 0.85 \times 91.22 + 4 \times 0.15 \times 40.08 + (8 \times 1.85/2) \times 16)}{6.02 \times 10^{23}} = 75.18 \times 10^{-23}(g)$$

X 射线分析测定，当 $x=0.15\text{mol}$，1600℃时晶格常数为 5.131×10^{-8} cm。ZrO_2 属于立方晶系，所以晶胞体积 $V = a^3 = (5.131 \times 10^{-8})^3 = 135.1 \times 10^{-24}(cm^3)$，求得

理论密度 $\qquad d_{tI} = \dfrac{W}{V} = \dfrac{75.18 \times 10^{-23}}{135.1 \times 10^{-24}} = 5.565(g/cm^3)$

同理可计算出 $x=0.15$ 时，CaO 与 ZrO_2 形成间隙型固溶体的理论密度 $d_{tII} = 5.979$ (g/cm^3)。

（4）理论密度与实测密度比较，确定固溶体类型

在 1600℃时实测 CaO 与 ZrO_2 形成固溶体，当加入物质的量分数为 15%CaO 时，固溶体密度为 $5.477g/cm^3$，与置换型固溶体密度 $5.565g/cm^3$ 相比，仅差 $0.088g/cm^3$，数值是相当一致的，这说明在 1600℃时，式（4-35）是合理的。化学式 $Zr_{0.85}Ca_{0.15}O_{1.85}$ 是正确的。图 4-12 （a）表示了按不同固溶体类型计算和实测的结果。曲线表明：在 1600℃时形成阴离子空位型固溶体，但当温度升高到 1800℃急冷后所测得的密度和计算值比较，发现该固溶体是阳离子间隙的形式。从图 4-12 （b）可以看出，两种不同类型的固溶体，密度值有很大不同，用对比密度值的方法可以很准确地定出固溶体的类型。

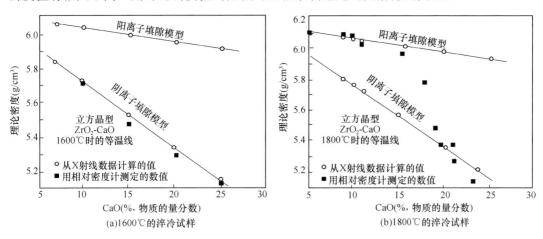

图 4-12 添加 CaO 的 ZrO_2 固溶体的密度与 CaO 含量的关系

因此，固溶体类型主要通过测定晶胞参数并计算出固溶体的密度，和由试验精确测定的密度数据对比来判断。

4.4 非化学计量化合物

在普通化学中所介绍的化合物其化学式符合定比定律。也就是说，构成化合物的各个组成，其含量相互间是成比例的，而且是固定的。但是实际的化合物中，有一些化合物如 $Fe_{1-x}O$、TiO_{2-x} 并不符合定比定律，正、负离子的比例并不是一个简单的固定比例关系，这是一种由于在化学组成上偏离化学计量而产生的缺陷，这些化合物称为非化学计量化合物。

严格地说，所有晶体都或多或少偏离理想的化学计量。但有较大偏差的非化学计量化合物却不是很多。例如，具有稳定价态的阳离子形成的化合物中要产生明显的非化学计量是困难的。在具有比较容易变价的阳离子形成的化合物中则比较容易出现明显的非化学计量，比如含有过渡金属和稀土金属化合物。这种晶体缺陷可分为四种类型。

4.4.1 负离子空位型

TiO_2、ZrO_2 就会产生这种缺陷，分子式可以写为 TiO_{2-x}、ZrO_{2-x}。从化学计量的观点看，在 TiO_2 晶体中，正离子与负离子的比例是 Ti：O＝1：2，但由于环境中氧离子不足，晶体中的氧可以逸出到大气中，这时晶体中出现氧空位，使得金属离子与化学式比较起来显得过剩。从化学的观点来看，缺氧的 TiO_2 可以看作四价钛和三价钛氧化物的固溶体，即 Ti_2O_3 在 TiO_2 中的固溶体；也可以把它看作为了保持电中性，部分 Ti^{4+} 降价为 Ti^{3+}。其缺陷反应见式（4-6）：

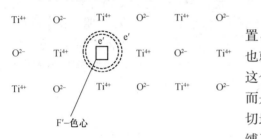

图 4-13　TiO_{2-x} 结构缺陷示意图

式（4-6）中，Ti'_{Ti} 是三价钛位于四价钛位置，这种离子变价的现象总是和电子相联系的，也就是说 Ti^{4+} 是由于获得电子变成 Ti^{3+} 的。但这个电子并不是固定在一个特定的钛离子上，而是容易从一个位置迁移到另一个位置。更确切地说，可把它看作在负离子空位的周围，束缚了过剩电子，以保持电中性。如图 4-13 所示。因为氧空位是带正电的。在氧空位上束缚了二个自由电子，这种电子如果与附近的 Ti^{4+} 相联系，Ti^{4+} 就变成 Ti^{3+}。但这些电子并不属于某一个具体固定的 Ti^{4+}，在电场的作用下，它可以从这个 Ti^{4+} 迁移到邻近的另一个 Ti^{4+} 上，而形成电子导电，所以具有这种缺陷的材料，是一种 n 型半导体。

凡是自由电子陷落在阴离子缺位中而形成的一种缺陷又称为 F'-色心。它是由一个负离子空位和一个在此位置上的电子组成的，也即捕获了电子的负离子空位。它由于陷落电子能吸收一定波长的光，因而使晶体着色而得名。例如，TiO_2 在还原气氛下由黄色变成灰黑色，NaCl 在 Na 蒸气中加热，呈黄棕色等。

式（4-6）又能简化为下列形式

$$O_O \longrightarrow V_O^{\cdot\cdot} + 2e' + \frac{1}{2}O_2 \uparrow \tag{4-38}$$

式中，$e' = Ti'_{Ti}$。根据质量作用定律，平衡时：

$$K = \frac{[V_O^{\cdot\cdot}][P_{O_2}]^{\frac{1}{2}}[e']^2}{[O_O]} \tag{4-39}$$

如果晶体中氧离子的浓度基本不变，而过剩电子的浓度比氧空位大两倍，即 $[e'] = 2[V_O^{\cdot\cdot}]$，则可简化为：

$$[V_O^{\cdot\cdot}] \propto [P_{O_2}]^{-\frac{1}{6}} \tag{4-40}$$

这说明氧空位的浓度和氧分压的 1/6 次方成反比。所以，TiO_2 的非化学计量材料对氧压力是十分敏感的，在烧结含有 TiO_2 的陶瓷时，要注意氧的压力。

4.4.2　间隙正离子型

具有这种缺陷的结构如图 4-14 所示。$Zn_{1+x}O$ 和 $Cd_{1+x}O$ 属于这种类型。过剩的金属离子进入间隙位置，它是带正电的，为了保持电中性，等价的电子被束缚在间隙正离子周围，这也是一种色心。例如：ZnO 在锌蒸气中加热，锌蒸气中一部分锌原子会进入到 ZnO 晶格的间隙位置，成为 $Zn_{1+x}O$。缺陷反应式可以表示如下：

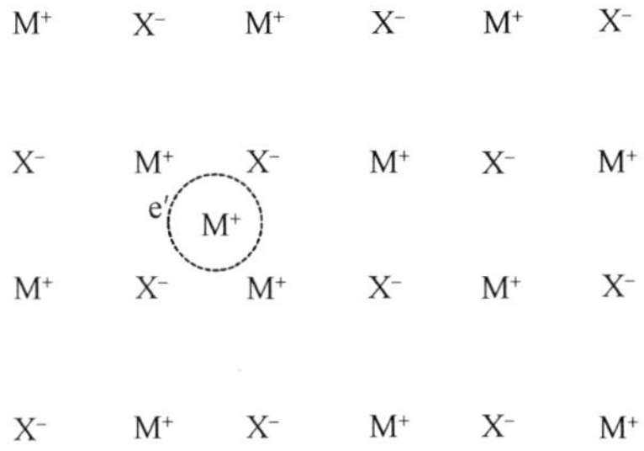

| M$^+$ | X$^-$ | M$^+$ | X$^-$ | M$^+$ | X$^-$ |

图 4-14　由于间隙正离子，
使金属离子过剩型缺陷示意

$$ZnO \rightleftharpoons Zn_i^{\cdot\cdot} + 2e' + \frac{1}{2}O_2 \uparrow \qquad (4\text{-}41)$$

$$或 \qquad Zn(g) \rightleftharpoons Zn_i^{\cdot\cdot} + 2e' \qquad (4\text{-}42)$$

根据质量作用定律：

$$K = \frac{[Zn_i^{\cdot\cdot}][e']^2}{[P_{Zn}]} \qquad (4\text{-}43)$$

间隙锌离子的浓度与锌蒸气压的关系为：

$$[Zn_i^{\cdot\cdot}] \propto [P_{Zn}]^{\frac{1}{3}} \qquad (4\text{-}44)$$

如果锌离子化程度不足，可以有：

$$Zn(g) \rightleftharpoons Zn_i^{\cdot} + e' \qquad (4\text{-}45)$$

得

$$[Zn_i^{\cdot}] \propto [P_{Zn}]^{\frac{1}{2}} \qquad (4\text{-}46)$$

从上述理论关系分析可见，控制不同的锌蒸气压可以获得不同的缺陷形式，究竟属于什么样的缺陷模型，要经过试验才能确定。

4.4.3　间隙负离子型

具有这种缺陷的结构如图 4-15 所示。目前只发现 UO_{2+x} 具有这样的缺陷。它可以看作 U_3O_8 在 UO_2 中的固溶体。当在晶格中存在间隙负离子时，为了保持结构的电中性，结构中必然要引入电子空穴，相应的正离子升价。电子空穴也不局限于特定的正离子，它在电场作用下会运动。因此，这种材料为 P 型半导体。对于 UO_{2+x} 中缺陷反应可以表示为：

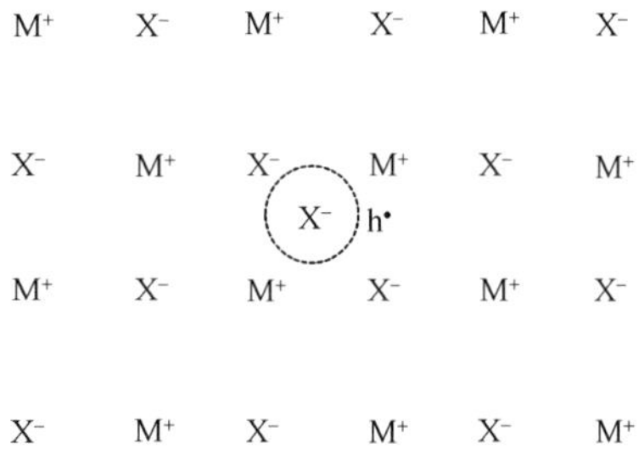

图 4-15　由于间隙负离子，使负离子
过剩型缺陷示意

$$\frac{1}{2}O_2 \longrightarrow O_i'' + 2h^{\cdot} \qquad (4\text{-}47)$$

由上式可得：

$$[O_i''] \propto [P_{O_2}]^{\frac{1}{6}} \qquad (4\text{-}48)$$

随着氧压力的增大，间隙氧浓度增大。

4.4.4　正离子空位型

图 4-16 为这种缺陷的示意图。由于存在正离子空位，为了保持电中性，在正离子空

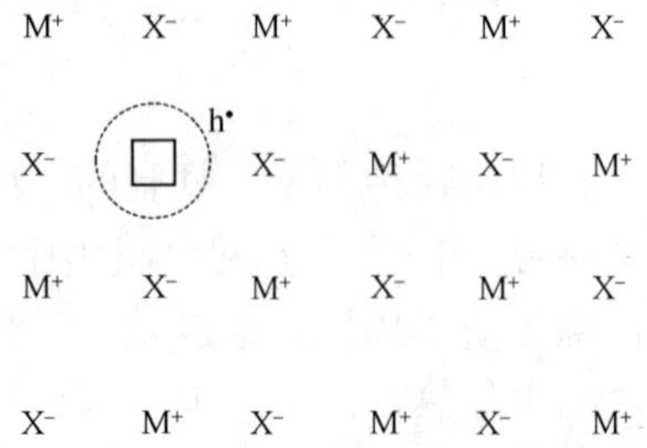

图 4-16 由于正离子空位，
使负离子过剩型缺陷

位的周围捕获电子空穴。因此，它也是 P 型半导体。如 $Cu_{2-x}O$ 和 $Fe_{1-x}O$ 属于这种类型的缺陷。以 FeO 为例，可以写成 $Fe_{1-x}O$，在 FeO 中，由于 V''_{Fe} 的存在，O^{2-} 过剩，每缺少一个 Fe^{2+}，就出现一个 V''_{Fe}，为了保持电中性，要有两个 Fe^{2+} 转变成 Fe^{3+} 来保持电中性。从化学观点看，$Fe_{1-x}O$ 可以看作 Fe_2O_3 在 FeO 中的固溶体，为了保持电中性，三个 Fe^{2+} 被两个 Fe^{3+} 和一个空位所代替。从缺陷的生成反应可以看出缺陷浓度也和气氛有关：

$$2Fe_{Fe} + \frac{1}{2}O_2(g) \longrightarrow 2Fe^{\cdot}_{Fe} + V''_{Fe} + O_O \tag{4-49}$$

$$\frac{1}{2}O_2(g) \longrightarrow O_O + V''_{Fe} + 2h^{\cdot} \tag{4-50}$$

从式（4-50）可见，铁离子空位带负电，为了保持电中性，两个电子空穴被吸引到铁离子空位周围，形成一种 V-色心。

根据质量作用定律可得：

$$K = \frac{[O_O][V''_{Fe}][h^{\cdot}]^2}{[P_{O_2}]^{\frac{1}{2}}} \tag{4-51}$$

由此可得：

$$[h^{\cdot}] \& [P_{O_2}]^{\frac{1}{6}} \tag{4-52}$$

随着氧分压增大，电子空穴的浓度增大，电导率也相应增大。

由上述可见，非化学计量化合物的产生及其缺陷的浓度与气氛的性质及气压的大小有密切的关系。这是它与其他缺陷的最大不同之处。非化学计量化合物是由于不等价置换使化学计量的化合物变成了非化学计量，而这种不等价置换是发生在同一种离子中的高价态与低价态之间的相互置换。因此，非化学计量化合物往往是发生在具有变价元素的化合物中，可以看作变价元素中的高价态与低价态氧化物之间由于环境中氧分压的变化而形成的固溶体，它是不等价置换固溶体中的一个特例。

4.5 线 缺 陷

实际晶体在结晶时受到杂质、温度变化或振动产生的应力作用，或由于晶体受到打击、切削、研磨等机械应力的作用，使晶体内部质点排列变形、原子行列间相互滑移，不再符合理想晶格的有秩序的排列而形成线状的缺陷，称为线缺陷，如各种位错。

位错是晶体中存在的非常重要的晶体缺陷，其特点是在一维方向上缺陷的尺寸较长，在另外二维方向上缺陷的尺寸很小。从宏观看，缺陷是线状的，从微观角度看是管状的。位错模型最开始是为了解释材料的强度性质提出来的。经过近半个世纪的理论研究和试验观察，人们认识到位错的存在不仅影响晶体的强度性质，而且与晶体生长、表面吸附、催化、扩散、晶体的电学、光学性质等均有密切关系。了解位错的结构及性质，对于了解陶瓷多晶体中晶界的性质和烧结机理，也是不可缺少的。

4.5.1 位错的概念

位错的概念提出于 1934 年，但直到 20 世纪 50 年代，随着透射电子显微镜的发展，可直接观察到位错的存在，这一概念才为广大学者所接受，并得到深入的研究和发展。迄今，位错在晶体的塑性、强度、断裂、相变以及其他结构敏感性的问题中均扮演着重要角色。其理论亦成为材料科学中的基础理论之一。

早在位错作为一种晶体缺陷被提出之前，人们对晶体的塑性变形的规律已做了广泛的研究，并指出塑性变形是通过晶体的滑移来实现的，滑移总是沿着晶体中原子排列较紧密的晶面和晶向进行。这些晶面称为滑移面，晶向称为滑移方向。一个滑移面和其面上的一个滑移方向组成一个滑移系。当外界应力的切应力分量达到某一临界值时，晶体在滑移系上才发生滑移，使晶体产生宏观的变形。将这个切应力称为临界切应力。为了从理论上解释滑移现象，1926 年弗兰克尔从刚体模型出发，对晶体的切变屈服强度进行估算。结果发现，计算得到的理论切变强度比实际晶体的切变强度大了 3~4 个数量级。

理论切变强度与实际切变强度之间的巨大差异，使人们认识到实际晶体的结构并非理想完整，晶体的滑移也并非刚性、同步。因此，设想在晶体规则排列的基础上，局部地方存在着偏离正常排列的原子机构，即某种缺陷，它处于过渡的状态，能在较小的应力作用下发生运动。也就是说，晶体的滑移首先从这些缺陷处开始，滑移的继续也是依靠这些缺陷的逐步传递，亦即逐步滑移，而最后导致晶面间的滑移。因此，使得晶面间滑移所需的临界分切应力大为减小。这种特殊的原子排列状态称为位错，以后的试验也完全证实了这样的位错模型。

4.5.2 位错的基本类型和特征

位错最重要、基本的形态有刃型位错和螺型位错两种，也有介于它们之间的混合型位错。

（1）刃型位错

图 4-17（a）表示一块单晶体，受到压缩作用后 ABFE 上部的晶体相对于下部晶体向左滑移了一个原子间距，其中 ABDC 为滑移面，ABFE 为已滑移区，EFDC 为未滑移区。发生局部滑移后，在晶体内部出现了一个多余半原子面。EF 是已滑移区和未滑移区的交

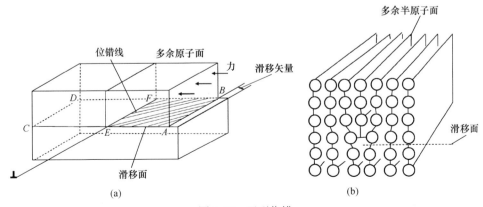

图 4-17　刃型位错

界线，其周围的原子排列状态如图 4-17（b）所示，在 *EF* 线周围出现原子间距离疏密不均匀的现象，产生了缺陷，这就是位错。*EF* 便是位错线。位错的特点之一是具有滑移矢量（柏格斯矢量）$\vec{b}$，它的方向表示滑移方向，其大小一般是一个原子间距。这种位错在晶体中有一个刀刃状的多余半原子面，所以称为刃型位错。

刃型位错的结构有以下特点。

① 柏格斯矢量 $\vec{b}$ 与刃型位错线垂直。

② 刃型位错有正负之分，把多余半原子面在滑移面上边的刃型位错，称为正刃型位错，用符号"⊥"表示；而把多余半原子面在滑移面下边的刃型位错，称为负刃型位错，用符号"⊤"表示。

③ 在位错的周围引起晶体的畸变，在多余半原子面的这一边，晶体受挤压缩变形，原子间距缩小；而另一边的晶体则受张拉膨胀变形，原子间距增大，从而使位错周围产生弹性应变，形成应力场。

④ 位错在晶体中引起的畸变在位错线处最大，离位错线越远晶格畸变越小。原子严重错排的区域只有几个原子间距，因此位错是沿位错线为中心的一个狭长管道。

（2）螺型位错

晶体以图 4-18（a）所示方式，上下两部分晶体相对滑移一个原子间距，*ABDC* 滑移面，*EF* 线以右为已滑移区，以左为未滑移区，*EF* 线为位错线。*EF* 线附近的原子排列如图 4-18（b）所示。*EF* 线周围的原子失去正常的排列，沿位错线原子面呈螺旋形，每绕轴一周，原子面上升一个原子间距，构成了一个以 *EF* 为轴的螺旋面，这种晶体缺陷称为螺型位错。

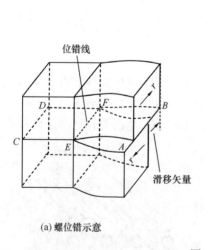

（a）螺位错示意

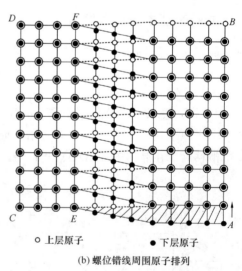

○ 上层原子　　● 下层原子

（b）螺位错线周围原子排列

图 4-18　螺型位错

螺型位错结构的特点有：

① 柏格斯矢量 $\vec{b}$ 与螺型位错线平行。

② 螺形位错分为左旋和右旋。根据螺旋面旋转方向，符合右手法则（即以右手拇指代表螺旋面前进方向，其他四指代表螺旋面的旋转方向）的称为右旋螺形位错，符合左手

法则的称为左旋螺形位错。图 4-8 中所示的是右旋螺形位错。

③ 螺型位错只引起剪切畸变，而不引起体积膨胀和收缩。因为存在晶体畸变，所以在位错线附近也形成应力场。

④ 同样，离位错线距离越远，晶格畸变越小。螺型位错也是只包含几个原子宽度的线缺陷。

（3）混合型位错

如果局部滑移从晶体的一角开始，然后逐步扩大滑移范围，如图 4-19（a）所示。滑移区和未滑移区的交界为曲线 EF。由图 4-18（b）可见，在 E 处位错线与滑移方向平行，原子排列与图 4-18（b）相同，是纯螺型位错。在 F 处位错线与滑移方向垂直，是纯刃型位错，而在 EF 线上的其他各点，位错线与滑移方向既不平行又不垂直，原子排列介于螺型位错和刃型位错之间，所以称为混合型位错。

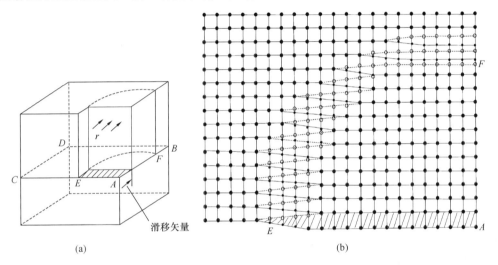

图 4-19　混合型位错

因此，混合型位错的结构特点是在位错线两点之间，柏格斯矢量 $\vec{b}$ 既不平行于位错线又不垂直于位错线。

位错是晶体中常见的一种结构缺陷，对晶体的性质有很大的影响。位错的存在使晶体结构发生畸变，活化了晶格，使质点易于移动。位错和杂质质点的相互作用，使杂质质点容易在位错周围聚集，故位错的存在影响着杂质在晶格中的扩散过程。晶体的生长过程也可以用位错理论进行解释。因此，对于晶体中位错的观察和研究已经得到广泛的重视。

4.6　面　缺　陷

晶体的面缺陷，顾名思义是指在晶面的两侧原子的排列不同。晶体的表面和晶界、亚晶、相界面等都属于面缺陷，这类缺陷的特点是在薄层内原子的排列偏离平衡位置，因此，它们的物理、化学和机械性能与规则排列的晶体内部有很大区别。

4.6.1 外表面

陶瓷材料的多晶体同理想晶体是有差别的，因为在形成时，会受温度、压力、浓度及杂质等外界环境的影响，出现同理想结构发生偏离的现象。这种现象若发生在固体表面则形成表面缺陷，如常有高低不平和微裂纹出现，这些缺陷都会降低固体材料的机械强度。当固体材料受外力作用时，破裂常常从表面开始，实际上是从有表面缺陷的地方开始的，即使表面缺陷非常微小，甚至在一般显微镜下也难分辨的微细缺陷，都足以使材料的机械强度大大降低。另外，由于表面的微细缺陷和表面原子的高能态，使其也极易与环境中的其他侵蚀性物质发生化学反应而被腐蚀，所以固体往往都在表面，尤其是表面凸起或裂缝缺陷部位首先产生腐蚀现象。在生产中，要消除表面缺陷是十分困难的，但可以用表面处理的办法来减少缺陷的暴露，如陶瓷材料的施釉、金属材料的镀层、热处理、涂层等，关于表面结构及其特性将在第6章详细介绍。

4.6.2 晶界

晶界是晶粒间界的简称，晶界是多晶体中由于晶粒取向不同而形成的，它是多晶体中最常见的面缺陷。陶瓷是多晶体，由许多晶粒组成，因此它对于陶瓷材料具有特别重要的意义。

在晶界上由于质点间排列不规则而使质点距离疏密不均，从而形成微观的机械应力，这就是晶界应力。它将吸引空位、杂质和一些气孔，因此晶界上是缺陷较多的区域，也是应力比较集中的部位。此外，对单相的多晶材料来说，由于晶粒的取向不同，相邻晶粒在同一方向的热膨胀系数、弹性模量等物理性质都不相同。对于固溶体来说，各晶粒间化学组成上的不同也会形成性能上差异。这些性能上的差异，在陶瓷烧成后的冷却过程中，会在晶界上产生很大的晶界应力。晶粒越大，晶界应力也越大。这种晶界应力甚至可以使晶粒出现贯穿性断裂，这就是为什么粗晶结构的陶瓷材料的机械强度和介电性能都较差的原因。

由于晶界的原子处于不平衡的位置，所以晶界处存在有较多的空位、位错等缺陷，使得原子沿晶界的扩散比在晶粒内部快，杂质原子也更容易富集于晶界，因而固态相变首先发生于晶界，还使得晶界的熔点比晶粒内部低，并且容易被腐蚀。

在陶瓷材料的生产中，常常利用晶界易于富集杂质的现象，有意识地加入一些杂质到瓷料中，使其集中分布在晶界上，以达到改善陶瓷材料的性能，并为陶瓷材料寻找新用途的目的。例如，在陶瓷生产中，控制晶粒的大小是很重要的，这需要想办法限制晶粒的长大，特别是防止二次再结晶。在工艺上除了严格控制烧成制度，如烧成温度、冷却及冷却方式等外，常常是通过掺杂来加以控制。在刚玉瓷的生产中，可掺入少量的 MgO，使之在 $\alpha\text{-}Al_2O_3$ 晶粒之间的晶界上形成镁铝尖晶石薄层，包围了 $\alpha\text{-}Al_2O_3$ 晶粒，防止了晶粒的长大，成为细晶结构。

晶界的存在，还影响着陶瓷材料的介电性能。因为晶体在外电场的作用下，会发生极化现象。陶瓷材料是一个典型的不均匀的多相系统，晶粒没有确定取向而各晶界的介电性能也就不可能相同。在电场的作用下，这些介电性能不同区域内的自由电荷的积聚造成了松弛极化，称为夹层极化。由于内部电场分布不均匀，有时可能会使一部分介质内部的电场强度达到很高的数值，这种现象就称为高压极化。夹层极化和高压极化都是由于介质的不均匀性（如晶界、相界等）所引起的。此外，由于正负离子激活能的区别，在晶界及表面上肖特基缺陷浓度不一样，而产生某一种符号电荷过量，这种过量电荷也将由相反符号的空间电荷来补偿。以上所述的现象都会对材料的介电性能产生较大的影响。

晶界的存在，除对材料的机械性能和介电性能有较大的影响外，还将对晶体中的电子和晶格振动的声子起散射作用，使得自由电子迁移率降低，对某些性能的传输或耦合产生阻力，例如，对机电偶合不利，对光波也会产生反射或散射，从而使材料的应用受到限制。

4.6.3　相界面

所谓相，是指物理、化学性质均匀一致的体系。相界面则是指两相体系之间的分界面。

类似于晶界，相界面的存在也同样影响着材料的物理力学性能。如由晶粒细化有利于提高材料的强度和硬度可以推知，相界面变小和增多，也有利于改善材料的物理力学性能，这已在金属基、陶瓷基、水泥基和高聚物基复合材料中得到证实。减小和增多相界面，可明显提高材料的强度和韧性，但是由于组成相界面的各相、化学组成和结构有较大的差异，其性能上的差异要比单相多晶体间的差异大得多，因而在相界面上，界面应力也更加显著。

复合材料是目前很有发展前途的一种多相材料，其性能优于其中任一组原材料的单独性能，但很重要的一条就是要避免产生过大的界面应力。为此，弥散强化和纤维增强是目前采用的主要复合手段。弥散强化的复合材料结构是由基体和在基体中均匀分布的、直径在 0.01 微米到几十毫米，含量从 $1\%\sim70\%$ 或更多的球体或块状体组成。如 ZrO_2 增韧、Al_2O_3 材料、水泥基混凝土材料就属此类。纤维增强复合材料有平行取向和紊乱取向两种，纤维的直径一般在 1 微米到几百微米之间波动，水泥基混凝土材料内的增强纤维则是从 1 微米的玻璃纤维到几十毫米的钢筋。复合材料的基体通常有高分子基、金属基、陶瓷及水泥基等。常用的纤维有无机材料类如石墨、Al_2O_3、ZrO_2、Si_3N_4 和玻璃，金属材料类如钢纤维和有机高分子材料类，这些材料具有很好的力学性能，它们掺入复合材料中还可以充分保持其原有性能。

4.7　案例解析

晶体点缺陷与掺杂硅半导体

常温下硅的导电性能主要由杂质决定。在硅中掺入 VA 族元素杂质（如 P、As、Sb 等）后，这些 VA 族杂质最外层有 5 个价电子，替代了一部分硅原子的位置后，其中 4 个与周围硅原子形成共价键，多余的一个价电子便成了可以导电的自由电子。这样一个 VA 族杂质原子可以向半导体硅提供一个自由电子而本身成为带正电的离子，通常把这种杂质称为施主杂质。当硅中掺有施主杂质时，主要靠施主提供的电子导电，这种依靠电子导电的半导体被称为 n 型半导体。

若在硅中掺入 ⅢA 族元素杂质，这些 ⅢA 族杂质原子在晶体中替代了一部分硅原子的位置，由于它们的最外层只有 3 个价电子，在与周围硅原子形成共价键时产生一个空穴，这样一个ⅢA族杂质原子可以向半导体硅提供一个空穴，而本身接受一个电子成为带负电的离子，通常把这种杂质称为受主杂质。当硅中掺有受主杂质时，主要靠受主提供的空穴导电，这种依靠空穴导电的半导体被称为p型半导体。

晶体点缺陷是晶体结构中的一种局部失序现象。晶体点缺陷对晶体的性质和应用有着重要影响。一方面，点缺陷可以改变晶体的电学、光学、磁学等性质，从而影响晶体在电子器件上的应用。另一方面，点缺陷还可以影响晶体的物理和化学性质，从而影响晶体的稳定性和寿命。通过深入研究晶体点缺陷的形成机制和性质，不仅为晶体材料的设计和制备提供了重要的理论指导，而且为晶体在电子、光电、磁学等领域的应用提供新的思路和方法。

4.8　思政拓展

中国晶体缺陷研究先驱冯端院士

冯端，凝聚态物理研究一代宗师，我国晶体缺陷研究的先驱者之一，在国际上领先开拓微结构调制的非线性光学晶体新领域。在长达60余年的执教生涯中，他始终铭记"为学当如金字塔，要能博大要能高"，几乎教遍物理学的各个分支学科。长期的教学实践与终身学习的理念，让他掌握了形象化的物理思维方法，通晓了科学的内部结构及其与外界的联系，享受探索理解新知识的乐趣。他在教学的同时，抓住宝贵的时光岁月进行科研工作，并取得了巨大的成绩。由于其杰出贡献，经国际小行星中心和国际小行星命名委员会批准，中国科学院紫金山天文台将国际编号为187709的小行星命名为"冯端星"。

20世纪50年代始，冯端进行金属物理学的研究，并于1959年对钼、钨等难溶金属中的位错结构进行系统研究。他在《物理学报》《中国科学》等刊物上发表论文10余篇，发展了利用侵蚀法观测位错的技术，澄清了体心立方结构的金属中的位错结构。他还主持撰写了我国该方面第一本专著《金属物理》，成为国内该领域第一部著作，纲举目张、体系井然，在学术界产生了很大影响。

20世纪70年代，他开始研究激光与非线性光学晶体。在发展应力双折射貌相、X射线衍射貌相、电子显微镜观测技术和成像理论的基础上，他系统研究了晶体中的位错等多种缺陷的类型、分布及起源，提出在晶体生长中避免和控制缺陷的方案，提高了晶体质量和器件性能。

20世纪80年代，基于对铌酸锂等晶体铁电畴的深入研究，他掌握了制备具有周期性畴结构的晶体生长技术，制备了周期为微米量级的聚片多畴铌酸锂晶体，实现了铌酸锂晶体的倍频增强效应，从而在国际上领先开拓了非线性光学晶体微结构化这一新领域。

20世纪90年代，他和严东生院士作为首席科学家主持"八五"国家攀登计划项目"纳米材料科学"，有力地推动了中国纳米材料与纳米结构的研究，开创纳米科学技术领域国家级科研项目之先河。

"为学当如金字塔，要能博大要能高"，"博"与"精"的关系因人而异，因时而异。我们今天所处的时代，知识量爆炸性增长，学科门类更为细化，阅读可以丰富我们的人生，使我们成为更完整的人。"为学当如金字塔，要能博大要能高"，理想中的学者，既能博大，又能精深。要以专门学问为中心，向往不断延展，先是直接相关的各种学问，再到间接相关的各种学问，再到不太相关的学问，最后到毫不相干的学问。

本章总结

热力学上固体最稳定的状态是处于 0K 时的完整晶体状态，此时内部能量最低。在高于 0K 任何温度时，实际晶体由于在形成过程中环境因素的作用，或者在合成、制备过程中由于原料纯度等因素的影响，或者在加工、服役过程中由于外场的物理化学作用等，使得晶体结构的周期性势场发生畸变，出现各种结构不完整性，此即结构缺陷。晶体的结构缺陷不等于晶体的缺点，实际上，正是由于晶体结构缺陷的存在，才赋予晶体各种各样的性质或性能。结构缺陷的存在及其运动规律与高温过程中的扩散、晶粒生长、相变、固相反应、烧结等机理以及材料的物理化学性能都密切相关。

缺陷按几何形态分为点缺陷、线缺陷、面缺陷和体缺陷。这种分类方法符合人们认识事物的基本规律，易建立起有关缺陷的空间概念。缺陷按其产生的原因分为热缺陷、杂质缺陷、非化学计量缺陷、电荷缺陷和辐照缺陷等。此种分类方法有利于了解缺陷产生的原因和条件，有利于实施对缺陷的控制和利用。

点缺陷是材料中最常见的缺陷，包括热缺陷、组成缺陷、非化学计量缺陷、色心等。材料中的点缺陷始终处于产生与复合动态平衡状态，它们之间可以像化学反应似的相互反应。书写组成缺陷反应方程式时，杂质中的正负离子对应地进入基质中正负离子的位置。离子间价态不同时，若低价正离子占据高价正离子位置时，该位置带有负电荷，为了保持电中性，会产生负离子空位或间隙正离子；若高价正离子占据低价正离子位置时，该位置带有负电荷，为了保持电中性，会产生正离子空位或间隙负离子。

固溶体按照外来组元在基质晶体中所处位置不同，可分为置换固溶体和间隙固溶体。按外来组元在基质晶体中的固溶度，可分为连续型（无限型）固溶体和有限型固溶体。形成固溶体后，晶体的结构变化不大，但性质变化却非常显著，据此可以对材料进行改性。当材料中有变价离子存在，或晶体中质点间的键合作用比较弱时，材料与介质之间发生物质交换，形成非化学计量化合物，此类化合物是一种半导体材料。

点缺陷的浓度表征非常灵活，只要选择合适的比较标准，可以得出多种正确的浓度表征结果。点缺陷的存在及其相互作用与半导体材料的制备、材料的高温动力学过程，材料的光学、电学性质等密切相关。

线缺陷是晶体在结晶时受到杂质、温度变化或振动等产生的应力作用，或者晶体在使用时受到打击、切削、研磨等机械应力作用或高能射线辐照作用而产生的线状缺陷，分为刃位错、螺位错和混合位错等。位错间的相互作用、位错与点缺陷间的相互作用以及运动，与晶体力学性质、塑性变形行为等密切相关。运用位错理论可以成功地解释晶体的屈服强度、加工硬化、合金强化、相变强化以及脆性、断裂和蠕变等晶体强度理论中的重要问题。

面缺陷是块体材料中若干区域的边界。每个区域内具有相同的晶体结构，区域之间有不同的取向。面缺陷包括表面、晶界、界面、层错、孪晶面等。晶界是不同取向的晶粒之间的界面。界面分为位错界面、孪晶界面和平移界面。根据界面上质点排列情况不同有共格、半共格和非共格界面。面缺陷对解释材料的力学性质——断裂韧性具有重要意义。

课后习题

4-1 名词解释

(1) 弗伦克尔缺陷与肖特基缺陷;

(2) 刃型位错和螺型位错。

4-2 试述晶体结构中点缺陷的类型。以通用的表示法写出晶体中各种点缺陷的表示符号。试举例写出 $CaCl_2$ 中 Ca^{2+} 置换 KCl 中 K^+ 或进入到 KCl 间隙中去的两种点缺陷反应表示式。

4-3 在缺陷反应方程式中,所谓位置平衡、电中性、质量平衡是指什么?

4-4 (a) 在 MgO 晶体中,肖特基缺陷的生成能为 6eV($1eV=1.6022\times10^{-19}$J),计算在 25℃和 1600℃时热缺陷的浓度。(b) 如果 MgO 晶体中,含有 1%(物质的量分数)Al_2O_3 杂质,则在 1600℃时,MgO 晶体中是热缺陷占优势还是杂质缺陷占优势?说明原因。

4-5 对某晶体的缺陷测定生成能为 84kJ/mol,计算该晶体在 1000℃和 1500℃时的缺陷浓度。

4-6 试写出在下列两种情况时,生成什么缺陷?缺陷浓度是多少?

(a) 在 $1molAl_2O_3$ 中,添加 $0.01molCr_2O_3$,生成淡红宝石。

(b) 在 $1molAl_2O_3$ 中,添加 0.5molNiO,生成黄宝石。

4-7 试述影响置换型固溶体的固溶度的条件。

4-8 从化学组成、相组成考虑,试比较固溶体与化合物、机械混合物的差别。

4-9 试阐明固溶体、晶格缺陷和非化学计量化合物三者之间的异同点,列出简明表格比较。

4-10 试写出少量 MgO 掺杂到 Al_2O_3 中,少量 YF_3 掺杂到 CaF_2 中的缺陷方程。

(a) 判断方程的合理性。

(b) 写出每一方程对应的固溶式。

4-11 一块金黄色的人造黄玉,化学分析结果认为,是在每摩尔 Al_2O_3 中添加了 0.5mol%(物质的量分数)的 NiO 和 0.02%(物质的量分数)的 Cr_2O_3。试写出缺陷反应方程(置换型)及化学式。

4-12 ZnO 是六方晶系,$a=0.3242$nm,$c=0.5195$nm,每个晶胞中含两个 ZnO 分子,测得晶体密度分别为 5.74g/cm^3、5.606g/cm^3,求这两种情况下各产生什么形式的固溶体?

4-13 正、负离子半径为 $r_{Mg^{2+}}=0.072$nm、$r_{Cr^{3+}}=0.064$、$r_{Al^{3+}}=0.057$nm、$r_{O^{2-}}=0.132$nm。问:

(a) Al_2O_3 和 Cr_2O_3 形成连续固溶体。这个结果可能吗?为什么?

(b) 试预计 $MgO-Cr_2O_3$ 系统的固溶度如何?为什么?

4-14 Al_2O_3 在 MgO 中将形成有限固溶体,在低共熔温度 1995℃时,约有为 18%(物质的量分数)Al_2O_3 溶入 MgO 中,MgO 单位晶胞尺寸减小。试预计下列情况下密度的变化。

（a）Al^{3+} 为间隙离子；

（b）Al^{3+} 为置换离子。

4-15　$1molCaF_2$ 中加入 $0.2molYF_3$ 形成固溶体，试验测得固溶体的晶胞参数 $a=0.55nm$，测得固溶体密度 $\rho=3.64g/cm^3$，试计算说明固溶体的类型〔元素的相对原子质量：$M(Y)=88.90$；$M(Ca)=40.08$；$M(F)=19.00$〕。

4-16　非化学计量缺陷的浓度与周围气氛的性质、压力大小相关，如果增大周围氧气的分压，非化学计量化合物 $Fe_{1-x}O$ 及 $Zn_{1-x}O$ 的密度将发生怎样变化？增大？减少？为什么？

4-17　非化学计量化合物 Fe_xO 中，$Fe^{3+}/Fe^{2+}=0.1$（离子数比），求 Fe_xO 中的空位浓度及 x 值。

4-18　非化学计量氧化物 TiO_{2-x} 的制备强烈依赖于氧分压和温度：

（a）试列出其缺陷反应式。

（b）求其缺陷浓度表达式。

4-19　试比较刃型位错和螺型位错的异同点。

5 熔体和非晶态固体

本章导读

  自然界中的物质通常以气态、液态和固态三种聚集状态存在。其中，固态物质按其内部结构区分，可以分为结晶态固体（晶体）和非晶态固体。前面所述的大多数天然的或人工合成的固体都属于晶体，其结构特点是质点在三维空间呈周期性排列，具有长程有序性。而在液体中，长程有序性消失了，质点的位置具有无序性和非定域性。如果再对液体进行快速冷却，就可获得一种特殊的固体——非晶态固体。非晶态固体的结构特点是其质点在三维空间表现为近程有序、长程无序。

  非晶态和玻璃态常做同义语，但很多非晶态有机材料及非晶态金属和合金通常并不称为玻璃，故非晶态含义应该更广些。玻璃一般是指从液态凝固下来，结构上与液态连续的非晶态固体。本章主要介绍熔体的结构及性质、玻璃的通性、玻璃的结构理论、玻璃的形成以及典型玻璃类型等内容，这些基本知识对认识材料结构与性能之间的关系，以及控制材料的制备过程和改善材料的性能都有重要意义。

5.1 熔体的结构

5.1.1 熔体的结构特点

  熔体（或液体）是介于气体和固体之间的一种物质状态。液体具有流动性和各向同性，和气体相似；液体又具有较大的凝聚能力和很小的压缩性，则又与固体相似。

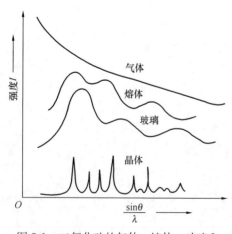

图 5-1 二氧化硅的气体、熔体、玻璃和晶体的 X 射线衍射图谱

  弗伦克尔（Frenkel）在 1924 年提出了液体质点假周期运动学说，认为晶体结构的特点是长程有序，即晶体中质点的分布是按一定规律排列的，且在晶格中的任何位置都有表现。而熔体结构的特点是近程有序，即中心质点周围围绕着一定数量的按规律排列的其他质点，形成一些小的有序集合体，集合体周围存在分子空穴，并且这些空穴处于不断产生和消失的动态过程中。

  如图 5-1 所示为二氧化硅的气体、熔体、玻璃和晶体的 X 射线衍射图谱。从图中可以看出，气体的特点是当衍射角度 θ 小的时候，衍射强度很大，随着 θ 的增大，衍射强度逐渐减弱；晶体的特点是衍射强度随 θ 的改变而发生一系列的突变，在不同 θ 角处出现尖锐的衍射峰；在液体的 X 射线衍射图谱中，没有气体所特有的小角度散射，而呈现宽阔的多个衍射峰，这些峰的中心位置约位于该物质晶体对应衍射峰所在的区域中；玻璃的 X 射线衍射图谱与熔体近似。

对于温度略高于熔点的熔体，熔体的结构与晶体较为接近。因为当物质处于晶体状态时，晶格中质点的分布是按照一定规律周期性重复排列的，具有长程有序的结构特点。当把晶体加热到熔点并熔化成熔体时，晶体的晶格受到破坏，使其不再表现为长程有序。但由于晶体熔化后质点的间距、相互作用力及热运动状态变化不大，因而熔体中任意中心质点的周围仍然围绕着一定数量的较规则排列的质点，而仅在远离中心质点处，这种有规则排列才逐渐消失，形成短程有序、长程无序的结构特点。所以，在温度不太高而压力不太低的情况下，熔体符合近程有序理论。当温度较高时，质点的热运动进一步加剧，熔体中近程有序结构不再显著存在。

5.1.2 聚合物理论

在 20 世纪 70 年代，白尔泰等提出了熔体聚合物理论。此后，随着结构测试方法、研究手段及计算技术的改进和发展，对硅酸盐熔体结构的认识进展很大。熔体的聚合物理论正日趋完善，并能很好地解释熔体的结构及结构与组成、性能之间的关系。聚合物理论主要用于描述结构中存在相当数量的强共价键高温熔体。在这些熔体中，高温并没有完全破坏原固态中的共价键，仍然存在的共价键将熔体组分原子结合成大量不同聚合程度的"聚合物"，并在一定热力学条件下高度分散、相互共存，并达到平衡。存在于大聚合体之间的小聚合体起着"润滑剂"的作用，使熔体具有流动性。

在硅酸盐熔体中，最基本的离子是硅、氧和碱金属或碱土金属离子。由于 Si^{4+} 电价高，半径小，它有着很强的形成硅氧四面体 $[SiO_4]$ 的能力。根据鲍林电负性计算，Si—O 间电负性差值 $X=1.7$，所以 Si—O 键既有离子键又有共价键的成分（其中 50% 为共价键）。Si 原子位于 4 个 sp^3 杂化轨道构成的四面体中心。当 Si 与 O 结合时，可与 O 原子形成 sp^3、sp^2、sp 三种杂化轨道，从而形成 σ 键；同时，O 原子已充满的 p 轨道可以作为施主，与 Si 原子全空着的 d 轨道形成由 d_π—p_π 键。这时，π 键叠加在 σ 键上，使 Si—O 键增强和距离缩短。Si—O 键有这样的键合方式，因此它具有高键能、方向性和低配位等特点。熔体中 R—O 键（R 指碱金属或碱土金属离子）的键型是以离子键为主，比 Si—O 键弱得多。当 R_2O、RO 引入硅酸盐熔体中时，Si^{4+} 将把 R—O 上的 O^{2-} 拉向自己一边，使 Si—O—Si 中的 Si—O 键断裂，导致 Si—O 键的键强、键长、键角都会发生变动。即 R_2O、RO 起到了提供"游离"氧的作用。

图 5-2 为 $[SiO_4]$ 桥氧断裂过程。图中与两个 Si^{4+} 相连的氧称为桥氧（O_b），与一个

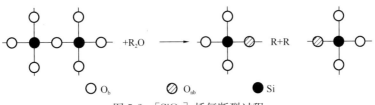

图 5-2　$[SiO_4]$ 桥氧断裂过程

Si^{4+} 相连的氧称为非桥氧（O_{nb}）。在 SiO_2 石英熔体中，O/Si 比为 2：1，$[SiO_4]$ 连接成架状。当引入 Na_2O 时，由于 Na_2O 提供"游离"氧，O/Si 比升高，结果使部分桥氧断裂成为非桥氧。随 Na_2O 的加入量的增加，O/Si 比可由原来 2：1 逐步升高至 4：1，此时 $[SiO_4]$ 连接方式可从架状、层状、带状、链状、环状最后过渡到桥氧全部断裂而形成 $[SiO_4]$ 岛状，$[SiO_4]$ 连接程度降低。

以上这种在 Na_2O 的作用下，使架状 $[SiO_4]$ 断裂的过程称为熔融石英的分化过程。分化的结果，在熔体中形成了各种聚合程度的聚合物。图 5-3 为分化过程示意图。为了简化，图中只画出 $[SiO_4]$ 中的三个氧离子。

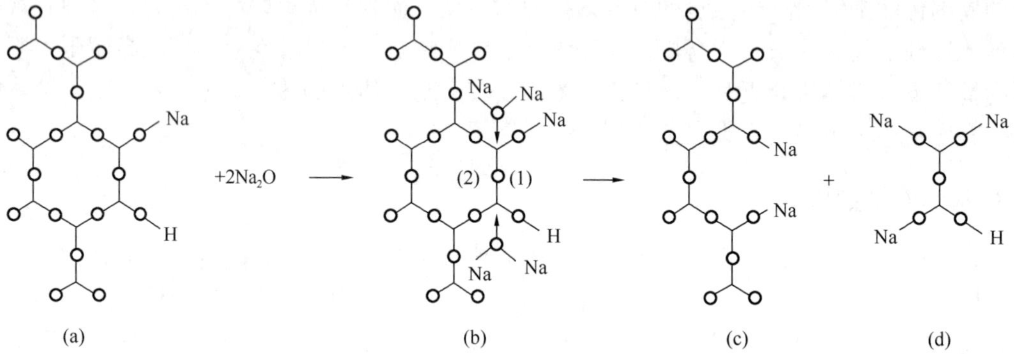

图 5-3　石英熔体网络分化过程

由于粉碎的石英颗粒表面带有断键，这些断键与空气中的水汽作用形成了 Si—O—H 键。图 5-3(a) 所示的是 SiO_2 颗粒的表面层。当石英与 Na_2O 一起熔融时，在断键处将发生离子交换，使大部分 Si—O—H 键变为 Si—O—Na 键。由于 Na^+ 在硅氧四面体周围的存在，而使图 5-3(b) 中（1）处的非桥氧与 Si 相连的键加强，而使（2）处的桥氧键相对减弱。在减弱的 Si—O 键处很容易受到 Na_2O 的侵袭，使（2）处的 Si—O 键断裂，结果原来的桥氧变成非桥氧，形成由两个硅氧四面体组成的短链二聚体 $[Si_2O_7]$，并从石英骨架上脱落下来，从而使熔融石英骨架分化，如图 5-3(c) 所示。与此同时，在断键处形成新的 Si—O—Na 键，如图 5-3(d) 所示。而邻近的 Si—O 键又成为新的侵袭对象。只要有 Na_2O 存在，则这种分化反应便会继续下去直至平衡。分化的结果将产生许多由硅氧四面体短链形成的低聚物，以及一些没有被分化完全的残留高聚物——石英骨架，即石英的"三维晶格碎片"，用 $[SiO_2]_n$ 表示。各种低聚物生成量和高聚物残存量由熔体总组成和温度等因素决定。

在熔融过程中随着时间延长，温度上升，不同聚合程度的聚合物会发生变形。一般链状聚合物易围绕 Si—O 轴转动同时发生弯曲；层状聚合物发生褶皱、翘曲；架状 $[SiO_2]_n$ 由于热振动使许多桥氧键断裂（缺陷数目增多），同时 Si—O—Si 键角发生变化。由分化过程产生的低聚合物不是一成不变的，它可以相互发生作用，形成级次较高的聚合物，同时释放出部分 Na_2O，这个过程称为缩聚。例如：

① 两个单体聚合形成二聚体

$$[SiO_4]Na_4 + [SiO_4]Na_4 \Longrightarrow [Si_2O_7]Na_6 + Na_2O$$

② 单聚体与二聚体聚合形成短链

$$[SiO_4]Na_4 + [Si_2O_7]Na_6 =\!=\!= [Si_3O_{10}]Na_8 + Na_2O$$

③ 两个短链聚合形成环

$$2[Si_3O_{10}]Na_8 =\!=\!= [Si_6O_{18}]Na_{12} + 2Na_2O$$

缩聚释放的 Na_2O 又能进一步侵蚀石英骨架而使其分化出低聚物，如此循环，直到体系达到分化—缩聚平衡为止。这样，在熔体中就有各种不同聚合程度的复合阴离子团同时并存，有 $[SiO_4]^{4-}$ 单体、$[Si_2O_7]^{6-}$（二聚体）、$[Si_3O_{10}]^{8-}$（三聚体），…，$[Si_nO_{3n+1}]^{2(n+1)-}$（n 聚体，$n=1,2,3,…$）。此外，还有三维晶格碎片 $[SiO_2]$、没有参加反应的氧化物及石英颗粒带入的吸附物等。它们在一定组成和温度下有确定的浓度。这些多种聚合物同时并存而不是一种独存便是熔体结构远程无序的实质。这里要说明一点，聚合物是具有晶体结构的，例如含有 3 个 $[SiO_4]^{4-}$ 三聚体，3 个 $[SiO_4]^{4-}$ 构成和晶体结构中一样的三节环；含有 6 个 $[SiO_4]^{4-}$ 的六聚体就是以六节环的形式存在的，但它们的晶格很小且很不完整。这就使石英熔体在对应于石英晶体 X 射线衍射峰的位置也存在着 $[SiO_4]^{4-}$ 的 X 射线衍射峰，并呈弥散状态。

硅酸盐熔体中各种聚合程度的聚合物浓度受组成和温度两个因素的影响。在熔体组成不变时，各级聚合物的浓度与温度有关。熔体中的"三维晶格碎片"随温度变化存在聚合—解聚的平衡。在高温时，低聚合物以分离状态存在，当温度降低时，有一部分附着在"三维碎片"上，被碎片表面的断键所固定，产生聚合反应。如果温度再升高，低聚物又脱离，产生解聚反应。图 5-4 为某一硅酸盐熔体中各种聚合程度的硅氧聚合物浓度与温度的关系。由图 5-4 可见，随温度升高，低聚物浓度增加，高聚物的浓度降低。

当熔体温度不变时，各种聚合程度聚合物的浓度与熔体的组成有关。若用 R 表示熔体中氧硅数目比（即 $R=O/Si$），R 大说明熔体中碱性金属氧化物含量高，分化后非桥氧数目多，故而低聚物的浓度随之增大（数量多）。图 5-5 为各种聚合程度聚合物中 $[SiO_4]$ 四面体含量与 R 的关系。由图可见，随 R 增大，低聚物的生成量增加，高聚物含量降低。

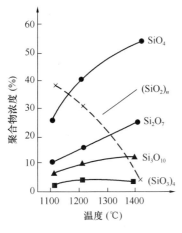
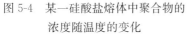
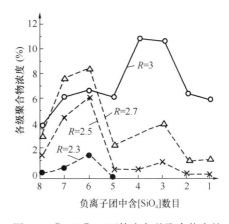

图 5-4 某一硅酸盐熔体中聚合物的 图 5-5 $[SiO_4]$ 四面体在各种聚合物中的
浓度随温度的变化   浓度与 R 的关系

综上所述，硅酸盐熔体中聚合物的形成过程可分为三个阶段。初期：石英（或硅酸盐）的分化。中期：缩聚并伴随着变形。后期：在一定时间和一定温度下，缩聚—分化达到平衡。产物中有低聚物、高聚物、三维晶格碎片以及游离碱、吸附物，最后得到的熔体是不同聚合程度的各种聚合体的混合物，构成硅酸盐熔体结构。聚合物的种类、大小和数量随熔体的组成和温度而变化。这就是硅酸盐熔体结构的聚合物理论。

5.2 熔体的性质

5.2.1 黏度

黏度在无机材料生产工艺上很重要。玻璃生产的各个阶段，从熔制、澄清、均化、成型、加工，直到退火的每一工序都与黏度密切相关。如熔制玻璃时，黏度小，熔体内气泡容易逸出；在玻璃成型和退火方面黏度起控制性作用；玻璃制品的加工范围和加工方法的选择取决于熔体黏度及其随温度变化的速率。黏度还直接影响水泥、陶瓷、耐火材料烧成速率的快慢。此外，熔渣对耐火材料的腐蚀，对高炉和锅炉的操作也和黏度有关。因此，熔体的黏度是无机材料制造过程中需要控制的一个重要工艺参数。

熔体流动时，上下两层熔体相互阻滞，其阻滞力 F 的大小与两层接触面积 S 及垂直流动方向的速度梯度成正比，即：

$$F = \eta S \frac{\mathrm{d}v}{\mathrm{d}x} \tag{5-1}$$

式中，F 为两层液体间的内摩擦力；S 为两层液体间的接触面积；$\mathrm{d}v/\mathrm{d}x$ 为垂直流动方向的速度梯度；η 为比例系数，称为黏滞系数，简称黏度。

因此，黏度的物理意义为：单位接触面积、单位速度梯度下两层液体间的内摩擦力，单位是 Pa·s(帕·秒)。1Pa·s＝1N·s/m²＝10dyn·s/cm²＝10P(泊) 或 10Pa·s(分帕·秒) ＝1P(泊)。黏度的倒数称液体流动度 φ，即 $\varphi = 1/\eta$。

影响熔体黏度的主要因素是化学组成和温度。相同组成的熔体在不同温度下其黏度相差很大，组成不同的熔体在同一温度下的黏度也有很大差别。常见物质的黏度如下：水（20℃）$\eta = 0.01006$Pa·s；熔融态 NaCl（800℃）$\eta = 0.0149$Pa·s；硅酸盐熔体 $\eta = 10^{-1} \sim 10^{16}$Pa·s。

5.2.1.1 黏度—温度关系

从熔体结构可知，在熔体中各质点的距离和相互作用力的大小都与晶体接近，每个质点都处在相邻质点的键力作用之下，也即落在一定大小的势垒 Δu 之间。在平衡状态下，质点处于位能比较低的状态。如要使质点流动，就得使它活化，即要有克服势垒的足够能量。因此这种活化质点的数目越多，流动性就越大。根据玻尔兹曼能量分布定律，活化质点的数目为：

$$n = A_1 \mathrm{e}^{-\frac{\Delta u}{kT}} \tag{5-2}$$

式中，n 为有活化能的活化质点数目；Δu 为质点黏滞活化能；k 为玻尔兹曼常数；T 为绝对温标；A_1 为与熔体组成有关的常数。

流动度 φ 与活化质点成正比：

$$\varphi = A_2 \mathrm{e}^{-\frac{\Delta u}{kT}} \tag{5-3}$$

所以：$\quad \eta = \dfrac{1}{\varphi} = A_3 \mathrm{e}^{\frac{\Delta u}{kT}}$

对上式取对数，得：$\lg\eta = \lg A_3 + \dfrac{\Delta u}{kT}\lg e$

如与温度无关，则：

$$\lg\eta = A + \frac{B}{T} \tag{5-4}$$

式中，$A = \lg A_3$；$B = \dfrac{\Delta u}{k}\lg e$，$A$ 和 B 均为与温度无关而与组成有关的常数。即 $\lg\eta$ 与 $1/T$ 成直线关系。这正是由于温度升高，质点动能增大，使更多的质点成为活化质点之故。从直线斜率可算出 Δu。

但因这个公式假定黏滞活化能只是和温度无关的常数，所以只能应用于简单的不聚合的液体或在一定温度范围内聚合度不变的液体。对于硅酸盐熔体在较大温度范围时，斜率会发生变化，因而在较大温度范围内以上公式不适用。

如图 5-6 是钠钙硅酸盐玻璃熔体黏度与温度的关系，显示出在较宽温度范围内 $\lg\eta \sim l/T$ 并非直线，说明 Δu 不是常数。如在曲线上一定温度处作切线，即可计算这一温度下的活化能。从图 5-6 中标出的计算值，可以看出活化能随温度降低而增大。

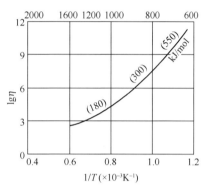

图 5-6　钠硅酸盐玻璃熔体的关系曲线

由于硅酸盐熔体的结构特性，因而与晶体（如金属、盐类）的黏度随温度的变化有显著的差别。熔融金属和盐类，在高于熔点时，黏度变化很小；当达到凝固点时，由于熔融态转变成晶态的缘故，黏度呈直线上升。而硅酸盐熔体的黏度随温度的变化则是连续的。

5.2.1.2　黏度—组成关系

组成是通过改变熔体结构而影响黏度的。大多数无机氧化物的熔体黏度与组成有直接关系。如硅酸盐熔体，当组成不同时，就改变了熔体的网络结构，进而影响到黏度，即熔体黏度是由 $[SiO_4]$ 网络连接程度所决定的。由 VFT 公式（VFT 为三位科学家的姓名首字母，即 Vogel-Fulcher-Tammann）中与组成有关的一些常数也可以推测，熔体组成不同，质点间的作用力不等，使得影响熔体流动的活化能不同，从而表现出黏度上的差异。下面分析不同价态氧化物的存在对熔体黏度影响的一般规律。

（1）一价金属氧化物

碱金属氧化物 RO 引入到硅酸盐熔体中，体系的 O/Si 升高，桥氧键发生断裂，$[SiO_4]$ 离子团被分化，网络断裂程度增加，导致原来的硅氧负离子团被解聚成较简单的结构单元，低聚物浓度升高，流动的活化能减小，从而使熔体黏度降低。

在简单碱金属硅酸盐系统（R_2O—SiO_2）中，碱金属离子 R^+ 对黏度的影响与其本身的含量有关。R_2O—SiO_2 熔体在 1400℃时的黏度变化如图 5-7 所示。当 R_2O 含量较低时（O/Si 比值较低），熔体中硅氧负离子团较大，对黏度起主要作用的是 $[SiO_4]$ 四面体间的键力。这时，加入的正离子的半径越小，降低黏度的作用就越大，其次序是：$Li^+ >$

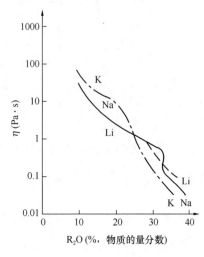

图 5-7　R_2O—SiO_2 熔体在 1400℃
时的黏度变化

$Na^+ > K^+$。这是由于 R^+ 除了能提供"游离"氧，打断硅氧网络以外，在网络中还对 Si—O—Si 键有反极化作用，减弱了上述键力。

Li^+ 半径最小，电场强度最强，反极化作用最大，故它对黏度的降低作用最大。当熔体中 RO 含量较高（O/Si 比值较高）时，硅氧负离子团被解聚成较简单的结构单位，低聚物含量较高。同时熔体中有大量 O^{2-} 存在，[SiO_4] 四面体之间主要依靠 R—O 键力连接，这时熔体中含有作用力最大的 Li^+ 具有较大的黏度。所以，R_2O 对黏度影响的次序是：$K^+ >$ $Na^+ > Li^+$。

（2）二价金属氧化物

二价碱土金属氧化物对黏度的影响比较复杂。加入 RO，一方面与 R_2O 的作用相同，使 O/Si 比值上升，大的硅氧负离子团解聚而降低黏度；另一方面，R^{2+} 的电价较高，有些半径较小的离子（如 Mg^{2+}）的离子势 Z/r（电荷/半径）较 R^+ 的大，夺取 O^{2-} 的作用力较强，能夺取硅氧负离子团中的 O^{2-} 来包围自己，使硅氧负离子团中的 O/Si 比值降低，实质上起到使 [SiO_4] 聚合的作用，从而使黏度升高。

另外，离子间的相互极化对熔体的黏度也有显著影响。极化使离子变形，共价键成分增加，减弱了 Si—O 间的键力。因此，含有 18 个电子层结构的二价离子 Zn^{2+}、Cu^{2+}、Pb^{2+} 等较含 8 个电子层的碱土金属离子更能大幅度地降低黏度（Ca^{2+} 例外，对黏度的降低与其含量有关）。综合上述效应，R^{2+} 降低黏度的次序是：$Pb^{2+} > Ba^{2+} > Sr^{2+} >$ $Cu^{2+} > Ca^{2+} > Zn^{2+} > Mg^{2+}$，如图 5-8 所示。

当加入两种或两种以上 R_2O 或 RO 氧化物时，熔体的黏度比等量地只加一种 R_2O 或 RO 高，原因在于离子半径、配位情况等结晶化学条件不同而相互制约。这种效应称为混合碱效应。

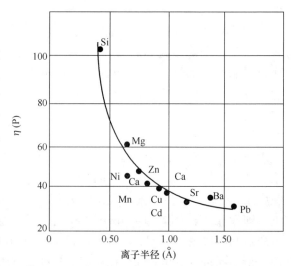

图 5-8　二价阳离子对硅酸盐熔体黏度的影响

（3）高价金属氧化物

高价金属氧化物一般说来，在熔体中引入 SiO_2、Al_2O_3、ZrO_2、ThO_2 等氧化物时，因这些阳离子电荷多，离子半径又小，作用力大，总是倾向于形成更为复杂巨大的复合阴离子团，使黏滞活化能变大，从而导致熔体黏度增高。阳离子配位数熔体中组分对黏度的影响还和相应的阳离子的配位状态有密切关系。含 R_2O 的熔体中加入 Al_2O_3，则会出现 [AlO_6] $\longrightarrow$ [AlO_4] 转变，即 Al^{3+} 进入网络起到"补网作用"，使结构进一步致密，黏度增大，如图 5-9 所示。

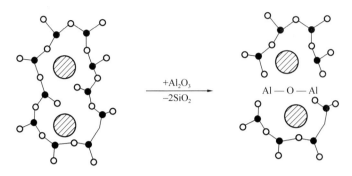

$$+Al_2O_3 \quad -2SiO_2$$

Al—O—Al

图 5-9　Al$_2$O$_3$ 在硅酸盐熔体中的"补网作用"示意图

图 5-10 为硅酸盐 Na$_2$O—SiO$_2$ 玻璃中，以 B$_2$O$_3$ 代 SiO$_2$ 时，黏度随 B$_2$O$_3$ 含量的变化曲线。当 B$_2$O$_3$ 含量较少时，Na$_2$O/B$_2$O$_3$>1，结构中"游离"氧充足，B^{3+} 处于 [BO$_4$] 四面体状态加入到 [SiO$_4$] 四面体网络，使结构紧密，黏度随含量升高而增加；当 B$_2$O$_3$ 含量和 Na$_2$O 含量的比例约为 1 时（B$_2$O$_3$ 含量约为 15%），B^{3+} 形成 [BO$_4$] 四面体最多，黏度达到最高点；B$_2$O$_3$ 含量继续增加，黏度又逐步下降，这是由于较多量的 B$_2$O$_3$ 引入使 Na$_2$O/B$_2$O$_3$<1。"游离"氧不足，增加的 B^{3+} 开始处于 [BO$_3$] 中，结构趋于疏松，黏度下降。这种由于 B^{3+} 配位数变化引起性能曲线上出现转折的现象，称为"硼反常现象"。

综上所述，组成的改变会导致熔体结构发生变化，从而引起黏度改变。但加入某种化合物对黏度的影响，既与化合物的本性有关，也与熔体的基础组成有关。这种变化关系是很复杂的，不可能对所有元素在各种熔体中的变化规律做出简单解释。

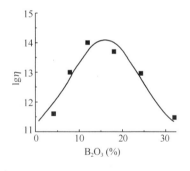

图 5-10　16Na$_2$O·xB$_2$O$_3$·$(84-x)$SiO$_2$ 系统玻璃中 560℃时的黏度变化

5.2.2　表面张力

与液体类似，熔体表面层的质点受到内部质点的吸引力比表面层空气介质的引力大，因此表面层质点有趋向于熔体内部并使表面积尽量缩小的趋势。结果沿着物体表面存在着使表面具有收缩倾向的作用力，这个力即表面张力，用 γ 表示。表面张力的物理意义为：作用于表面单位长度上与表面相切的力，单位是 N/m。若要使表面增大，相当于使更多的质点移到表面，则必须对系统做功。通常将熔体与另一相接触的相界面上（一般指空气），在恒温、恒压条件下增加一个单位表面积时所做的功，称表面能，单位 J/m^2，简化后其单位为 N/m。

因此，熔体的表面能和表面张力的数值与因次相同（但物理意义不同）。严格地讲，二者属于不同的物理概念，单位也不同。只是对于液体而言，二者数值相等，加上二者的量纲相同，所以有时不加以区别而混用。对于固体，二者数值有很大差别。水的表面张力为 7×10^{-2} N/m，硅酸盐熔体的表面张力比一般液体高，它随组成而变化，一般处于 0.22~0.38N/m 之间。表 5-1 所示为部分熔体的表面张力。

表 5-1　熔体的表面张力 γ（$\times 10^{-3} N/m$）

熔体	温度(℃)	γ	熔体	温度(℃)	γ
H_2O	25	72	GeO_2	1150	250
NaCl	1080	95	SiO_2	1800	307
B_2O_3	900	80		1300	290
P_2O_5	1000	60	FeO	1420	585
PbO	1000	128	钠钙硅酸盐熔体	1000	316
Na_2O	1300	290	(Na_2O：CaO：SiO_2=16：10：74)		
Li_2O	1300	450	钠硼硅酸盐熔体	1000	265
Al_2O_3	2150	550	(Na_2O：B_2O_3：SiO_2=20：10：70)		
	1300	380	瓷器中玻璃相	1000	320
ZrO_2	1300	350	瓷釉	1000	250～280

熔体的表面张力对液、固体表面的润湿程度，陶瓷材料坯釉结合，陶瓷体中液相分布与显微结构，硅酸盐制品的加工工序等有重要影响，工艺中需要加以调节或控制。表面张力是由于排列在表面层的质点受力不均衡引起的，这个力场相差越大，则表面张力也越大，因此，凡是影响熔体质点间相互作用力的因素，都将直接影响到表面张力的大小。影响熔体表面张力的主要因素有：

（1）温度

随着温度升高，硅酸盐熔体的表面张力下降，$\gamma \propto 1/T$。一般而言，温度升高 100℃，表面张力降低 1%。这是由于温度升高，质点热运动加剧，质点间距增大，相互作用力减弱，所以内部质点能量与表面质点能量之差减小。

（2）组成

添加没有表面活性的物质可使 γ 升高，如 Al_2O_3、CaO、MgO、SiO_2、Na_2O、Li_2O 等；添加具有表面活性的物质，其易富集于表面而使 γ 下降，如 B_2O_3、PbO、V_2O_5、Cr_2O_3、K_2O 等。各种添加物对表面能的影响是多方面的，如 B_2O_3 形成平面[BO_3]基团，可以平行于表面方向排列，使熔体的内部和表面能量差别减小，γ 降低。

（3）结构

从熔体结构考虑，随着 O/Si 下降，[SiO_4]聚合程度增大，相应的阴离子团的电荷/半径（Z/r）比值降低，硅氧负离子团被排挤到液体表面，使 γ 降低。对于结构类型相同的离子晶体，晶格能高则其熔体 γ 增加；单位晶胞尺寸小则其熔体 y 增加。总之，熔体内部质点作用力加强，会导致 γ 升高。化学键型对表面张力也有很大影响，其规律是：金属键＞共价键＞离子键＞分子键。硅酸盐熔体是兼有共价键和离子键的混合键型，其表面张力介于典型共价键熔体与离子键熔体之间。

（4）介质

γ 常指与其自身饱和蒸气或者空气接触时的数值，介质改变将引起 γ 变化。当两种熔体混合时，不能取其各自的 γ 值进行简单的加和计算。因为表面张力小的熔体混合后易聚集在表面上，其少量加入即可显著降低混合熔体的 γ 值。

5.3 玻璃的通性

玻璃是由熔体过冷而形成的一种无定形固体，因此在结构上与熔体有相似之处。玻璃是无机非晶态固体中最重要的一族。

一般无机玻璃的宏观特征是在常温下能保持一定的外形，具有较高的硬度，较大的脆性，对可见光具有一定的透明度，破碎时具有贝壳及蜡状断裂面。较严格说来，玻璃具有以下物理通性。

5.3.1 各向同性

无内应力存在的均质玻璃在各个方向的物理性质如折射率、硬度、导电性、弹性模量、热膨胀系数、导热系数等性能都是相同的，这与非等轴晶系的晶体具有各向异性的特性不同，却与液体相似。玻璃的各向同性是其内部质点的随机分布而呈现统计均质结构的外在表现。如果非均质玻璃存在内应力时，则显示出各向异性。例如，出现明显的光程差。

5.3.2 介稳性

在一定的热力学条件下，系统虽未处于最低能量状态，却处于一种可以较长时间存在的状态，称为介稳状态，当熔体冷却成玻璃体时，其状态并不是处于最低的能量状态，它能较长时间在低温下保留高温时的结构而不变化，因而为介稳状态。它含有过剩内能，有析晶的可能，熔体冷却过程中物质内能（Q）与体积（V）变化图 5-11 所示。在结晶情况下，内能与体积随温度变化如折线 $abcd$ 所示，而过冷形成玻璃时的情况如折线 $abefh$ 所示的过程变化。由图可见，玻璃态内能大于晶态。

从热力学观点看，玻璃态是一种高能量状态，它必然有向低能量状态转化的趋势，即有析晶的可能。然而事实上，很多玻璃在常温下经数百年之久仍未结晶，这是由于在常温下，玻璃黏度非常大，使得玻璃态自发转变为晶态的速率是十分小的，因而从动力学观点看它又是稳定的。

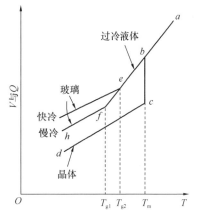

图 5-11　结晶态、玻璃态与过冷液态之间的关系

5.3.3 熔融态向玻璃态转化是可逆的与渐变的

当熔体向固体转变时，若是析晶过程，当温度降至熔点 T_m 时，随着新相的出现，会同时伴随着体积、内能及其他一些性能都发生突变（内能、体积突然下降与黏度的剧烈上升），图 5-11 中由 b 至 c 的变化，整个曲线在 T_m 处出现不连续。若是向玻璃转变，当熔体冷却到 T_m 时，体积、内能不发生异常变化，而是沿着 be 变为过冷液体，当达到 f 点时（对应温度 T_{g1}），熔体开始固化，这时的温度称为玻璃转变温度或脆性温度，对应黏度为

10^{12} Pa·s，继续冷却，曲线出现弯曲，fh 一段的斜率比以前小了一些，但整个曲线是连续变化的。通常把黏度为 10^8 Pa·s 对应的温度 T_f 称为玻璃软化温度，玻璃加热到此温度即软化，高于此温度玻璃就呈现液态的一般性质，$T_g \sim T_f$ 的温度范围称为玻璃转变范围或称反常间距，它是玻璃转变特有的过渡温度范围。显然，向玻璃体转变过程是在较宽广范围内完成的，随着温度下降，熔体的黏度越来越大，最后形成固态的玻璃，其间没有新相出现。相反，由玻璃加热变为熔体的过程也是渐变的，因此具有可逆性。玻璃体没有固定的熔点，只有一个从软化温度到脆性温度的范围，在这个范围内玻璃由塑性变形转为弹性变形。值得提出的是，不同玻璃成分用同一冷却速率，T_g 一般会有差别，各种玻璃的转变温度随成分而变化。如石英玻璃在 1150℃ 左右，而钠硅酸盐玻璃在 500~550℃；同一种玻璃，以不同冷却速率冷却得到的 T_g 也会不同，图 5-11 中 T_{g1} 和 T_{g2} 就是属于此种情况。但不管转变温度 T_g 如何变化，对应的黏度值是不变的，均为 10^{12} Pa·s。

一些非熔融法制得的新型玻璃如气相沉积方法制备的 Si 无定形薄膜或急速淬火形成的无定形金属膜，在再次加热到液态前就会产生析晶的相变。虽然它们在结构上也属于玻璃态，但在宏观特性上与传统玻璃有一定差别，故通常称这类物质为无定形物。

5.3.4 由熔融态向玻璃态转化时性质随温度、成分的变化是连续的

玻璃体由熔融状态冷却转变为机械固态或者加热的相反转变过程，其物理化学性质的变化是连续的。图 5-12 表示玻璃性质随温度变化的关系。由图可见，玻璃性质随温度的变化可分为三类：第一类性质如电导、黏度等按曲线 I 变化；第二类性质如热容、膨胀系数、密度、折射率等按曲线 II 变化；第三类性质如导热系数和一些机械性质（弹性常数等）如曲线 III 所示，它们在 $T_g \sim T_f$ 转变范围内有极大值的变化。

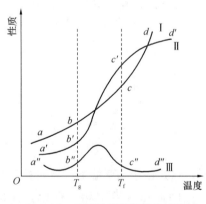

图 5-12　玻璃性质随温度的变化

在图 5-12 中，玻璃性质随温度逐渐变化的曲线上有两个特征温度，即 T_g 与 T_f。T_g 温度相应性质与温度曲线上低温直线部分开始转向弯曲部分的温度，称为玻璃的脆性温度，它是玻璃出现脆性的最高温度，相应的黏度为 10^{12} Pa·s，由于在该温度时，可以消除玻璃制品因不均匀冷却而产生的内应力，因而也称为退火上限温度（退火点）。T_f 温度相应于曲线部分开始转向高温直线部分的温度，又称为玻璃软化温度，为玻璃开始出现液体状态典型性质的温度，相应的黏度为 10^8 Pa·s，是玻璃拉制成丝的最低温度。

从图 5-12 中可以看到，性质-温度曲线可划分为三部分：T_g 以下的低温段（ab、$a'b'$、$a''b''$）和 T_f 以上的高温段（cd、$c'd'$、$c''d''$）其变化几乎成直线关系，这是因为前者的玻璃为固体状态，而后者则为熔体状态，它们的结构随温度是逐渐变化的。而在中温部分（bc、$b'c'$、$b''c''$）$T_g \sim T_f$ 转变温度范围内是固态玻璃向玻璃熔体转变的区域，由于结构随温度急速地变化，因而性质变化虽然有连续性，但变化剧烈，并不呈直线关系。由此可见 $T_g \sim T_f$ 对于控制玻璃的物理性质有重要意义。

除形成连续固熔体外，二元以上晶体化合物有固定的原子或分子比，因此它们的性质

变化是非连续的。但玻璃则不同，玻璃的化学成分在一定范围内，可以连续和逐渐地变化。与此相应，性质也随之发生连续和逐渐的变化。由此而带来玻璃性质的加和性，即玻璃的一些性能随成分含量呈加和性变化。成分含量越大，对这些性质影响的贡献越大。这些性质是玻璃中所含各氧化物特定部分性质之和。利用玻璃性质的加和性可由已知玻璃成分粗略计算该玻璃的性质。

以上四个特性是玻璃态物质所特有的。因此，任何物质无论其化学组成如何，只要具有这四个特性，都称为玻璃。

5.4　玻璃的结构

研究玻璃态物质的结构，不仅可以丰富物质结构理论，而且对于探索玻璃态物质的组成、结构、缺陷和性能之间的关系，进而指导工业生产及制备预计性能的玻璃都有重要的实际意义。

玻璃结构是指玻璃中质点在空间的几何配置、有序程度及它们彼此间的结合状态。由于玻璃结构具有远程无序的特点以及影响玻璃结构的因素众多，与晶体结构相比，玻璃结构理论发展缓慢，目前人们还不能直接观察到玻璃的微观结构，关于玻璃结构的信息是通过特定条件下某种性质的测量而间接获得的。往往用一种研究方法根据一种性质只能从一个方面得到玻璃结构的局部认识，而且很难把这些局部认识相互联系起来。一般对晶体结构研究十分有效的研究方法在玻璃结构研究中则显得力不从心。长期以来，人们对玻璃的结构提出了许多假说，如晶子假说、无规则连续网络假说、高分子假说、凝胶假说、核前群理论、离子配位假说等。由于玻璃结构的复杂性，还没有一种学说能将玻璃的结构完整严密地揭示清楚。到目前为止，在各种学说中最有影响的玻璃结构学说是晶子学说和无规则网络学说。

5.4.1　晶子学说

苏联学者列别捷夫 1921 年提出晶子学说。他在研究硅酸盐玻璃时发现，无论是加热还是冷却，玻璃的折射率在 573℃ 左右都会发生急剧变化（图 5-13）。而 573℃ 正是 α-石英与 β-石英的晶型转变温度。上述现象对不同玻璃都有一定的普遍性。因此，他认为玻璃是高分散的石英微晶体（晶子）的集合体。

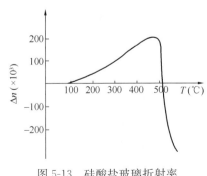

图 5-13　硅酸盐玻璃折射率随温度的变化曲线

在较低温度范围内，测量玻璃折射率时也发生若干突变。将 SiO_2 含量高于 70% 的 $Na_2O \cdot SiO_2$ 与 $K_2O \cdot SiO_2$ 系统的玻璃，在 50～300℃ 范围内加热并测定折射率时，观察到 80～120℃、145～165℃ 和 180～210℃ 温度范围内折射率有明显的变化。这些温度恰巧与鳞石英及方石英的多晶转变温度符合，且折射率变化的幅度与玻璃中 SiO_2 含量有关。根据这些试验数据，进一步证明在玻璃中含有多种"晶子"。以后又有很多学者借助 X 射线分析法和其他方法为晶子学说取得了新的试验数据。

瓦连可夫和波拉依-柯希茨研究了成分递变的钠硅双组分玻璃的 X 射线散射强度曲线。他们发现第一峰是石英玻璃衍射线的主峰与石英晶体的特征峰相符。第二峰是 $Na_2O \cdot SiO_2$ 玻璃的衍射线主峰与偏硅酸钠晶体的特征峰一致。在钠硅玻璃中上述两个峰均同时出现。随着钠硅玻璃中 SiO_2 含量增加，第一峰越明显，而第二峰越模糊。他们认为钠硅玻璃中同时存在方石英晶子和偏硅酸钠晶子，这是 X 射线强度曲线上有两个极大值的原因。他们又研究了升温到 $400\sim800℃$ 再淬火、退火和保温几小时的玻璃。结果表明：玻璃 X 射线衍射图不仅与成分有关，而且与玻璃制备条件有关。提高温度，延长加热时间，主峰陡度增加，衍射图也越清晰(图 5-14)。他们认为这是晶子长大所致。由试验数据推论，普通石英玻璃中的方石英晶子尺寸平均为 1nm。

结晶物质和相应玻璃态物质虽然强度曲线极大值的位置大体相似，但不一致的地方也是明显的。很多学者认为这是玻璃中晶子点阵固有变形所致，并估计玻璃中方石英晶子的固定点阵比方石英晶体的固定点阵大 6.6%。

马托西等研究了结晶氧化硅和玻璃态氧化硅在 $3\sim26\mu m$ 的波长范围内的红外反射光谱。结果表明，玻璃态石英和晶态石英的反射光谱在 $12.4\mu m$ 处具有同样的最大值。这种现象可以解释为反射物质的结构相同。

弗洛林斯卡姬的研究表明，在许多情况下，观察到玻璃和析晶时以初晶析出的晶体的红外反射和吸收光谱极大值是一致的。这就是说，玻璃中有局部不均匀区，该区原子排列与相应晶体的原子排列大体一致。图 5-15 比较了 $Na_2O—SiO_2$ 系统在原始玻璃态和析晶态的反射光谱。由研究结果得出结论，结构的不均匀性和有序性是所有硅酸盐玻璃的共性。

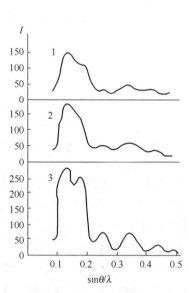

图 5-14 $27Na_2O \cdot 73SiO_2$ 玻璃的 X 射线
散射强度曲线

1—未加热；2—在 618℃保温 1h；
3—在 800℃保温 10min 和 670℃保温 20h

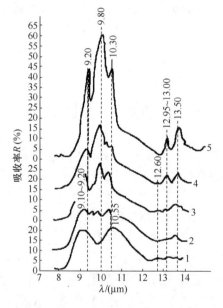

图 5-15 $33.3Na_2O \cdot 66.7SiO_2$ 玻璃的
红外反射光谱

1—玻璃；2—玻璃表层部分，在 620℃保温 1h；
3—玻璃表面有间断薄雾析晶，保温 3h；
4—连续薄雾析晶，保温 3h；5—析晶玻璃，保温 6h

根据很多的试验研究得出晶子学说其要点为：玻璃结构是一种不连续的原子集合体，即无数分散在无定形介质中；"晶子"的化学性质和数量取决于玻璃的化学组成，可以是独立原子团或一定组成的化合物和固溶体等微观多相体，与该玻璃物系的相平衡有关；"晶子"不同于一般微晶，而是带有晶格极度变形的微小有序区域，在"晶子"中心质点排列较有规律，越远离中心则变形程度越大；从"晶子"部分到无定形部分的过渡是逐步完成的，两者之间无明显界线。

晶子学说强调了玻璃结构的不均匀性、不连续性及有序性等方面特征，成功地解释了玻璃折射率在加热过程中的突变现象。尤其是发现微观不均匀性是玻璃结构的普通现象后，晶子学说得到更为有力的支持。但是至今晶子学说尚有一系列重要的原则问题尚未得到解决。一是对玻璃中"晶子"的大小与数量尚有异议。晶子大小根据许多学者估计为 $0.7 \sim 2.0 nm$，含量只占 $10\% \sim 20\%$。$0.7 \sim 2.0 nm$ 只相当于 $2 \sim 4$ 个多面体做规则排列，而且还有较大的变形，所以不能过分夸大晶子在玻璃中的作用和对性质的影响。二是晶子的化学成分还没有得到合理的确定。

5.4.2 无规则网络学说

德国学者扎哈里阿森根据结晶体化学的观点于 1932 年提出了无规则网络学说，以后逐渐发展成为玻璃结构理论的一种学派。

扎哈里阿森认为：凡是成为玻璃的物质与相应的晶体结构一样，也是能形成连续的三维空间网络结构。但玻璃的网络与晶体的网络不同，玻璃的网络是不规则的、非周期性的，因此玻璃的内能比晶体的内能要大。由于玻璃的强度与晶体的强度属于同一个数量级，玻璃的内能与相应晶体的内能相差并不多，因此它们的结构单元（四面体或三角体）应是相同的，不同之处在于排列的周期性。

石英玻璃像石英晶体一样，基本结构单元也是硅氧四面体 $[SiO_4]$，硅氧四面体都通过顶点连接形成三维空间网络，但在石英晶体中，硅氧四面体有着严格的规则排列，如图 5-16(a) 所示；而在石英玻璃中，硅氧四面体的排列是无序的，缺乏对称性和周期性的重复，如图 5-16(b) 所示。

扎哈里阿森认为玻璃和其相应的晶体具有相似的内能，并提出形成氧化物玻璃的四条规则：

(1) 网络中每个氧离子最多与两个网络形成离子相连。

(2) 氧多面体中，阳离子配位数必须是小的，即为 4 或更小。

(3) 氧多面体相互共角而不共棱或共面。

(4) 每个氧多面体至少有三个顶角与相邻多面体共有以形成连续的无规则空间结构网络。

根据上述条件可将氧化物划分成三种类型：SiO_2、B_2O、P_2O_5、V_2O_5、As_2O_3、Sb_2O_3 等氧化物都能形成四面体配位，成为网络的基本结构单元，属于网络形成体；Na_2O、K_2O、CaO、MgO、BaO 等氧化物，不能满足上述条件，本身不能构成网络形成玻璃，只能作为网络改变体参加玻璃结构；Al_2O_3、TiO_2 等氧化物，配位数有 4 或 6，有时可在一定程度上满足以上条件形成网络，有时只能处于网络之外，成为网络中间体。

当石英玻璃中引入网络改变体氧化物 R_2O 或 RO 时，它们引入的氧离子，将使部分

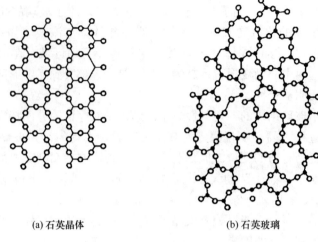

(a) 石英晶体   (b) 石英玻璃

图 5-16   石英结构模型示意图

Si—O—Si 键断裂，即硅氧网络断裂，金属阳离子 R^+ 或 R^{2+} 均匀而无序地分布在四面体骨架的间隙中，以维持网络中局部的电中性。图 5-17 为无规则网络假说的钠硅酸盐玻璃结构示意图。显然，硅氧四面体的结合程度甚至整个网络结合程度都取决于桥氧离子的百分数。

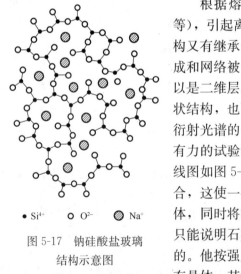

● Si^{4+} ○ O^{2-} ◐ Na^+

图 5-17   钠硅酸盐玻璃
结构示意图

根据熔体组成的不同（不同 O/Si、O/P、O/B 比值等），引起离子团的聚合程度也不同。而玻璃结构对熔体结构又有继承性，故玻璃中的无规则网络也随玻璃的不同组成和网络被切断的不同程度而异，可以是三维骨架，也可以是二维层状结构或一维链状结构，甚至是大小不等的环状结构，也可能多种不同结构共存。瓦伦对玻璃的 X 射线衍射光谱的一系列卓越的研究，使扎哈里阿森的理论获得有力的试验证明。瓦伦的石英玻璃、方石英和硅胶的 X 射线图如图 5-18 所示。玻璃的衍射线与方石英的特征谱线重合，这使一些学者把石英玻璃联想为含有极小的方石英晶体，同时将漫射归结于晶体的微小尺寸。然而瓦伦认为这只能说明石英玻璃和方石英中原子间的距离大体上是一致的。他按强度-角度曲线半高处的宽度计算出石英玻璃内如有晶体，其大小也只有 0.77nm，这与方石英单位晶胞尺寸 0.70nm 相似。晶体必须是由晶胞在空间有规则地重复，因此"晶体"此名称在石英玻璃中失去其意义。由图 5-18 还可看到，硅胶有显著的小角度散射而玻璃中没有。这是由于硅胶是由尺寸为 1.0～10.0nm 不连续粒子组成。粒子间有间距和空隙，强烈的散射是由于物质具有不均匀性的缘故。但石英玻璃小角度没有散射，这说明玻璃是一种密实体，其中没有不连续的粒子或粒子之间没有很大空隙。这一结果与晶子学说的微不均匀性又有矛盾。

瓦伦又用傅立叶分析法将试验获得的玻璃衍射强度曲线在傅立叶积分公式基础上换算

成围绕某一原子的径向分布曲线，再利用该物质的晶体结构数据，即可以得到近距离内原子排列的大致图形。在原子径向分布曲线上第一个极大值是该原子与邻近原子间的距离，而极大值曲线下的面积是该原子的配位数。图5-19表示SiO_2玻璃径向原子分布曲线。第一个极大值表示出Si—O距离为0.162nm，与结晶硅酸盐中发现的SiO_2平均间距（0.160nm）非常符合。按第一个极大值曲线下的面积计算出配位数为4.3，接近硅原子配位数4。因此，X射线分析的结果直接指出，在石英玻璃中的每一个硅原子，平均为4个氧原子以大致0.162nm的距离所围绕。利用傅立叶法，瓦伦研究了$Na_2O—SiO_2$、$K_2O—SiO_2$、$Na_2O—B_2O_3$等系统的玻璃结构。随着原子径向距离的增加，分布曲线中极大值逐渐模糊。从瓦伦数据得出，玻璃结构有序部分距离在1.0～1.2nm附近即接近晶胞大小。综上所述，瓦伦的试验证明：玻璃物质的主要部分不可能以方石英晶体的形式存在，而每个原子的周围原子配位，对玻璃和方石英来说都是一样的。

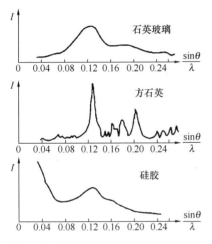 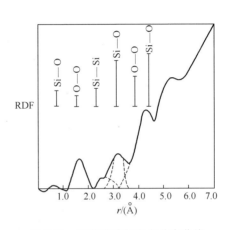

图5-18　石英等物质的X射线衍射图　　　图5-19　石英玻璃的径向分布曲线

无规则网络学说强调了玻璃中离子与多面体相互间排列的均匀性、连续性及无序性等方面结构特征。这可以说明玻璃的各向同性、内部性质的均匀性与随成分改变时玻璃性质变化的连续性等基本特性。如玻璃的各向同性可以看作由于形成网络的多面体（如硅氧四面体）的取向不规则性导致的，而玻璃之所以没有固定的熔点是由于多面体的取向不同，结构中的键角大小不一，因此加热时弱键先断裂，然后强键才断裂，结构被连续破坏。宏观上表现出玻璃的逐渐软化，物理化学性质表现出渐变性。因此，网络学说能解释一系列玻璃性质的变化，长期以来是玻璃结构的主要学派。

随着试验技术的进展和玻璃结构与性质的深入研究，积累了越来越多的关于玻璃内部不均匀的资料，例如在硼硅酸盐玻璃中发现分相与不均匀现象，在光学玻璃和氮化物与磷酸盐玻璃中均发现有分相现象。用电子显微镜观察玻璃时发现在肉眼看来似乎是均匀一致的玻璃，实际上都是由许多从0.01～0.1μm的各不相同的微观区域构成的。所以，现代玻璃结构理论必须能够反映出玻璃内部结构的另一方面即近程有序和化学上不均匀性。随着研究的日趋深入，这两种假说都力图克服本身的局限。无规则网络学说派认为，阳离子在玻璃结构网络中所处的位置不是任意的，而是有一定配位关系的。多面体的排列也有一定的规律，并且在玻璃中可能存在不止一种网络，因而承认了玻璃结构的近程有序和微不均匀性。同时，晶子学派代表也适当地估计了晶子在玻璃中的大小、数量以及晶子与无序部分的玻璃的作用，即认为玻璃是具有近程有序的无定形物质。这表明，上述两种假说的观点正在逐步靠近，二者比较统一的看法是：玻璃是具有近程有序、远程无序结构特点的无定形物质。目前双方对于无序与有序区大小、比例和结构等仍有分歧。

5.5　玻璃的形成

玻璃态是物质的一种聚集状态，研究和认识玻璃的形成规律，即形成玻璃的物质及方法、玻璃形成的条件和影响因素对于揭示玻璃的结构和合成更多具有特殊性能的新型非晶态固体材料具有重要的理论与实际意义。

5.5.1　玻璃态物质的形成方法

只要冷却速率足够快，很多物质都能形成玻璃，见表5-2和表5-3。

目前形成玻璃的方法有很多种，可分为熔融法和非熔融法。熔融法是形成玻璃的传统方法，是将玻璃原料加热、熔融和在常规条件下进行冷却而形成玻璃态物质，这是目前玻璃工业生产中所大量采用的方法。此法的不足之处是冷却速率较慢，工业生产一般为$40\sim60℃/h$，实验室样品急冷也仅为$1\sim10℃/s$，这种冷却速率不能使金属、合金或一些离子化合物形成玻璃。目前除传统熔融法以外出现了许多非熔融法，且冷却速率上也有很大的突破，例如溅射冷却或冷冻技术，冷却速率可达$10^6\sim10^7℃/s$甚至更高，这使得用传统熔融法不能得到的玻璃态的物质，也可以被制备。

表 5-2　由熔融法形成玻璃的物质

种类	物　质
元素	O、S、Sc、P
氧化物	P_2O_5、B_2O_3、As_2O_3、SiO_2、GeO_2、Sb_2O_3、In_2O_3、Te_2O_3、SnO_2、PbO、SeO
硫化物	B、Ga、In、Ti、Ge、Sn、N、P、As、Sb、Bi、O、Sc的硫化物，如As_2S_3、Sb_2S_3、CS_2等
硒化物	Ti、Si、Sn、Pb、P、As、Sb、Bi、O、S、Te的硒化物
碲化物	Ti、Sn、Pb、Sb、Bi、O、Se、As、Ge的碲化物
卤化物	BeF_2、AlF_3、$ZnCl_2$、Ag（Cl、Br、I）、Pb（Cl_2、Br_2、I_2）和多组分混合物
硝酸盐	R^1NO_3-$R^2(NO_3)_2$，其中R^1为碱金属离子，R^2为碱土金属离子
碳酸盐	K_2CO_3、$MgCO_3$等
硫酸盐	Ti_2SO_4、$KHSO_4$等
有机化合物	非聚合物如甲苯、乙酪、甲醇、乙醇、甘油、葡萄糖等；聚合物如聚乙烯等，种类很多
水溶液	酸、碱、氧化物、硝酸盐、磷酸盐、硅酸盐等，种类很多
金属	Au_4Si、Pd_4Si、Te_x-$Cu_{2.5}$-Au_5（特殊急冷法）

表 5-3 由非熔融法形成玻璃的物质

原始物质	形成原因	获得方法	实例
固体（结晶）	剪切应力	冲击波	石英、长石等晶体，通过爆炸的冲击波而非晶化
		磨碎	晶体通过磨碎，粒子表面层逐渐非晶化
	放射线照射	高速中子线	石英晶体经高速中子线照射后转变为非晶体石英
液体	形成络合物	金属醇盐水解	Si、B、P、Al、Na、K 等醇盐酒精溶液加水分解得到胶体，加热形成单组分或多组分氧化物玻璃
气体	升华	真空蒸发沉积	在低温基板上用蒸发沉积形成非晶质薄膜，如 Bi、Si、Ge、B、MgO、Al_2O_3、TiO_2、SiC 等化合物
		阴极飞溅和氧化反应	在低压氧化气氛中，把金属或合金做成阴极，飞溅在基极上形成非晶态氧化物薄膜，有 SiO_2、$PbO-TeO_2$、$Pb-SiO_2$ 系统薄膜等
	气相反应	气相反应	$SiCl_4$ 水解或 SiH_4 氧化形成 SiO_2 玻璃，在真空中加热 $B(OC_2H_3)_3$ 到 700~900℃ 形成 B_2O_3 玻璃
		辉光放电	利用辉光放电形成原子态氧和低压中金属有机化合物分解，在基极上形成非晶态氧化物薄膜，如 $Si(OC_2H_5)_4 \longrightarrow SiO_2$ 及其他例子
	电解	阴极法	利用电介质溶液的电解反应，在阴极上析出非晶质氧化物，如 Ta_2O_3、Al_2O_3、ZrO_2、Nb_2O_3 等

5.5.2 玻璃形成的热力学条件

熔体是物质在熔融温度以上存在的一种高能量状态。随着温度降低，熔体释放能量大小不同，可以有三种冷却途径。

（1）结晶化：有序度不断增加，直到释放全部多余能量而使整个熔体晶化为止。

（2）玻璃化：过冷熔体在转变温度（T_g）硬化为固态玻璃的过程。

（3）分相：质点迁移使熔体内某些组成偏聚，从而形成互不混溶的组成不同的两个玻璃相。

玻璃化和分相过程均没有释放出全部多余的能量，因此与晶化相比，这两个状态都处于能量的介稳状态。大部分玻璃熔体在过冷时，这三种过程总是程度不等地发生的。

从热力学观点分析，玻璃态物质总有降低内能向晶态转变的趋势，在一定条件下，通过析晶或分相放出能量使其处于低能量稳定状态。表 5-4 列出了几种硅酸盐晶体和相应组成玻璃体内能的比较。玻璃体和晶体两种状态的内能差值不大，故析晶的推动力较小，因此玻璃这种能量的亚稳态在实际上能够长时间稳定存在。从表 5-4 中的数据可见，这些热力学参数对玻璃的形成并没有十分直接关系，以此来判断玻璃形成能力是困难的。所以形成玻璃的条件除了热力学条件，还有其他更直接的条件。

表 5-4 几种硅酸盐晶体与玻璃体的生成焓

组成	状态	$-\Delta H/(kJ/mol)$
Pb_2SiO_4	晶态	1309
	玻璃态	1294

续表

组成	状态	$-\Delta H/(\text{kJ/mol})$
SiO₂	β-石英	860
	β-鳞石英	854
	β-方石英	858
	玻璃态	848
Na₂SiO₃	晶态	1258
	玻璃态	1507

5.5.3 玻璃形成的动力学条件

熔体玻璃化和结晶化是矛盾的两个方面，即对熔体结晶作用的不利因素，恰恰是玻璃形成的有利因素。从动力学的角度看，析晶过程必须克服一定的能垒，包括形成晶核所需建立新界面的界面能以及晶核长大成晶体所需的质点扩散的活化能等。如果这些能垒较大，尤其当熔体冷却速率很快时，黏度增加很大，质点来不及进行有规则排列，晶核形成和晶体长大均难以实现，从而有利于玻璃的形成。

近代研究证实，如果冷却速率足够快，即使金属亦有可能保持其高温的无定形状态；反之，如在低于熔点范围内保温足够长的时间，则任何玻璃形成体都能结晶。因此从动力学的观点看，形成玻璃的关键是熔体的冷却速率。在玻璃形成动力学讨论中，探讨熔体冷却以避免产生可以探测到的晶体所需的临界冷却速率（最小冷却速率）对研究玻璃形成规律和制定玻璃形成工艺是非常重要的。

熔体能不能结晶主要取决于熔体过冷后能否形成新相晶核，以及晶核能不能长大。如果是熔体内部自发成核，称为均态核化；如果是由表面、界面效应，杂质或引入晶核剂等各种因素支配的成核过程，称为非均态核化。所以结晶过程分为晶核生成与晶体长大两个过程。熔体冷却是形成玻璃或是析晶，由两个过程的速率决定，即晶核生成速率（成核速率 I_v）和晶体生长速率（u）。晶核生成速率是指单位时间内单位体积熔体中所生成的晶核数目；晶体生长速率是指单位时间内晶体的线增长速率。I_v 和 u 均与过冷度（$\Delta T = T_m - T$）有关。图 5-20 展示出晶核生成速率 I_v 与晶体生长速率 u 随过冷度变化的曲线，称为物质的析晶特征曲线。由图可见，I_v 与 u 曲线上都存在极大值。

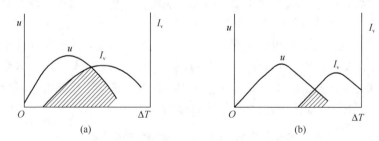

图 5-20 成核速率和生长速率与过冷度的关系

塔曼认为，玻璃的形成，是由于过冷熔体中晶核生成的最大速率对应的温度低于晶体生长最大速率对应的温度所致。因为熔体冷却时，当温度降到晶体生长最大速率时，晶核生成速率很小，只有少量的晶核长大；当熔体继续冷却到晶核生成最大速率时，晶体生长速率则较小，晶核不可能充分长大，最终不能结晶而形成玻璃。因此，晶核生成速率与晶体生长速率的极大值所处的温度相差越小［图 5-20(a)］，熔体越易析晶而不易形成玻璃。反之，熔体就越不易析晶而易形成玻璃［图 5-20(b)］。通常将两曲线重叠的区域（阴影区域）称为析晶区域或玻璃不易形成区域。如果熔体在玻璃形成温度（T_g）附近黏度很大，这时晶核产生和晶体生长阻力均很大，这时熔体易形成过冷液体而不易析晶。因此，熔体是析晶还是形成玻璃与过冷度、黏度、成核速率、晶体生长速率均有关。

乌尔曼在 1969 年将冶金工业中使用的 3T 图即 T-T-T 图（Time-Temperature-Transformation）方法应用于玻璃转变并取得很大成功，现已成为玻璃形成动力学理论中的重要方法之一。

乌尔曼认为判断一种物质能否形成玻璃，首先必须确定玻璃中可以检测到的晶体的最小体积，然后考虑熔体究竟需要多快的冷却速率才能防止这一结晶量的产生，从而获得检测上合格的玻璃。试验证明：当晶体混乱地分布于熔体中时，晶体的体积分数（晶体体积/玻璃总体积，V_β/V）为 10^6 时，刚好为仪器可探测出来的浓度。根据相变动力学理论，通过式（5-5）估计防止一定的体积分数的晶体析出所必需的冷却速率。

$$\frac{V_\beta}{V} \approx \frac{\pi}{3} I_v u^3 t^4 \tag{5-5}$$

式中，V_β 为析出晶体体积；V 为熔体体积；I_v 为成核速率；u 为晶体生长速度；t 为时间。

如果只考虑均匀成核，为避免得到 10^{-6}（体积分数）的晶体，可从式（5-5）通过绘制 3T 曲线来估算必须采用的冷却速率。绘制这种曲线首先选择一个特定的结晶分数，在一系列温度下，计算出成核速率及晶体生长速率；把计算得到的 I_v、u 代入式（5-5）求出对应的时间 t；用过冷度为纵坐标，冷却时间 t 为横坐标绘制 3T 图。图 5-21 示出了这类图的实例。由于结晶驱动力（过冷度）随温度降低而增加，原子迁移率随温度降低而降低，因而造成 3T 曲线弯曲而出现头部凸出点。在图中 3T 曲线凸面部分为该熔点的物质在一定过冷度下形成晶体的区域，而 3T 曲线凸面部分外围是一

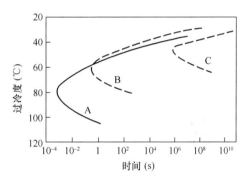

图 5-21　结晶体积分数为 10^{-6} 时具有
不同熔点的物质的 3T 曲线
A—T_m 为 365.6℃；B—T_m 为 316.6℃；
C—T_m 为 276.6℃

定过冷度下形成玻璃体的区域。3T 曲线头部的顶点对应了析出晶体体积分数为 10^{-6} 时的最短时间。

为避免形成给定的晶体体积分数，所需要的冷却速率（即临界冷却速率）可由下式粗略地计算出来。

$$\frac{dT}{dt} \approx \frac{\Delta T_n}{\tau_n} \tag{5-6}$$

式中，ΔT_n 为 3T 曲线头部之点的过冷度；τ_n 为 3T 曲线头部之点的时间。

由式（5-5）可以看出，3T 曲线上任何温度下的时间仅仅随（V_β/V）的 1/4 次方变

化。因此形成玻璃的临界冷却速率对析晶晶体的体积分数是不敏感的。因此有了某熔体3T图，对该熔体求冷却速率才有普遍意义。

形成玻璃的临界冷却速率是随熔体组成而变化的。表5-5列举了几种化合物的临界冷却速率和熔融温度时的黏度。由表5-5可以看出，凡是熔体在熔点时具有高的黏度，并且黏度随温度降低而剧烈地增高，这就使析晶势垒升高，这类熔体易形成玻璃。而一些在熔点附近黏度很小的熔体如$LiCl$，金属Ni等则易析晶而不易形成玻璃。$ZnCl_2$只有在快速冷却条件下才生成玻璃。

表 5-5 几种化合物生成玻璃的性质

性能	化合物									
	SiO_2	GeO_2	B_2O_3	Al_2O_3	As_2O_3	BeF_2	$ZnCl_2$	$LiCl$	Ni	Se
$T_m/℃$	1710	1115	450	2050	280	540	320	613	1380	225
$\eta\ (T_m)\ /Pa·s$	10^7	10^5	10^5	0.6	10^5	10^6	30	0.02	0.01	10^3
T_g/T_m	0.74	0.67	0.72	约 0.5	0.75	0.67	0.58	0.3	0.3	0.65
$(dT/dt)_c/(℃/s)$	10^{-5}	10^{-2}	10^{-6}	10^3	10^{-5}	10^{-6}	10^{-1}	10^8	10^7	10^{-3}

从表5-5还可以看出，玻璃转变温度T_g与熔点之间的相关性（T_g/T_m）也是判别能否形成玻璃的标志。当$T_g/T_m\approx0.5$时，形成玻璃的临界冷却速率约为$10^{-6}℃/s$。

黏度和熔点是生成玻璃的重要标志，冷却速率是形成玻璃的重要条件，但这些毕竟是反映物质内部结构的外部属性。因此从物质内部的化学键特性、质点的排列状况等去探求才能得到根本的解释。

5.5.4 玻璃形成的结晶化学条件

液相温度及冷却速率等动力学问题是玻璃形成的外在条件，玻璃形成规律还需从其内在结构负离子团的大小、结构的堆积排列状况、化学键的类型和强度等物质的根本性质来探求。

不难设想，从硅酸盐、硼酸盐、磷酸盐等无机熔体转变为玻璃时，熔体的结构含有多种负离子基团（如硅酸盐熔体中的SiO_4^{4-}、$Si_2O_7^{6-}$等），这些基团可能时分时合。随着温度下降，聚合过程渐占优势，而后形成大型负离子基团。这种大型负离子基团可以看作由不等数目的SiO_4^{4-}以不同的连接方式歪扭地聚合而成，形成链状或网络结构。

在熔体结构中不同O/Si值对应着一定的聚集负离子基团结构。如当O/Si值为2时，熔体中含有大小不等的歪扭的〔SiO_2〕$_n$聚合物（即石英玻璃熔体），随着O/Si值的增加，硅氧负离子基团不断变小，当O/Si值增至4时，硅氧负离子基团全部拆散成为分立状的SiO_4^{4-}，这就很难形成玻璃。因此形成玻璃的倾向大小和熔体中负离子基团的聚合程度有关。聚合程度越低，越不易形成玻璃；聚合程度越高，特别当具有三维网络或歪扭链状结构时，越容易形成玻璃。因为这时网络或链错杂交织，质点做空间位置的调整以析出对称性良好、远程有序的晶体就比较困难。

硼酸盐、锗酸盐、磷酸盐等无机熔体中，也可采用类似硅酸盐的方法，根据O/B、O/Ge、O/P值来粗略估计负离子基团的大小。根据试验，形成玻璃的O/B、O/Si、O/Ge、O/P值有最高限值，见表5-6。这个限值表明熔体中负离子基团只有以高聚合的歪曲链状或环状方式存在时，方能形成玻璃。

表 5-6　形成硼酸盐、硅酸盐等玻璃的 O/B、O/Si 等比值的最高限值

与不同系统配合加入的氧化物	硼酸盐系统 O/B	硅酸盐系统 O/Si	硝酸盐系统 O/Ge	磷酸盐系统 O/P
Li_2O	1.9	2.55	2.30	3.25
Na_2O	1.8	3.40	2.60	3.25
K_2O	1.8	3.20	3.50	2.90
MgO	1.95	2.70	—	3.25
CaO	1.90	2.30	2.55	3.10
SrO	1.90	2.70	2.65	3.10
BaO	1.85	2.70	2.40	3.20

（1）键强

氧化物的键强是决定其能否形成玻璃的重要条件，孙光汉首先于 1947 年提出可以用元素与氧结合的单键强度大小来判断氧化物能否生成玻璃。他首先计算出各种化合物的分解能，并认为以该种化合物的配位数除之，得出的商即单键能。一些氧化物的单键强度数值列于表 5-7。

表 5-7　一些氧化物的单键强度与形成玻璃的关系

M_aO_b 中的 M	原子价	配位数	M—O 单键强度（kJ/mol）	在结构中的作用
B	3	3	498	网络形成体
Al	3	4	376	
Si	4	4	444	
Ge	4	4	445	
P	5	4	465～389	
V	5	4	469～377	
As	5	4	364～293	
Sb	5	4	356～360	
Zr	4	6	339	
Zn	2	2	302	网络中间体
Pb	2	2	306	
Al	3	6	250	
Be	2	4	264	
Na	1	6	84	网络改性体
K	1	9	54	
Cs	2	8	134	
Mg	2	6	155	
Ba	2	8	136	
Li	1	4	151	
Pb	2	4	151	
Rb	1	10	48	
Cs	1	12	40	

根据单键能的大小，可将不同氧化物分为以下三类。

① 玻璃网络形成体（其中正离子为网络形成离子），其单键强度大于 335kJ/mol。这类氧化物能单独形成玻璃。

② 网络改变体（正离子称为网络改变离子），其单键强度小于 250kJ/mol。这类氧化物不能形成玻璃，但能改变网络结构，从而使玻璃性质改变。

③ 网络中间体（正离子称为网络中间离子），其单键强度为 250～335kJ/mol。这类氧化物的作用介于玻璃形成体和网络改变体两者之间。

孙光汉提出的键强因素揭示了化学键性质的一个重要方面。从表 5-7 可见，网络形成体的键强比网络改变体高得多。正因为网络形成体中正离子和氧离子的键强较大，相对键强比较高，所以熔体中可以存在各种负离子基团。在一定温度和组成下，键强越高，熔体中负离子基团也越牢固。因此键的破坏和重新组合也越困难，成核势垒也越高，故不易析晶而形成玻璃。

劳森认为玻璃形成不仅与单键能有关，还与破坏原有键使之析晶需要的热能有关，从而进一步发展了孙光汉的理论。劳森提出用单键强度除以各种氧化物的熔点的比值来衡量玻璃形成能力的参数。单键强度越高，熔点越低的氧化物越易于形成玻璃。这个比值在所有氧化物中 B_2O_3 最大，这可以说明为什么 B_2O_3 析晶十分困难。

（2）键型

化学键的特性是决定物质结构的主要因素，因而对玻璃的形成也有重要的作用。一般来说，具有极性共价键和半金属共价键的离子才能生成玻璃。

离子键化合物（如 NaCl、CaF_2 等）形成的熔体，其结构质点是正、负离子，在熔融状态以单独离子存在，流动性很大，在凝固温度靠库仑力迅速组成晶格。离子键作用范围大，又无方向性，并且一般离子键化合物具有较高的配位数（6 或 8），离子相遇组成晶格的概率也较高。所以一般离子键化合物在凝固点黏度很低，很难形成玻璃。

金属键物质如单质金属或合金，在熔融时失去联系较弱的电子后，以正离子状态存在。金属键无方向性并在金属晶格内出现晶体的最高配位数（12），原子相遇组成晶格的概率最大，因此也难形成玻璃。

纯粹共价键化合物大多为分子结构，在分子内部，原子间由共价键连接，而作用于分子间的是范氏力。由于范氏力无方向性，一般在冷却过程中质点易进入点阵而构成分子晶格，因此以上三种单纯键型都不易形成玻璃。

当离子键和金属键向共价键过渡时，通过强烈的极化作用，化学键具有方向性和饱和性趋势，在能量上有利于形成一种低配位数（3 或 4）或一种非等轴式构造。离子键向共价键过渡的混合键称为极性共价键，它主要在于有 s、p 电子形成杂化轨道，并构成 σ 键和 π 键。这种混合键既具有共价键的方向性和饱和性，不易改变键长和键角的倾向，促进生成具有固定结构的配位多面体，构成玻璃的近程有序；又具有离子键易改变键角、易形成无对称变形的趋势，促进配位多面体不按一定方向连接的不对称变形，构成玻璃远程无序的网络结构。因此极性共价键的物质比较容易形成玻璃态。如 SiO_2、B_2O_3 等网络形成体就具有部分共价键和部分离子键，SiO_2 中 Si—O 键的共价键分数和离子键分数各占 50%，Si 的 sp^3 电子云和 4 个 O 结合的 O—Si—O 键角理论值是 $109.4°$，而当四面体共顶角时，Si—O—Si 键角可以在 $131°～180°$ 范围内变化，这种变化可解释为氧原子从纯 p^2

（键角 90°）到 sp（键角 180°）杂化轨道的连续变化。这里基本的配位多面体［SiO₄］表现为共价特性，而 Si—O—Si 键角能在较大范围内无方向性地连接起来，表现了离子键的特性，氧化物玻璃中其他网络生成体 B_2O_3、GeO_2、P_2O_5 等也是主要靠 s、p 电子形成杂化轨道。

同样，金属键向共价键过渡的混合键称为金属共价键。在金属中加入半径小、电荷高的半金属离子（如 Si^{4+}、p^{5-}、B^{3+} 等）或加入场强大的过渡元素，它们能对金属原子产生强烈的极化作用，从而形成 spd 或 spdf 杂化轨道，形成金属和加入元素组成的原子团，这种原子团类似于［SiO₄］四面体，也可形成金属玻璃的近程有序，但金属键的无方向性和无饱和性则使这些原子团之间可以自由连接，形成无对称变形的趋势从而产生金属玻璃的远程无序。如负离子为 S、Se、Te 等的半导体玻璃中正离子 As^{3+}、Sb^{3+}、Si^{4+}、Ge^{4+} 等极化能力很强，形成金属共价键化合物，能以结构键［—S—S—S—］$_n$、［—Se—Se—Se—］$_n$、［—S—As—S—］$_n$ 的状态存在，它们互相连成层状、链状或架状，因而在熔融时黏度很大。冷却时分子基团开始聚集，容易形成无规则的网络结构。用特殊方法（溅射、电沉积等）形成的玻璃，如 Pd-Si、Co-P、Fe-P-C、V-Cu、Ti-Ni 等金属玻璃，有 spd 和 spdf 杂化轨道形成强的极化效应，其中共价键成分依然起主要作用。

综上所述，形成玻璃必须具有离子键或金属键向共价键过渡的混合键型。一般地说，阴、阳离子的电负性差 ΔX 在 1.5～2.5 之间，其中阳离子具有较强的极化本领，单键强度（M—O）大于 335kJ/mol，成键时出现 s、p 电子形成杂化轨道。这样的键型在能量上有利于形成一种低配位数的负离子团构造或结构键，易形成无规则的网络，因而形成玻璃倾向很大。

玻璃形成能力是与组成、结构、热力学和动力学条件等有关的一个复杂因素，近年来，人们正试图从结构化学、量子化学和聚合物理论等去探讨玻璃的形成规律，因而玻璃形成理论将进一步得到深化和完善。

5.6　常见玻璃类型

通过氧桥形成网络结构的玻璃称为氧化物玻璃。这类玻璃在实际运用和理论研究上均很重要，本节简述无机材料中最广泛应用和研究的硅酸盐玻璃和硼酸盐玻璃。

5.6.1　硅酸盐玻璃

硅酸盐玻璃由于资源广泛、价格低廉、对常见试剂和气体介质化学稳定性好、硬度高和生产方法简单等优点而成为实用价值最大的一类玻璃。

石英玻璃是由硅氧四面体［SiO₄］以顶角相连而组成的三维无规则架状网络。这些网络没有像石英晶体那样远程有序。石英玻璃是其他二元、三元、多元硅酸盐玻璃结构的基础。

熔融石英玻璃与晶体石英在两硅氧四面体之间键角的差别如图 5-22 所示。石英玻璃中 Si—O 键角分布在 120°～180°的范围内，中心在 145°。与石英晶体相比，石英玻璃 Si—O—Si 键角范围比晶体中宽。而 Si—O 和 O—O 距离在玻璃中的均匀性几乎同在相应的晶体中的一样。由于 Si—O—Si 键角变动范围大，使石英玻璃中的［SiO₄］四面体排列成无规则网络结构而不像方石英晶体中四面体有良好的对称性。这样的一个无规则网络不一定是均匀一致的，在密度和结构上会有局部起伏。

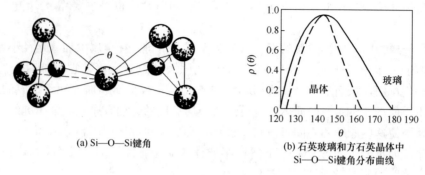

(a) Si—O—Si 键角
(b) 石英玻璃和方石英晶体中
Si—O—Si 键角分布曲线

图 5-22　Si—O—Si 键角及分布
（a）Si—O—Si 键角；（b）石英玻璃和方石英晶体中 Si—O—Si 键角分布曲线

　　二氧化硅是硅酸盐玻璃中的主体氧化物，它在玻璃中的结构状态对硅酸盐玻璃的性质起决定性的影响。当 R_2O 或 RO 等氧化物加入到石英玻璃中，形成二元、三元甚至多元硅酸盐玻璃时，由于增加了 O/Si 的比例，使原来 O/Si 比值为 2 的三维架状结构破坏，随之玻璃性质也发生变化。硅氧四面体的每一种连接方式的改变都会伴随物理性质的变化，尤其从连续三个方向发展的硅氧骨架结构向两个方向层状结构变化，以及由层状结构向只有一个方向发展的硅氧链结构变化时，性质变化更大。

　　在 $Si—O—R^+$ 结构单元中的 Si—O 化学键随着 R^+ 极化力增强而减弱。尤其是使用半径小的离子时，Si—O 键发生松弛。随着 RO 或 R_2O 加入量增加，连续网状 SiO_2 骨架可以从松弛一个顶角发展到 2 个甚至 4 个。Si—O—Si 键合状况的变化，明显影响到玻璃黏度和其他性质的变化。在 $Na_2O—SiO_2$ 系统中，当 O/Si 比值由 2 增加到 2.5 时，玻璃黏度降低 8 个数量级。

　　为了表示硅酸盐网络结构特征和便于比较玻璃的物理性质，有必要引入玻璃的 4 个基本结构参数：

　　X：每个多面体中平均非桥氧数；

　　Y：每个多面体中平均桥氧数；

　　Z：包围一种网络形成正离子的氧离子数目，即网络形成正离子的氧配位数；

　　R：玻璃中氧离子物质的量总数与网络形成正离子摩尔总数之比。

　　这些参数之间存在着两个简单的关系：$X+Y=Z$ 和 $X+1/2Y=R$，或：

$$X = 2R - Z \quad Y = 2Z - 2R \tag{5-7}$$

　　网络形成正离子的氧配位数 Z 一般是已知的，如在硅酸盐和磷酸盐玻璃中 $Z=4$，硼酸盐玻璃 $Z=3$；R 即通常所说的氧硅比，用 R 来描述硅酸盐玻璃的网络连接特点很方便，通常可以从物质的量组成计算出来。因此确定 X 和 Y 就很简单。

　　结构参数的计算如下。

　　（1）SiO_2 石英玻璃 S^{4+} 的配位数 $Z=4$，氧与网络形成离子的比例 $R=2$，则 $X=2R-4=4-4=0$，$Y=8-2R=8-4=4$，说明所有的氧离子都是桥氧，四面体的所有顶角都是共有的，玻璃网络强度达最大值。

（2）$Na_2O \cdot SiO_2$ 玻璃 $Z=4$，$R=3/1=3$，$X=2R-4=6-4=2$。在一个四面体上只有 2 个氧是桥氧的，其余两个氧是非桥氧、断开的。结构网络强度就比石英玻璃差。

（3）10%（物质的量分数）Na_2O—18%（物质的量分数）CaO—72%（物质的量分数）SiO_2 玻璃 $Z=4$；$R=(10+18+72 \times 2)/72=2.39$；$X=2R-4=2 \times 2.39-4=0.78$；$Y=4-X=4-0.78=3.22$。

但是，并不是所有玻璃都能简单地计算 4 个参数。实际玻璃中出现的离子不一定是典型的网络形成离子或网络改变离子，例如 Al^{3+} 属于所谓中间离子，这时就不能准确地确定 R 值。在硅酸盐玻璃中，若组成中当（R_2O+RO）/$Al_2O_3 \approx 1$ 时，则 Al^{3+} 被认为是占据［AlO_4］四面体的中心位置，Al^{3+} 作为网络形成离子计算。因此添加 Al_2O_3 引入氧的原子数目是每个网络形成正离子引入 1.5 个氧，结果使结构中非桥氧转变为桥氧。若（R_2O+RO）/$Al_2O_3<1$，则把 Al^{3+} 作为网络改性离子计算。但这样计算出来的 Y 值比真正 Y 值要小。一些玻璃的网络参数列于表 5-8。

表 5-8 典型玻璃的网络参数 X、Y 和 R 值

组成	R	X	Y	组成	R	X	Y
SiO_2	2	0	4	$Na_2O \cdot Al_2O_3 \cdot 2SiO_2$	2	0	4
$Na_2O \cdot 2SiO_2$	2.5	1	3	$Na_2O \cdot SiO_2$	3	2	2
$Na_2O \cdot 1/3Al_2O_3 \cdot 2SiO_2$	2.25	0.5	3.5	P_2O_5	2.5	1	3

结构参数 Y 对玻璃性质有重要意义。比较上述的 SiO_2 玻璃和 Na_2O-SiO_2 玻璃，Y 越大，网络连接越紧密，强度越大；反之，Y 越小，网络空间上的聚集也越小、结构也变得较松，并随之出现较大的间隙，结果使网络改变离子的运动，无论在本身位置振动或从一位置通过网络的间隙跃迁到另一个位置都比较容易。因此随 Y 值递减，出现热膨胀系数增大、电导增加和黏度减小等变化。对硅酸盐玻璃来说，$Y<2$ 时不可能构成三维网络，因为四面体间共有的桥氧数少于 2，结构多半是不同长度的四面体链。从表 5-9 则可以看出 Y 对玻璃一些性质的影响。表中每一对玻璃的两种化学组成完全不同，但它们都具有相同的 Y 值，因而具有几乎相同的物理性质。

表 5-9 Y 对玻璃性质的影响

组成	Y	熔融温度（℃）	膨胀系	组成	Y	熔融温度（℃）	膨胀系
$Na_2O \cdot 2SiO_2$	3	1523	146	$Na_2O \cdot SiO_2$	2	1323	220
P_2O_5	3	1573	140	$Na_2O \cdot P_2O_5$	2	1373	220

当玻璃中含有较大比例的过渡离子，如加 PbO 可加到 80%（物质的量分数），它和正常玻璃相反，$Y<2$ 时，结构的连贯性并没有降低，反而在一定程度上加固了玻璃的结构。这是因为 Pb^{2+} 不仅只是通常认为的网络改变离子，由于其可极化性很大，在高铅玻璃中，Pb^{2+} 还可能让 SiO_2 以分立的［SiO_4］基团沉浸在它的电子云中间，通过非桥氧与 Pb^{2+} 间的静电引力在三度空间无限连接而形成玻璃，这种玻璃称为"逆性玻璃"或"反向玻璃"。"逆性玻璃"的提出，使连续网络结构理论得到了补充和发展。

在多种釉和搪瓷中，氧和网络形成体之比一般在 2.25～2.75。通常钠钙硅玻璃中 Y

值约为 2.4。硅酸盐玻璃与硅酸盐晶体随 O/Si 比值由 2 增加到 4，从结构上均由三维网络骨架而变为孤岛状四面体。无论是结晶态还是玻璃态，四面体中的 Si^{4+} 都可以被半径相近的离子置换而不破坏骨架。除 Si^{4+} 和 O^{2-} 以外的其他离子相互位置也有一定的配位原则。

成分复杂的硅酸盐玻璃在结构上与相应的硅酸盐晶体还是有显著的区别。第一，在晶体中，硅氧骨架按一定的对称规律排列；在玻璃中则是无序的。第二，在晶体中，骨架外的 M^+ 或 M^{2+} 金属阳离子占据了点阵的固定位置；在玻璃中，它们均匀地分布在骨架的空腔内，并起着平衡氧负电荷的作用。第三，在晶体中，只有当骨架外阳离子半径相近时，才能发生同晶置换；在玻璃中，则无论半径如何，只要遵守静电价规则，骨架外阳离子均能发生互相置换。第四，在晶体中（除固溶体外），氧化物之间有固定的化学计量；在玻璃中，氧化物可以非化学计量的任意比例混合。

5.6.2 硼酸盐玻璃

硼酸盐玻璃具有某些优异的特性而使它成为不可取代的一种玻璃材料，已越来越引起人们的重视。例如硼酐是唯一能用以创造有效吸收慢中子的氧化物玻璃。硼酸盐玻璃对 X 射线透过率高，电绝缘性能比硅酸盐玻璃优越。

B_2O_3 是典型的网络形成体，和 SiO_2 一样，B_2O_3 也能单独形成氧化硼玻璃。以 $[BO_3]$ 三角体作为基本结构单元 $Z=3$，$R=3/2=1.5$，其他两个结构参数 $X=2R-3=3-3=0$，$Y=2Z-2R=6-3=3$。因此在 B_2O_3 玻璃中，$[BO_3]$ 三角体的顶角也是共有的。按无规则网络学说，纯氧化硼玻璃的结构可以看作由硼氧三角体无序地相互连接而组成的向两度空间发展的网络，虽然硼氧键能略大于硅氧键能，但因为 B_2O_3 玻璃的层状（或链状）结构的特性，即其同一层内 B—O 键很强，而层与层之间却由分子引力相连，这是一种弱键，所以 B_2O_3 玻璃的一些性能比 SiO_2 玻璃要差。

瓦伦研究了 Na_2O-B_2O_3 玻璃的径向分布曲线，发现当 Na_2O 含量由 10.3%（物质的量分数）增至 30.8%（物质的量分数）时，B—O 间距由 0.137nm 增至 0.148nm。B 原子配位数随 Na_2O 含量增加而由 3 配位数转变为 4 配位。瓦伦这个观点又得到红外光谱和核磁共振数据的证实。试验证明当数量不多的碱金属氧化物同 B_2O_3 一起熔融时，碱金属所提供的氧不像熔融 SiO_2 玻璃中作为非桥氧出现在结构中，而是使硼氧三角体转变为由桥氧组成的硼氧四面体，致使 B_2O_3 玻璃从原来两度空间的层状结构部分转变为三度空间的架状结构，从而加强了网络结构，并使玻璃的各种物理性能变好。这与相同条件下的硅酸盐玻璃相比，其性能随碱金属或碱土金属加入量的变化规律相反，所以称之为硼反常现象。

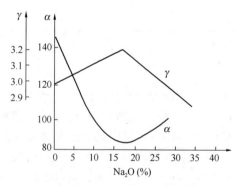

图 5-23 Na_2O-B_2O_3 二元玻璃中平均桥氧数 Y、热膨胀系数 α 随 Na_2O 含量的变化

图 5-23 所示为 Na_2O-B_2O_3 的二元玻璃中平均桥氧数 Y、热膨胀系数 α 随 Na_2O 含量的变化。由图可见，随 Na_2O 含量的增加，Na_2O 引入的"游离"氧使一部分硼变成 $[BO_4]$，Y 逐渐增大，热膨胀系数 α 逐渐下降。当 Na_2O 含量达到 15%～16%（物质的量分数）时，Y 又

开始减少，热膨胀系数 α 重新上升，这说明 Na_2O 含量为 $15\%\sim16\%$（物质的量分数）时结构发生变化。这是由于硼氧四面体 $[BO_4]$ 带有负电，四面体间不能直接相连，必须通过不带电的三角体 $[BO_3]$ 连接，方能使结构稳定。当全部 B 的 1/5 成为四面体配位，4/5 的 B 保留于三角体配位时就达饱和，这时膨胀系数 α 最小，$Y=1/5\times4+4/5\times3=3.2$ 为最大。再加 Na_2O 时，不能增加 $[BO_4]$ 数，反而将破坏桥氧，打开网络，形成非桥氧，从而使结构网络连接减弱，导致性能变坏，因此热膨胀系数重新增加。其他性质的转折变化也与它类似。试验数据证明，由于硼氧四面体之间本身带有负电荷不能直接相连，而通常是由硼氧三角体或另一种同时存在的电中性多面体（如硼硅酸盐玻璃中的 $[SiO_4]$）来相隔，因此，四配位硼原子的数目不能超过由玻璃组成所决定的某一限度。

硼反常现象也可以出现在硼硅酸盐玻璃中，连续增加氧化硼加入量时，往往在性质变化曲线上出现极大值和极小值。这是由于硼加入量超过一定限度时，硼氧四面体与硼氧三面体相对含量变化而导致结构和性质发生逆转现象。

5.7　案例解析

微晶玻璃又称玻璃陶瓷，是将特定组成的基础玻璃，在加热过程中通过控制晶化而制得的一类含有大量微晶相及玻璃相的多晶固体材料。微晶玻璃的机械强度、化学稳定性、电性能均优于普通玻璃，而生产工艺和使用原料却与普通玻璃相似，它是在玻璃成型基础上获得的，玻璃的熔融成型比起通常的陶瓷成型的方法有很多有利条件，因而工艺上比陶瓷要简单。

微晶玻璃的特点是结构非常致密，基本上无气孔，在玻璃相的基体上存在着很多非常细小的弥散结晶。它是通过控制玻璃的结晶而生产出来的多晶陶瓷。

微晶玻璃的制造工艺除了与一般玻璃工艺一样要经过原料调配、玻璃熔融、成型等工序外，还要进行两个阶段的热处理。首先在有利于成核的温度下使之产生大量的晶核，然后缓慢加热到有利于结晶长大的温度下保温，使晶核得以长大，最后冷却。这样所得的产品除了结晶相以外还有剩余的玻璃相。工艺过程要注意防止微裂纹、畸变及过分的晶粒长大。微晶玻璃中的晶粒尺寸为 $1\mu m$ 左右，最小可到 $0.02\mu m$。

由于微晶玻璃在广泛的范围内可以调节性能的特点及大量生产的有利条件，在从餐具到电子元件等各领域得到越来越广泛的应用。微晶玻璃的研究和发展与过冷液体的成核和晶化密切相关，其晶核形成与晶体生长研究密切相关的是玻璃分相的研究。对微晶玻璃晶化控制的研究，能够更深入地理解介稳相以及稳定相的形成规律，对微晶玻璃显微结构的发展具有巨大意义。此外，微晶玻璃系统的基础研究还能够拓宽玻璃制造工艺。

5.8　思政拓展

玻璃专家彭寿院士

"丝毫"厚度之间，彰显科学家的追求；新旧动能转换，体现企业家的视野格局；行业重组改变，凸显管理者的决心勇气；亮剑全部市场，展现带领者的使命担当。你用不懈创新，撑起民族玻璃的脊梁！这是第三届"央企楷模"发布仪式上评委会对彭寿院士的颁奖词。

彭寿是我国著名玻璃新材料研究专家，36年来一直耕耘在玻璃科研、设计和产业化一线，带领团队攻克数千项技术难题，完全改变了中国玻璃行业的面貌，为我国玻璃行业推进供给侧结构性改变做出了重要贡献。16年间，他带领一家濒临生存危机的传统科研院所改制转型为高科技企业集团，打通从研发、设计、生产、装备制造到工程服务的全产业链，国内高等玻璃工程市场占有率、中国出口高等玻璃工程市场占有率打破90%，企业效益增幅高达440倍。6年间，实现"由传统玻璃向电子玻璃、光伏玻璃、节能玻璃"转型，打破多项国外垄断，获得国家科技进步二等奖3项，研发生产拥有自主核心技术的0.12mm柔性触控玻璃，改写玻璃技术世界版图，带领中国玻璃技术和品牌实现从弱到强，由跟跑、并跑向领跑跨越。

"丝毫"的厚度，几代人的努力，才使得我国在玻璃行业占有一席之地。正是这些匠人们把个人理想融入伟大中国梦的实现进程中，充分发挥自身专业特长，保持自身的先进性，在面对技术"卡脖子"难题时，百折不挠，攻坚克难，才有了中国企业的蓬勃发展。这是真正的"大国工匠"精神！

本章总结

熔体是介于固体与液体之间的一种状态，在结构上更接近于固体。掌握熔体的结构和性质的相互关系及制约规律，对了解无机材料的结构及性质、无机材料制备与加工方法及工艺参数的选择具有重要意义。熔体的黏度及表面张力是对无机材料的工艺过程非常敏感的两个性质，常称为工艺性质。黏度、表面张力与组成及温度的关系是需要重点掌握的内容。

玻璃的形成条件包括热力学条件、动力学条件及结晶化学条件。热力学条件是形成玻璃可能性大小的一种判据，并非玻璃形成的必要条件；动力学条件给出形成玻璃所需要的工艺条件——冷却速率的大小，只要提高冷却速率，在常规冷却条件下不能形成玻璃的物质，在极高的冷却速率下也有可能形成玻璃；结晶化学条件则是从内在结构因素方面阐述形成玻璃所需具备的基本条件，对玻璃组分的选择与设计具有指导意义。

描述玻璃结构的理论有无规则网络学说及晶子学说等，这两个理论分别从不同侧面描述了玻璃的微观结构。由于玻璃的长程无序结构是相对于晶体内的长程有序结构的一种偏离，而且这种偏离与玻璃形成过程中经历的动力学条件密切相关，因而玻璃结构具有复杂性，目前还没有一个全面的、普遍适应的描述玻璃微观结构的理论。

课后习题

5-1 名词解释：桥氧与非桥氧，网络形成体和网络变性体，硼反常现象。

5-2 试计算下列玻璃的结构参数：$Na_2O \cdot 2SiO_2$，$Na_2O \cdot CaO \cdot Al_2O_3 \cdot SiO_2$，$Na_2O \cdot 2/3Al_2O_3 \cdot 2SiO_2$。

5-3 简述玻璃的通性。

5-4 在玻璃性质随温度变化的曲线上有两个特征温度 T_g 和 T_f，试说明这两个特征温度的含义，及其相对应的黏度。

5-5 正硅酸铅 $PbSiO_4$ 玻璃的密度为 $7.36g/cm^3$，求这种铅玻璃中氧的密度为多少？如果将它与熔融石英玻璃（密度为 $2.2g/cm^3$）中的氧密度相比较，试指出在这种铅玻璃中铅离子所在的位置（其中相对原子质量分别为 O：16，Si：28，Pb：207）。

5-6 试从结构上比较硅酸盐晶体和硅酸盐玻璃的区别。

5-7 试用试验方法鉴别 SiO_2 晶体、SiO_2 玻璃、硅胶和 SiO_2 熔体，并说明它们的结构有何不同。

5-8 说明在一定温度下同组成的玻璃比晶体具有较高的内能及晶体具有一定的熔点而玻璃体没有固定熔点的原因。

5-9 玻璃的组成为 $11Na_2O \cdot 15CaO \cdot 74SiO_2$（质量分数），计算结构参数和非桥氧的质量分数。

5-10 网络变性体（如 Na_2O）加到石英玻璃中，使氧硅比增加，试验观察到 $O/Si \approx 2.5 \sim 3$ 时，即达到形成玻璃的极限，$O/Si > 3$ 时，则不能形成玻璃，为什么？

5-11 已知石英玻璃的密度为 $2.3g/cm^3$，假定玻璃中原子尺寸与晶体 SiO_2 相同，试计算该玻璃的原子堆积系数是多少？

5-12 简述哪些物质可以形成非晶态固体，形成非晶态固体的手段有哪些？

5-13 在 SiO_2 中应加入多少 Na_2O，使玻璃的 $O/Si = 2.5$，此时析晶能力是增强还是减弱？

5-14 简述晶子学说与无规则网络学说的主要观点，并比较两种学说在解释玻璃结构上的相同点和不同点。

5-15 什么是硼反常现象，为什么会产生这一现象？

6 固体表面与界面

本章导读

前几章讲授了晶体、非晶体和缺陷等内容，这些内容主要是关于体材料的。但实际材料的尺度必然是有限的，存在材料与气体、液体或固体的边界，这就是材料的表面与界面。材料的表面与界面处的质点与其内部的质点处于完全不同的环境之中，具有与内部不同的结构和性质，进而对材料整体的性质产生较大的影响，材料的腐蚀、老化、硬化、破坏、印刷、涂膜、黏结、化学反应、复合等，无不与材料的表界面密切相关。本章主要讲授材料的表面与界面，具体包括固体表面、固体界面、晶界等部分。其中，离子晶体表面结构、润湿及其影响因素是重点内容，毛细管凝结和润湿的影响因素有一定难度。通过本章的学习，应该掌握材料表面与界面的基本性质、了解固体表面结构与表面力场，掌握离子晶体表面结构及其表面能，掌握附加压力的概念及其在材料领域的应用，掌握润湿及其影响因素，掌握晶界类型与结构的概念，了解陶瓷及其复合材料界面的基本知识。

6.1 固体表面

6.1.1 固体表面特征

6.1.1.1 固体表面及其不均匀性

实际材料的尺度是有限的，必然存在材料与气体、液体或固体的边界。根据相邻材料的不同，边界又可以分为表面与界面。表面是指一个相和它本身蒸气（或真空）相接触的分界面。而界面主要有晶界和相界面，其中相界面是指一个相和另一个与之结构不同的相接触时的分界面。几何概念上，表面是二维的一个面，没有厚度。但从微观上来说，表面是指物体内部和它本身蒸气（或真空）之间的过渡区域，是物体最外面的几层原子和覆盖其上的外来原子和分子所形成的表面层。固体表面表现出不均匀性。

固体表面的不均匀性，主要表现在以下几点：

（1）晶体具有各向异性，晶体表面的晶面可能是具有不同性质的晶面，所以同一晶体可以有许多性能不同的表面。

（2）同一种材料制备和加工条件不同也会有不同的表面性质。比如通过溶液法制备的粉体通常有其结晶习性，会沿着某些晶向长成特定的形状，如针状、片状，此时其外部的晶面与结晶习性相关。而通过溶胶凝胶法制备的粉体则可能得到接近球形的颗粒。

（3）晶格缺陷，如空位或位错等造成表面不均匀。

（4）在空气中暴露，表面被外来物质所污染，吸附的外来原子可占据不同的表面位置，形成有序或无序排列，也引起表面不均匀。

（5）固体表面无论怎么光滑，从原子尺寸衡量，实际上也是凹凸不平的。

6.1.1.2　固体的表面力场

晶体内部的质点在三维空间周期性规则排列，这使其具有了对称性。晶体内部每个质点周围的力场是对称的。但在晶体表面，质点排列的周期中断，处于表面上的质点周围力场的对称性被破坏，表现出剩余的键力，称之为固体表面力。固体的表面力可以分成两类：范德华力和化学力。

范德华力一般指分子间作用力。在固体表面，范德华力是产生物理吸附或气体凝聚的原因，与液体内压、表面张力、蒸气压、蒸发热等性质有关。范德华力来源于以下三种效应：定向力（静电力）、诱导力和色散力。

（1）定向力（静电力）：极性分子（离子）之间的作用力，相邻两个极化电矩相互作用的力。定向力可用下式表示：

$$E_K = -\frac{2}{3}\frac{\mu^4}{KTr^6} \tag{6-1}$$

式中，μ 为极化电矩；r 为分子间距离；T 为温度。

（2）诱导力：极性分子与非极性分子间的作用力。指在极性物质作用下，非极性物质被极化诱导出暂态的极化电矩，随后与极性物质产生定向作用。诱导力可用下式表示：

$$E_D = -2\mu^2\alpha/r^6 \tag{6-2}$$

式中，μ 为极化电矩；r 为分子间距离；α 为极化率。

（3）色散力：非极性分子之间的作用力。非极性物质瞬间电子分布并非严格对称，呈现瞬间的极化电矩，产生瞬间极化电矩间相互作用。色散力可用下式表示：

$$E_L = \frac{3}{4}\frac{\alpha^2 h v_0}{r^6} \tag{6-3}$$

式中，v_0 为分子内的振动频率；h 为普朗克常数；α 为极化率。

需要注意的是，因为分子间作用力的作用范围极小，一般仅为 $3\sim5\text{Å}$。当两个分子过分靠近将引起电子层间斥力，所以范德华力只表现出引力作用。

化学力主要来自固体表面质点的不饱和价键，本质上是静电力，而且可以用表面能的数值来估计。对于离子晶体，化学力主要取决于晶格能和极化作用。

6.1.2　固体表面结构

表面作为物体内部和它本身蒸气（或真空）之间的过渡区域，其结构与固体内部不同。固体表面结构可从微观质点的排列状态和表面几何状态两种不同的尺度来研究，前者属于原子尺度范围的超细结构，后者属于一般的显微结构。

6.1.2.1　离子晶体的表面结构

无论是固体还是液体，其内部质点都处于对称的环境当中，但其表面的质点则处于不对称的环境当中。这种不对称会导致能量的上升。在液体表面，液体会通过缩小表面积来降低表面能，比如形成液滴；但晶体的质点不能像液体的质点一样自由移动，只能借助离子极化、变形、重排并引起晶格畸变来降低表面能。这导致表面层与内部存在结构差异。

图 6-1 是离子晶体表面电子云变形和离子重排示意图，左侧为晶体内部。首先，离子晶体 MX 在表面力作用下，处于表面层的负离子 X 在外侧不饱和，因为负离子极化率大，

可以通过电子云拉向内侧正离子一方发生极化变形成电偶极子，来降低表面能。这一过程称为松弛，它是瞬间完成的，接着发生离子重排。从晶格点阵稳定性考虑，作用力较大，极化率小的正离子应处于稳定的晶格位置，而易极化的负离子受诱导极化偶极子排斥而推向外侧，从而形成表面双电层。重排结果使晶体表面能量降低趋于稳定。

图 6-2 是维尔威（Verwey）以氯化钠晶体为例所做的计算结果，可以看到，在 NaCl 晶体表面，最外层和次外层质点面网之间 Na^+ 的距离为 0.266nm，而 Cl^- 的距离为 0.286nm，因而形成一个厚度为 0.020nm 的表面双电层。

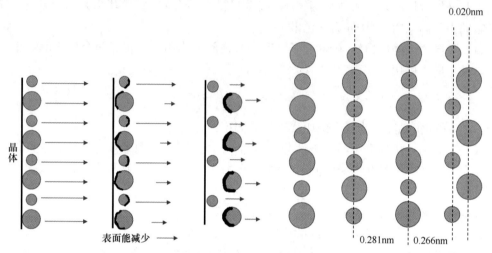

图 6-1　离子晶体表面的电子云变形和离子重排　　　　图 6-2　　NaCl 表面双电层

可以看到，表面离子重排的结果，首先是正离子的配位数下降，比如 NaCl 表面离子配位数从 6 变到 5；然后表面形成了双电层，比如 NaCl 表面形成了厚度为 0.02nm 的双电层；形成双电层后晶体表面好像被一层负离子所屏蔽。表面双电层可对材料性质产生影响，同时双电层理论也可由体现这些影响的试验现象所印证，比如 $MgCO_3$ 分解形成的 MgO 颗粒之间具有排斥力，就是因为形成了表面双电层。

晶体表面能的下降是通过极化变形、质点重排来实现的，那么离子的极化率就决定了晶体表面能。离子的极化率越大，电子云变形越大，晶体表面能下降越多。表面能变化程度主要取决于离子极化性能。比如表 6-1 中 PbI_2 表面能小于 PbF_2，因为 I^- 和 F^-，电荷相同，但 I^- 半径更大，离子极化更大。而 PbF_2 表面能小于 CaF_2，因为 Pb^{2+} 的极化率大于 Ca^{2+}。

表 6-1　一些离子晶体的极化与表面能

化合物	表面能（$\times 10^3 N/m$）	硬度
PbI_2	0.13	1
PbF_2	0.90	2
$BaSO_4$	1.25	2.5～3.5
$SrSO_4$	1.40	3～3.5
CaF_2	2.5	4

晶体表面形成双电层后，表面的结构变化会向内层传递。最外层的双电层对次外层发生作用，并引起内层离子的极化与重排，这种作用随着向晶体内部推移而衰减。其作用深度与阴、阳离子的半径差有关。如 NaCl 半径差大，作用可延伸到第 5 层，半径差小的可以延伸到 2～3 层。

粉体是指大量固体粒子的集合。因为材料比表面积随着尺度减小而增加，所以粉体具有远大于体材料的比表面积，其表面对性质有着更为重要的影响。在粉体表面，表面层离子的极化变形和重排使表面晶格畸变，有序性降低。粉体的活性随着粒径减小而升高，但当粉体细化到一定程度时，不仅增加了粉体活性，而且由于双电层使表面荷电更容易引起磨细的粉体重新团聚。粉体团聚是粉体中非常重要的现象，如何提高微细粉体表面活性同时防止粉体团聚成为与表面化学和物理有关的研究课题。

当粉体粒径小到纳米尺度时，其性质会与传统材料有很大区别。首先纳米粉体的表面原子数占颗粒总原子数的比例很高，粒径很小时甚至可能占据大多数。所以纳米粒子表面能极高，活性高，极不稳定。这使得纳米粉体的烧结活性很高，可以大大降低烧结温度。

6.1.2.2　晶体表面的几何结构

原子尺寸的超微细结构方面，离子晶体表面会出现双电层；显微结构方面，固体表面也不是平坦的，而是不规则的、粗糙的，存在无数的台阶、裂缝和凹凸不平的峰谷。这些表面的几何结构同样会对材料表面性质产生影响，其中最重要的两种结构是表面粗糙度和表面微裂纹。

（1）表面粗糙度。固体的实际表面是不规则和粗糙的，试验证明，即使是完整解理的云母表面也存在着 2～100nm 甚至达到 200nm 的不同高度的台阶。表面粗糙度会引起表面力场的变化（色散力和静电力），导致表面力场不均匀；表面粗糙度也会影响固体的比表面积以及与之相关的属性，如强度、密度、润湿、孔隙率、透气性等；表面粗糙度还会影响材料连接时的啮合与结合强度，尤其是机械结合时，增大粗糙度可以显著增大界面结合强度。比如用等离子喷涂制备陶瓷涂层时，需要对基体表面进行喷砂处理，一个重要原因就是增加涂层与基底的界面结合强度。

（2）表面微裂纹。根据微裂纹强度理论，材料中存在裂纹时，裂纹尖端处的应力远超表观应力。材料表面因为缺陷或应力产生微裂纹后，表面微裂纹会使应力集中，起着应力倍增器的作用，对材料强度影响显著。对脆性材料而言，表面微裂纹会极大地降低其强度。

断裂力学中，葛里菲斯（Griffith）提出了材料断裂应力与微裂纹长度的关系式：

$$\sigma_c = \sqrt{\frac{2E\gamma}{\pi c}} \tag{6-4}$$

式中，E 为弹性模量；γ 为表面能；c 为裂纹长度。

6.1.2.3　固体表面能

表面能是指每增加单位表面积，体系自由能的增加量。而表面张力是指扩张表面单位长度所需要的力。虽然通过推导可以得出，单位面积上的能量和单位长度上的力是等因次的［式（6-5）］。但二者的物理含义不同，数值也不一定相同。

$$J/m^2 = \frac{N \cdot m}{m^2} = \frac{N}{m} \tag{6-5}$$

具体来说,液体的表面能和表面张力在数值上是相等的,而固体的表面能和表面张力在数值上往往是不相等的,这与扩张过程的弹性应变有关。因为固体表面质点没有流动性,能够承受剪应力的作用。固体的弹性变形行为改变了增加面积的做功过程,使表面能与表面张力在数值上不再相等。如果固体在较高的温度下能表现出足够的质点可移动性,则仍可近似认为表面能与表面张力在数值上相等。

6.2 固体界面

固体的表面总是与气相、液相或其他固相接触的。在表面力的作用下,接触界面上将发生一系列物理或化学过程。这些过程对于材料的结构、性质与性能以及材料的制备都有着重要的影响。

6.2.1 弯曲表面效应

在液体表面,当表面弯曲时,因为表面张力的存在而在表面产生一个附加压力 ΔP。其产生过程如图 6-3 所示。当弯曲表面曲率半径 r 远大于表面层厚度(10nm)时,AB 上受到与表面相切的表面张力的作用。如果液面为平面,则向四周的表面张力互相抵消[图 6-3(a)];如果液面为曲面,则向四周的表面张力的合力不为零,就会产生附加压力 ΔP。凸液面的表面张力的合力与外压力 P_0 方向相同,都是指向液体内部,所以凸液面上所受到的压力比外部压力大,总压力为 $P=P_0+\Delta P$ [图 6-3(b)]。凹液面的表面张力的合力与外压力 P_0 方向相反,所以凹液面上所受到的压力比外部压力小,总压力为 $P = P_0 - \Delta P$ [图 6-3(c)]。

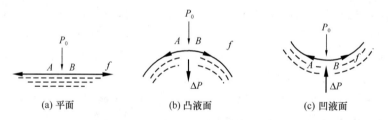

|(a) 平面|(b) 凸液面|(c) 凹液面|

图 6-3 弯曲表面附加压力示意图

由此可见,弯曲表面的附加压力 ΔP 总是指向曲面的曲率中心,其正负取决于曲面曲率 r,当曲面为凸面时,r 为正值,ΔP 也为正值;为凹面时,r 为负值,ΔP 也为负值。

附加压力可以用拉普拉斯公式来描述。对于球面而言,附加压力为:

$$\Delta P = 2\gamma/r \tag{6-6}$$

式中,γ 为表面张力;r 为球体半径。

对于非球面而言,附加压力为:

$$\Delta P = \gamma(1/r_1 + 1/r_2) \tag{6-7}$$

式中,γ 为表面张力;r_1 和 r_2 为主曲率半径。

主曲率半径是指在曲面上任取一点,过此点做曲面的法线,过法线可以有无限多个剖切平面,每个剖切平面与曲面相交,其交线为一条平面曲线,每条平面曲线在此点有一个曲率半径。这些曲率半径中,有一个最大和最小的曲率半径,就称之为主曲率半径,这两个曲率半径所在的方向，数学上可以证明是相互垂直的。

对于球面上的任意一点，$r_1 = r_2 = R$。所以对于球面而言，附加压力 $\Delta P = 2\gamma/r$。式（6-6）是式（6-7）的特殊形式。

如图 6-4 所示，对半径为 R 的圆柱体的侧面一点 A 来说，$r_1 = R$ 和 $r_2 = \infty$，所以附加压力 $\Delta P = \gamma/R$。

对液膜（肥皂泡）而言，因为存在两个半径近似相等的液面，所以 $\Delta P = 4\gamma/R$。

当弯曲表面效应发生在毛细管中时，会产生毛细效应。所谓毛细管，是指内径很细的管，一般内径小于等于 1mm。因为毛细管很细，当毛细管中有液体时，因为液体润湿或不润湿管壁，毛细管中的液面呈弯曲状态，可以近似看成一个球面。如果液体能润湿管壁，润湿角 $\theta < 90°$，则液面成凹面，ΔP 为负值，即管内凹液面下液体所受压力小于管外水平液面下液体所受的压力，从而液体将被压入管内使液面沿管壁上升；当液体不能润湿管壁，即 $\theta > 90°$ 时，管内液面成凸液面，ΔP 为正值，使管内液体所受压力大于管外液体，液面沿管壁下降。所以毛细现象是指液体能在毛细管中自动上升或下降的现象，是由于弯曲液面具有附加压力而产生的，此附加压力称为毛细管力。如图 6-5 所示，这时按式（6-6）得到的附加压力 ΔP 被吸入毛细管中的液柱静压 $\rho g h$ 所平衡。

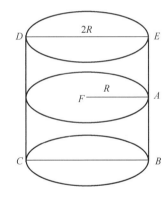

图 6-4 圆柱体侧面主曲率半径

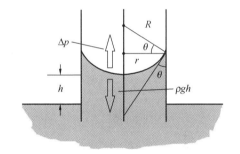

图 6-5 毛细管力示意图

曲率半径 R 与毛细管半径 r 的关系为：

$$r = R\cos\theta \tag{6-8}$$

由

$$\Delta P = 2\gamma/R = \rho g h \tag{6-9}$$

得

$$h = 2\gamma\cos\theta/\rho g r \tag{6-10}$$

因为毛细管力与液面曲率半径成反比，也就与毛细管管径成反比。当曲率半径很小时，毛细管力可以达到很大的数值，可以对材料的制备与应用产生较大的影响。比如陶瓷坯体中包含的孔洞孔径与其粉体粒径相关，相当于毛细管，若其中产生液相，则会导致较大的毛细管力。毛细管力可以推动陶瓷坯体烧结过程的进行。如图 6-6 的双球模型，在陶瓷的液相烧结过程中，颗粒之间将出现液体层，若液相与粉体润湿，则液层表面为凹液面，附加压力将液体拉向两侧，促使颗粒陶瓷尽量靠拢，使陶瓷坯体收缩而烧结致密。

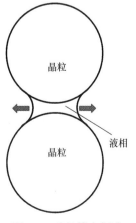

图 6-6 毛细管力促进陶瓷烧结

弯曲表面的附加压力还会对表面蒸气压造成影响，也就是弯曲表面的蒸气压与曲率半径关系的开尔文公式：

$$\ln \frac{P}{P_0} = \frac{2M\gamma}{\rho RT} \cdot \frac{1}{r} \tag{6-11}$$

式中，P 为曲面蒸气压；P_0 为平面蒸气压；r 为曲率半径；γ 为表面张力；T 为温度；M 为相对分子质量；ρ 为液体密度；R 为气体常数。

由式（6-11）可得，对于平面，$r \to \infty$，则 $\ln P/P_0 = 0$，$P = P_0$；对于凸表面，$r > 0$，则 $\ln P/P_0 > 0$，$P > P_0$；对于凹表面，$r < 0$，则 $\ln P/P_0 < 0$，$P < P_0$。即凸表面蒸气压 > 平表面蒸气压 > 凹表面蒸气压。

也可用开尔文公式表示固体溶解度：

$$\ln \frac{C}{C_0} = \frac{2M\gamma_{SL}}{dRT} \cdot \frac{1}{r} \tag{6-12}$$

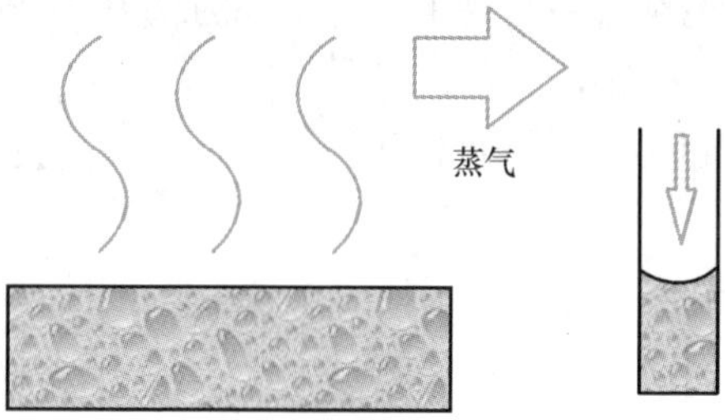

式中，C 和 C_0 为不同晶粒的溶解度；γ_{SL} 为固-液界面能；M 为分子量，r 为溶解度为 C 的晶粒的半径；d 为固体密度。

用开尔文公式可解释毛细管凝结现象，毛细管凝结在材料科学中有广泛的应用。如图 6-7 所示，在指定温度下环境蒸气压为 P_0 时，该蒸气压对平面液体未达饱和，但对管内凹面液体可能已呈过饱和，此蒸气将在毛细管内凹面上凝聚成液体，这就是毛细管凝结。毛细管凝结可以解释陶瓷生坯的回潮现象。陶瓷生坯中有很多毛细孔，易形成毛细管凝结，其蒸气压低而不易被排除，造成回潮，若不预先充分干燥，入窑将易炸裂；冬天水泥地面易冻裂与毛细管凝结水的存在有关。

图 6-7　毛细管凝结示意图

6.2.2　润湿

弯曲表面效应是液-气、固-气界面的重要效应，润湿是固-液界面上的重要行为。材料的制备与应用中经常涉及液相与固相的界面，比如机械的润滑、金属焊接、陶瓷和搪瓷的坯釉结合、陶瓷与金属的封接等过程。一般把固-液接触后，体系吉布斯自由焓降低时称为润湿。

根据润湿的难易程度和润湿的条件不同，可以把润湿现象分成沾湿、浸湿和铺展三种类型。下面分别讨论这三种类型的润湿条件。

6.2.2.1　润湿类型

（1）沾湿（附着润湿）

如图 6-8 所示过程为附着润湿，指固体与液体接触后，液-气界面、固-气界面变成固-液界面。附着润湿特点为消失一个固-气和一个液-气面，产生一个固-液界面。

根据界面变化情况，可得沾湿引起体系自由能变化为：

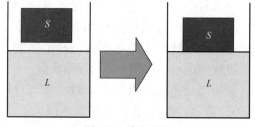

图 6-8　沾湿过程

$$\Delta G = \gamma_{SL} - \gamma_{SV} - \gamma_{LV} \qquad (6\text{-}13)$$

式中，γ_{SL}，γ_{SV} 和 γ_{LV} 分别为单位面积固-液、固-气和液-气的界面自由能。

沾湿过程实质上是液体在固体表面上的黏附。因此在讨论沾湿时，常用黏附功这一概念，表示将单位面积液-固界面拉开所做的功，所以其与吉布斯自由能的变化大小相同方向相反。可用下式表示：

$$W_a = \gamma_{SV} + \gamma_{LV} - \gamma_{SL} = -\Delta G \qquad (6\text{-}14)$$

从式（6-14）中可以看出，γ_{SL} 越小，则黏附功越大，液体越易沾湿固体。若 $W_a \geqslant 0$，则 $\Delta G \leqslant 0$，沾湿过程可自发进行。因为固-液界面张力总是小于它们各自的表面张力之和，这表明固-液接触时，其黏附功总大于零，也就是对任何液体和固体，其沾湿过程总可以自发进行的。

（2）浸湿（浸渍润湿）

如图 6-9 所示过程为浸渍润湿（浸湿），所以浸湿是指固体浸入液体中，固-气界面被固-液界面所替代。浸渍润湿特点为消失一个固-气界面，产生一个固-液界面。根据界面变化，浸湿过程系统自由能变化为：

$$\Delta G = \gamma_{SL} - \gamma_{SV} \qquad (6\text{-}15)$$

$$\Delta G = \gamma_{SL} - \gamma_{SV} = \gamma_{LV}\cos\theta \qquad (6\text{-}16)$$

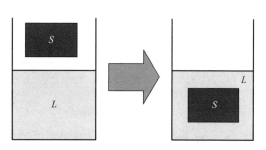

图 6-9 浸渍过程

所以 $\gamma_{SV} > \gamma_{SL}$ 时，浸渍润湿能自发进行。与附着润湿类似，可以引入浸润功：

$$W_i = -\Delta G = \gamma_{SV} - \gamma_{SL} \qquad (6\text{-}17)$$

若 $W_i \geqslant 0$，则 $\Delta G \leqslant 0$，过程可自发进行。所以浸湿过程与沾湿过程不同，不是所有液体和固体均可自发发生浸湿，只有当 $\gamma_{SV} > \gamma_{SL}$ 时，浸湿过程才能自发进行。

（3）铺展（铺展润湿）

如图 6-10 所示过程为铺展润湿，铺展润湿指恒温恒压下，液滴在固体表面上自动展开形成液膜的过程。铺展润湿特点为消失一个固-气界面，产生一个固-液界面和一个液-气界面。根据界面变化，系统自由能变化为：

$$\Delta G = \gamma_{SL} + \gamma_{LV} - \gamma_{SV} \qquad (6\text{-}18)$$

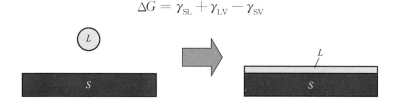

图 6-10 润湿过程

与附着润湿和浸渍润湿类似，可以引入铺展系数 S 表示体系自由能变化：

$$S = -\Delta G = \gamma_{SV} - \gamma_{SL} - \gamma_{LV} \qquad (6\text{-}19)$$

若 $S \geqslant 0$，则 $\Delta G \leqslant 0$，液体可在固体表面自动展开。铺展系数也可表示为：

$$S = \gamma_{SV} + \gamma_{LV} - \gamma_{SL} - 2\gamma_{LV} = W_a - W_c \qquad (6\text{-}20)$$

式中，W_c是液体的内聚功。

只要$W_a > W_c$，液体即可在固体表面自发展开。

根据以上推导的三种润湿自发进行的条件，可以利用界面自由能的关系从理论上判断一个润湿过程是否能够自发进行。但是，实际所需的固体表面自由能γ_{SV}和固-液界面自由能γ_{SL}都难以测定，因而定量运用以上判断条件有困难。尽管如此，这些判断条件仍为分析润湿问题提供了正确的思路。

6.2.2.2 接触角和 Young 方程

因为直接测定界面能的困难，目前尚不可能利用润湿的热力学条件去定量地判断一种液体是否能润湿某一固体。但是如果能知道三种界面能之间的关系，就可以在不知道界面能具体数值的情况下判断能否润湿。这一关系可以通过接触角的测定来得到，这就是 Young 方程。为此，我们首先介绍接触角和 Young 方程。如图 6-11 所示，L 为液滴，S 为理想平面，V 为气相，点 A 为气-液、液-固和气-固三个界面的交点，则接触角 θ 是气-液界面通过液体而与固-液界面所交的角。

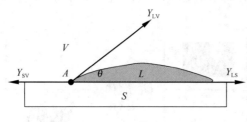

图 6-11　液滴在固体表面接触角

1805 年，Young 指出，接触角的问题可当作平面固体上液滴受三个界面张力的作用来处理。当三个作用力达到平衡时，应有下面关系：

$$\cos\theta = \frac{\gamma_{SV} - \gamma_{SL}}{\gamma_{LV}} \tag{6-21}$$

接触角可以较简便地使用试验方法测得，测得接触角后就可以得到三个表面张力之间的关系。将测得的接触角数值代入润湿过程判断条件式，即可判断润湿情况：

沾湿能够自发进行的条件为$W_a \geqslant 0$，则

$$W_a = -\Delta G = \gamma_{LV}(1 + \cos\theta) \geqslant 0 \tag{6-22}$$

可得条件为：当接触角 $\theta \leqslant 180°$时，沾湿能够自发进行。因为接触角总是小于等于 180°，所以沾湿过程总是能够自发进行的。

浸湿能够自发进行的条件为$W_i \geqslant 0$，则

$$W_i = -\Delta G = \gamma_{LV}\cos\theta \geqslant 0 \tag{6-23}$$

可得条件为：当$\theta \leqslant 90°$时，浸湿才能够自发进行。

铺展能够自发进行的条件为$S \geqslant 0$，则：

$$S = -\Delta G = \gamma_{LV}(\cos\theta - 1) \geqslant 0 \tag{6-24}$$

其中，只有当接触角 $\theta = 0°$时，铺展才能自发进行。

通过接触角可判断一种液体对一种固体的润湿性能。对同一对液体和固体，在不同润湿过程中，其润湿条件不同。如浸湿过程，$\theta = 90°$可作为润湿和不润湿的界限：$\theta < 90°$，可润湿；$\theta > 90°$，则不润湿；但对铺展过程，则这个界限不适用。解决实际润湿问题时，应先分清属哪一类，才可对其进行正确判断。

三种润湿的共同特点是液体将气体从固体表面排开，使原有的固-气界面（或液-气界面）变成固-液界面，从而使系统的自由焓下降。铺展是湿润的最高标准。

6.2.2.3　影响润湿的因素

Young 方程建立起了三种界面张力与润湿角之间的关系，这种关系不仅可以用来判断润湿是否发生，还可以用来调整界面是否润湿。润湿是生产和生活中的常见现象。很多材料的制备与使用要求改善固-液界面的润湿性，比如陶瓷表面施釉过程，需要釉料能很好地润湿坯体以增加界面结合；但也有很多场合要求固-液界面不润湿，比如耐火材料的高温使用过程中，不希望熔体对耐火材料产生润湿；比如矿物浮选，要求分离的杂质为水润湿，而有用的矿石不为水所润湿；还比如防雨布、防水涂层等，要求水不润湿布或涂层。为此，我们需要根据润湿的影响因素来调整界面润湿性。润湿的影响因素有以下几种：

（1）界面张力

因为很难改变固-气表面张力 γ_{SV}，所以实际生产生活中通过调整 γ_{SL} 和 γ_{LV} 来改变润湿状态。

根据 Young 方程式（6-21）

$$\cos\theta = \frac{\gamma_{SV} - \gamma_{SL}}{\gamma_{LV}}$$

若要求润湿好，则应 θ 小，$\cos\theta$ 大，所以应该减小 γ_{SL} 或 γ_{LV}；若要求润湿不好，则应该 θ 大，$\cos\theta$ 小，应该增加 γ_{SL} 或 γ_{LV}。理论上如果固-液两相化学组成及结构相近，则相容性好，γ_{SL} 降低，比如硅酸盐熔体在氧化物表面上的润湿比在金属表面好。那么如果进行玻璃与金属的封接，需要固态的金属表面和液态的玻璃液之间润湿良好。而玻璃和金属具有不同的化学组成和化学键类型，二者之间的润湿不好，所以需预先在金属表面做氧化处理。

还可以在硅酸盐熔体中通过加入表面活性成分来降低 γ_{LV}。比如：在玻璃生产中加入 Al_2O_3、MgO、CaO，则 γ_{LV} 增大；加入 K_2O、PbO、B_2O_3，则 γ_{LV} 降低；加入 Cr_2O_3、V_2O_5、Mn_2O_5、WO_3，则 γ_{LV} 显著降低；陶瓷釉料中加入 K_2O、PbO 和 B_2O_3，则 γ_{LV} 降低。

（2）表面粗糙度

表面粗糙度对于润湿也有重要影响。首先是对于 Young 方程的影响。假如将一个液滴置于一粗糙表面，因为表面不规则的起伏，此时的真实接触角几乎是无法测定的，试验所测的只是其表观接触角（用 θ_n 表示），而表观接触角与界面张力关系是不符合 Young 方程的，也就无法继续使用 Young 方程来判断润湿和调整润湿状态。那么我们需要应用热力学推导出与 Young 方程类似的关系式。

首先，系统处于平衡状态时，界面位置移动少许所产生的界面能净变化为零。在这一前提下，当液滴在理想表面移动时，液-固接触点由 A 到 B，则固-液界面扩大 δ_s，液-气界面增加了 $\delta_s\cos\theta$，固-气界面减小了 δ_s。

有：

$$\gamma_{SL}\delta_s + \gamma_{LV}\cos\theta\delta_s - \gamma_{SV}\delta_s = 0 \tag{6-25}$$

可以得到 Young 方程［式（6-21）］：$\cos\theta = \dfrac{\gamma_{SV} - \gamma_{SL}}{\gamma_{LV}}$

当液滴在粗糙表面移动时，液-固接触点由 A' 到 B'，则固-液界面增加了 $n\delta_s$，液-气界面增加 $\delta_s\cos\theta$，固-气界面减少 $n\delta_s$。

则：

$$n\gamma_{SL}\delta_s + \gamma_{LV}\cos\theta\delta_s - n\gamma_{SV}\delta_s = 0 \tag{6-26}$$

可得，

$$\cos\theta_n = \frac{n(\gamma_{SV} - \gamma_{SL})}{\gamma_{LV}} = \cos\theta \tag{6-27}$$

这就是 Wenzel 方程（图 6-12）。式中 n 为粗糙度因子，即真实面积与表观面积之比；θ_n 为表观接触角。

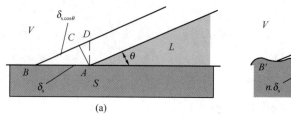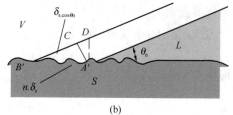

图 6-12　粗糙表面推导 Wenzel 方程

从推导过程可知，Wenzel 方程只适用于热力学稳定平衡状态。将 Young 方程和 Wenzel 方程比较，可得

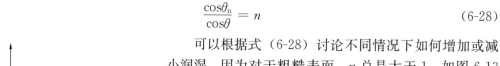

$$\frac{\cos\theta_n}{\cos\theta} = n \tag{6-28}$$

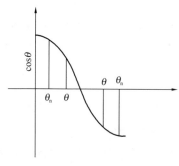

图 6-13　粗糙度与润湿

可以根据式（6-28）讨论不同情况下如何增加或减小润湿。因为对于粗糙表面，n 总是大于 1。如图 6-13 所示，可以看出：在润湿前提下，也就是 $\theta<90°$ 时，由 $\cos\theta_n>\cos\theta$，可得 $\theta_n<\theta$，这说明表面粗糙化后更易为液体所润湿。在不润湿前提下，也就是当 $\theta>90°$ 时，由 $\cos\theta_n>\cos\theta$，可得 $\theta_n>\theta$，这说明表面粗糙化后更不易为液体所润湿。比如在陶瓷表面被银，需要固态陶瓷与液态银润湿，而陶瓷与银的化学键类型不同，互相不润湿，那么在不润湿的前提下，减小粗糙度有助于润湿，所以应该对陶瓷表面进行抛光。

（3）吸附膜的影响

上述各式中的 γ_{SV} 是固体暴露于蒸气中的表面张力，而真实表面总是带有吸附膜，吸附会降低表面能，所以它与除气后的固体在真空中的表面张力不同，通常要低得多。由 Young 方程可知，γ_{SV} 减小会使 $\cos\theta$ 减小，接触角 θ 增大，使润湿性能下降。所以，要想增大润湿性能，需要使固体表面保持清洁，除去吸附膜。

6.2.3　吸附与表面改性

6.2.3.1　吸附本质与特征

从吸附膜对润湿的影响可以看出，吸附可以降低固体的表面能。吸附是一种物质的原子或分子（吸附物）附着在另一物质表面（吸附剂）的现象。其中吸附剂是指在其表面上能发生吸附作用的固体，实际应用的吸附剂要求比表面积大，一般是多孔固体，比如分子筛、活性炭等。而吸附质是指被吸附的物质（气体或液体）。

吸附本质是固体表面力场与被吸附分子力场相互作用的结果。根据相互作用力性质的不同，分为物理吸附和化学吸附。物理吸附是由分子间引力引起的，吸附剂与吸附质之间是范德华引力、偶极-偶极作用、氢键等，不发生化学作用生成新的化学键。化学吸附是由化学力引起，来源于固体表面的剩余键力。吸附剂与吸附质之间会生成化学键，包括离子键、配位键、易裂解的共价键。

物理吸附和化学吸附的区别可以从吸附位能曲线中得到直观的反映。吸附位能曲线是吸附位能和被吸附分子与固体表面间距离的关系曲线。吸附位能曲线能直观地说明物理吸附与化学吸附的联系以及物理吸附热、化学吸附热、吸附活化能、脱附活化能之间的关系。

吸附位能曲线如图 6-14 所示。其中 q 为吸附热；r_0 为平衡距离，随着吸附质与吸附剂表面距离减小，系统位能降低，直到达到能量最低点。若把物理吸附和化学吸附曲线画在一个图里，则如图 6-14（b）所示。其中物理吸附吸附物与吸附剂为两个分立系统，q 较小，r_0 较大（如 A 点吸附）；而化学吸附因为伴随有电子转移的键合过程，吸附物与吸附剂晶格为统一系统，q 较大，r_0 较小，有明显选择性，需要活化能（B 点），其吸附速度随温度升高而加快（如 C 点吸附）。

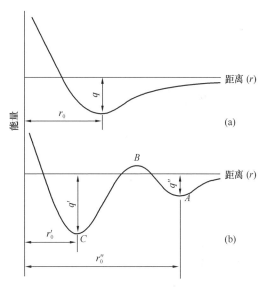

图 6-14　吸附位能曲线

需要指出的是，物理吸附与化学吸附在定义上是可以严格区分的，因其具备各自的特征在试验上也是可以区别的，但实际生活中物理吸附与化学吸附并非毫不相关或不相容的。例如：O_2 在钨表面上的吸附，氧可以以原子态 O 的形式吸附在钨的表面，也就是化学吸附；也可以以 O_2 的形式吸附在钨的表面，此时为物理吸附；同时还可能发生 O_2 吸附在原子态 O 上的多层吸附。

吸附是固体表面力场与被吸附分子力场相互作用的结果。固体表面结构对表面力场会产生影响，进而也会对吸附产生影响。

（1）表面粗糙度、微裂纹的影响

首先是之前讲过的表面显微结构的影响，主要指表面粗糙度和微裂纹。表面粗糙度和微裂纹会影响表面力场，在表面凹处，因为色散力强，化学力弱，所以吸附主要是物理吸附；在表面凸处，因为色散力弱，化学力强，吸附主要是化学吸附。

（2）表面结构的影响

与固-液界面的润湿类似，固体表面优先吸附与其组成或结构相近的基团，表现出吸附选择性。比如玻璃等硅酸盐材料，因为其表面有未断裂的 Si—O—Si 键和断裂的 Si—O—Si 键，对气体的吸附选择性顺序为：$H_2O \rightarrow O_2 \rightarrow$ 其他气体。其原因是 O_2 与 $H_2O(g)$ 比较，H_2O 是氧化物，其结构较接近于 SiO_2。

6.2.3.2 表面改性

吸附膜的存在改变了固体表面的结构与性质，也就是发生了表面改性。表面改性是指利用固体表面吸附特性通过各种表面处理改变固体表面的结构和性质，以适应各种预期的要求的行为。表面改性实质是改变固体表面结构状态和官能团。最常用的改变表面结构状态与官能团的方法就是采用各种有机表面活性剂。

表面活性剂是指能够显著降低体系的表面（或界面）张力的物质，如润湿剂、乳化剂、分散剂、塑化剂、减水剂、去污剂等。生产生活中很多常用的物质都是表面活性剂。比如洗衣服用的洗涤剂，洗涤剂分子可以把不易溶于水的污渍包裹起来，降低污渍与水的界面张力，使之更容易被水洗净。需要指出的是，不同的表面具有不同的组成与结构，所以需要不同的表面活性剂。严格来讲，说到表面活性剂需要指明对象。非特别指明时，表面活性剂都是对水而言。

表面活性剂的作用是使表面（或界面）张力降低，而表面（界面）张力大通常意味着二者的组成与结构不同。所以表面活性剂一般包括能够分别与这两种组成与结构的表面相容的结构。表面活性剂的分子结构一般包括极性亲水基和非极性亲油基，常见的极性亲水基有：羟基—OH、羧基—COOH、磺酸基—SO_3H、磺酸钠基—SO_3Na、氨基—NH 等基团；常见的非极性憎水基（亦称亲油基）主要为各种链烃、芳烃等基团。一般来说憎水基越长，分子量越大，其水溶性越差。

根据表面活性剂的结构与作用，表面活性剂的作用机理为：当固体表面为极性时，表面活性剂中的极性基朝向固体表面，非极性基指向介质；当固体表面为非极性时，非极性基朝向固体表面，极性基指向介质，从而实现不同极性、不同亲和表面间的桥联和键合，并降低界面张力。

表面活性剂在陶瓷的制备中有着广泛的应用。在陶瓷坯体的成型中，经常需要将粉体配置成浆料或者悬浮液，以赋予粉体流动性，来制备各种复杂形状的坯体，比如陶瓷的注浆成型。但如果陶瓷粉体和溶剂不润湿，则难以配成浆料，此时在浆料里加入表面活性剂，可以提高泥浆流动性和悬浮稳定性。比如 $CaTiO_3$ 高频电容器陶瓷的制备，为了将 $CaTiO_3$ 粉（表面亲油）和水配成泥浆，可以加入表面改性剂烷基苯磺酸钠。

表面活性剂还可以作为助磨剂。随着粉体逐渐磨细，比表面积增大，会发生团聚现象，此时加入表面活性剂，可以降低粉体颗粒表面能，阻止已被破坏的表面恢复键合，阻止粉体团聚。

减水剂作为一种表面活性剂广泛应用于水泥工业，其加入到砂、水泥、水和拌和混凝土浆体中，可以提高砂浆悬浮稳定性及和易性。现有减水剂一般为阴离子型表面活性剂，因为阴离子表面活性剂应用相对广泛，生产成本较低，也对水泥具有比较好的减水效果。

混凝土减水剂并不与水泥起化学反应，而是通过对新拌混凝土的塑化起作用的。水泥在加水搅拌过程中，会产生一些絮凝状结构。絮凝状结构体包裹拌和水会导致流动性差，如果为了增加流动性增加用水量，会降低混凝土的性能（强度降低、收缩开裂的危害增大、抗渗性变差、耐久性降低）。而减水剂的加入可以释放这些被包裹的自由水，进而改善混凝土的性能。

6.3 晶 界

一般将结构相同而取向不同的两个晶粒之间的界面称为晶界。如果两个晶粒的晶体结构甚至化学组成不同，则是两个相，应该称为相界。但实际上当陶瓷等多晶体中含有不同结构甚至化学组成的晶相时，其晶粒之间的界面也常被称为晶界。无机非金属材料是由微细粉料烧结而成的。烧结是致密化过程，同时会伴随晶粒生长，烧结的结果是粉体之间的点接触变成晶粒之间的面接触。若在制备过程中没有采取使晶粒定向排列的手段，则烧结得到的无机非金属材料是由形状不规则和取向随机的晶粒构成的多晶体，多晶体的性质不仅由晶粒内部结构和它们的缺陷结构所决定，还与晶界结构、数量等因素有关。晶界结构不仅对多晶材料各种性能（声、光、电、热、磁）影响很大，而且对材料的扩散、烧结等过程也有明显的影响，例如在烧结过程中，晶界的运动能否带动气孔运动最终促进气孔排出，对致密化过程非常重要。尤其在高性能新材料领域，晶界经常发挥更加重要的作用，比如纳米晶陶瓷的韧性就源于其晶界。

因为相邻两个晶粒的取向不同，如果按照各自质点排列延伸，晶界处的质点排列就会有两种不同的方式，而实际的晶界处质点排列处于一种过渡状态，偏离了理想点阵。

所以晶界具有如下特点：因为其质点排列偏离了理想点阵，所以属于面缺陷。作为晶体缺陷，晶界的能量高，晶界处熔点低于晶粒，也容易富集杂质。因为质点排列不够规则，所以质点容易通过晶界迁移，晶界是扩散的快速通道。由于晶界的能量高，所以是固态相变时的优先成核区域。除此之外，晶界结构疏松，容易受腐蚀（热腐蚀、化学腐蚀等）。

6.3.1 晶界结构与分类

晶界可以按照不同的分类方法分成各种类别。按照相邻的两晶粒间的晶粒取向夹角分，晶界可分为小角度晶界和大角度晶界；按晶界两侧原子排列的连贯性分，晶界可分为共格晶界、半共格晶界和非共格晶界。

6.3.1.1 按两晶粒位向差分类

根据两晶粒间的取向夹角大小不同，晶界可分为小角度晶界和大角度晶界。

（1）小角度晶界。当相邻两晶粒位向差 θ 很小，一般小于 $10°$ 时，称为小角度晶界。因为相邻两晶粒之间的位相差很小，晶界处的质点排列可以较为规则，其结构可用刃型位错模型表示。晶界中位错排列越密，则位向差越大。小角度晶界又可以分为对称倾侧晶界和非对称倾侧晶界。

① 对称倾侧晶界是最简单的晶界，如图 6-15 所示。对称倾侧晶界是由一系列平行等距的刃型位错垂直排列而组成。

② 不对称倾侧晶界是对称倾侧晶界绕 X 轴转了一个角度。晶界面不是两个晶粒的对称面，而是和对称面之间有一个角度 φ 的任

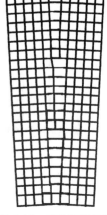

图 6-15 对称倾侧晶界

意面。

③ 扭转晶界

所谓扭转晶界，指晶界可以看作晶体的两部分沿着某晶面绕着垂直于此晶面的轴扭转一定角度而得到的。所以扭转晶界是由互相交叉的螺型位错所组成的。

（2）大角度晶界。当相邻两晶粒位向差较大，一般大于10°时，为大角度晶界。大角度晶界不能用位错模型解释。关于大角度晶界的结构说法不一，晶界可视为2～3(5)个原子的过渡层。

还有一些其他类型的晶界对材料的性质有着重要的影响。

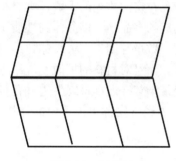

图6-16 孪晶面

孪晶。是指两个晶体（或一个晶体的两部分）沿一个公共晶面构成镜面对称的位向关系，这两个晶体就称为孪晶，此公共晶面就称为孪晶面（图6-16）。

孪晶界又可以分为共格孪晶界和非共格孪晶界。共格孪晶界就是晶面两侧的晶粒是共格的，在孪晶面上的原子同时位于两个晶体点阵的节点上，为两个晶体所共有。所以共格孪晶界是无畸变的完全共格晶面，界面能很低。非共格孪晶界是由孪晶界相对于孪晶面旋转一角度得到的，这种孪晶界的能量相对较高。孪晶界的这种特殊性可以为材料提供某些优异的性质，比如纳米孪晶立方氮化硼，就是利用孪晶得到了极高的硬度。

6.3.1.2 按晶界两侧原子排列的连贯性分类

晶界按照两侧原子排列的连贯性，可以分为共格晶界、半共格晶界和非共格晶界。

共格晶界。当界面两侧的晶体具有相似的结构和类似的取向时，越过界面的原子面是连续的，界面的原子为两侧晶体所共用，这种晶界为共格晶界，如图6-17所示。

由于实际相邻两晶粒的晶面间距不同，为保持晶界处晶面连续，面间距大的晶面间距会缩小，面间距小的晶面面间距会变大，必然在晶界处产生弹性应变，如图6-18所示，也就是具有应变的共格晶界。可以用失配度来作为产生弹性应变的量度，失配度用δ表示，则

$$\delta = (C_1 - C_2)/C_1 \tag{6-29}$$

式中，C_1和C_2分别为两晶面的晶面间距。C_1和C_2相差越大，δ越大，则弹性应变能越大。

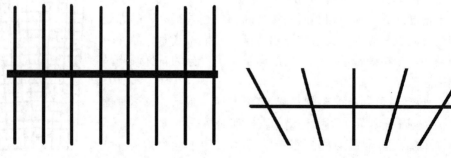

图6-17 理想的共格晶界　　　　　图6-18 具有应变的共格晶界

显然，失配度越大，产生的弹性应变越大，弹性应变能也就越大。当共格晶界失配产生的弹性应变能大于半共格晶界的能量时，共格状态就无法维持，共格晶界变成半共格晶界。如图 6-19 所示，其中 a 曲线为共格晶界弹性应变能，b 曲线为半共格晶界能量。

半共格晶界：如前所述，当弹性应变能大到一定程度，共格状态就无法维持，将通过引入位错（半个原子面）降低能量，即形成半共格晶界。半共格晶界界面上分布着若干个位错面，如图 6-20 所示。

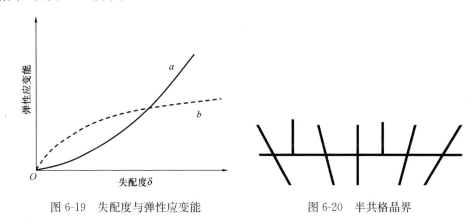

图 6-19 失配度与弹性应变能   图 6-20 半共格晶界

随着插入的位错数量增加，半共格晶界的晶界能会随之提高，插入的位错太多时，半共格晶界不再稳定，转变为非共格晶界。所以形成半共格晶界时插入的位错数量是有限的。失配度 δ 越大，间距越小，失配度太大时，插入晶面太密，半共格状态无法维持，成为非共格晶界。

非共格晶界：界面上原子排列完全无序（不吻合），有很多缺陷分布在界面上。

通过烧结得到的多晶体，绝大多数为这类晶界。此时晶界处的晶界能较高，但低于两个相邻的晶粒表面能之和。

6.3.2 多晶体的晶界构型

陶瓷一般是由粉体经过烧结制得，即使是单组分陶瓷，大多数也是多相材料。陶瓷中会含有气相。陶瓷内的气孔几乎无法完全排除，即使是致密度非常高的陶瓷，一般也会有少量气孔残留。除气相外，晶界处有时还有玻璃相。而在陶瓷的高温烧结过程中，还可能产生液相。那么在这种多晶多相材料中，除了晶粒间相互接触，晶粒还会与气相或液相相接触。这种接触会使各相之间的表面张力对晶界构型造成影响。晶界构型是指多晶体中晶界的形状、构造和分布。晶界的构形是由各个表面张力的相互关系决定的。下面我们讨论各个表面张力和晶界构型的关系。这里我们采用二维模型进行讨论。晶体具有各向异性，各个晶面的表面张力并不相同，为了简化模型，我们这里忽略晶体的各向异性造成的影响。

（1）固-固-气界面

如果两个颗粒间的界面在高温下达到了平衡，形成了固-固-气界面，如图 6-21 所示。根据应力平衡关系：

$$\gamma_{SS} = 2\gamma_{SV}\cos\frac{\varphi}{2} \tag{6-30}$$

式中，φ 为槽角。

这种固-固-气界面的沟槽常见于多晶制品于高温下加热时。在许多体系中能观察到热腐蚀现象，通过测量热腐蚀角可以决定晶界能与表面能之比。经过抛光的陶瓷表面在高温下进行热处理，在界面能的作用下，就符合式 6-30 的平衡关系。

(2) 固-固-液界面

多组分陶瓷的烧结经常有液相出现，当陶瓷的高温烧结过程中有液相烧结时，此时会形成固-固-液系统，如传统长石质瓷、镁质瓷等陶瓷的烧结都容易出现这种情况。这时晶界构型可由图 6-22 所示，根据应力平衡关系，可得：

$$\gamma_{SS} = 2\gamma_{SL}\cos\frac{\varphi}{2} \tag{6-31}$$

$$\cos\frac{\varphi}{2} = \frac{\gamma_{SS}}{2\gamma_{SL}} \tag{6-32}$$

式中，φ 为二面角。

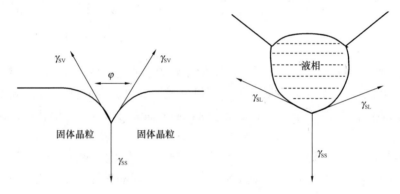

图 6-21　固-固-气界面应力平衡　　　　图 6-22　固-固-液界面应力平衡

根据式 (6-32)，可得到 γ_{SS} 和 γ_{SV} 关系不同时，不同的界面构型情况，如图 6-23 所示。

① 当 $\gamma_{SS}/\gamma_{SL} > 2$ 时，$\cos\varphi/2 \geqslant 1$，$\varphi = 0°$，这时晶界完全被液相充满，液相成为连续相，固相分布于其中，如图 6-23(a) 所示。

② $\gamma_{SS}/\gamma_{SL} > \sqrt{3}$ 时，$\cos\varphi/2 > \sqrt{3}/2$，$\varphi/2 < 30°$，$\varphi < 60°$，这时液相沿晶界渗开，如图 6-23(b) 所示。

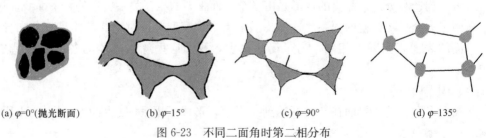

(a) $\varphi = 0°$(抛光断面)　　　(b) $\varphi = 15°$　　　　(c) $\varphi = 90°$　　　　(d) $\varphi = 135°$

图 6-23　不同二面角时第二相分布

③ 当 γ_{SS}/γ_{SL} 在 $1\sim\sqrt{3}$ 之间时，$\cos\varphi/2=1/2\sim\sqrt{3}/2$，$\varphi/2=30°\sim60°$，$\varphi=60°\sim120°$，这时液相开始局部渗入晶界，如图 6-23(c) 所示。

④ 当 $\gamma_{SS}<\gamma_{SL}$ 时，$\cos\varphi/2<1/2$，$\varphi/2>60°$，$\varphi>120°$，这时液相不会渗到晶界，而在三晶粒相交处形成孤岛状液滴，如图 6-23(d) 所示。

6.3.3 晶界应力

经过高温烧结等热处理过程制备的多晶材料中，晶界上往往存在晶界应力。晶界应力主要是由于两个不同的晶相或者同一晶相不同结晶方向上的热膨胀系数的不同引起的。除与热膨胀系数有关，还与温度变化、晶粒尺寸有关。

（1）应力概念

陶瓷坯体烧结前，粉体和粉体之间是点接触，结合得并不紧密，粉体与粉体之间的运动是相对自由的。在烧结开始前的升温过程中，随着温度的升高，粉体会发生热膨胀，但因为粉体之间仍没有紧密结合，所以这种膨胀并不会导致明显的热应力。随着烧结的进行，粉体变成晶粒，点接触变成面接触，晶粒之间的接触面是晶界，晶粒之间结合较为紧密，相邻晶粒不再自由。在烧结结束后的降温过程中，晶粒发生收缩。对于单组分陶瓷，因为晶体具有各向异性，同时陶瓷内晶粒是随机取向的，晶界两侧晶面可能不同，不同的晶面具有不同的热膨胀系数，所以收缩不同，会导致热膨胀失配应力。而对于多组分陶瓷，不同组分之间更是会产生热膨胀失配应力。

若晶界处积累的热应力超过了晶界的强度，则可能会导致晶界上出现裂纹，甚至裂纹扩展导致陶瓷破裂。若晶界应力较小，则会保持在晶界内。对高温结构陶瓷而言，不断地升温降温的服役环境也会不断积累热膨胀失配应力，最终可能会导致陶瓷破裂。

（2）应力的产生

我们用简单的模型讨论一下晶界应力。设陶瓷中有两种材料，其热膨胀系数分别为 α_1 和 α_2；弹性模量分别为 E_1 和 E_2；泊松比分别为 μ_1 和 μ_2。两种材料按图 6-24 模型组合。图 6-24(a) 表示在初始高温 T_0 下的状态，此时两种材料长短尺寸相同。假设两相此时是一种无应力状态，从温度 T_0 冷却到温度 T 后，有两种情况。图 6-24(b) 表示两个相自由收缩到各自平衡状态。此时是一个无应力状态，晶界发生完全分离。

(a) 高温下　　　　　　(b) 冷却后无应力状态　　　(c) 冷却后层与层结合在一起

图 6-24 层状复合材料界面应力的产生

图 6-24(c) 表示两个相都发生收缩，但晶界应力不足以使晶界发生分离，晶界处于应力的平衡状态。当温度由 T_0 变到 T，温差 $\Delta T=T_0-T$，第一种材料在此温度下膨胀变形 $\varepsilon_1=\alpha_1\Delta T$，第二种材料膨胀变形 $\varepsilon_2=\alpha_2\Delta T$，$\varepsilon_1$ 不等于 ε_2。因此，如果界面不发生分离，即

处于图 6-24(c) 状态，复合体必须取一个中间膨胀的数值。在复合体中一种材料的净压应力等于另一种材料的净拉应力，二者平衡。设 ε_1 和 ε_2 为两个相的线膨胀引起的应力，V_1 和 V_2 为体积分数（等于截面积分数）。如果 $E_1 = E_2$，$\mu_1 = \mu_2$，且 $\Delta\alpha = \alpha_1 - \alpha_2$，则两种材料的热应变差为：$\varepsilon_1 - \varepsilon_2 = \Delta\alpha\Delta T$。

对层状复合体，其晶界应力为：

$$\tau = k\Delta\alpha\Delta T d/L \tag{6-33}$$

式中，τ 为晶界应力；$\Delta\alpha$ 为热膨胀系数之差；ΔT 为温差；d 为晶粒直径或薄片厚度；L 为层状物长度。

可以看出，晶界应力与热膨胀系数差、温度变化及厚度成正比。所以在多晶材料中，晶粒越粗大，材料强度越差，反之，材料的强度与抗冲击性越好，这与晶界应力的存在有关。图 6-24 所用模型较为简化，其目的主要是定性介绍界面应力的产生与影响因素。但式（6-33）仍可在某些条件下近似计算界面应力。

6.3.4 晶界偏聚

陶瓷材料经常含有一定量的杂质。从原料角度来说，一般的工业陶瓷和日用陶瓷因为成本原因不会使用纯度特别高的原料，而使用高纯原料的高技术陶瓷通常对杂质也更加敏感。陶瓷材料的杂质有在晶界富集的趋势，这就是晶界偏聚。因为晶粒内部质点排列规则，杂质在晶粒内部造成的畸变能高。而晶界质点排列不规则，晶界势能高，容易形成空位。所以这时杂质处于晶界处的能量要低于在晶粒内部。

晶界偏聚现象可以用来促进陶瓷的烧结。在烧结过程中，一般控制晶粒长大有利于烧结致密化，尤其要避免二次再结晶。利用晶界偏聚可以在原料中加入抑制晶粒长大的添加剂，使其集中分布在晶界上。比如氧化铝的制备可掺入少量的氧化镁，使氧化铝晶粒之间的晶界上形成镁铝尖晶石薄层，防止晶粒长大，促进氧化铝烧结。

6.3.5 陶瓷晶界

陶瓷作为一种多晶多相材料，晶界是其结构中的重要组成部分，也对其性能产生了重要的影响。尤其是高技术结构陶瓷和功能陶瓷，其力、热、电、光、磁等性质很多都与其界面结构有关。

透明陶瓷是指具有高可见光透过率的陶瓷。常见的陶瓷之所以不透明，是因为气孔等结构对可见光的散射。陶瓷的透光率受其气孔率、晶体结构、杂质和晶界等微观结构的影响，如图 6-25 所示。其中透明材料的晶界要求干净清晰，而不能模糊不清。因为陶瓷材料的物相组成中通常包含着两相或更多相，这种多相结构会导致光在相界表面上发生散射。当

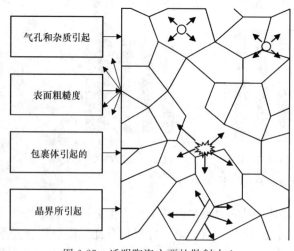

图 6-25 透明陶瓷主要的散射中心

入射光进入晶粒时，会与晶界相遇，则会产生折射和反射。如果晶界与晶粒的折射率相同时，就不会发生折射和反射。在透明陶瓷的制备过程中，经常需要加入添加剂抑制晶粒长大、促进气孔排除，但当添加剂含量过大时，则会导致其在晶界处积累，影响陶瓷透光率。此外，也要注意采用适当的热处理制度，避免晶界处出现非晶体。透明陶瓷常作为光学材料。在 Nd：YAG 透明陶瓷的制备中，当 Y 的含量超过其在 YAG 中的固溶度时，会在晶界处析出，形成富 Y 的第二相，使本来干净清晰的晶界变得模糊不清，降低了陶瓷透光率。同时，第二相也会导致 YAG 晶格中产生残余应力，进而引起 Nd 离子荧光光子损失和影响 Nd 离子的上能级寿命。

敏感陶瓷是指其电阻率、电动势等物理量对热、湿、光、电压及某种气体、某种离子的变化特别敏感，可用于制造敏感元件的陶瓷。如前所述，陶瓷是由晶粒、晶界、气孔组成的多相系统，其中最容易产生敏感特性的就是晶界部分。通过掺杂，可以造成晶粒表面的组分偏离，使之在晶粒表层产生固溶、偏析及晶格缺陷等。这在晶界处也会导致异质相的析出、杂质的聚集、晶格缺陷及晶格各向异性等。这些晶粒边界层的组成、结构变化，显著改变了晶界的电性能，从而导致整个陶瓷电学性能的显著变化。比如压敏陶瓷是指电阻值随着外加电压变化有一显著的非线性变化的半导体陶瓷。ZnO 压敏电阻的微观结构就包括导电的晶粒和绝缘的晶界。

还可以利用晶界与晶粒性质的不同，设计出具有功能性显微结构的陶瓷。比如晶界层陶瓷电容器就是利用陶瓷的显微结构，尤其是晶界结构，来控制其性能的电容器。典型的如 $SrTiO_3$ BLCC（boundary layer ceramic capacitors）基体可以看作由高介电常数的晶粒相和高介电强度的晶界相组成的"芯-壳"结构，即半导的 $SrTiO_3$ 晶粒被绝缘层隔开。可以采用一次烧成法或二次烧成法来制备这种特殊结构。

纳米晶陶瓷是指内部晶粒为纳米尺度的陶瓷。纳米晶陶瓷有很多特殊的性质，比如远超普通陶瓷的韧性。陶瓷材料在通常情况下呈脆性，然而由纳米超微颗粒制备的纳米晶陶瓷材料却具有良好的韧性。因为陶瓷晶粒内部结晶好，质点排列规则，不会表现出良好的韧性。而陶瓷晶界上原子排列混乱，原子在外力的作用下较容易迁移。同时随着晶粒粒径的减小，其比表面积增大，当晶粒为纳米量级时，晶界原子比例很高，这使纳米晶陶瓷表现出甚佳的韧性与一定的延展性，使陶瓷材料具有新奇的力学性质。比如氟化钙纳米材料在室温下可以大幅度弯曲而不断裂。人的牙齿之所以具有很高的强度，是因为它是由磷酸钙等纳米材料构成的。需要指出的是，因为烧结过程中伴随晶粒长大，采用纳米粉体为原料并不能保证制备的陶瓷晶粒为纳米晶。可以采用热压烧结、等静压烧结、放电等离子体烧结等特种方法来抑制晶粒长大，获得纳米晶陶瓷。此外，用常规烧结方法，调整烧结参数也可制得纳米晶陶瓷，比如用两步烧结法，原料为起始粒径 10nm 的 Y_2O_3 粉末，先升温至 1250℃，然后于 1150℃保温 20h 达到完全致密，可制备出晶粒尺寸为 60nm 的 Y_2O_3 陶瓷。

可以看到，晶界作为陶瓷结构中的重要部分，在陶瓷尤其是先进陶瓷中起着重要作用。

6.3.6　陶瓷基复合材料界面

陶瓷材料具有强度高、耐腐蚀、耐磨损等一系列优点，但也具有脆性大这一致命缺点，这一缺点是限制陶瓷材料应用的主要原因。所以，陶瓷的韧性化一直以来是其研究的重点，比如上一部分的纳米晶陶瓷，后续会涉及的陶瓷的相变增韧。在陶瓷的增韧方法中，向陶瓷中加入起增韧作用的第二相制备陶瓷基复合材料是较为重要且应用广泛的方法。

复合材料是指由两种或两种以上性质不同的材料组合起来的一种多相固体材料。具体的组成一般包括分散相和连续相。复合材料性能的主要影响因素，除了分散相和连续相本身的性质之外，最主要的是两相的界面。

陶瓷基复合材料中的增强体，通常也称为增韧体。增强体可分为纤维（长、短纤维）、晶须和颗粒三类。对于陶瓷基复合材料来讲，基体和增强体的界面的结合形式主要有机械结合和化学结合两种。这两种结合方式的产生基本都与高温有关。

陶瓷基复合材料制备往往也需要高温烧结过程。如果高温下基体与增强体之间不发生反应或控制它们之间不发生反应，那么当从高温冷却下来时，若陶瓷的收缩大于增强体，则二者的收缩而会在增强相表面产生的径向压应力，进而会产生界面剪切应力：

$$\tau = \mu \sigma_r \tag{6-34}$$

式中，μ 为摩擦系数，一般为 $0.1 \sim 0.6$；σ_r 为径向应力。

此外，如果是液相烧结或基体在高温时有部分为液体（或黏性体），液相也可渗入或浸入纤维表面的缝隙等缺陷处，冷却后形成机械结合。

实际上，因为基体与增强体原子的扩散速度都随着温度升高增大，高温下化学反应速率也更大，所以在烧结过程中，界面上很容易形成固溶体和化合物。增强体与基体之间的界面成为具有一定厚度的界面反应区，它与基体和增强体都有着较好的结合，但通常是脆性的。

界面结合并不是越强越好，而是应该有一个适中的强度。这与纤维的增强机理相关。一方面，界面结合应该足够强，才能够传递轴向荷载，当陶瓷断裂时才能够起到阻止断裂的作用。但另一方面，如果界面结合太强，断裂时纤维会与陶瓷基体一起断裂，也几乎无法起到作用，所以陶瓷基复合材料的界面又要弱到足以沿界面发生横向裂纹及裂纹偏转直到纤维拔出。因此，界面要有一个最佳的界面强度。

如图 6-26 所示为过强的界面结合时的断裂。裂纹一旦形成并扩展，纤维与基体不会在界面处发生相对移动，因为纤维材料的强度并不会大大高于基体材料，同时纤维材料本身含量有限，所以几乎无法起到阻止裂纹扩展的作用，强的界面结合不产生额外的能量消耗。裂纹可迅速扩展至复合材料的横截面，导致平面断裂。

图 6-27 为纤维增韧机理示意图。可以看到，当界面结合较弱时，当基体中的裂纹扩展至纤维时，将导致界面脱粘，其后裂纹发生偏转、裂纹搭桥、纤维断裂以致最后纤维拔出。

裂纹的偏转、搭桥、断裂以致最后纤维拔出等，这些过程都要吸收能量，从而提高复合材料的断裂韧性，避免了突然的脆性失效。

陶瓷基复合材料中，这种最佳界面结合强度对应的结合方式是机械结合，所以应该尽量避免界面反应。可以通过选择适当的基体和纤维材料来避免反应，也可以通过适当降低烧结温度来避免界面反应。除此之外，还可以在纤维与基体复合之前，在纤维表面上沉积一层薄的涂层。

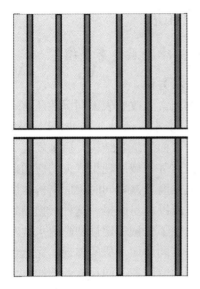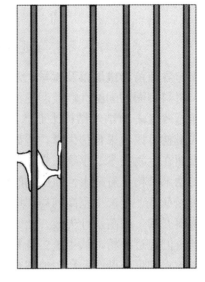

图 6-26　陶瓷基复合材料的平面断裂　　图 6-27　陶瓷基复合材料的纤维增韧

6.4　案例解析

热障涂层是指沉积在高温合金表面，具有良好隔热效果的陶瓷涂层。热障涂层体系通常包括高温合金基底、黏结层与陶瓷层。热障涂层体系中的界面问题如下：

（1）界面不匹配问题。热障涂层材料为陶瓷材料，高温合金基底为金属材料，热障涂层的服役环境为不停升温降温的热循环状态，界面会产生热膨胀失配应力和高温合金表面的氧化。为了缓解这一现象，在陶瓷层和高温合金中间引入了黏结层，它可以缓解由于陶瓷涂层和基体的热膨胀系数不匹配产生的应力和提高基体合金的抗氧化能力，并作为陶瓷面层的基底，改善涂层和基体合金的物理相容性。所以可以采用在界面处引入黏结层或过渡层的方法缓解界面不匹配问题。

（2）界面应力。界面应力首先来源于制备过程。若采用常见的等离子喷涂方法制备热障涂层，则制备过程中的沉积应力包括淬火应力、热膨胀失配应力和热梯度效应产生的应力。界面处的应力主要来源于热循环过程。热障涂层中的应力以制备过程的残余应力为初始状态，在热循环过程中经历了复杂的变化过程。热循环应力包括热生长氧化应力和热膨胀失配应力。对于界面应力，可以从制备参数、材料性质、体系结构设计等方面来着手改善。比如开发抗热震性能更好的陶瓷层材料；比如采用梯度涂层的方式来缓解应力，梯度涂层是指在黏结层与陶瓷层之间，通过逐渐改变两种组分的比例，形成热膨胀系数等物理性质逐渐变化的过渡层，在技术条件能到达的情况下，这一方法对解决界面问题也有较好的普适性。

（3）表面预处理。等离子喷涂前，黏结层表面通常有一层氧化层。此外，还有吸附等，这些都会影响涂层与黏结层的结合。等离子喷涂的表面预处理主要是用高速砂流的冲击作用清理和粗化基体表面。这可以看出吸附和表面粗糙度的影响。

6.5　思政拓展

表面与界面前沿进展及热障涂层专家介绍

材料表面与界面前沿进展以及哲学上矛盾分析方法

前面讲了材料表面的润湿性以及润湿的影响因素。改变表面润湿性还有一个重要的手段，那就是通过改变表面纳米结构来制备疏水、亲水、疏油、亲油，以及双亲双疏的材料。这一方式最初可以说来自仿生学，比如荷叶表面的疏水结构，后来发展为人工设计结构。超疏水表面在生物技术、生物医学、传热传质等领域展现出巨大的应用前景。但这种暴露在表面的纳米结构具有疏水性质的同时机械强度较差，同时表面结构在服役状态下经常承受外部机械荷载，会产生很高的局部压强，所以极易磨损。这种磨损导致疏水结构被破坏、本体材料暴露，超疏水性失效。此时就出现了机械稳定性和超疏水性互相矛盾的状况。但是科学家们经过分析，认为这二者其实是不同层面矛盾的体现，完全可以在不同的角度分别解决疏水和耐磨两个问题。他们在表面构造两种不同尺度的结构，大的结构、微结构用来保证机械稳定性，微结构之下设计纳米结构，来提供超疏水功能。微结构由类似于"口袋"的倒多棱锥为结构单元组成阵列，构成一个相互连接的框架，发挥"铠甲"作用，从而避免"口袋"内超疏水但机械性能较差的纳米结构遭受磨损。试验结果表明，只要合理控制铠甲结构的面积分数，就能很好地调控摩擦磨损对表面浸润性的影响，有效降低或避免因表面化学性质被改变引起的超疏水性失效（图6-28）。这一成果发表在2020年《自然》杂志上并当选当期封面文章。

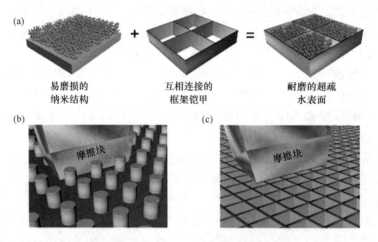

图6-28　表面与界面在航空发动机关键技术中的应用

热障涂层——表面与界面中的航空发动机关键技术，国防领域的卓越科学家介绍

航空发动机被称为现代工业皇冠上的明珠。中华人民共和国成立以来，我国的航空工业历经仿制、引进生产到自主研发的艰辛历程，尽管已是航空大国，但要跻身航空强国还需国人努力拼搏。近年来，我国一大批具备世界领先水平的战机服役并装备部队，但是在航空发动机方面还存在一定的短板。我国十分重视航空发动机的研制，投入了大量的资金和精力，在"十四五"规划的100个重点项目中，航空发动机关键技术排在首位。相信经过科研人员的不断努力，在不久的将来，我国也能生产出具备世界领先水平的航空发动机。

航空用涡轮风扇发动机的生产研发有一系列关键技术，热障涂层就是其中之一。空气从涡扇发动机的进气口流入，经过压气机压缩后，在燃烧室与煤油混合燃烧，高温高压燃气经由涡轮、喷管膨胀，最后高速从尾喷口喷出。涡扇发动机的推重比与涡轮前温度正相关，这对涡轮叶片的耐高温高压性能提出了极高的要求。为了解决这一问题，首先是高温合金材料的研发，然后是高温合金表面的陶瓷涂层——热障涂层。热障涂层的失效涉及陶瓷层与基底上的黏结层界面的界面应力、界面氧化和腐蚀等一系列因素。

我国很多科学家和科研团队在热障涂层领域做出了卓越的贡献

周克崧院士是材料与表面工程著名专家，自 1965 年清华大学毕业后，一直致力于热喷涂、薄膜和激光等现代表面工程技术方面的研究和工程化应用工作，成功研制了国内首台机器人控制的大型低压等离子喷涂设备，并率先将低压等离子喷涂技术成功应用于航空发动机涡轮叶片中；在低压等离子喷涂、等离子喷涂-物理气相沉积、热喷涂技术替代电镀硬铬、复合表面工程技术等方面进行了许多开创性的研究和工程化应用工作，2009 年当选中国工程院化工、冶金与材料工程学部院士。

宫声凯院士是航空发动机高温金属结构材料与热障涂层专家，1988 年毕业于日本东京工业大学，获博士学位，现任北京航空航天大学教授。从事航空发动机高压涡轮叶片用金属间化合物基单晶合金、单晶叶片和热障涂层材料技术与设备等方面的研究工作，带领团队研发出新型高承温低密度 Ni_3Al 基单晶合金和超气冷单晶叶片，支撑我国新一代先进航空发动机研制；研发出长寿命和超高温热障涂层材料技术和新型电子束物理气相沉积涂层设备，支撑生产单位实现我国航空发动机叶片热障涂层的批量应用，研究成果获国家技术发明奖一等奖 1 项，省部级以上科技奖励 5 项，2019 年当选中国工程院院士。

本章总结

本章讨论了固-气、气-液、固-液、固-固分界面的性质及其应用。表面是指一个相和它本身蒸气（或真空）相接触的分界面。固体的表面是不均匀的；固体表面有表面力场，表面力场对表面的吸附会产生影响。离子晶体表面质点排列与内部不同，会发生松弛和重排形成表面双电层。这一过程降低了表面能，其表面能与离子极化率相关。双电层的存在会对材料尤其是粉体的表面性质造成影响。界面是指一个相和另一个与之结构不同的相接触时的分界面。弯曲表面效应在毛细管中会导致毛细管力、毛细管凝结等对材料制备与使用产生影响的物理效应。固-液分界面上我们主要讨论了润湿问题。润湿可以分成沾湿、浸湿和铺展三种类型，其自发产生的条件与气-固、液-固、气-液三种表面张力的关系相关。Young 方程是关于三种表面张力的关系式。根据 Young 方程，可以调整固体表面的润湿情况，这在材料学领域有着广泛的应用。固-固分界面上我们主要讨论了晶界，晶界对于以陶瓷为代表的无机非金属多晶材料的性质有着广泛的影响。

课后习题

6-1　简述离子晶体表面松弛与重排的过程。

6-2　比较 PbI_2 和 CaF_2 表面能并解释原因。

6-3　表面张力和表面能有什么区别和联系？分析液体和固体二者数值的关系并解释原因。

6-4　什么是弯曲表面的附加压力？已知水的表面张力为 $\gamma = 0.07288N/m$，当两块平板玻璃距离为 $0.01mm$ 时，液面为一半圆柱，计算附加压力。

6-5　推导 Young 方程，解释为什么玻璃与金属的封接预先需在金属表面做氧化处理。

6-6　根据 Wenzel 方程，分别讨论当固-液两相润湿与不润湿时，如何改变粗糙度以增加润湿性。

6-7　利用开尔文公式解释毛细管凝结和陶瓷生坯的回潮现象。

6-8　讨论 γ_{SS} 和 γ_{SL} 对于固-固-液界面晶界构型的影响。

7 浆体的胶体化学原理

本章导读

浆体是指溶胶-悬浮液-粗分散体系混合形成的一种流动的物体。一些材料与液体通过一定比例和方式混合后会形成浆体，例如水泥、石膏等胶凝材料水化过程中的浆体，生产普通陶瓷材料注浆成型时的黏土泥浆和精密陶瓷材料的化合物泥浆，热压注法生产特种耐火材料和特种陶瓷时的蜡浆等，都是典型的浆体。浆体的状态对材料最终的性能具有重要影响。

本章将结合胶体化学的基本原理，探讨典型的黏土及非黏土浆体的流动性、稳定性以及悬浮性、触变性等性质，了解浆体对于制备无机材料具有的重要意义。

7.1 胶体化学基础

胶体化学主要结合微观和宏观的理论，研究胶体分散体系的动力（布朗运动、扩散和渗透等）、光学和电学等性质，以及胶体稳定的有关理论。由于胶体化学与界面（表面）现象密切相关，因此界面现象的研究也是胶体化学的主要内容之一。

7.1.1 胶体分散体系

一种或几种物质分散在另一种物质中构成分散系统。例如，泥浆、墨汁、牛奶、油漆、咖啡、云雾等都是分散系统的一种。其中被分散的物质称为分散质（分散相）；容纳分散相的连续介质称为分散剂（分散介质）。

根据分散质粒子的大小将分散系分为三种：溶液（分散质粒子直径小于 1nm），胶体（分散质粒子直径在 $1\sim100$nm 之间，也有的将 $1\sim1000$nm 之间的粒子归入胶体范畴），粗分散系统（分散质粒子直径大于 100nm），如悬浊液、乳浊液。

根据分散剂的状态，通常把胶体划分为以下三类：一类如烟、云、雾等的分散剂为气体的胶体称为气溶胶；把分散剂为液体的胶体称为液溶胶，如 AgI 溶胶、$Fe(OH)_3$ 溶胶、$Al(OH)_3$ 溶胶等分散剂为水的水溶胶，此外还有醇溶胶等；有色玻璃、烟水晶和蓝宝石等均是以固体为分散剂，这样的胶体叫作固溶胶。

20 世纪初，人们把胶体分为亲液胶体和憎液胶体两类。蛋白质、明胶等容易与水形成胶体的溶液叫作亲液胶体，而把本质上不溶于介质的物质，必须经过适当处理后才能将其分散于某种介质中的叫作憎液胶体，如金溶胶、氢氧化铝溶胶等。憎液溶胶是热力学不稳定体系，没有稳定剂则胶粒容易聚集而沉淀。

7.1.2 胶体的表面电荷和双电层

由于电离、离子吸附和晶格取代等原因，溶胶粒子表面总带有正电荷或负电荷。溶液中带相反电荷的离子被吸引到界面的附近，而带有相同电荷的离子被排斥离开界面的附近，在离子热运动下促使它们达到一定的平衡。这种在固-液界面处，固体表面上与其附近液体内带有的电性相反、电量相等的两层离子，就形成了双电层。双电层的结构、电荷分布和电场强度等问题对胶体的性质如稳定性等具有重要的作用。

胶体溶液中带电的胶料与溶液内部的电位差称为胶粒表面电势。固-液两相边界处与液体内部的电位差称为电动电位或 ζ 电位。由于粒子总是溶剂化的，因此粒子运动是和溶剂化层一起运动的，就是固-液两相发生相对运动的边界不在粒子表面，而是离开粒子表面的液体内部某处，因此，ζ 电位与表面电位的数值不相等，而是它的一部分。

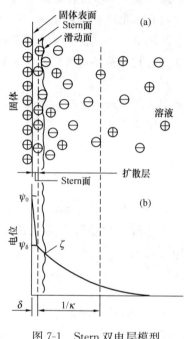

图 7-1　Stern 双电层模型

对于粒子表面电荷分布曾先后提出过不同的双电层模型，主要包括 Helmholtz 平板电容器模型、Gouy-Chapman 扩散双电层模型和 Stern 双电层模型。

Stern 双电层模型在前两个模型的基础上，提出扩散双电层是由内外两层组成。双电层被一个称为 Stern 的平面分成两部分：内层由紧靠粒子表面一两个分子厚的区间内反离子组成，也称为 Stern 层，外层为扩散层，图 7-1 为 Stern 双电层模型示意图。Stern 平面在大约距离固体表面水化离子半径处，是由吸附离子中心连线形成的假想平面。当固体粒子在外电场作用下，固定层与扩散层发生相对移动时的滑动面（又称剪切面）不是 Stern 面，而是在 Stern 面外与固体表面距离约一个分子或离子直径大小。滑动面与固体表面所包围的空间称为固定层。

固体表面电位 ψ_0 通常称为热力学电位或 Nernst 电位，ψ_δ 称为 Stern 电位。Zeta 电位是指剪切面（滑动面）处的电位，称为 ζ 电位或电动电位，它在扩散层内缓慢地降为 0。当溶液中电解质浓度加大时，则 ψ_δ 与 ζ 的差距会加大，若粒子表面吸附了非离子表面活性剂或高分子物质，则滑动面向扩散层外移，此时 ψ_δ 与 ζ 的差距会更明显。如果发生特殊吸附，还有可能使 Stern 电位 ψ_δ 和 ζ 电位改变符号或增大到比 ψ_0 大，如图 7-2(a)、图 7-2(b) 所示。

7.1.3 胶体的稳定性

胶体分散质可在分散剂中由分子或离子凝聚而成，或由粉末颗粒分散而成。由于表面自由能的存在，溶胶分散体系的主要性质是热力学不稳定性，分散相粒子有自动聚集减少表面能的倾向，容易发生聚沉现象。

引起溶胶聚沉的因素主要包括电解质、温度变化、溶胶浓度变化以及光的作用等，其

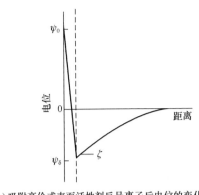
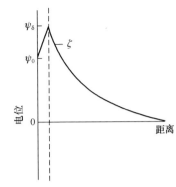

(a) 吸附高价或表面活性剂反号离子后电位的变化   (b) 吸附表面活性剂同号离子后电位的变化

图 7-2 电位变化

中最重要的是电解质的作用。可以通过加入一定种类和适当的电解质、高聚物或聚合电解质而使溶胶处于相对稳定的状态。

为了使粒子具有良好的分散性,需要在粒子表面建立保护层,双电层能产生静电排斥作用,例如,制造白色油漆,是将白色颜料（TiO_2）等在油料（分散介质）中研磨,同时加入金属皂类做稳定剂建立双电层。溶剂化层和吸附溶剂化层也是保护层,溶剂化层以其自身特有的机械结构性能,可以阻挠粒子之间相互接触和黏结。

DLVO 理论是在 20 世纪 40 年代建立起来的静电稳定理论,认为带电胶粒相互靠拢时,由于它们的双电层重叠而产生静电排斥力与粒子间的长程范德华吸引力相互作用,而使胶体处于一个平衡状态。此后发展起来的空间稳定理论和空位稳定理论,也对胶体的稳定和聚沉问题进行了解释。

7.1.4 胶体的光学性质

光束与溶胶作用时,会产生吸收、散射或反射现象。由于光的本质是电磁波,光与物质的作用与光的波长和物质颗粒大小有关,对光的吸收主要取决于胶体的化学组成,而散射和反射则与胶体体系粒子的大小有关。

一束会聚的光线入射到溶胶后,在入射光的垂直方向可以看到一个发光的圆锥体,这种现象称为丁达尔效应（或乳光现象）。当溶质粒子大于入射光波长,发生光的反射,无丁达尔现象;当溶质粒子小于入射光的波长,如胶体溶液,则发生光的散射而产生丁达尔现象,它是区别胶体溶液与小分子真溶液的最简单方法。

光照射在溶质粒子上,相当于电磁场作用在粒子上,它们的电荷在电场作用下产生位移,使分子极化并以同样的频率发生振动,它向各个方向发射光波而形成散射波。光散射与高分散体系、大分子溶液等密切相关,散射光强度及分布受胶粒的形状与大小、粒子之间的相互作用,以及粒子和介质的折射率等因素影响。

经典的光散射理论主要包括 Rayleigh 理论、Debye 理论、RGD 理论、Mie 理论和 Fraunhofer 理论,见表 7-1。对散射光的测量与研究可获得胶体的重要信息,例如微粒的静态性质,如粒子大小、形状、摩尔质量和分散度等以及粒子的动力性质,如移动扩散系统、水力半径等。

表 7-1　各种光散射理论及适用条件

光散射理论	适用条件	
	粒子特征尺寸	相对折光指数
Rayleigh，Debye 理论	$d \leqslant \dfrac{1}{20}\lambda$	$p < 0.3$
RGD 理论	$d \geqslant \dfrac{1}{10}\lambda$	$p \ll 1$
Mie 理论	$d \approx \lambda$	$p \geqslant 1$
Fraunhofer 衍射理论	$d > \lambda$	$p > 30$

7.2　黏土-水浆体的流变性质

7.2.1　流变学概念

流变学是研究物质在外力作用下发生形变或流动的科学，主要研究剪切应力、剪切速度以及时间三者之间的关系。胶体和悬浮液的流变行为较复杂，按照剪切应力与剪切速度梯度的关系，可分成不同的流动型进行讨论。

（1）理想流体（或牛顿型流体、黏性体）

理想流体或牛顿型流体服从牛顿定律，即应力与变形成比例，符合公式 $\sigma = \eta \cdot \dfrac{\mathrm{d}v}{\mathrm{d}x}$。

该式表示流体产生剪切速度 $\mathrm{d}v/\mathrm{d}x$ 与剪切应力 σ 成正比例，比例系数为黏度 η，如图 7-3（a）所示。用应力与速度梯度作图，当在物体上加以剪应力，则物体即开始流动，剪切速度与剪应力成正比。当应力消除后，变形不再复原。

属于这类流体的物质有水、甘油、低分子量化合物溶液。

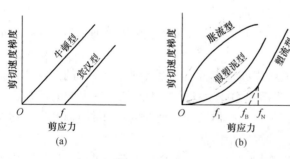

图 7-3　流动曲线

（2）宾汉流动

具有一个屈服值的牛顿型流体称为宾汉流动。这类流体流动特点是应力必须大于流动极限值 f 后才开始流动，一旦流动后，又与牛顿型相同。即当应力不超过某一极限值以前，物体是刚性的。此流动极限值 f 称流动极限或屈服值，流动曲线形式如图 7-3（a）所示。这种流动可写成：

$$F - f = \eta \cdot \mathrm{d}v/\mathrm{d}x \tag{7-1}$$

f 为屈服值，若 $D = \mathrm{d}v/\mathrm{d}x$，上式写成：

$$F/D = \eta + f/D$$
$$\eta_a = \eta + f/D \tag{7-2}$$

当 $D \to \infty$、$f/D \to 0$，此时 $\eta_a = \eta$，η_a 称为宾汉流动黏度。通常又称为表观黏度，η 为

牛顿黏度。

新拌混凝土接近于宾汉流动。

（3）塑性流动

这类流动的特点是施加的剪应力必须超过某一最低值——屈服值以后才开始流动，随剪切应力的增加，物料由紊流变为层流，直至剪应力达到一定值，物料也发生牛顿流动。流动曲线如图 7-3(b) 所示。

属于这类流动的物体有泥浆、油漆、油墨。硅酸盐材料在高温烧结时，晶粒界面间的滑移也属于这类流动。黏土泥浆的流动只有较小的屈服值，而可塑泥团屈服值较大，它是黏土坯体保持形状的重要因素。

黏土矿物包括高岭石、蒙脱石、伊利石、绿泥石等一系列矿物，它们都属于层状结构的硅酸盐矿物。矿物粒度很细，一般在 $0.1\sim10\mu m$ 范围内，具有很大的比表面积。黏土具有荷电与水化等性质，黏土粒子分散在水介质中所形成的泥浆系统具有塑性流动的特点。

（4）假塑性流动

这一类型的流动曲线类似于塑性流动，但它没有屈服值。也即曲线通过原点并凸向应力轴，如图 7-3(b)所示。它的流动特点是表观黏度随剪切速度增加而降低。属于这一类流动的主要有高聚合物的溶液、乳浊液、淀粉、甲基纤维素等。

（5）膨胀流动

这一类型的流动曲线是假塑性的相反过程。流动曲线通过原点并凹向剪应力轴，如图 7-3(b)所示。这些高浓度的细粒悬浮液在搅动时好像变得比较黏稠，而停止搅动后又恢复原来的流动状态，它的特点是黏度随剪切速度增加而增加。属于这一类流动的一般是非塑性原料，如氧化铝、石英粉的浆料等。

7.2.2 黏土-水系统

7.2.2.1 黏土-水结合

黏土胶体不是指干燥黏土，而是加水后的黏土-水两相系统。黏土粒子常是片状的，其层厚的尺寸往往符合胶体粒子范围，即使另外两个方向的尺寸很大，但整体上仍可视为胶体。例如，蒙脱石膨胀后，其单位晶胞厚度可劈裂成 1nm 左右的小片，分散于水中即成为胶体。

除了分散尺寸外，分散相与分散介质的界面结构对胶体同样是重要的。一般认为，即使系统仅含 1.5% 以下的胶体粒子，整体上其界面就可能很大，并表现出胶体性质。许多黏土虽然几乎不含 $0.1\mu m$ 以下的粒子，但仍是呈现胶体性质，这显然应从界面化学角度去理解。

黏土中的水可分为吸附水和结构水两种。前者是指吸附在黏土矿物层间，在 $100\sim200℃$ 的较低温度下可以脱去；后者是以 OH 基形式存在于黏土晶格中，其脱水温度随黏土种类不同而异，波动在 $400\sim600℃$。对于黏土-水系统性质而言，吸附水往往是更为重要的。

黏土晶格的表面，是由 OH^- 和 O^{2-} 排列成层状的六元环状。吸附水是彼此连接成如图 7-4 所示那样的六角形网层，即六角形的每边相当于羟键。一个水分子的氢键直指邻近

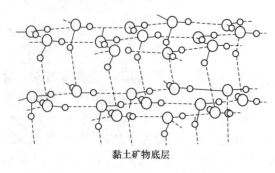

黏土矿物底层

图 7-4　直接连接到黏土矿物底面上的
吸附水的位形

分子的负电荷，但水分子中有一半氢原子没有参加网内结合，它们由于黏土晶格的表面氧层间的吸引作用而连接在黏土矿物的表面上。第二个水网层同样由未参加网内结合的氢原子，通过氢键与第一网层相连接。依此重叠直到水分子的热运动足以克服上述键力作用时，逐渐过渡到不规则排列。

从这样的结构模型出发，黏土吸附水可分为三种：牢固结合水，它是接近于黏土表面的有规则排列的水层，有人测得其厚度 $3 \sim 10$ 个水分子厚度，而且性质也不同于普通水，其相对密度为 $1.28 \sim 1.48$，冰点较低，也称非液态吸附水；松结合水系指从规则排列过渡到不规则排列水层；自由水即最外面的普通水层，也称流动水层。

不同结合状态的吸附水对黏土-水系统的陶瓷工艺性质有重要关系。例如，塑性泥料要求其含水达到松结合状态，而流动泥浆则要求有自由水存在。但是，不同黏土矿物的吸附水和结构水并不相同，这主要取决于黏土结构、分散度和离子交换能力。

7.2.2.2　黏土的带电性

试验可以证实分散在水中的黏土粒子可以在电流的影响下向阳极移动。说明黏土粒子是带负电的。黏土的带电原因如下：

（1）黏土层面上的负电荷

黏土晶格内离子的同晶置换造成电价不平衡使之板面上带负电。

硅氧四面体中四价的硅被三价铝所置换，或者铝氧八面体中三价的铝被二价的镁、铁等取代，就产生了过剩的负电荷，这种电荷的数量取决于晶格内同晶置换的多少。

例如，蒙脱石其负电荷主要是由铝氧八面体中 Al^{3+} 被 Mg^{2+} 等二价阳离子取代而引起的。除此以外，还有总负电荷的 5% 是由 Al^{3+} 置换硅氧四面体中的 Si^{4+} 而产生的。蒙脱石的负电荷除部分由内部补偿外，单位晶胞还约有 0.66 个剩余负电子。

伊利石中主要由于硅氧四面体中的硅离子约有 $1/6$ 被铝离子所取代，使单位晶胞中有 $1.3 \sim 1.5$ 个剩余负电荷。这些负电荷大部分被层间非交换性的 K^+ 和部分 Ca^{2+}、H^+ 等所平衡，只有少部分负电荷对外表现出来。

高岭石中，根据化学组成推算其构造式，其晶胞内电荷是平衡的。一般认为高岭石内不存在类质同晶置换。但近来根据化学分析、X 射线分析和阳离子交换量测定等综合分析结果，证明高岭石中存在少量铝对硅的同晶置换现象，其量约为每 $100g$ 土有 $2mmol$。

黏土内由同晶置换所产生的负电荷大部分分布在层状硅酸盐的板面（垂直于 C 轴的面）上。因此在黏土的板面上可以依靠静电引力吸引一些介质中的阳离子以平衡其负电荷。

黏土的负电荷还可以由吸附在黏土表面的腐殖质离解而产生。这主要是由于腐殖质的羧基和酚羧基的氢解离而引起的。这部分负电荷的数量是随介质的 pH 值而改变，在碱性介质中有利于 H^+ 的离解而产生更多的负电荷。

（2）黏土边棱上的正电荷

试验证实高岭石的边面（平行于 C 轴的面）在酸性条件下，由于从介质中接收质子而使边面带正电荷。

例如，1942 年西森（Thiessen）在电子显微镜中看到带负电荷胶体金粒被片状高岭石的棱边所吸，证明黏土也能带正电。

高岭石在中性或极弱的碱性条件下，边缘的硅氧四面体中的两个氧各与一个氢相连接，同时各自以半个键与铝结合。由于其中一个氧同时与硅相连，所以这个氧带有 1/2 个正电荷。

高岭石在酸性介质中与铝连接的原来带有 1/2 个负电荷的氧接收一个质子而变成带有 1/2 个正电荷，这样就使边面共带有一个正电荷。

高岭石在强碱性条件下，由于与硅连接的两个 OH 基中的 H 解离，而使边面共带 2 个负电荷，这也就是高岭石的可随介质 pH 值而变化的负电荷。

蒙脱石和伊利石的边面也可能出现正电荷。

（3）黏土离子的综合电性

黏土的正电荷和负电荷的代数和就是黏土的净电荷。由于黏土的负电荷一般都远大于正电荷，因此黏土是带有负电荷的。

黏土胶粒的电荷是黏土-水系统具有一系列胶体化学性质的主要原因之一。

7.2.3 黏土的离子吸附与交换

（1）离子交换概念

黏土颗粒由于破键、晶格内类质同晶替代和吸附在黏土表面腐殖质离解等原因而带负电。因此，它必然要吸附介质中的阳离子来中和其所带的负电荷，被吸附的阳离子又能被溶液中其他浓度大、价数高的阳离子所交换，这就是黏土的阳离子交换性质。

（2）离子交换特点

同号离子相互交换；离子以等量交换；交换和吸附是可逆过程；离子交换并不影响黏土本身结构。

（3）吸附与交换的区别

对 Ca^{2+} 而言是由溶液转移到胶体上，这是离子的吸附过程。但对被黏土吸附的 Na^+ 转入溶液而言则是解吸过程。吸附和解吸的结果，使钙、钠离子相互换位即进行交换。由此可见，离子吸附是黏土胶体与离子之间相互作用，而离子交换则是离子之间的相互作用。

离子吸附：黏土 $+2Na^+$ ⇌ 黏土 $-2Na^+$

离子交换：黏土 $-2Na^+ + Ca^{2+}$ ⇌ 黏土 $-Ca^{2+} + 2Na^+$

（4）影响离子交换的因素

黏土的阳离子交换容量除与矿物组成有关外，还与黏土的细度、含腐殖质数量、溶液的 pH 值、离子浓度、黏土与离子之间吸力、结晶度、粒子的分散度等很多影响因素有关。

同一种矿物组成的黏土其交换容量不是固定在一个数值，而是在一定范围内波动。黏土的阳离子交换容量通常代表黏土在一定 pH 值条件下的净负电荷数，由于各种黏土矿物的交换容量数值差距较大，因此测定黏土的阳离子交换容量也是鉴定黏土矿物组成的方法之一。黏土吸附的阳离子的电荷数及其水化半径都直接影响黏土与离子间作用力的大小。当环境条件相同时，离子价数越高则与黏土之间吸力越强。黏土对不同价阳离子的吸附能力次序为 $M^{3+} > M^{2+} > M^+$（M 为阳离子）。如果 M^{3+} 被黏土吸附，则在相同浓度下 M^+、M^{2+} 不能将它交换下来，而 M^{3+} 能把已被黏土吸附的 M^{2+}、M^+ 交换出来。但 H^+ 是特殊的，由于它的容积小，电荷密度高，黏土对它吸力最强。

（5）水化离子

阳离子在水中常常吸附极化的水分子，从而形成水化阳离子。

水化膜的厚度与离子半径大小有关，见表 7-2。对于同价离子，半径越小则水膜越厚。如一价离子水膜厚度 $Li^+ > Na^+ > K^+$。这是由于半径小的离子对水偶极子所表现的电场强度大所致，水化半径较大的离子与黏土表面的距离增大，因而根据库仑定律它们之间吸力就小。对于不同价离子，情况就较复杂。一般高价离子的水化分子数大于低价离子，但由于高价离子具有较高的表面电荷密度，它的电场强度将比低价离子大，此时高价离子与黏土颗粒表面的静电引力的影响可以超过水化膜厚度的影响。

表 7-2　离子半径与水化离子半径

离子	正常半径（nm）	水化分子数	水化半径（nm）
Li^+	0.078	14	0.73
Na^+	0.098	10	0.56
K^+	0.133	6	0.38
NH_4^+	0.143	3	—
Rb^+	0.149	0.5	0.36
Cs^+	0.165	0.2	0.36
Mg^{2+}	0.078	22	1.08
Ca^{2+}	0.J06	20	0.96
Ba^{2+}	0.143	19	0.88

（6）阳离子交换容量（简称 c. e. c）及交换序

阳离子交换容量为 pH＝7 时 100g 干黏土吸附离子的物质的量，单位为 mmol。

常见黏土的阳离子交换容量见表 7-3。

根据离子价效应及离子水化半径，可将黏土的阳离子交换序排列如下：

$$H^+ > Al^{3+} > Ba^{2+} > Sr^{2+} > Ca^{2+} > Mg^{2+} > NH^+ > K^+ > Na^+ > Li^+$$

氢离子由于离子半径小，电荷密度大，占据交换吸附序首位。在离子浓度相等的水溶液里，位于序列前面的离子能交换出序列后面的离子。

表 7-3　常见黏土的阳离子交换容量

矿物	高岭石	多水高岭石	伊利石	蒙脱石	蛭石
阳离子交换容量（mmol）	3～15	20～40	10～40	75～150	100～150

7.2.4 黏土-水系统的电动性质

7.2.4.1 黏土胶团

黏土晶粒表面上氧与氢氧基可以与靠近表面的水分子通过氢键而键合。黏土表面负电荷在黏土附近存在一个静电场，使极性水分子定向排列；黏土表面吸附着水化阳离子，由于以上原因使黏土表面吸附着一层定向排列的水分子层，极性分子依次重叠，直至水分子的热运动足以克服上述引力作用时，水分子逐渐过渡到不规则的排列，从而黏土粒子与阳离子水分子构成黏土胶团，如图7-5所示。

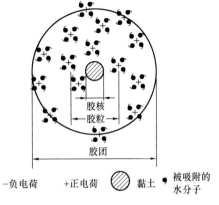

图7-5 黏土胶团结构

7.2.4.2 黏土粒子束缚的水分子类型

水在黏土胶粒周围随着距离增大，结合力减弱而分成牢固结合水、疏松结合水、自由水。

（1）牢固结合水黏土颗粒（又称胶核）吸附着完全定向的水分子层和水化阳离子，这部分水与胶核形成一个整体，一起在介质中移动（称为胶粒），其中的水称为牢固结合水（又称吸附水膜）。其厚度为3～10个水分子厚。

（2）疏松结合水在牢固结合水周围一部分定向程度较差的水称为疏松结合水（又称扩散水膜）。

（3）自由水在疏松结合水以外的水为自由水。

结合水（包括牢固结合水与疏松结合水）的密度大、热容小、介电常数小、冰点低等，其物理性质与自由水是不相同的。黏土与水结合的数量可以用测量润湿热来判断。黏土与这三种水结合的状态与数量将会影响黏土-水系统的工艺性能。

7.2.4.3 影响黏土结合水量的因素

影响黏土结合水量的因素有黏土矿物组成、黏土分散度、黏土吸附阳离子种类等。

黏土的结合水量一般与黏土阳离子交换量成正比。对于含同一种交换性阳离子的黏土，蒙脱石的结合水量要比高岭石大。高岭石结合水量随粒度减小而增高，而蒙脱石与蛭石的结合水量与颗粒细度无关。

黏土不同价的阳离子吸附后的结合水量通过试验证明（表7-4），黏土与一价阳离子结合水量＞与二价阳离子结合的水量。同价离子与黏土结合水量是随着离子半径增大而减少。如Na-黏土＞K-黏土。

表7-4 被黏土吸附的 Na 和 Ca 的水化值

黏土	吸附容量		结合水量	每个阳离子	Na 与 Ca 的
	Ca	Na	（g/100g 土）	水化分子数	水化值比
Na-黏土	—	23.7	75	175	23
Ca-黏土	18.0	—	24.5	76.2	

7.2.4.4 黏土胶体的电动电位

（1）电动性质概念。带电荷的黏土胶体分散在水中时，在胶体颗粒和液相的界面上会有扩散双电层出现。在电场或其他力场作用下，带电黏土与双电层的运动部分之间发生剪切运动而表现出来的电学性质称为电动性质。

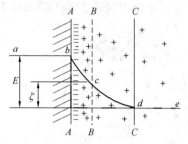

图 7-6 黏土粒子的扩散双电层

黏土胶粒分散在水中时，黏土颗粒对水化阳离子的吸附随着黏土与阳离子之间距离增大而减弱，又由于水化阳离子本身的热运动，因此黏土表面阳离子的吸附不可能整齐地排列在一个面上，而是逐渐与黏土表面距离增大。如图 7-6 所示，阳离子分布由多到少，到达 d 点平衡了黏土表面全部负电荷，d 点与黏土质点距离的大小则取决于介质中离子的浓度、离子电价及离子热运动的强弱等。

（2）吸附层。在外电场作用下，黏土质点与一部分吸附牢固的水化阳离子（图 7-6 AB 之间）随黏土质点向正极移动，这一层称为吸附层。

（3）扩散层。另一部分水化阳离子不随黏土质点移动，却向负极移动，这层称为扩散层（图 7-6 BC 之间）。

（4）电动电位或 ζ-电位。因为吸附层与扩散层各带有相反的电荷，所以相对移动时两者之间就存在着电位差，这个电位差称为电动电位或 ζ-电位。如图 7-6 BB 线和 bd 曲线交点至 de 线的高度表示电位大小，de 线为零电位。

黏土质点表面与扩散层之间的总电位差称为热力学电位差（用 E 表示），ζ-电位则是吸附层与扩散层之间的电位差，显然 $E > \zeta$。

（5）电动电位或 ζ-电位影响因素

① ζ-电位的高低与阳离子的浓度有关。ζ-电位随扩散层增厚而增高，这是由于溶液中离子浓度较低，阳离子容易扩散而使扩散层增厚。当离子浓度增加，致使扩散层压缩，ζ-电位也随之下降。当阳离子浓度进一步增加直至扩散层中的阳离子全部压缩至吸附层内，ζ-电位等于零也即等电态。

② ζ-电位的高低与阳离子的电价有关。黏土吸附了不同阳离子后，由不同阳离子所饱和的黏土，其 ζ-电位值与阳离子半径、阳离子电价有关。一般有高价阳离子或某些大的有机离子存在时，往往会出现 ζ-电位改变符号的现象。用不同价阳离子饱和的黏土其 ζ-电位次序为：$M^+ > M^{2+} > M^{3+}$（其中吸附 H_2O^+ 为例外）。而同价离子饱和的黏土其 ζ-电位次序随着离子半径增大，ζ-电位降低。这些规律主要与离子水化度及离子同黏土吸引力强弱有关。

③ ζ-电位的高低与黏土表面的电荷密度、双电层厚度、介质介电常数有关。根据静电学基本原理可以推导出电动电位的公式如下：

$$\zeta = 4\pi\sigma d / D \tag{7-3}$$

式中，ζ 为电动电位；σ 为表面电荷密度；d 为双电层厚度；D 为介质的介电常数。

从式（7-3）可见，ζ-电位与黏土表面的电荷密度、双电层厚度成正比，与介质的介电常数成反比。

黏土胶体的电动电位受到黏土的静电荷和电动电荷的控制，因此凡是影响黏土这些带电性能的因素都会对电动电位产生作用。黏土胶粒的 ζ-电位值一般在 −50mV 以上。

由于一般黏土内腐殖质都带有大量负电荷，因为它起了加强黏土胶粒表面净负电荷的作用。因而黏土内有机质对黏土 ζ-电位有影响。如果黏土内有机质含量增加，则导致黏土 ζ-电位升高。例如，河北唐山紫木节土含有机质 1.53%，测定原土的 ζ-电位为 −53.75mV。用适当的方法去除其有机质后测得 ζ-电位为 −47.30mV。

影响黏土 ζ-电位值的因素还有黏土矿物组成、电解质阴离子作用、黏土胶粒形状和大小、表面光滑程度等。

7.2.5 黏土-水系统的胶体性质

7.2.5.1 泥浆的流动性和稳定性

泥浆的流动性：泥浆含水量低，黏度小而流动度大的性质视为泥浆的流动性。

泥浆的稳定性：泥浆不随时间变化而聚沉，长时间保持初始的流动度。

在陶瓷注浆成型过程中，为了适应工艺的需要，希望获得含水量低，又同时具有良好的流动性（流动度 $=1/\eta$）、稳定性的泥浆（如黏土加水、水泥拌水）。为达到此要求，一般都在泥浆中加入适量的稀释剂（或称减水剂），如水玻璃、纯碱、纸浆废液、木质素磺酸钠等，图 7-7 和图 7-8 为泥浆加入减水剂后的流变曲线和泥浆稀释曲线。这是生产与科研中经常用于表示泥浆流动性变化的曲线。

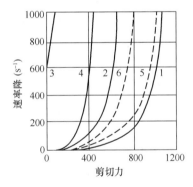

图 7-7 H 高岭土的流变曲线（200g 土加 500mL 液体）
1—未加碱；2—0.002mol/L NaOH；3—0.02mol/L NaOH；
4—0.2mol/L NaOH；5—0.002mol/L Ca(OH)₂；
6—0.02mol/L Ca(OH)₂

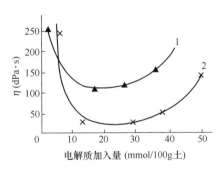

图 7-8 黏土泥浆稀释曲线
1—高岭土加 NaOH；
2—高岭土加 Na₂SiO₃

图 7-7 通过剪切应力改变时剪切速度的变化来描述泥浆流动状况。泥浆未加碱（曲线 1）显示高的屈服值。随着加入碱量的增加，流动曲线平行曲线 1 向着屈服值降低方向移动，得到曲线 2、曲线 3。同时泥浆黏度下降，尤其以曲线 3 为最低。当在泥浆中加入 Ca(OH)₂ 时曲线又向着屈服值增加方向移动（曲线 5、曲线 6）。

图 7-8 表示黏土在加水量相同时，随电解质加入量增加而引起的泥浆黏度变化。从图可见，当电解质加入量在 15～25mmol/100g 土范围内泥浆黏度显著下降，黏土在水介质中充分分散，这种现象称为泥浆的胶溶或泥浆稀释。继续增加电解质，泥浆内黏土粒子相互聚集黏度增加，此时称为泥浆的絮凝或泥浆增稠。

从流变学观点看，要制备流动性好的泥浆必须拆开黏土泥浆内原有的一切结构。由于片状黏土颗粒表面是带静电荷的，黏土的边面随介质 pH 值的变化而既能带负电又能带正电，而黏土板面上始终带负电，因此黏土片状颗粒在介质中，由于板面、边面带同号或异号电荷而必然产生如图 7-9 所示的几种结合方式。

(a) 低浓度泥浆　(b) 低浓度泥浆　(c) 低浓度泥浆　(d) 高浓度泥浆　(e) 高浓度泥浆　(f) 高浓度泥浆
内面-面结合　　内边-面结合　　内边-边结合　　内面-面结合　　内边-面结合　　内边-边结合

图 7-9　片状黏土颗粒在水中的聚集形态

很显然这几种结合方式只有面-面排列能使泥浆黏度降低，而边-面或边-边结合方式在泥浆内形成一定结构使流动阻力增加，屈服值提高。所以，泥浆胶溶过程实际上是拆开泥浆的内部结构，使边-边、边-面结合转变成面-面排列的过程。这种转变进行得越彻底，黏度降低也越显著。从拆开泥浆内部结构来考虑，泥浆胶溶必须具备以下几个条件：

（1）介质呈碱性。欲使黏土泥浆内边-面、边-边结构拆开，必须首先消除边-面、边-边结合的力。黏土在酸性介质边面带正电，因而引起黏土边面与带负电的板面之间强烈的静电吸引而结合成边-面或边-边结构。黏土在自然条件下或多或少带少量边面正电荷，尤其高岭土在酸性介质中成矿，断键又是高岭土带电的主要原因。因此在高岭土中边-面或边-边吸引更为显著。在碱性介质中，黏土边面和板面均带负电，这样就消除边-面或边-边的静电吸力。同时增加了黏土表面净负电荷，使黏土颗粒间静电斥力增加，为泥浆胶溶创造了条件。

（2）必须有一价碱金属阳离子交换黏土原来吸附的离子。黏土胶粒在介质中充分分散必须使黏土颗粒间有足够的静电斥力及溶剂化膜。这种排斥力由公式给出：

$$f \propto \zeta^2/k \tag{7-4}$$

式中，f 为黏土胶粒间的斥力；ζ 为电位；$1/k$ 为扩散层厚度。

天然黏土一般都吸附大量 Ca^{2+}、Mg^{2+}、H^+ 等阳离子，也就是自然界黏土以 Ca 黏土、Mg 黏土或 H 黏土形式存在。这类黏土的 ζ-电位较低。因此用 Na^+ 交换 Ca^{2+}、Mg^{2+} 等使之转变为 ζ-电位高及扩散层厚的 Na 黏土。这样 Na 黏土具备了溶胶稳定的条件。

（3）阴离子的作用。不同阴离子的 Na 盐电解质对黏土胶溶效果是不相同的。阴离子的作用概括起来有两方面：

① 阴离子与原土上吸附的 Ca^{2+}、Mg^{2+} 形成不可溶物或形成稳定的络合物，因 Na^+ 对 Ca^{2+}、Mg^{2+} 等离子的交换反应更趋完全。从阳离子交换序可以知道在相同浓度下 Na^+ 无法交换出 Ca^{2+}、Mg^{2+}，用过量的钠盐虽交换反应能够进行，但同时会引起泥浆絮凝。如果钠盐中阴离子与 Ca^{2+} 形成的盐溶解度越小形成的络合物越稳定，就越能促进 Na^+ 对 Ca^{2+}、Mg^{2+} 交换反应的进行。例如，$NaOH$、Na_2SiO_3 与 Ca-黏土交换反应如下：

$$Ca\text{-}黏土 + 2NaOH = 2Na\text{-}黏土 + Ca(OH)_2$$
$$Ca\text{-}黏土 + Na_2SiO_3 = 2Na\text{-}黏土 + CaSiO_3 \downarrow$$

由于 $CaSiO_3$ 的溶解度比 $Ca(OH)_2$ 低得多，因此，后一个反应比前一个反应更容易进行。

② 聚合阴离子在胶溶过程中的特殊作用。选用 10 种钠盐电解质（其中阴离子都能与 Ca^{2+}、Mg^{2+} 形成不同程度的沉淀或络合物），将其适量加入苏州高岭土，并测得其对应的 ζ-电位值，见表 7-5。由表中可见，仅四种含有聚合阴离子的钠盐能使苏州高岭土的 ζ-电位值升至 $-60mV$ 以上。近来很多学者用试验证实硅酸盐、磷酸盐和有机阴离子在水中发生聚合。这些聚合阴离子由于几何位置上与黏土边表面相适应，因此被牢固地吸附在边面上或吸附在 OH 面上。当黏土边面带正电时，它能有效地中和边面正电荷；当黏土边面不带电，它能够物理吸附在边面上建立新的负电荷位置。这些吸附和交换的结果导致原来黏土颗粒间边-面、边-边结合转变为面-面排列，原来颗粒间面-面排列进一步增加颗粒间的斥力，因此泥浆得到充分的胶溶。

表 7-5　苏州高岭土加入 10 种电解质后的 ζ-电位值

编号	电解质	ζ-电位（mV）	编号	电解质	ζ-电位（mV）
1	NaOH	−55.00	6	NaCl	−50.40
2	Na_2SiO_3	−60.60	7	NaF	−45.50
3	Na_2CO_3	−50.40	8	丹宁酸钠盐	−87.60
4	$(NaPO_3)_6$	−79.70	9	蛋白质钠盐	−73.90
5	$Na_2C_2O_4$	−48.30	10	CH_3COONa	−43.00

目前根据这些原理在硅酸盐工业中除采用硅酸钠、丹宁酸钠盐等作为胶溶剂外，还广泛采用多种有机或无机-有机复合胶溶剂等取得泥浆胶溶的良好效果。如采用木质素磺酸钠、聚丙烯酸酯、芳香醛磷酸盐等。

胶溶剂种类的选择和数量的控制对泥浆胶溶有重要的作用。黏土是天然原料，胶溶过程与黏土本性（矿物组成、颗粒形状尺寸、结晶完整程度）有关，还与环境因素和操作条件（温度、湿度、模型、陈腐时间）等有关，因此泥浆胶溶是受多种因素影响的复杂过程。所以胶溶剂（稀释剂）种类和数量的确定往往不能单凭理论推测，而应根据具体原料和操作条件通过试验来决定。

7.2.5.2　泥浆的触变性

触变性就是泥浆静止不动时似凝固体，一经扰动或摇动，凝固的泥浆又重新获得流动性。如果静止又重新凝固。这样可以重复无数次。泥浆从流动状态过渡到触变状态是逐渐的、非突变的，并伴随着黏度的增高。

在胶体化学中，固态胶质称为凝胶体，胶质悬浮液称为溶胶体。触变就是一种凝胶体与溶胶体之间的可逆转化过程。

泥浆具有触变性是与泥浆胶体的结构有关。图 7-10 是高冷石触变结构示意图，这种结构称为"纸牌结构"或"卡片结构"，触变状态是介于分散和凝聚之间的中间状态。在不完全胶溶的黏土片状颗粒的活性边面上尚残留少量正电荷未被完全中和或边-面负电荷还不足以排斥板面负电荷，以致形成局部边-面或边-边结合，组成三维网状架构，直至充满整个容器，并将大量自由水包裹在网状空隙中，形成疏松而不活动的空间架构。由于结构仅存在部分边-面吸引，又有另一部分仍保持边-面相斥的情况，因此这种

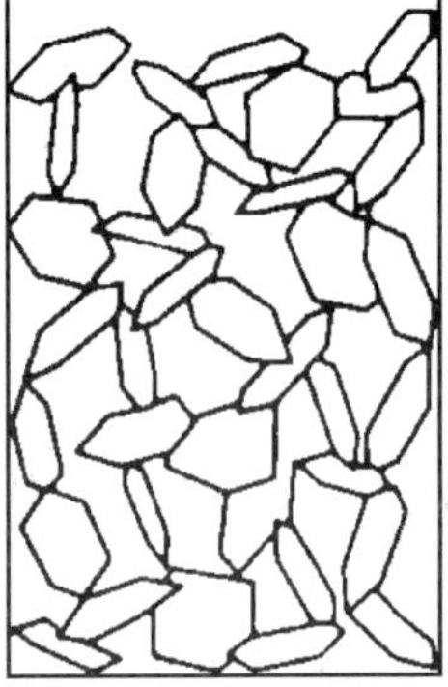

图 7-10　高岭石触变
结构示意图

结构是很不稳定的。只要稍加剪切应力就能破坏这种结构，而使包裹的大量自由水释放，泥浆流动性又恢复。但由于存在部分边-面吸引，一旦静止三维网状架构又重新建立。

黏土泥浆触变性影响因素有以下几点：

（1）黏土泥浆含水量。泥浆越稀，黏土胶粒间距离越远，边-面静电引力越小，胶粒定向性越弱，不易形成触变结构。

（2）黏土矿物组成。黏土触变效应与矿物结构遇水膨胀有关。水化膨胀有两种方式，一种是溶剂分子渗入颗粒间；另一种是溶剂分子渗入单位晶格之间。高岭石和伊利石仅有第一种水化，蒙脱石与拜来石两种水化方式都存在，因此蒙脱石比高岭石易具有触变性。

（3）黏土胶粒大小与形状。黏土颗粒越细，活性边表面越易形成触变结构。呈平板状、条状等颗粒形状不对称，形成"卡片结构"所需要的胶粒数目越小，也即形成触变结构浓度越小。

（4）电解质种类与数量。触变效应与吸附的阳离子及吸附离子的水化密切相关。黏土吸附阳离子价数越小，或价数相同而离子半径越小者，触变效应越小。如前所述，加入适量电解质可以使泥浆稳定，加入过量电解质又能使泥浆聚沉，而在泥浆稳定到聚沉之间有一个过渡区域，在此区域内触变性由小增大。

（5）温度的影响。温度升高，质点热运动剧烈，颗粒间联系减弱，触变不易建立。

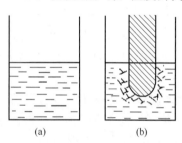

(a)　　　　(b)

图 7-11　黏土颗粒膨胀性结构

7.2.5.3　黏土的膨胀性

膨胀性即与触变性相反的现象。即当搅拌时，泥浆变稠而凝固，而静止后又恢复流动性，也就是泥浆黏度随剪变速率增加而增大。

产生膨胀性的原因是在除重力外，没有其他外力干扰的条件下，片状黏土粒子趋于定向平行排列，相邻颗粒间隙由粒子间斥力决定，图 7-11(a) 所示。当流速慢而无干扰时，反映出符合牛顿型流体特性。但当受到扰动后，颗粒平行取向被破坏，部分形成架状结构，故泥浆黏度增大甚至出现凝固状态，如图 7-11(b) 所示。

7.2.5.4　黏土的可塑性

（1）可塑性的概念。可塑性是指物体在外力作用下，可塑造成各种形状，并保持形状而不失去物料颗粒之间联系的性能。就是说，既能可塑变形又能保持变形后的形状；在大于流动极限应力作用下流变，但泥料又不应产生裂纹。

（2）泥料可塑性产生的原因。关于泥料可塑性产生机理的认识尚不甚统一。一般说来，干的泥料只有弹性。颗粒间表面力使泥料聚在一起，由于这种力的作用范围很小，稍有外力即可使泥料开裂。要使泥料能塑成一定形状而不开裂，则必须提高颗粒间作用力，同时在产生变形后能够形成新的接触点。泥料产生塑性的机理如下：

① 可塑性是由于黏土-水界面键力作用的结果。黏土和水结合时，第一层水分子是牢固结合的，它不仅通过氢键与黏土粒子表面结合，同时也彼此连接成六角网层。随着水量增加，这种结合力减弱，开始形成不规则排列的松结合水层，起着润滑剂作用。虽然氢键结合力依然起作用，但泥料开始产生流动性。当水量继续增加，即出现自由水，泥料向流动状态过渡。因此对应于可塑状态，泥料应有一个最适宜的含水量。这时它处于松结合水

和自由水间的过渡状态。可塑性即可认为是由于黏土颗粒间的水层起着类似于固体键的作用。测定黏土-水系统的水蒸气压曲线可以发现，不同的黏土其蒸气压曲线也不同。

② 颗粒间隙的毛细管作用对黏土粒子结合的影响。在塑性泥料的粒子间存在两种力，一种是粒子间的吸引力，另一种是带电胶体微粒间的斥力。由于在塑性泥料中颗粒间形成半径很小的毛细管（缝隙），当水膜仅仅填满粒子间这些细小毛细管时，毛细管力大于粒子间的斥力，颗粒间形成一层张紧的水膜，泥料达到最大塑性。当水量多时，水膜的张力松弛下来，粒子间吸引力减弱。水量少时，不足以形成水膜，塑性也变坏。

③ 可塑性是基于带电黏土胶团与介质中离子之间的静电引力和胶团间的静电斥力作用的结果。因黏土胶团的吸附层和扩散层厚度是随交换性阳离子的种类而变化的。对于氢黏土如图 7-12(a) 所示，H^+ 集中在吸附层水膜以内，因此当两个颗粒逐渐接近到吸附层以内，斥力开始明显表现出来，但随距离拉大，斥力迅速降低。r_1、r_2 处分别表示开始出现斥力和引力与斥力相等的距离。当 $r_1 > r_2$ 时，引力占优势，它可以吸引其他黏土粒子包围自己而呈可塑性。对于图 7-12(b) 所示的钠黏土，因有一部分 Na^+ 处于扩散层中，故吸引力和斥力抵消的零电位点处于远离吸附水膜的地方，故在粒子界面处，斥力大于引力，可塑性较差。因此可以通过阳离子交换来调节黏土可塑性。

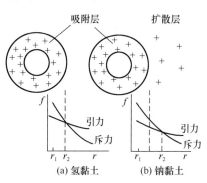

图 7-12 黏土胶团引力和斥力

上述可塑性的机理是从不同角度进行论证的，在不同情况下有可能是几种原因同时起作用的。在解释可塑性产生的原因时，应该根据不同情况辩证分析。

（3）影响可塑性的因素。一般来说，泥料的可塑性总是发生在黏土和水界面上的一种行为。因此，黏土种类、含量、颗粒大小、分布和形状、含水量以及电解质种类和浓度等都会影响可塑性。

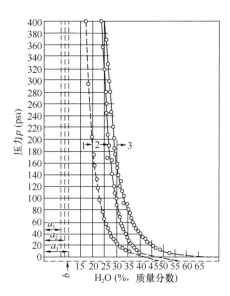

图 7-13 三种不同黏土泥料的含水量与屈服值的关系（1psi＝6.8946×10³Pa）

① 含水量的影响。可塑性只发生在某一最适宜含水量范围，水分过多或过少都会使泥料的流动特性发生变化。处于塑性状态的泥料不会因自重作用而变形，只有在外力作用下才能流动。不同种类的黏土泥料的含水量和屈服值之间的关系如图 7-13 所示。图中曲线可用以下试验公式表达：

$$f = K/(W-a)^m - b$$

式中，K 为与试验曲线相关的数值；W 为含水量；a 为泥料屈服值为无穷大时的含水量；b 为平行于横坐标的渐近线的距离；f 为泥料的屈服值。

由图 7-13 可见，泥料屈服值随含水量增加而降低，而且当 $f=\infty$ 时，$W=a$，即在此含水量时泥料呈刚性。

当 $f=0$ 时，$W=(K/b)^{1/m}+a$。以曲线 2 为例，当 $f=0$ 时，$W=46.24\%$，说明在这一含水量时，泥料从可塑状态过渡到黏性流动状态。

② 电解质的影响。加入电解质会改变黏土粒子吸附层中的吸附阳离子，因而颗粒表面形成的水层厚度也随之变化，并改变其可塑性。

例如，当黏土含有位于阳离子置换顺序左边的阳离子（H^+、Al^{3+} 等）时，因为这些离子水化能力较小，颗粒表面形成的水膜较薄，彼此吸引力较大，故该泥料成型时所需的力也较大，反之亦然。含有不同阳离子的黏土泥料，在含水量相同时，其成型所需的力则按阳离子置换顺序依次递减，可塑性也减小。增加水量可以降低成型的力，也就是说，达到同一程度的可塑性所需的加水量也依阳离子置换顺序递增。此外，提高阳离子交换容量也会改善可塑性。

③ 颗粒大小和形状的影响。因为可塑性与颗粒间接触点的数目和类型有关。颗粒尺寸越小，比表面积越大，接触点也多，变形后形成新的接触点的机会也多，可塑性就越好。此外，颗粒越小，离子交换量提高也会改善可塑性。颗粒形状直接影响粒子间相互接触的状况，对可塑性也是一样。如片状颗粒因具有定向沉积的特性，可以在较大范围内滑动而不致相互失去连接，因而片状颗粒比粒状颗粒常有较高可塑性。

（4）黏土的矿物组成的影响。黏土的矿物组成不同，比表面积相差很大。高岭石的比表面积为 $7\sim30m^2/g$，而蒙脱石的比表面积为 $810m^2/g$。比表面积的不同反映了毛细管力的不同。蒙脱石的比表面积大则毛细管力也大，吸力强。因此，蒙脱石比高岭石的塑性高。

（5）泥料处理工艺的影响。泥料经过真空练泥可以排除气体，使泥料更为致密，可以提高塑性。泥料经过一定时间的陈腐，使水分尽量均匀，也可以有效地提高塑性。

（6）腐殖质含量、添加塑化剂的影响。腐殖质含量和性质对可塑性的影响也较大，一般来说适宜的腐殖质含量会提高可塑性。添加塑化剂是人工提高可塑性的一种手段，常常应用于瘠性物料的塑化。

7.3　非黏土的泥浆体

7.3.1　概述

精细陶瓷的注射法成型用的浆体、热压铸法的蜡浆以及无机材料生产中的瘠性材料如氧化物、氮化物粉末、水泥、混凝土浆体等都是非黏土的泥浆体应用的实例。

研究浆体的流动性、稳定性以及悬浮性，探讨非黏土的固体颗粒形成的泥浆体的胶体行为，对于开发制备无机材料来说是一个基础性课题。

黏土在水介质中荷电和水化，具有可塑性，可以使无机材料塑造成各种所需要的形状。然而，使用一些瘠性料如氧化物或其他化学试剂来制备精细陶瓷材料则不具备这样的特性。研究解决瘠性料的悬浮和塑化是制品成型的关键步骤之一。

7.3.2　非黏土的泥浆体悬浮

由于瘠性料种类繁多，性质各异，因此要区别对待。一般沿用两种方法使瘠性料泥浆悬浮。一种是控制料浆的 pH 值；另一种是通过有机表面活性物质的吸附，使粉料悬浮。

7.3.2.1 料浆 pH 值的控制

制备精细陶瓷的料浆所用的粉料一般都属两性氧化物，如氧化铝、氧化铬、氧化铁等。它们在酸性或碱性介质中均能胶溶，而在中性时反而絮凝。两性氧化物在酸性或碱性介质中发生以下的离解过程：

$$MOH \longrightarrow M^+ + OH^- \qquad 酸性介质中$$

$$MOH \longrightarrow MO^- + H^+ \qquad 碱性介质中$$

离解程度取决于介质的 pH 值。介质 pH 值变化的同时引起胶粒 ζ-电位的增减甚至变号，而 ζ-电位的变化又引起胶粒表面吸力与斥力平衡的改变，致使这些氧化物泥浆胶溶或絮凝。

在电子陶瓷生产中常用的 Al_2O_3、BeO 和 ZrO_2 等瓷料都属瘠性物料，它们不像黏土具有塑性，必须采取工艺措施使之能制成稳定的悬浮料浆。例如，在 Al_2O_3 料浆制备中，由于经细球磨后的 Al_2O_3 微粒的表面能很大，它可与水产生水解反应，即

$$Al_2O_3 + 3H_2O \longrightarrow 2Al(OH)_3 \tag{7-5}$$

在 Al_2O_3-H_2O 系统中，当加入少量盐酸时，即可有如下反应：

$$Al(OH)_3 + 3HCl \longrightarrow AlCl_3 + 3H_2O$$

$$AlCl_3 \longrightarrow Al^{3+} + 3Cl^- \tag{7-6}$$

由于微细的 Al_2O_3 粒子具有强烈的吸附作用，它将选择性吸附与其本身组成相同的 Al^{3+}，从而使 Al_2O_3 粒子带正电荷。在静电力作用下，带正电的 Al_2O_3 粒子将吸附溶液中的异号离子 Cl^-，因这种静电引力是随距离增大而递减的，故 Cl^- 将围绕带电的 Al_2O_3 粒子分别形成吸附层和扩散层的双电层结构，从而形成 Al_2O_3 的胶团：

$$\{\underbrace{[Al_2O_3]_m \cdot \underbrace{nAl^{3+} \cdot 3(n-x)Cl^-}_{吸附层}}_{胶核} \underbrace{\}3xCl^-}_{扩散层}$$

胶料

胶团 $\tag{7-7}$

这样就可能通过调节 pH 值以及加入电解质或保护性胶体等工艺措施来改善和调整 Al_2O_3 料浆的黏度、ζ-电位和悬浮稳定性。显然，对于 Al_2O_3 料浆，适量的盐酸既可以作为稳定电解质也可用作调节料浆 pH 值以影响其黏度，但应注意控制适宜的加入量。由图 7-14 可见，当 pH 值从 1→15 时，料浆 ζ-电位出现两次最大值。pH＝3 时，ζ-电位＝ +183mV；pH＝12 时，ζ-电位＝ -70.4mV。对应于 ζ-电位最大值时，料浆黏度最低，而且在酸性介质中料浆黏度更低。例如一个密度为 2.8g/cm³ 的 Al_2O_3 浇注泥浆，当介质 pH 值从 4.5 增至 6.5 时，料浆黏度从 6.5dPa·s 增至 300dPa·s。

由于 $AlCl_3$ 是水溶性的，在水中生成 $AlCl_2^+$、$AlCl^{2+}$ 和 OH^-，Al_2O_3 胶粒优先吸附含 Al 的 $AlCl_2^+$ 和 $AlCl^{2+}$，使 Al_2O_3 成为一个带正电的胶粒，然后吸附 OH^- 而形成一个庞大的胶团，如图 7-15(a) 所示。当 pH 值较低时，即 HCl 浓度增加，液体中 Cl^- 增多而逐渐进入吸附层取代 OH^-，由于 Cl^- 的水化能力比 OH^- 强，Cl^- 水化膜厚，因此 Cl^- 进入吸附层的个数减少而留在扩散层的数量增加，致使胶粒正电荷升高和扩散层增厚，结果导致胶粒 ζ-电位升高，料浆黏度降低。如果介质 pH 值再降低，由于大量 Cl^- 压入吸附层，致使胶粒正电荷降低和扩散层变薄，ζ-电位随之下降，料浆黏度升高。

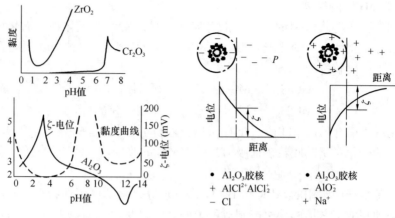

图 7-14　氧化物料浆 pH 值与　　　图 7-15　氧化铝在酸性或碱性介质中
　　　　黏度和 ζ-电位关系　　　　　　　　　　　的双电层结构

在碱性介质中，加入 NaOH、Al_2O_3 呈酸性，其反应如下：

$$Al_2O_3 + 2NaOH \longrightarrow 2NaAlO_2 + H_2O$$

$$NaAlO_2 \longrightarrow Na^+ + AlO_2^-$$

这时 Al_2O_3 胶粒优先吸附 AlO_2^-，使胶粒带负电，如图 7-13（b）所示，然后吸附 Na^+ 形成一个胶团，这个胶团同样随介质 pH 值变化而有 ζ-电位的升高或降低，导致料浆黏度的降低和增高。

在 Al_2O_3 瓷生产中，应用此原理来调节 Al_2O_3 料浆的 pH 值，使之悬浮或聚沉。其他氧化物注浆时最适宜的 pH 值见表 7-6。

表 7-6　各种料浆注浆时 pH 值值范围

原料	pH 值	原料	pH 值
氧化铝	3～4	氧化铀	3.5
氧化铬	2～3	氧化牡	3.5 以下
氧化铍	4	氧化锆	2.3

7.3.2.2　有机表面活性剂的添加

为了提高 Al_2O_3 料浆稳定性，可加入少量甲基纤维素或阿拉伯树胶等，Al_2O_3 粒子与这些有机物质卷曲的线型分子相互吸附，从而在 Al_2O_3 粒子周围形成一层保护膜，以阻止 Al_2O_3 粒子相互吸引和聚凝。但应指出，当加入量不足时有可能起不到这种稳定作用，甚至适得其反。例如，在 Al_2O_3 瓷生产上，在酸洗时常加入 0.21%～0.23% 的阿拉伯树胶以促使酸洗液中 Al_2O_3 粒子快速沉降，而在浇筑成型时又常加入 1.0%～1.5% 的阿拉伯树胶以提高 Al_2O_3 料浆的流动性和稳定性。

阿拉伯树胶对 Al_2O_3 黏度具有较大影响，如图 7-16 所示。这是因为阿拉伯树胶是高分子化合物，呈卷曲链状，长度在 $400～800\mu m$，而一般胶体粒子是 $0.1～1\mu m$，相对高分子长链而言是极短小的。当阿拉伯树胶用量少时，分散在水中的 Al_2O_3 胶粒黏附在高分子树胶的某些链节上。如图 7-17（a）所示，由于树胶量少，在一个树胶长链上黏着较多的胶粒 Al_2O_3，引起重力沉降而聚沉。如果增加树胶加入量，由于高分子树脂数量增多，它的线型分子层在水溶液中形成网络结构，使 Al_2O_3 胶粒表面形成一层有机亲水保护膜，Al_2O_3 胶粒要碰撞聚沉就很困难，从而提高料浆的稳定性，如图 7-17(b) 所示。

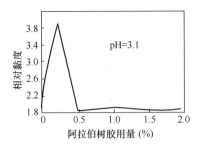

图 7-16　阿拉伯树胶对 Al_2O_3 料浆黏度的影响

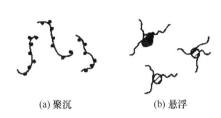

(a) 聚沉　　　　(b) 悬浮

图 7-17　阿拉伯树胶对 Al_2O_3 胶体的聚沉和悬浮作用

7.3.3　非黏土瘠性料的塑化

瘠性料塑化一般使用两种加入物，加入天然黏土类矿物或加入有机高分子化合物作为塑化剂。

7.3.3.1　天然黏土的添加

黏土是廉价的天然塑化剂，但含有较多杂质，在制品性能要求不太高时广泛采用它为塑化剂。黏土中一般用塑性高的膨润土，膨润土颗粒细，水化能力大，它遇水后又能分散成很多粒径约零点几微米的胶体颗粒。这样细小胶体颗粒水化后使胶粒周围带有一层黏稠的水化膜，水化膜外围是松结合水。瘠性料与膨润土构成不连续相，均匀分散在连续介质的水中，同时也均匀分散在黏稠的膨润土胶粒之间。在外力作用下，粒子之间沿连续水膜滑移，当外力去除后，细小膨润土颗粒间的作用力仍能使它维持原状，这时泥团也就呈现可塑性。

7.3.3.2　有机塑化剂的添加

在陶瓷工业中经常用有机塑化剂来对粉料进行塑化，以适应成型工艺的需要。

瘠性料塑化常用的有机塑化剂有聚乙烯醇（PVA）、羧甲基纤维素（CMC）、聚乙酸乙烯酯（PVAC）等。塑化机理主要是表面物理化学吸附，使瘠性料表面改性。

干压法成型、热压铸法成型、挤压法成型、流延法成型、注浆和车坯成型经常会用到一些塑化剂，下面简要介绍一些常用的塑化剂。

石蜡是一种固体塑化剂，白色结晶，熔点 57℃，具有冷流动性（即室温时在压力下可以流动），高温时呈热塑性，可以流动。能够润湿颗粒表面，形成薄的吸附层能够起到黏结作用。一般干压成型用量为 7%～12%，常用 8%。热压铸法成型用量 12%～15%。

例如，氧化铝瓷在成型时，Al_2O_3 粉用石蜡做定型剂，Al_2O_3 粉表面是亲水的，而石蜡是亲油的。为了降低坯体收缩，应尽量减少石蜡用量。生产中加入油酸来使 Al_2O_3 粉亲水性变为亲油性。油酸分子式为 $CH_3(CH_2)_7CH=CH(CH_2)_7COOH$，其亲水基向着 Al_2O_3 表面，而憎水基团向着石蜡。由于 Al_2O_3 表面改为亲油性，可以减少用蜡量并提高浆料的流动性，使成型性能改善。

聚乙烯醇（PVA），聚合度 n 以 1400～1700 为好，它可以溶于水、乙醇、乙二醇和甘油中。用它塑化瘠性料工艺简单、坯体气孔小，加入量为 $1\%\sim8\%$。如 PZT 等功能陶瓷的干压成型常用聚乙烯醇（PVA，$n=1500$）2% 的水溶液。

羧甲基纤维素（CMC）呈白色，是由碱纤维和一氯乙酸在碱溶液中反应得到的，与水形成黏性液体。缺点是含有 Na_2O 和 NaCl 组成的灰分，常常会使介电材料的介质损耗和介电常数的温度系数受到影响。羧甲基纤维素（CMC）常用于挤压成型的瘠性料。

聚乙酸乙烯酯（PVAC），无色黏稠体或白色固体，聚合度 n 以 $400\sim600$ 为好。溶于醇和苯类溶剂，不溶于水。常用于轧膜成型。

聚乙烯醇缩丁醛（PVB），树脂类塑化剂，缩醛度 $73\%\sim77\%$，羟基数 $1\%\sim3\%$，适合于流延法成型制膜，其膜片的柔顺性和弹性都很好。

7.4 光固化 3D 打印陶瓷浆料的组成和流变特性

7.4.1 光固化 3D 打印陶瓷浆料的组成

传统制备陶瓷的方法是将各种原料粉末混合、成型、烧结，得到陶瓷制品。与传统的陶瓷成型方法相比，陶瓷增材制造技术（3D 打印）能够实现高度灵活的复杂结构设计和制造，能构建几乎任意几何特征的零件，特别适用于单件小批量个性化产品的制造。陶瓷 3D 打印技术具有不同的成型原理，其中，基于浆料形态的陶瓷 3D 打印技术适用材料范围最广，成本较低，其应用范围也最广。在基于浆料形态的陶瓷 3D 打印技术中，浆料的流变性能和可扩展性是 3D 打印工艺的重点。例如，在制备喷墨打印浆料时需满足以下条件：① 浆料具备较高的黏结剂含量的同时，需黏度较低，防止堵塞打印喷头；② 为了便于下一层打印，浆料固化速度需足够快；③ 水性浆料应避免与喷头内部发生短路现象。为制备合适的浆料，需要在陶瓷粉末中掺入各种类型的添加剂，以形成适当黏度、具有一定流动性的浆料。常见的添加剂有黏结剂、分散剂、表面活性剂、发泡剂等。

7.4.1.1 黏结剂

在 3D 打印中，黏结剂是制备打印浆料必不可少的成分，一般来说，黏结剂在粉末颗粒表面形成润滑膜，合适的黏结剂有利于将基体粉料黏结在一起，从而对陶瓷坯体的致密度和强度产生影响。黏结剂种类繁多，按照化学组成，大致可分为有机黏结剂和无机黏结剂两类。

（1）有机黏结剂

有机黏结剂在 3D 打印中的应用非常广泛，按基体溶液不同又可分为树脂基和水基黏结剂。树脂基黏结剂是以树脂作为主要成分的黏结剂，常见的为丙烯酸酯类树脂，该类光敏树脂在光固化成型（SLA）技术中得到高频使用，如 1,6-己二醇二丙烯酸酯、三羟甲基丙烷三丙烯酸酯、丙二醇二丙烯酸酯等。水基黏结剂是以水为主要成分，具有黏度低、易挥发等特点，如丙烯酰胺水溶液。在 SLA 打印制备的陶瓷中脱脂烧结时，有机物的挥发会导致陶瓷致密度下降，甚至变形坍塌，所以需要保证陶瓷粉体固含量足够高，便于制备出密度较高的陶瓷样品，水基的丙烯酰胺水溶液因其低黏度、低折射率特点更适用于陶瓷基的 SLA 技术。聚乙烯醇（PVA）是喷墨打印（IJP）与直写成型（DIW）技术中较为典型的水基黏结剂，其水溶液具有良好的润湿性及黏结性，在传统陶瓷的制备方式和 3D

打印技术中均有应用。随着陶瓷性能多样化的发展，3D 打印技术中水基黏结剂的类型也逐步增多，例如，有报道使用聚乙二醇作为黏合剂，制备二氧化硅梯度指数透镜；使用聚乙烯吡咯烷酮溶解于去离子水和二甘醇作为黏结剂，可获得黏度为 2.99MPa·s 的 IJP 打印浆料；以水溶性环氧树脂作为黏结剂，可制备出应用于 DIW 技术的浆料，其固含量体积分数可达 58%，黏度低于 10Pa·s；使用热固化黏结剂卡拉胶制备氧化铝陶瓷零件，浆料固含量体积分数可达 56%，黏度低于 10Pa·s；采用麦芽糊精作为黏结剂，以包覆法包裹羟基磷灰石颗粒，随黏结剂浓度增加，生坯强度增加，烧结件强度也随之增加。通过研究聚乙烯醇、聚乙酸乙烯酯和阿拉伯树胶三种不同黏结剂对 IJP 技术打印氧化铝陶瓷的影响，发现以聚乙烯醇和阿拉伯树胶为黏结剂，可使陶瓷样件获得低孔隙率、较高的密度与更高的机械性能。水基黏结剂中聚乙烯醇、聚乙二醇等有机聚合物作为黏结剂时，具有溶于水、润滑性好等优点，但存在粉料固含量低的问题；植物胶如卡拉胶、阿拉伯树胶等黏结剂则具有较强的亲水性，安全环保。

黏结剂种类和含量对浆料及陶瓷性能具有重要影响。在一定范围内随着黏结剂含量的增加，浆料黏度升高，相应流变性能减弱，生坯强度增强。黏结剂种类方面，非水基黏结剂通常黏度较高，浆料稳定性更高，但需花费大量时间进行脱脂，排除有机物后留下气孔、孔洞等缺陷，且不易完全去除树脂基黏结剂，残留的有机物也易成为坯体缺陷。使用水基黏结剂制备的浆料虽然稳定性较差，获得的生坯强度较低，但浆料黏度较低，且烧结时去离子水可完全挥发，有利于获得更致密的显微结构。水基黏结剂中，质量损失温度点较高的黏结剂，可使陶瓷样件获得低孔隙率、较高的密度与更高的机械性能。

总体来说，使用有机黏结剂容易导致陶瓷烧结后产生气孔、孔洞等缺陷，使其致密度降低、力学性能变差，且 SLA 技术中有机黏结剂含有一定毒性，对环境也会造成污染，因此，应该尽量减少或避免添加有机黏结剂。

（2）无机黏结剂

无机黏结剂是由无机盐、无机酸、无机氧化物和无机碱金属等组成的一类耐高温性能较强的黏结剂，一般分为磷酸盐系、硅酸盐系等，多为水基黏结剂。最初无机黏结剂在 3D 打印技术方面的应用几乎都是基于硅酸盐体系，如以胶体二氧化硅水溶液作为黏结剂，固体含量质量分数为 50%，黏度低于 10MPa·s；以粒径为 0.2μm 的硅粉水溶液作为黏结剂可得到固含量体积分数为 66% 的浆料。无机黏结剂既可起到黏结作用，也可成为陶瓷组分的一部分。研究发现使用 3D 纳米氧化锆悬浮液作为黏结剂对陶瓷芯进行 3D 打印，随黏结剂的饱和度升高，浆料黏度增高，烧结体的线性收缩率降低，抗弯强度增加。通过加入磷酸二氢铵在加热过程中分解并与陶瓷基体中的 SiO_2 反应生成 Si—O—P 化合物可起到黏结作用，用于直写式打印制备 Si_2N_2O 陶瓷和多孔陶瓷。

氧化石墨烯（GO）因其与陶瓷粉料的相似性，在 3D 打印中可起到分散剂、黏滞剂和黏合剂的作用。当用 GO 作为黏结剂时，陶瓷粉末的固体含量更高，有利于形成更稳定的结构。无机黏结剂的使用成本低、无污染，可作为潜在的陶瓷坯体增强剂使用，尤其在制备多孔陶瓷时，增大无机黏结剂的添加量，可提高陶瓷固含量，增加基体强度。总体来说，无机黏结剂因其较强的吸水性能、耐高温性能，在制备高温烧结的陶瓷器件方面具有巨大优势，而且在降低陶瓷零件的烧结线收缩率上效果显著。有机添加剂的减少也有利于获得更高的致密度，但无机黏结剂也存在着灵活性较低的问题，如喷墨打印或直写式打印中无机黏结剂不可逆性固化会导致喷头堵塞。

7.4.1.2 分散剂

3D打印对浆料的黏度有不同要求,如SLA技术要求浆料黏度低(浆料黏度低于5Pa·s)、均匀性好;喷墨打印技术浆料既要满足黏度低条件,还需有较快的固化速度,便于浆料成型。此时除了黏结剂,还要加入一些其他添加剂,以便于调整浆料状态,分散剂就是其中重要的一种。陶瓷粉体表面具有亲水性基团,而部分添加剂尤其是树脂类具有疏水性,其与亲水性粉体不相容性,会导致体系中的团聚与沉淀,因此选择分散剂时通常要求其具有亲水性极性基团和疏水性端链,这样既可与颗粒表面相互作用,又可为非极性介质提供稳定性。浆料中分散剂的添加,可有效增强颗粒的表面润湿性能,从而提高粉体在浆料中的分散性和稳定性,降低浆料黏度,提高浆料固相含量。因此分散剂在浆料体系中的作用机制主要有:①空间位阻稳定机制,因分散剂的特定基团,使陶瓷粉体相互远离的效应;②静电稳定机制,因分散剂发生电离,使附着了分散剂的陶瓷粉体带上一定量的电荷,增强颗粒间静电稳定。浆料根据黏结剂的不同,添加的分散剂同样可分为水基分散剂和非水基分散剂。

含有树脂基黏结剂的浆料通常添加非水基分散剂,如油酸、硬脂酸、松油醇等,此时电荷作用微弱,分散剂作用机制以空间位阻稳定机制为主。水基浆料中可添加的分散剂种类有聚丙烯酸盐、聚乙烯吡咯烷酮、柠檬酸铵、聚乙烯亚胺等。聚丙烯酸盐等高分子分散剂作为水溶性分散剂在陶瓷3D打印技术中应用十分广泛,聚丙烯酸盐等以其独特的空间位阻稳定机制和静电稳定机制,可有效调节其黏度和稳定性。

7.4.1.3 稀释剂或塑化剂

不具反应性的稀释剂或塑化剂也常用于陶瓷浆料的配方中,虽然它们不直接参与光固化交联反应,但是却能降低体系黏度,通过降低交联密度调控素坯的内应力,避免打印坯体的翘曲变形。首先,塑化剂分子通过嵌入聚合物来减小分子间的范德华力和摩擦力,从而实现低黏度;其次,它可以显著降低固化产物的玻璃化转变温度,获得具有更好柔韧性的生坯;最后,塑化剂可以降低打印生坯的内应力,并有助于抑制裂纹等缺陷。例如,两种典型的塑化剂(聚乙二醇400和邻苯二甲酸二丁酯)及用量对黏弹膏体陶瓷浆料流变性能、固含量以及打印生坯的弯曲强度具有重要影响。

7.4.2 光固化3D打印陶瓷浆料的流变特性

陶瓷浆料的流变特性对光固化陶瓷3D打印工艺要求的薄层涂覆尤为重要。在涂覆过程中,当刮刀从较厚的未固化区域移动到固化区域较薄的涂层时,剪切速率和剪切应力会发生显著变化,这种变化会导致陶瓷浆料的流体动力学不稳定,并可能对生坯的精细结构产生破坏应力。此外,陶瓷浆料的黏弹性、屈服应力、触变性等流变特性与其组成有关,其本征流变特性以及剪切作用下的流变效应会直接影响工艺适应性。

7.4.2.1 非牛顿行为

在光固化陶瓷浆料中,作为连续相的单体和稀释剂通常表现为牛顿行为,但由于高体积分数的陶瓷粉末的存在,用于光固化3D打印的高固含量陶瓷浆料表现出非牛顿行为,其流变行为受分散介质种类、陶瓷粉体类型和含量以及分散剂用量等影响。低黏度的单体和稀释剂呈现牛顿流体行为,不同剪切速率下的黏度表现出恒定值;在一定的固含量范围内,陶瓷浆料在全剪切速率下表现出剪切稀化行为,黏度随着剪切速率的增加而降低,这种特性对打印过程中的重涂是有利的。当陶瓷粉末固含量超过一定值,且剪切速率较高时,陶瓷浆料可能会表现出剪切增稠行为,其特点是黏度随着剪切速率的增加而增加,可能会在一定程度上影响陶瓷浆料的薄层重涂。

对于含有陶瓷粉体的陶瓷浆料,颗粒在保持热力学平衡的状态下随机分布,并由于高比表面积以及范德华力等产生一定的聚集,使其具有较高的静止黏度。当陶瓷浆料受到剪切作用时,聚集颗粒因为剪切作用而重新分散,且随着剪切速率的增加分散程度越大,导致黏度降低。剪切增稠对于光固化陶瓷 3D 打印是不利的,因此,必须通过调控陶瓷浆料配方(如降低固含量、使用稀释剂或改变分散剂等)或降低刮刀施加的剪切速率来保证重涂的均匀性。

7.4.2.2 黏弹性

光固化 3D 打印陶瓷浆料常表现出黏弹性行为,可通过旋转流变仪测量储能模量 G' 和损耗模量 G'' 来评估,分别代表剪切模量 G^* 的弹性分量和黏性分量。当 $G'>G''$ 时,陶瓷浆料呈现固体特性,主要是陶瓷颗粒聚集或聚合物缠绕形成的空间立体网状结构所致;当 $G''>G'$ 时,陶瓷浆料呈现液体特性,其中的液体分散介质处于自由流动状态。在常规打印过程的剪切速率下($30\sim100\mathrm{s}^{-1}$),刮涂引起的剪切应力足以破坏陶瓷浆料的聚集形态,因此,陶瓷浆料工艺过程中的剪切黏度而非其静止黏度更应受到关注。

7.4.2.3 触变性

光固化 3D 打印陶瓷浆料表现出触变性。在给定的剪切速率下,体系的黏度随着时间变小,停止剪切时黏度又增加。对于陶瓷浆料而言,触变性是其在振荡、压迫等机械力的作用下发生的一种可逆的溶胶现象,代表流体黏度对时间的依赖性。陶瓷颗粒靠弱的结合力或分散体系联结形成的空间立体网状结构,很容易被外力破坏,撤去外力后,体系又部分或全部恢复到初始状态。研究表明,陶瓷浆料的触变行为与剪切作用下絮团结构完全分解所需的时间有关,被破坏的结构需要一定的时间来重建。理想情况下,无论针对浆料还是膏料体系,陶瓷浆料在重涂过程中的黏度应该立即降低,而在去除刮刀剪切作用后应立即恢复初始黏度,以避免坍塌和漫流引起的工艺不适。

7.4.2.4 稳定性

陶瓷浆料是由分散介质和陶瓷粉末构成的悬浮体系,其稳定性与流变特性密切相关。为了满足储存及打印要求,光固化 3D 打印陶瓷浆料应在较长时间内保持均匀和稳定。不稳定的陶瓷浆料放置时可能会发生沉降和偏析,产生的软/硬团聚需要借助特定的分散工艺才能重新使用。而且,对于打印时间较长的生坯,稳定性差的陶瓷浆料可能会使得打印零件产生浓度梯度,最终导致脱脂和烧结过程中发生分层和断裂。影响陶瓷浆料稳定性的主要机制是重力作用下的沉降和陶瓷颗粒间吸引作用下的絮凝,可通过分散剂的使用最大限度地减少颗粒间的相互吸引。

光固化陶瓷 3D 打印先进陶瓷个性化和定制化制造带来了最具成本优势的解决方案。然而由于陶瓷的高熔点、高脆性以及对制造缺陷的低容忍度,陶瓷材料的 3D 打印比聚合物和金属更具挑战性。光固化陶瓷 3D 打印要求陶瓷浆料具有高固含量和良好的打印适用性,以达到高致密度、可控收缩以及良好力学性能的目的。然而,陶瓷浆料的组成和流变行为关系十分复杂,因此,在针对特定陶瓷粉体开发陶瓷浆料时,需要对材料性能、打印设备和打印工艺进行综合考虑。

7.5 案例解析

7.5.1 微流挤出成型3D打印氧化锆陶瓷浆料的制备

氧化钇稳定氧化锆（YSZ）具有良好的生物相容性、高强度和高韧性，广泛应用于生物材料、陶瓷刀具和研磨球等领域。目前制备氧化锆水基悬浮液，通过喷墨打印工艺制备氧化锆义齿已有研究报道。以齿科级 YSZ 陶瓷粉末（平均粒径为 50nm，比表面积为 $50\sim80m^2/g$）为原料，利用质量分数为 50% 的聚丙烯酸钠（PAAS，分子量为 50000）水溶液作为分散剂，利用行星球磨机在 $300\sim900r/min$ 下球磨 $2\sim32h$，制备氧化锆悬浮液。研究发现，在最佳球磨处理工艺下（600r/min，12h）能够获得小粒径和较高 Zeta 电位的 YSZ 粉体，颗粒表面 Zeta 电位绝对值是 44mV，氧化锆粒径达到最小值 440nm。较高的 Zeta 电位和吸附在颗粒表面的聚合物分散剂能够提供静电排斥力和空间排斥力，因而使氧化锆颗粒能够均匀分散在悬浮液中。

添加和不添加分散剂聚丙烯酸钠（PAAS）下 pH 值对氧化锆悬浮液 Zeta 电位和粒径影响如图 7-18 所示。从图 7-18(a) 可以观察到，不添加聚丙烯酸钠的悬浮液中氧化锆的等电点（IEP）是 8.0。等电点处氧化锆颗粒表面上吸附的 H^+ 和 OH^- 数量相等，导致 Zeta 电位为零。在 IEP 附近粒径达到 300nm，表明存在大量团聚颗粒，如图 7-18(b) 所示。添加聚丙烯酸钠后，等电点 IEP 明显地向左发生移动，颗粒表面化学性质发生变化。pH 值为 $3\sim11$ 范围内，粒径小于 400nm；pH=8.5 时颗粒表面 Zeta 电位绝对值 55mV，较高的 Zeta 电位提供了巨大的静电排斥，氧化锆颗粒得以分散。

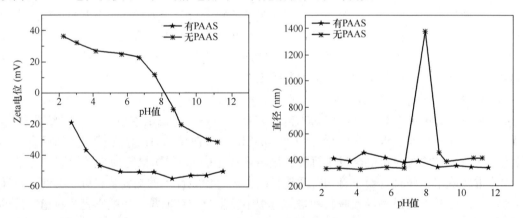

图 7-18　pH 值对 YSZ 粉体 zeta 电位和粒径的影响

为了确定最佳分散剂含量，对含有不同分散剂含量的氧化锆水基浆料进行黏度测量，图 7-19 为不同聚丙烯酸钠含量的 60% 氧化锆水基浆料黏度与剪切速率的关系，所有浆料均显示出剪切稀化行为，即黏度随剪切速率增加而降低，是一种非 Newton 流变性行为，是由于剪切速率的增加引起团聚颗粒破裂。聚丙烯酸钠添加量为 4% 时，浆料黏度均高于其他添加含量。认为 4% 添加量不足，聚丙烯酸钠在氧化锆颗粒表面吸附量不足，颗粒之间排斥力低。随着分散剂含量增加，黏度呈现下降趋势。添加量为6％时，相较于其他添加量，氧化锆水基陶瓷浆料黏度为最低，说明此含量下氧化锆具有最佳分散效果；较低黏度表明浆料具有良好的稳定性。随着含量增加黏度也增加，这是因为过量的聚丙烯酸钠游离在溶剂中，形成三维凝胶网络，导致浆料黏度增加。

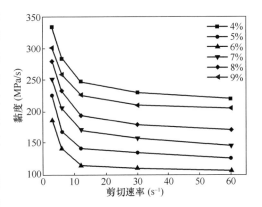

图 7-19 不同聚丙烯酸钠含量下黏度与剪切速率关系

具有良好分散性的陶瓷浆料在挤出过程中挤出丝呈现平滑状。通过微流挤出成型设备，浆料连续挤出成丝并以层层堆积的方式形成坯体。聚丙烯酸钠添加量4％时氧化锆陶瓷浆料不适合用于微流挤出成型，坯体呈现挤出丝不连续等缺陷。添加量为5％～6％时，氧化锆坯体3D打印成型效果最佳。

7.5.2 可打印硼硅酸盐玻璃陶瓷浆料的制备及其流变性能

当前，电子器件正向着小型化、集成模块化、高可靠度和定制化方向发展。硼硅酸盐陶瓷基板的打印可以采用直写技术来完成，它是一种将浆料从喷嘴中挤出并沉积在工作台上，通过溶剂蒸发固化成型的打印工艺。浆料的流变性能对3D打印的过程以及效果与精度具有重要影响。以硼硅酸盐玻璃陶瓷粉为原料，在去离子水中依次加入增塑剂聚乙二醇（PEG）与邻苯二甲酸二丁酯（DBP）、黏结剂（2-羟乙基纤维素）、分散剂、消泡剂和含有陶瓷粉的溶液，即可制备得到用于3D打印的硼硅酸盐玻璃陶瓷浆料。

分散剂能有效防止颗粒团聚和浆料的沉降，并直接影响浆料的流变性能，如图7-20（a）所示，随着分散剂聚丙烯酸铵含量的增加，浆料的黏度先降低后升高，分散剂质量分数为3％时，浆料黏度最低。聚丙烯酸铵属于阴离子型聚合电解质，随着分散剂含量的增加，粉体表面吸附的聚合物分子数量增加，自带电荷的聚合物分子通过静电作用与空间位阻效应阻碍粉体颗粒聚合、沉降，宏观表现为黏度降低；若分散剂用量超过粉体颗粒表面吸附饱和值时，富余的高聚物的长分子链与吸附在粉体上的分散发生桥联，使得浆料流动性变低，黏度增大。

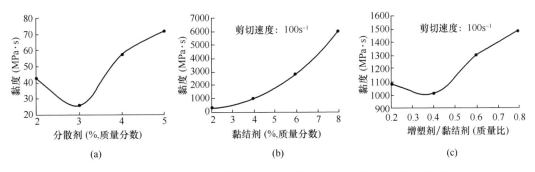

图 7-20 分散剂、黏结剂和增塑剂/黏结剂的质量比对浆料流变性能的影响

陶瓷浆料中添加适量的黏结剂有助于防止其干燥和固化后出现开裂情况。如图 7-20（b）所示，浆料黏度随着黏结剂的增加而增大。当黏结剂含量质量分数为 4％时，可打印出质量较好的陶瓷基板；黏结剂含量过高时，会导致浆料挤出困难。增塑剂能增加基板干燥后的柔韧性，提高基板的可塑性与抗冲击性能，如图 7-20(c) 所示，随着增塑剂与黏结剂比值的增大，浆料黏度先降低后升高。适当含量的增塑剂插进黏结剂分子链之间，增加了长链的长度，能够润滑粉体，使浆料黏度降低；但增塑剂含量过多时，多余的增塑剂小分子缠绕在一起，使黏度增加。通过研究得出，当固含量为 46％，黏结剂为 4％，增塑剂与黏结剂质量比为 0.4，分散剂为 3％时，浆料黏度约为 2660MPa·s，可打印性较好。通过 3D 打印直写工艺制备的基板表面平整、光滑，烧结体表面的微观结构均匀，烧结体断面结构致密，密度为 (2.96±0.04)g/cm³，相对介电常数为 5.4，介电损耗为 0.0017，满足电子线路基板的使用需求。

总之，基于浆料形态的陶瓷 3D 打印技术中，黏结剂、分散剂的种类和含量均对陶瓷性能有重要影响。实际中，可以根据不同陶瓷性能要求选择不同体系的黏结剂和分散剂。使用水基无机添加剂有利于增大坯体强度和获得较高的致密度，也可避免有机黏结剂造成的环境污染。开发新的浆料添加剂和打印制备新的陶瓷制品，是目前陶瓷 3D 打印研究的主要方向。我国陶瓷 3D 打印技术正处于起步阶段，未来将拥有巨大的发展空间。

7.6　思政拓展

胶体与界面化学科学家傅鹰教授

傅鹰教授是我国胶体与界面化学的主要奠基人，杰出的化学家和化学教育家，坚定的爱国者。

在美国求学时，傅鹰常常只带一点面包和咖啡就钻进实验室，直到试验做完才出来。靠着这种拼搏自强的精神，1928 年，傅鹰从密西根大学毕业，获科学博士学位。他的博士论文在美国化学界颇受好评，一家化学公司开出优厚的待遇聘请他，但他谢绝了那家公司，体现出其满腔的爱国主义情怀。

回国后的 10 年间，北京协和医学院、东北大学、青岛大学、重庆大学、厦门大学等多所高校都留下过他的足迹。1944 年，因战时科研条件实在难以支撑他的研究，傅鹰不得不再次携妻子赴美。来到美国后，傅鹰任密西根大学研究员，继续开展界面吸附现象及溶液吸附热力学的研究，发表了多篇重要论文，在美国化学界名噪一时。

然而傅鹰时刻关注着祖国的局势。1949 年，当得知全国即将解放的消息后，傅鹰决定尽快回国。面对导师的挽留，他说："我的子女身上流着中华民族的血液，中华儿女为何要去入美国籍呢？"就这样，1950 年 8 月下旬，傅鹰夫妇第二次离开美国，义无反顾地回到祖国的怀抱。他这两段经历也在科学界传为佳话，有人戏称他为"美国两次都留不住的科学家"。

1954 年，傅鹰在北京大学化学系建立了我国第一个胶体化学专业。为了加强基础课教学，他亲自讲授普通化学，编写讲义《普通化学》，经常备课至深夜。

傅鹰有着极为严谨的科学精神，但他很少说教，而是将对学生学术习惯和科学精神的培育融入平时的教学中。

傅鹰先生的一生，是勤勤恳恳、兢兢业业为科学教育事业献身的一生，是为人师表、诲人不倦的一生，是心系党和祖国的事业为真理而斗争的一生，先生刚正不阿的为人、一丝不苟的治学态度和热心从事化学教育事业的奉献精神，实为后人学习之楷模。

本章总结

胶体分散体系组成会影响胶体的表面电荷和双电层以及胶体的稳定性和胶体的光学性质。黏土是陶瓷生产的重要原料，经加工细磨的黏土的粒度一般在 $0.1 \sim 40 \mu m$，黏土-水系统呈现出明显的胶体性质。黏土胶粒的电荷是黏土-水系统具有一系列胶体化学性质的主要原因之一。

为满足陶瓷成型的需要，对注浆成型的泥浆，要求必须具有良好的稳定性和流动性，一定的滤水性和触变性；对可塑成型的泥团，要求具有良好的可塑性。泥浆和泥团的这些性质都与黏土-水系统的胶体性质有关。非黏土的固体颗粒形成均匀的泥浆体需要调控 pH 值和添加适量的有机表面活性剂，非黏土瘠性料塑化需要添加适量的天然黏土或有机塑化剂。

用于 3D 打印的陶瓷浆料的组成（如固含量、分散剂、黏结剂、增塑剂等）对浆料的可打印效果具有重要影响。通过本章学习，应理解胶体理论，掌握泥浆、泥料的胶体性质，这是控制陶瓷成型、生产过程和改进工艺方法所必须具备的基础知识。

课后习题

7-1 试解释黏土结构水、结合水（牢固结合水、松结合水）、自由水的区别，分析后两种水在胶团中的作用范围及其对工艺性能的影响。

7-2 什么是电动电位，它是怎样产生的，有什么作用？

7-3 黏土的很多性能与吸附阳离子种类有关，指出黏土吸附下列不同阳离子后的性能变化规律，（以箭头→表示大小），①离子置换能力；②黏土的 ζ-电位；③泥浆的流动性；④泥浆的稳定性；⑤黏土的结合水。

H^+　Al^{3+}　Be^{2+}　Sr^{2+}　Ca^{2+}　Mg^{2+}　NH_4^+　K^+　Na^+　Li^+

7-4 解释泥浆的流动性和触变性。

7-5 用 Na_2CO_3 和 Na_2SiO_4 分别稀释同一种黏土（以高岭石矿物为主）泥浆，试比较电解质加入量相同时，两种泥浆的流动性、注浆速率、触变性和坯体致密度有何差别？

7-6 影响黏土可塑性的因素有哪些？生产上可以采用什么措施来提高或降低黏土的可塑性以满足成型工艺的需要？

7-7 解释黏土带电的原因。

7-8 为什么非黏土瘠性料要塑化，常用的塑化剂有哪些？

8 热力学应用

本章导读

热力学是一门研究各种变化过程中的能量转化关系以及过程进行的方向和限度等的科学。无机非金属材料的热力学只讨论系统的宏观性质，而不讨论其微观本质（如个别分子、原子的行为），在应用热力学讨论问题时，不涉及过程进行的速度。热力学的基础是热力学三个定律，用热力学进行计算一般都以平衡状态为依据，在应用时应该注意。

8.1 凝聚态的热力学分析

发生于凝聚态系统的一系列物理化学过程，一般均在固相或液相中进行。固相包括晶体和玻璃体，液相包括高温熔体及水溶液。由于系统的多相性以及凝聚相中质点扩散速度很小，因而凝聚态系统中所进行的物理化学过程往往难以达到热力学意义上的平衡，过程的产物也常处于亚稳状态（如玻璃体或胶体状态）。所以将经典力学理论与方法用于如硅酸盐这样的凝聚系统时，必须充分注意这一理论与方法应用上的特点及其局限性。以下将以化学反应为例，进行对比分析，所述内容同样适用于多晶转变、固-液相变或结晶等其他物化过程。

8.1.1 化学反应过程的方向性

化学反应是凝聚态系统常见的物理化学过程之一。根据热力学一般理论可知，在恒温、恒压条件下只做膨胀功的开放体系，化学反应过程可沿吉布斯自由焓减少的方向自发进行。即过程自发进行的判据为：

$$\Delta G_{T,P} \leqslant 0 \tag{8-1}$$

当反应自由焓减少并趋于零时，过程趋于平衡并有反应平衡常数：

$$K_a = \exp\left(\frac{\Delta G^0}{RT}\right) \tag{8-2}$$

式中，K_a 为反应平衡常数；ΔG^0 为反应自由焓；R 为摩尔气体常数；T 为开氏温度。

但是，在硅酸盐系统中由于多数反应过程处于在一个偏离平衡的状态下发生与进行，故而平衡常数已不再具有原来的物理化学意义。此时探讨反应平衡性问题更有实际意义。对于纯固相间的化学反应，只要系统 $\Delta G_{T,P} < 0$ 并有充分的反应动力学条件，反应可逐渐进行到底，因而无须考虑从反应平衡常数的计算中得到反应平衡浓度及反应产率。此时反应自由焓 $\Delta G_{T,P}$ 将完全由反应相关的物质生成自由焓 $\Delta G^0_{T,P}$ 决定。例如对于化学反应：

$$n_A \cdot A + n_B \cdot B = n_C \cdot C + n_D \cdot D$$

则反应自由焓 $\Delta G_{T,P}$ 应为：

$$\Delta G_{\text{T.P}} = \Delta G_{\text{T.P}}^{0} = \sum_{i} (n_i \Delta G_{i\text{T.P}})_{\text{生成物}} - \sum_{i} (n_i \Delta G_{i\text{T.P}})_{\text{反应物}} \tag{8-3}$$

但是，对于有液相参与的固相反应，在计算反应自由焓 $\Delta G_{\text{T.P}}^{0}$ 时，必须考虑液相中与反应有关物质的活度。此时反应自由焓依下式计算：

$$\Delta G_{\text{T.P}} = \Delta G_{\text{T.P}}^{0} + RT \ln \frac{\alpha_{\text{C}}^{n_{\text{C}}} \cdot \alpha_{\text{D}}^{n_{\text{D}}}}{\alpha_{\text{A}}^{n_{\text{A}}} \cdot \alpha_{\text{B}}^{n_{\text{B}}}} \tag{8-4}$$

式中，α_i 为与反应有关的第 i 种物质的活度；n_i 为化学反应式中各有关物质的式量系数。

8.1.2 过程产物的稳定性和生成序

假设一固相反应体系在一定的热力学条件下，可能生成一系列相应于反应自由焓 ΔG_i 的反应产物 A_i（$\Delta G_i < 0$）。若按其反应自由焓 ΔG_i 依次从小到大排列：ΔG_1，ΔG_2，$\cdots$，ΔG_n，则可得一相应反应产物序列 A_1，A_2，$\cdots$，A_n。根据能量最低原理可知，反应产物的热力学稳定性完全取决于其 ΔG_i 在序列中的位置。反应自由焓越低，相应的反应生成物热力学稳定性越高。但是由于种种动力学因素的缘故，反应产物的生成序列并不完全等同于上述产物稳定序列。众多研究表明，产物 A_i 的生成序与产物稳定序间关系可存在三种情况：

（1）与稳定序正向一致

随着 ΔG 的下降生成速度增大。即反应生成速率最小的产物其热力学稳定性会最小（产物 A_n），而反应生成速率最大的产物，其热力学稳定性也最大（产物 A_1）。此时热力学稳定性最大的反应产物有最大的生成速度。热力学稳定序和动力学生成序完全一致。在这种情况下反应初始产物与最终产物均是 A_1，这就是所谓的米德洛夫-别托杨规则。

（2）与稳定序反向一致

随着 ΔG 的下降，生成速率亦下降，即反应生成速率最大的产物其热力学稳定性最小，而最大稳定性的产物有最小的生成速率。热力学稳定性与动力学生成序完全相反。显然在这种情况下，反应体系最先出现的反应物必然是生成速率最大、稳定性最小的 A_n，进而较不稳定的产物将依 ΔG 下降的方向逐渐向较稳定的产物转化。最终所能得到的产物种类与相对含量将取决于转化反应的动力学特征。仅当具备良好的动力学条件下，最终反应产物为最小 ΔG 的 A_1，这便是所谓的奥斯特瓦德规则。

（3）反应产物热力学稳定序与动力学生成序间毫无规律性的关系

此时产物生成序完全取决于动力学条件。生成速率最大的产物将首先生成，而最终能否得到自由焓 ΔG 最小的 A_1 产物，则完全依赖于反应系统的动力学条件。

8.1.3 经典热力学应用的局限性

无机材料是一种固体材料，与气体、液体相比，固体中的化学质点由于受近邻粒子的强烈束缚，其活动能力要小得多。即使处于高温熔融状态，由于硅酸盐熔体的黏度很大，其扩散能力仍然是有限的。这就是说，硅酸盐体系的高温物理化学过程要达到一定条件下的热力学平衡状态，所需的时间往往比较长。而工业生产要考虑经济核算，保证一定的劳动生产率，其生产周期是受到限制的。

正是由于上述的动力学原因，热力学非平衡态经常出现于硅酸盐系统中。因此，用经典热力学理论计算过程自由焓差 ΔG，并将其作为过程进行方向的判据或推动力的度量，仅在决定过程相对速度时有一定的比较意义。一般情况下，各种过程进行的实际速度与过程自由焓差 ΔG 不存在确定的关系。

此外，过程自由焓变化 ΔG 常基于原始热力学数据的计算而得到。因此，原始热力学数据的精确度对热力学计算结果，以及由此对过程能否进行和过程产物的稳定性做出判断上将产生影响。

8.2　凝聚态热力学计算

热力学计算主要根据试验数据，特别是热数据（热容、相变热等）进行 ΔG 计算的。

8.2.1　热力学方程

热力学函数 U（内能），S（熵），H（焓），F（功函数），G（自由焓）之间的关系可由以下三式表示：

$$H = U + PV \tag{8-5}$$
$$F = U - TS \tag{8-6}$$
$$G = H - TS \tag{8-7}$$

式中，P 为压力；V 为体积；T 为热力学温度。

对于恒温、恒压下的化学反应，由式（8-7）可得到一个重要的热力学方程：

$$\Delta G = \Delta H - T\Delta S \tag{8-8}$$

ΔG 值的大小决定了化学反应进行的方向。如果 $\Delta G > 0$，则反应由式的右端向左端进行（即原反应不能进行）；$\Delta G < 0$，则反应由式的左端向右端进行（即原反应能进行）；$\Delta G = 0$，则反应达平衡状态。式中 ΔH 及 ΔS 分别为反应的焓变及熵变，可按下面方法计算：

设某反应为

$$aA + bB \longrightarrow gG + hH$$

在恒温、恒压下进行，则：

$$\Delta H = (gH_G + hH_H) - (aH_A + bH_B) \tag{8-9}$$
$$\Delta S = (gS_G + hS_H) - (aS_A + bS_B) \tag{8-10}$$

一大气压及 298K 时的焓值与熵值可查表而得，如反应处于其他温度，则焓变 ΔH_T 及熵变 ΔS_T 不能直接利用表中数据计算，需要用下式进一步计算：

$$\begin{cases} \Delta H_T = \displaystyle\int_0^T \Delta C_p \mathrm{d}T \\[2mm] \Delta H_{T_2} - \Delta H_{T_1} = \displaystyle\int_{T_1}^{T_2} \Delta C_p \mathrm{d}T \end{cases} \tag{8-11}$$

$$\begin{cases} \Delta S_T = \displaystyle\int_0^T \dfrac{\Delta C_p}{T} \mathrm{d}T \\[2mm] \Delta S_{T_2} - \Delta S_{T_1} = \Delta a(\ln T_2 - \ln T_1) + \Delta b(T_2 - T_1) - \dfrac{1}{2}\Delta C\left(\dfrac{1}{T_2^2} - \dfrac{1}{T_1^2}\right) \end{cases} \tag{8-12}$$

$$\begin{cases} C_p = a + bT + CT^{-2} \\[2mm] \Delta C_p = \Delta a + \Delta bT + \Delta CT^{-2} \end{cases} \tag{8-13}$$

在利用式（8-11）、式（8-12）时应注意系统在此温度范围内无物态变化及晶型转化，如有，则计算时应考虑进去。

导出 ΔG 与温度 T 的关系，将式（8-11）及式（8-12）改写为：

$$\Delta H_T^0 = \Delta H_0 + \Delta aT + \frac{1}{2}\Delta bT^2 - \Delta CT^{-1} \tag{8-14}$$

$$\Delta S_T^0 = \Delta S_0 + \Delta a \ln T + \Delta bT - \frac{1}{2}\Delta CT^{-2} \tag{8-15}$$

利用式（8-8），将上面两式代入，即得：

$$\Delta G_T^0 = \Delta H_0 + \Delta aT - \Delta aT \ln T - \frac{1}{2}\Delta bT^2 - \frac{1}{2}\Delta CT^{-1} - \Delta S_0 T \tag{8-16}$$

式中的 ΔH^0 和 ΔS^0 可用式（8-17）和式（8-18）计算：

$$\Delta H_0 = \Delta H_{298}^0 - \Delta a \cdot 298 - \frac{1}{2}\Delta b(298)^2 + \Delta c(298)^{-1} \tag{8-17}$$

$$\Delta S_0 = \Delta S_{298}^0 - \Delta a \ln 298 - \Delta b \cdot 298 + \frac{1}{2}\Delta c(298)^{-2}$$

式中，$\Delta S_{298}^0 = \dfrac{(\Delta H_{298}^0 - \Delta G_{298}^0)}{298}$

故：

$$\Delta S_0 = (1 - \ln 298)\Delta a - (\Delta G_{298}^0 - \Delta H_0)298^{-1} - \frac{1}{2}\Delta b \cdot 298 - \frac{1}{2}\Delta c(298)^{-2} \tag{8-18}$$

在应用热力学解题时，必须查得某些热力学函数及其有关常数值。否则，无法应用热力学方法来讨论和解决问题。

8.2.2 热力学势函数法

热力学势函数是根据计算需要把状态函数（G，H，T）重新组合而成的一个新的状态函数。

根据 G 的定义：$G^0 \equiv H^0 - TS^0$

将等式两边引入参考温度（对固态和液态取 298K）下的焓 H_{298}^0 则有：

$$G_T^0 - H_{298}^0 = H_T^0 - H_{298}^0 - TS_T^0$$

或

$$\frac{G_T^0 - H_{298}^0}{T} = \frac{H_T^0 - H_{298}^0}{T} - S_T^0 \tag{8-19}$$

令 $\dfrac{G_{298}^0 - H_{298}^0}{T} \equiv \Phi_T^0$，称为热力学势函数。

式中，G_T^0 为物质于 T 温度下的标准自由焓；H_{298}^0 为物质在参考温度 298K 下的热焓。

从式（8-19）可知，如能把 $H_T^0 - H_{298}^0$ 及 S_T^0 与温度 T 关系找出，则任意温度下的热力学势函数值即可求得。而 $H_T^0 - H_{298}^0$ 及 S_T^0 与温度 T 的关系可根据公式 $H_T^0 - H_{298}^0 = \int_{298}^{T} C \mathrm{d}T$ 以及 $S_T^0 - S_{298}^0 = \int_{298}^{T} (C_P/T)\mathrm{d}T$ 求出。

由于热力学势函数和 G，H 一样皆为状态函数，因此，化学反应的热力学势函数变化为：

$$\Delta \Phi_T^0 = \frac{G_T^0 - H_{298}^0}{T}$$

即
$$\Delta G_T^0 = \Delta H_{298}^0 + T \Delta \Phi_T^0 \tag{8-20}$$

由于
$$\Delta G_T^0 = -RT\ln K$$

故有
$$-\ln K = \frac{1}{R}\left[\frac{\Delta H_{298}^0}{T} + \Delta \Phi_T^0\right] \tag{8-21}$$

式中，H_{298}^0 为标准状态下反应的热熔变化；$\Delta \Phi_T^0$ 为标准状态下反应的热力学势函数变化。由于多数物质热力学势函数随温度的变化不大，所以可以在较大温度范围内用内插法及外推法从所查得数据求出所需温度下的 $\Delta \Phi_T^0$ 值，而不致影响实用的准确度。

8.3 凝聚态热力学应用

8.3.1 化学反应的热力学计算

根据上述有关热力学的一般方程式，重点讨论 ΔG 的计算方法。

例1 Al_2O_3 在 400～1700K 间的晶型转变：$\gamma\text{-}Al_2O_3 \longrightarrow \alpha\text{-}Al_2O_3$ 求晶型转变的 ΔG_T^0。

从热力学数据表查得原始数据见表 8-1。

表 8-1 热力学数据

晶型	$\Delta H_{生,298}^0$ (kJ/mol)	$\Delta G_{生,298}^0$ (kJ/mol)	$C_p = a + bT + cT^{-2}$ (J/mol)		
			b	b	c
$\gamma - Al_2O_3$	−1637.2	−1541.4	68.49	46.44×10^{-3}	—
$\alpha - Al_2O_3$	−1669.8	−1576.5	114.77	12.8×10^{-3}	-35.44×10^5

(1) 计算 298K 时，$\gamma\text{-}Al_2O_3 \longrightarrow \alpha\text{-}Al_2O_3$ 转变的热效应 $\Delta H_{298,\gamma\to\alpha}^0$：
$$\Delta H_{298,\gamma\to\alpha}^0 = -1669.8 - (-1637.2) = -32.6\text{kJ/mol} = -32600\text{J/mol}$$

(2) 计算 298K 时，$\gamma\text{-}Al_2O_3 \longrightarrow \alpha\text{-}Al_2O_3$ 转变的自由焓变化 $\Delta G_{298,\gamma\to\alpha}^0$：
$$\Delta G_{298,\gamma\to\alpha}^0 = -1576.5 - (-1541.4) = -35.1\text{kJ/mol} = -35100\text{J/mol}$$

(3) 计算晶型转变的 $\Delta C_p = f(T)$：
$\Delta a = 114.77 - 68.49 = 46.28$；
$\Delta b = (12.8 - 46.44) \times 10^{-3} = -33.64 \times 10^{-3}$；
$\Delta c = -35.44 \times 10^5$；
$\Delta C_p = 46.28 - 33.64 \times 10^{-3} T - 35.44 \times 10^5 T^{-2}$。

(4) 求 ΔH^0：
$$\Delta H^0 = -32600 - 46.28 \times 298 + \frac{1}{2} \times 33.64 \times 10^{-3} \times (298)^2 - 35.44 \times 10^5 \times (298)^{-1}$$
$$= -56790.37\text{J/mol}$$

(5) 求 ΔS_0：
$$\Delta S_0 = (1 - \ln 298)\Delta a - (\Delta G_{298}^0 - \Delta H_0)298^{-1} - \frac{1}{2}\Delta b \cdot 298 - \frac{1}{2}\Delta c(298)^{-2}$$
$$= (1 - \ln 298) \times 46.28 - (-35100 + 56790.38) \times 298^{-1} + \frac{1}{2} \times 33.64$$

$$\times 10^{-3} \times 298 + \frac{1}{2} \times 35.44 \times 10^5 \times (298)^{-2}$$

$$= -265.2 \text{J/(K} \cdot \text{mol)}。$$

（6）求 $\gamma\text{-Al}_2\text{O}_3 \longrightarrow \alpha\text{-Al}_2\text{O}_3$ 转变时的 $\Delta G^0_{T,\gamma\to\alpha} = f(T)$：

$$\Delta G^0_T = \Delta H^0 + \Delta aT - \Delta aT\ln T - \frac{1}{2}\Delta bT^2 - \frac{1}{2}\Delta CT^{-1} - \Delta S_0 T$$

$$= -56790.38 + 46.28T - 46.28T\ln T + \frac{1}{2} \times 33.64 \times 10^{-3}T^2 + \frac{1}{2} \times$$

$$35.44 \times 10^5 T^{-1} + 265.2T$$

（7）根据上式计算 400～1700℃间 $\gamma\text{-Al}_2\text{O}_3 \longrightarrow \alpha\text{-Al}_2\text{O}_3$ 的 ΔG^0_T 值，见表 8-2。

表 8-2　400～1700℃间 $\gamma\text{-Al}_2\text{O}_3 \to \alpha\text{-Al}_2\text{O}_3$ 的 ΔG^0_T 值

T (K)	$-\Delta G^0_T$ (J/mol)	T (K)	$-\Delta G^0_T$ (J/mol)	T (K)	$-\Delta G^0_T$ (J/mol)
298	35100	800	42191	1300	53384
400	35908	900	43333	1400	55155
500	36942	1000	45355	1500	56681
600	38185	1100	47838	1600	59931
700	40198	1200	51178	1700	62832

由表 8-2 的数据可见，ΔG^0 值都是负值。所以 $\gamma\text{-Al}_2\text{O}_3$ 为不稳定态，在所有温度范围内，表现出转变为 $\alpha\text{-Al}_2\text{O}_3$ 的倾向。但是，实际转变温度还要取决于动力学因素。

例 2　在与镁质耐火材料及镁质陶瓷生产密切相关的 MgO-SiO_2 系统中，存在如下的固相反应：

（1）$\text{MgO} + \text{SiO}_2 = \text{MgO} \cdot \text{SiO}_2$　　　　　（顽火辉石）

（2）$2\text{MgO} + \text{SiO}_2 = 2\text{MgO} \cdot \text{SiO}_2$　　　　　（镁橄榄石）

由《实用无机物热力学数据手册》可查得有关物质热力学数据列于表 8-3。

表 8-3　有关物质热力学数据

物质	$\Delta H^0_{生,298}$ (kJ/mol)	$-\Phi^0_T$ [J/(mol·k)]										
		600	700	800	900	1000	1100	1200	1300	1400	1500	1600
$\text{MgO} \cdot \text{SiO}_2$	−1550.0	85.9	94.1	102.3	110.2	117.8	125.2	132.4	139.2	145.7	152.1	158.2
$2\text{MgO} \cdot \text{SiO}_2$	−2178.5	121.4	133.9	145.9	157.5	168.7	179.5	189.8	199.6	209.1	218.2	226.9
MgO	−601.7	35.3	38.9	42.6	46.1	48.5	52.8	55.9	58.8	61.6	64.3	66.9
α-石英	−911.5	51.8	56.5	61.3	66.1	70.7	75.2					
α-鳞石英								81.2	85.1	88.9	92.5	96.0

依式（8-20）计算可得上述两反应的 ΔG^0_T。

以反应式（1）、T=600℃为例，计算 ΔG^0_T 的过程如下：

首先计算反应热 ΔH^0_{298} 及 $\Delta\Phi^0_{600}$：

$$\Delta H^0_{298} = -1550.0 - (-601.7) + (-911.5) = -36.8 \text{kJ/mol}$$

$$\Delta\Phi^0_{600} = +35.3 + 51.8 - 85.9 = 1.2 \text{J/(mol} \cdot \text{K)}$$

$$\Delta G^0_{600} = -36.8 + 600 \times 1.2 \times 10^{-3} = -36.1 \text{kJ/mol}$$

各温度下的 ΔG^0_T 值见表 8-4。

考虑 MgO-SiO$_2$ 系统的原料配比为 MgO/SiO$_2$＝1：2，于是可在表 8-3 基础上得出原始物料配比不同时，系统化学反应的自由焓变化与温度的关系（表 8-4）。

表 8-4　MgO-SiO$_2$ 系统固相反应－$\Delta G_T^{\ominus}$-T 关系

温度（K）	600	700	800	900	1000	1100	1200	1300	1400	1500	1600
反应（1）	36.1	35.9	35.5	35.0	34.4	33.9	31.3	30.7	30.2	29.7	29.3
反应（2）	63.4	63.3	63.1	62.8	62.6	62.4	59.5	59.6	59.4	59.2	59.2

由计算结果可以看出，对于 MgO-SiO$_2$ 系统，系统原料配比在整个温度范围内决定哪一种化合物的生成为主要的。当原始配料比 MgO/SiO$_2$＝1 时，顽火辉石的生成具有较大的趋势；而当 MgO/SiO$_2$＝2 时，镁橄榄石生成势则远大于顽火辉石。因此欲获得一定比例的镁橄榄石和顽火辉石，选择合适的原始物料配比是非常重要的。从表 8-5 数据中还可发现，升高温度在热力学意义上并不利于顽火辉石和镁橄榄石的生成而仅是反应动力学所要求的。所以在合成工艺条件的选择上，寻找合适的反应温度以保证足够的热力学生成势同时又满足反应的动力学条件也是具有重要意义的。

表 8-5　原始配比不同时 MgO-SiO$_2$ 系统固相反应－$\Delta G_T^{\ominus}$-T 关系

温度（K）	600	700	800	900	1000	1100	1200	1300	1400	1500	1600
MgO/SiO$_2$＝1											
反应（1）	35.0	35.9	35.5	35.0	34.4	33.9	31.3	30.7	30.2	29.7	29.3
反应（2）	31.7	31.7	31.6	31.4	31.3	31.2	30.0	29.8	29.7	29.6	29.6
MgO/SiO$_2$＝2											
反应（1）	35.0	35.9	35.5	35.0	34.4	33.9	33.3	30.7	30.2	29.7	29.3
反应（2）	63.4	63.3	63.1	62.9	62.6	62.4	60.0	59.7	59.4	59.2	59.2

8.4　相图热力学基本原理

相平衡是热力学在多相体系中重要研究内容之一。相平衡研究对预测材料的组成，材料性能以及确定材料制备方法等均有不可估量的作用。近年来随着计算技术的飞速发展以及各种基础热力学数据的不断完善，多相体系中相平衡关系有可能依据热力学原理，从自由焓组成曲线加以推演而得到确定。这一方法，不仅为相平衡的热力学研究提供了新的途径，同时弥补了过去完全依靠试验手段测制相图时，由于受到动力学因素的影响，平衡各相界线准确位置难以确认的不足，从而对相图的准确制作提供了重要的补充。本节以二元系为例，简单介绍了用相自由焓-组成曲线建立相图的基本原理。

8.4.1　自由焓-组成曲线

8.4.1.1　二元固态溶液或液态溶液自由焓-组成关系式

若由处于标准状态的纯物质 A（物质的量分数为 X_A）和纯物质 B（物质的量分数为 X_B）混合形成一摩尔固态溶液 $S(X_A, X_B)$ 或液态溶液 $L(X_A, X_B)$：

$$X_A A_{(s)} + X_B B_{(s)} \Rightarrow S(X_A, X_B)$$

$$X_A A_{(1)} + X_B B_{(1)} \Rightarrow L(X_A, X_B)$$

此过程自由焓变化 ΔG_m，称固态溶液或液态溶液生成自由焓或混合自由焓。依照热力学基本原理由上述反应得：

$$\Delta G_m = (X_A \overline{G}_A + X_B \overline{G}_B) - (X_A G_A^0 + X_B G_B^0) = X_A(\overline{G}_A - G_A^0) - X_B(\overline{G}_B - G_B^0) \tag{8-22}$$

式中，G_A^0，G_B^0 代表标准状态下固态或液态纯 A 或 B 的摩尔自由焓；$\overline{G}_A$，$\overline{G}_B$ 为固态溶液或液态溶液的偏摩尔自由焓，即化学位。

故在一定温度下 $\overline{G}_1$ 和 $\overline{G}_1^0$ 可由下式通过组成的活度 a_i 得到联系：

$$\overline{G} = G_A^0 + RT\ln a_A = G_A^0 + RT\ln X_A \gamma_A \tag{8-23a}$$

$$\overline{G}_B = G_B^0 + RT\ln a_B = G_B^0 + RT\ln X_B \gamma_B \tag{8-23b}$$

式中，γ_A、γ_B 分别为组成 A 或 B 的活度系数。

将式（8-23）代入式（8-22），于是得混合自由焓 ΔG_m 的一般关系式：

$$\Delta G_m = RT(X_A\ln a_A + X_B\ln a_B)$$
$$= RT(X_A\ln X_A + X_B\ln X_B) + RT(X_A\ln \gamma_A + X_B\ln \gamma_B) \tag{8-24}$$

由此可见，无论是生成二元固态或液态溶液，就混合过程而言其自由焓变化 ΔG_m 均具有相同表达式（8-24）。等式右方第一项是混合为理想状态时（$\gamma_A = \gamma_B = 1$），混合对自由焓的贡献，故称之为理想混合自由焓 ΔG_m^I；等式右方第二项源于混合的非理想过程。它包含了两种组成的活度系数。因此反映了整个溶液体系的不理想程度，常称之为混合过剩自由焓 ΔG_m^E。所以实际混合过程的自由焓变化 ΔG_m 为理想混合自由焓 ΔG_m^I 与混合过剩自由焓 ΔG_m^E 两部分之和：

$$\Delta G_m = \Delta G_m^I + \Delta G_m^E \tag{8-25}$$

在一定温度下，若 $\gamma_1 > 1$，则 $\Delta G_m^E > 0$，表示体系相对理想状态出现正偏差；反之 $\gamma_1 < 1$，则 $\Delta G_m^E < 0$，体系出现负偏差。因此，ΔG_m^E 的大小正负直接影响体系自由焓组成曲线的性态。

8.4.1.2 二元溶液自由焓-组成曲线性态

在等温等压下，对式（8-25）两边关于 X_A 微分，并考虑式（8-24）关系得：

$$\left(\frac{\partial \Delta G_m}{\partial X_A}\right)_{T,P} = \left(\frac{\partial \Delta G_m^I}{\partial X_A}\right)_{T,P} + \left(\frac{\partial \Delta G_m^E}{\partial X_A}\right)_{T,P}$$
$$= RT(\ln X_A - \ln X_B) + RT\left(\ln\gamma_A - \ln\gamma_B + X_A\frac{\partial\ln\gamma_A}{\partial X_A} + X_B\frac{\partial\ln\gamma_B}{\partial X_A}\right) \tag{8-26}$$

考虑 $dX_A = -dX_B$ 和 Gibbs-Duhem 公式：

$$\frac{\partial\ln\gamma_A}{\partial\ln X_A} = \frac{\partial\ln\gamma_B}{\partial\ln X_B}$$

则式（8-26）可写成：

$$\left(\frac{\partial\Delta G_m}{\partial X_A}\right)_{T,P} = RT\ln\frac{X_A}{X_B} + RT\ln\frac{\gamma_A}{\gamma_B} \tag{8-27}$$

对上式关于 X_A 再次微分，并再次利用 Gibbs-Duhem 公式，可得混合自由焓关于 X_A 的二阶导数：

$$\left(\frac{\partial^2 \Delta G_m}{\partial X_A^2}\right)_{T,P} = RT\frac{1}{X_A X_B} + RT\frac{1}{X_B}\cdot\frac{\partial \ln \gamma_A}{\partial X_A} = \frac{RT}{X_A X_B}\left(1+\frac{\partial \ln \gamma_A}{\partial \ln X_A}\right) \tag{8-28}$$

根据混合自由焓关于组成一阶及二阶导数，可分析得出二元溶液自由焓组成的一般性态。

(1) 两组分端点区域

当混合体系组成点位于两端足够小邻域内，混合体系将成为极稀溶液。此时，混合自由焓二阶导数 $\left(\frac{\partial^2 \Delta G_m}{\partial X_A^2}\right)_{T,P}$ 主要取决于 $RT\frac{1}{X_A X_B}$ 而恒为正值，一阶导数 $\left(\frac{\partial \Delta G_m}{\partial X_A}\right)_{T,P}$ 取决于 $RT\ln\frac{X_A}{X_B}$，且有：

$$\left(\frac{\partial \Delta G_m}{\partial X_A}\right)_{T,P}\bigg|_{X_A\to 0} \longrightarrow -\infty \; ; \; 及\left(\frac{\partial \Delta G_m}{\partial X_A}\right)_{T,P}\bigg|_{X_A\to 1} \to +\infty$$

因此，对于一般二元溶液的两组成端足够小区域内自由焓曲线总是呈下凹，如图 8-1 曲线 1，并且 ΔG_m 具有负值。

(2) 非端点区域

当组成点位于非端点区，自由焓组成曲线变化复杂，它随体系过剩自由焓正负和大小不同而不同，但可简单分为如下两种情况：

① 溶液组成 $\gamma_i < 1$，$\Delta G_m^E < 0$。此时体系出现负偏差。若 γ_i 随 X_i 做单调变化，且 $\frac{\partial \gamma_n}{\partial X_n} > 0$，二阶导数 $\left(\frac{\partial^2 \Delta G_m}{\partial X_A^2}\right) > 0$。故自由焓-组成曲线在整个组成区域内呈下凹（图 8-1 中曲线 2）。实际混合自由焓低于理想混合状态，混合将更有利于体系的稳定。

② 溶液组成 $\gamma_i > 1$，$\Delta G_m^E > 0$。此时，体系出现正偏差。若 γ_i 随 X_i 做单调变化，且 $\frac{\partial \gamma_n}{\partial X_n} < 0$，二阶导数 $\left(\frac{\partial^2 \Delta G_m}{\partial X_A^2}\right)$ 依 $\frac{\partial \gamma_n}{\partial X_n}$ 数值大小可取正值或负值。

由式（8-28）可知：$\frac{X_A}{\gamma_A}\left|\frac{\partial \gamma_A}{\partial X_A}\right| < 1$，则 $\left(1+\frac{\partial \ln \gamma_A}{\partial \ln X_A}\right) > 0$，故自由焓-组成曲线仍呈下凹，但实际混合自由焓将高于理想混合状态，如图 8-1 中曲线 3。

当 $\frac{X_A}{\gamma_A}\left|\frac{\partial \gamma_A}{\partial X_A}\right| > 1$，则 $\left(1+\frac{\partial \ln \gamma_A}{\partial \ln X_A}\right) < 0$，

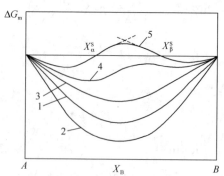

图 8-1 不同情况下混合自由焓-组成曲线

组成曲线将在某一组成区间呈现上凸，如图 8-1 中曲线 4。不难理解这种上凸程度随正偏离程度增大而增大。当 $\Delta G_m^E > |\Delta G_m^I|$ 时，实际混合自由焓在相应组成区间出现正值，如图 8-1 中曲线 5。此时整个自由焓组成曲线可分成两支。左边分支表明 B 可溶解于 A 中形成有限固溶液 α 相、极限组成为 X_α^s，因为当 $X_B > X_\alpha^s$ 将导致 $\Delta G_m > 0$ 的不可能过程。同理，右边的分支表明 A 可溶解于 B 中形成有限固溶体 β 相，其极限组成为 X_β^s。

对于自由焓-组成曲线（图 8-1 中曲线 4）的情况，尽管系统混合自由焓在整个组成区域中均有 $\Delta G_m < 0$，但在曲线上凸部分的组成区间上从能量的观点上看，任一组成的单相溶液都处于一种亚稳状态。体系组成的区域性热扰动会促其分解成两相。

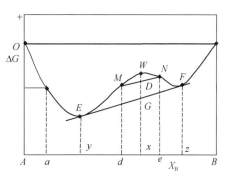

如图 8-2 所示，组成为 X 的溶液，其自由焓为 W，若该溶液分解为组成为 d 和 e 的两溶液，其自由焓分别为 M、N。此时系统总自由焓为两溶液自由焓之和。由杠杆原理可知：总自由焓落于图中 D 点。显然，依此原理进一步的分解将更有利于系统自由焓的降低，直至此两相达到平衡，即化学位相等。此时两相自由焓分别为 E、F 点。它们由两下凹曲线分支的公切线决定。对应的 y 和 z 为相应的相组成，系统总自由焓为 G。由此可见，当系统自由焓曲线出现上凸时，单一溶液自由焓-组成曲线在客观上相当于两种溶液的曲线叠加而成。它们之间存在一不可混溶区。这便是由 E、F 点所确定的自由焓-组成曲线上凸部分相应的组成区域。

图 8-2 当 $\left(1 + \dfrac{\partial \ln \gamma_A}{\partial \ln x_A}\right) < 0$ 时

系统自由焓-组成曲线

8.4.2 自由焓-组成曲线相互关系的确定

以上简单介绍了液相或固相溶液的自由焓-组成曲线的性态及其性质。然而，欲从自由焓-组成曲线推出相平衡关系，还必须确定在任一温度下系统中可能出现各相自由焓-组成曲线，在同一自由焓-组成坐标系中的位置关系，然后根据系统自由焓最低原理与相平衡化学位相等原则，确定各相间的平衡关系。

设有一二元可形成固相和液相溶液系统。其组分 A，B，熔点分别为 T_{fA} 和 T_{fB}。当系统温度 T_1 高于组分 B 熔点而低于组成 A 熔点（即 $T_{fB} < T_1 < T_{fA}$），此时液相溶液的获得应考虑如下过程：

$$T = T_1 : X_A A_{(S)} \Rightarrow X_A A_{(l)} \quad \Delta G = X_A \Delta G_{fA}$$
$$X_A A_{(l)} + X_B B_{(l)} \Rightarrow L(X_A, X_B)$$

故液相溶液形成自由焓 ΔG_m^l 为：

$$\Delta G_m^l = X_A \Delta G_{fA} + RT(X_A \ln a_A^l + X_B \ln a_B^l) \tag{8-29}$$

式中，ΔG_{fA} 为 T_1 温度下，组成 A 熔化自由焓。可按下述方法近似计算：

当 $T = T_{fA}$ 时 $\quad \Delta G_{fA} = \Delta H_{fA} - T_{fA} \Delta S_{fA} = 0$

在其他温度下熔化时：

$$\Delta G_{fA} = \Delta H_{fA} - T \Delta S_{fA} \neq 0$$

设熔化热 ΔH_{fA} 与熔化熵 ΔS_f 不随温度变化，故上两式得

$$\Delta G_{fA} = \Delta H_{fA}\left(1 - \frac{T_1}{T_{fA}}\right) \tag{8-30}$$

将式（8-30）代入式（8-29）得：

$$\Delta G_m^l = X_A \Delta H_{fA}\left(1 - \frac{T_1}{T_{fA}}\right) + RT(X_A \ln a_A + X_B \ln a_B) \tag{8-31}$$

同理，对于固相溶液，应考虑如下过程：

$$T = T_1: \qquad X_B B_{(L)} \Rightarrow X_B B_{(S)} \qquad \Delta G = - X_B \Delta G_{fB}$$

$$X_A A_{(S)} + X_B B_{(S)} \Rightarrow S(X_A, X_B)$$

故得固相溶液自由焓 ΔG_m^s：

$$\Delta G_m^s = - X_B \Delta G_{fB} + RT(X_A \ln a_A^s + X_B \ln a_B^s)$$

$$= X_B \Delta H_{fB}\left(\frac{T_1}{T_{fB}} - 1\right) + RT(X_A \ln a_A^s + X_B \ln a_B^s) \qquad (8\text{-}32)$$

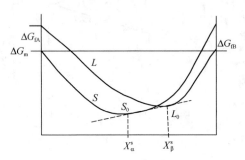

图 8-3　$T_{fB} < T < T_{fB}$ 时，体系固-液相
自由焓-组成曲线图

若假设混合为理想状态，则将 ΔG_m^L 和 ΔG_m^s 绘于同一自由焓-组成坐标系中可得图 8-3，可以看到：固相线 S 与液相 L 并不重合而相交并存在一公切线，切点为 S_0 和 L_0。显然，根据能量最低原理与两相平衡化学位相等原则，对应于这一自由焓-组成曲线关系的相平衡关系为当组成点 $X_A < X_\alpha^s$ 时，体系存在单一固熔体相；当 $X_A > X_\beta^s$ 时体系存在单一液相；而当 $X_\alpha^s < X < X_\beta^s$ 时组成为 X_α^s 的固溶体和组成为 X_β^s 的液相共存。基于与上述同样的考虑，不难推出当系统温度同时高于和低于两组分 A、B 熔点时，体系液相和固相溶液的自由焓-组成关系式。

当 $T > T_{fA}$、T_{fB}：

$$\Delta G_m^L = RT(X_A \ln a_A^L + X_B \ln a_B^L)$$

$$\Delta G_m^s = X_A \Delta H_{fA}\left(\frac{T}{T_{fA}} - 1\right) + X_B \Delta H_{fB}\left(\frac{T}{T_{fB}} - 1\right) + RT(X_A \ln a_A^s + X_B \ln a_B^s) \quad (8\text{-}33)$$

当 $T < T_{fA}$、T_{fB}：

$$\Delta G_m^L = X_A \Delta H_{fA}\left(1 - \frac{T}{T_{fA}}\right) + X_B \Delta H_{fB}\left(1 - \frac{T}{T_{fB}}\right) + RT(X_A \ln a_A^L + X_B \ln a_B^L)$$

$$\Delta G_m^s = RT(X_A \ln a_A^s + X_B \ln a_B^s) \qquad (8\text{-}34)$$

自由焓-组成曲线的以上两种关系绘于图 8-4（a）和图 8-4（b）中，当 $T > T_{fA}$、T_{fB} 时，液相线在整个组成区域内均处于固相线以下，故体系可形成一稳定连续的液相。

当 $T < T_{fA}$、T_{fB} 时，固相线处于液相线之下，故可形成一稳定的连续固溶体。

8.4.3　从自由焓-组成曲线推导相图举例

当体系中各可能出现的相在不同温度下自由焓-组成曲线及相互位置关系确定之后，便可由此推导出相应于不同温度下相界点的平衡位置。下面介绍一个二元系统基本类型相图的推导。

固态部分互溶具有低共熔类型的二元相图当组分 a 和 b 部分互溶时，固相能形成两种固溶体。此时系统可能存在三个相：液相、α 固溶体及 β 固溶体。当考虑温度取值从 T_1 到

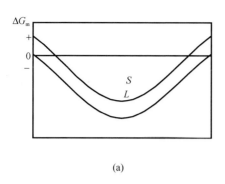 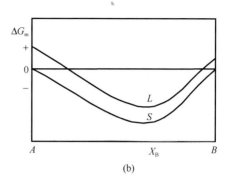

(a)   (b)

图 8-4 　当 $T > T_{fA}$ 、T_{fB}（A）；$T < T_{fA}$ 、T_{fB}（B）时体系固、液自由焓-组成曲线

T_6 时，三个相的自由焓组成曲线，L、α 以及 β 曲线如图 8-5（a）～（f）所示。

在 A 的熔点 T_6 时，α 线 L 线相切于 a 点，如图 8-5（a）所示，因为在此温度下纯 A 固相与液相两相平衡，自由焓相等。其他全部组成范围内，由于 L 线位于 α、β 线之下，故只有液相能够稳定存在。当温度降至 B 的熔点 T_5 时，如图 8-5（b）所示，β 线与 L 线相切于 b 点（道理同上）。同时 α 线一部分位于 L 线以下并与 L 线公切于 c、d 点。图 8-5（b）表示共存的两相分别是组成为 c 的 α 相固溶体和组成为 d 的液相。

在更低温度 T_4 时，α、β 线均有一部分在 L 线以下，见图 8-5（c），此时存在两条公切线，表示有两对共存的相。在低共熔点 T_3 时，α、β 和 L 三条曲线有一条公切线［图 8-5（d）］，此时 α、β 和 L 三相共存，由于 L 曲线上切点 k 位于其他两切点 j 和 i 之间，就形成了低共熔类型的相图，k 点即为低共熔点。

当温度低于低共熔点如 T_2 和 T_1 时，如图 8-5（e）、（f）所示，L 线位于 α、β 曲线公切线之上，此时两切点组成间共存的是 α、β 相。

最后将各温度下各相自由焓-组成曲线间的切点对应地描于温度组成 T-X 坐标上，便可得到该系统的相图，如图 8-5（g）所示。

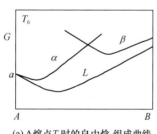 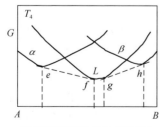

(a) A 熔点 T_6 时的自由焓-组成曲线   (b) B 熔点 T_5 时的自由焓-组成曲线

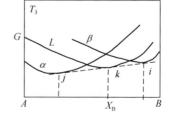

(c) 温度 T_4 时的自由焓-组成曲线   (d) 低其熔点 T_3 时的自由焓-组成曲线

图 8-5 　固相部分互溶的低共熔系统自由焓-组成曲线及其相平衡图（一）

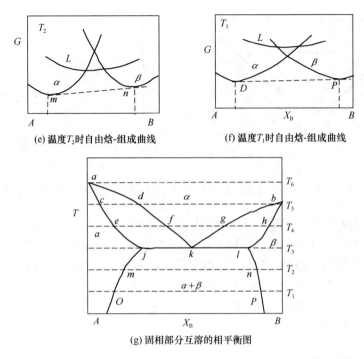

(e) 温度T_2时自由焓-组成曲线　　　　(f) 温度T_1时自由焓-组成曲线

(g) 固相部分互溶的相平衡图

图 8-5　固相部分互溶的低共熔系统自由焓-组成曲线及其相平衡图

8.5　思政拓展

正确理解理论与实践的关系

理论与实践是相互依存、相互作用、相互促进的辩证统一关系。理论来源于实践，又反作用于实践，指导实践的发展。实践也会作用于理论，检验理论的正确性和科学性，促进理论的创新和发展。理论与实践两者不可分离，只有用辩证统一的眼光去看待问题，才能够更加全面地发现问题。

实践是检验真理的唯一标准，一切科学的理论都从实践中来，又回到实践中接受检验。在实践中发现问题、分析问题、总结规律、解决问题的过程就是推动理论创新的过程。创新后的理论被检验正确后，又可以用它来指导我们的实践。

具体到本章中的理论是热力学原理。热力学是一门研究各种变化过程中的能量转化关系，以及过程进行的方向和限度等的科学。热力学的基础是热力学三个定律，毫无疑问已经经过充分的实践证明是正确的。

但经典热力学应用于无机非金属材料领域时，因无机材料是一种固体材料，与气体、液体相比，固体中的化学质点由于受近邻粒子的强烈束缚，其活动能力要小得多。即使处于高温熔融状态，由于硅酸盐熔体的黏度很大，其扩散能力仍然是有限的。这就是说，硅酸盐体系的高温物理化学过程要达到一定条件下的热力学平衡状态，所需的时间往往比较长。而工业生产要考虑经济核算，保证一定的劳动生产率，其生产周期是受到限制的。所以将经典热力学理论与方法用于如硅酸盐这样的凝聚系统时，必须充分注意这一理论与方法应用上的特点及其局限性。凝聚态系统中所进行的物理化学过程往往难以达到热力学意义上的平衡，过程的产物也常处于亚稳状态（或称介稳状态）。

由此热力学应用于无机非金属材料领域，在实践中形成了新的亚稳状态（介稳状态）理论，在本教材后面的相变、相平衡等章节中应用该理论指导我们分析相变过程、制作相图、分析相图，以及指导我们的生产和科学研究实践活动。

本章总结

发生于凝聚态系统的一系列物理化学过程，一般均在固相或液相中进行。由于系统的多相性以及凝聚相中质点扩散速度很小，因而凝聚态系统中所进行的物理化学过程往往难以达到热力学意义上的平衡，过程的产物也常处于亚稳状态（如玻璃体或胶体状态）。本章讨论了凝聚态系统反应的方向性、过程产物的稳定性和生成序等热力学特点，特别说明了其实际应用的局限性：工业生产劳动效率限制，硅酸盐体系的高温物理化学过程往往没有达到热力学的平衡状态。举例详细说明了热力学理论与方法用于硅酸盐凝聚系统的计算。介绍了依据热力学原理计算推演而得到确定多相体系中的相平衡关系。这一方法不仅为相平衡的热力学研究提供了新的途径，同时弥补了过去完全依靠试验手段测制相图时，由于受到动力学因素的影响，平衡各相界线准确位置难以确认的不足。

课后习题

8-1　碳酸钙的加热分解：$CaCO_3 \longrightarrow CaO + CO_{2(气)}$。试用一般热力学方程求分解反应的 ΔG_T^0 及分解温度？

8-2　碳酸钙的加热分解：$CaCO_3 \longrightarrow CaO + CO_{2(气)}$。试用热力学势函数法求分解反应的 ΔG_T^0 及分解温度？

提示：查表获得有关热力学数据，计算 $800 \sim 1400K$ 间的 ΔG_T^0，再作 ΔG_T^0-T 图，$\Delta G^0 = 0$ 所对应的温度为分解温度。

8-3　试用热力学的方法从理论上分析 Li_2CO_3 的分解温度。

提示：查表获得有关热力学数据，计算 $700 \sim 1200K$ 间的 ΔG_T^0，再作 ΔG_T^0-T 图，或线性回归得一直线方程，并令 $\Delta G_T^0 = 0$，求出对应的 T 值。

8-4　氮化硅粉可用于制造性能极好的氮化硅陶瓷，由硅粉与氮气在 1623K 剧烈反应而生成氮化硅粉，试计算硅粉氮化时的热效应？

提示：$3Si(固) + 2N_2(气) \xrightarrow{\Delta H_{1623}} Si_3N_4(固)$，计算 ΔH_{1623}。

8-5　计算固体 SiC 在 2000K 下是否具有显著的挥发。SiC 在 2000K 时，可能出现如下四种情况：①SiC（固）＝Si（气）＋C（气）

② SiC(固)＝Si(气)＋C(固)

③ SiC(固)＝Si(液)＋C(气)

④ SiC(固)＝Si(液)＋C(液)

提示：可采用热力学势函数法求得 2000K 时，各反应式的 ΔG_T^0 和平衡常数 K 进行比较。

8-6　SiC 是高温导体、金属陶瓷、磨料等不可缺少的原料，以硅石和焦炭为原料制备碳化硅，反应方程：$SiO_2 + 3C = SiC + 2CO$。试用 $\Delta G^0 = \Delta H^0 - T\Delta S^0$ 的方法计算 ΔG^0 及平衡常数，从理论上分析该反应在什么温度下才能进行。

提示：由计算得知，$\Delta H > 0$，此过程为吸热过程，故必须提高温度，至 $\Delta G^0 = 0$ 时，反应才能出现转折。

9 相 平 衡

本章导读

相平衡主要研究多组分（或单组分）多相系统中相的平衡问题，即多相系统的平衡状态（包括相的个数，每相的组成，各相的相对含量等）如何随着影响平衡的因素（温度、压力、组分的浓度等）变化而改变的规律。根据多相平衡的试验结果，可以绘制成几何图形来描述这些在平衡状态下的变化关系，这种图形就称为相图（或称为平衡状态图）。

无机新材料的研发与制备，一般都是根据用途来确定其所要求的性能，而材料的性质除了与化学组成有关外还取决于其显微结构，即其中所包含的每一相（晶相、玻璃相及气孔）的组成、数量和分布。由此可以根据相图来指导其配料范围和制备工艺，将大大缩小试验范围，节约人力物力，取得事半功倍的效果。因此，相图对于材料科学工作者的作用就如同航海图对于航海家一样重要；在材料的研究或实际生产中应用广泛，起着重要的指导作用。例如，水泥、玻璃、陶瓷、耐火材料等无机材料的形成过程等都是在多相系统中实现的，都是将一定配比的原料经过煅烧而形成的，并且要经历多次相变过程，通过相平衡的研究就能了解在不同条件下系统所处的状态，并能通过一定的工艺处理控制这些变化过程，制备出预期性能的材料。

本章涉及相律及相平衡研究方法，单元、多元相图的基本原理及应用，不同组元无机材料专业相图及其在无机材料组成设计、工艺方法选择、矿物组成控制及性能预测等方面的应用等理论与实践知识。

9.1 相平衡的基本概念、相律

9.1.1 相

相是指在系统内部物理和化学性质完全均匀的一部分。相和相之间有分界面，可以用机械的办法把它们分离开。需要注意的是，一个相必须在物理性质和化学性质上是均匀的，但不一定只含一种物质。如空气中含有多种成分，但在常压下是一个相；又如食盐水溶液，虽然它含有两种物质，但它是真溶液，整个系统是一个相。按照上述定义，我们分别讨论在无机非金属材料系统相平衡中经常会遇到的各种情况。

（1）形成机械混合物 几种物质形成的机械混合物，不管其粉料磨得多细，都不可能达到相所要求的微观均匀，因而都不能视为单相。有几种物质就有几个相，如玻璃的配合料、制备好的陶瓷坯釉料均属于这种情况。

（2）生成化合物 组分间每生成一个新的化合物，即形成一种新相。

（3）形成固溶体 由于固溶体在晶格上各组分的化学质点是随机均匀分布的，其物理性质和化学性质符合相的均匀性要求，因而几个组分间形成的固溶体为一个相。

（4）同质多晶现象 在无机非金属材料中，这是极为普遍的现象。同一物质的不同晶形（变体）虽具有相同的化学组成，但由于其晶体结构和物理性质不同，因而分别各自成相。有几种变体即有几个相。

（5）硅酸盐高温熔体 组分在高温下熔融所形成的熔体，即硅酸盐系统中的液相。一般表现为单相，如发生液相分层，则在熔体中有两个相。

（6）介稳变体 介稳变体是一种热力学非平衡态，一般不出现于相图。鉴于在无机非金属材料系统中，介稳变体实际上经常产生，为了实用上的方便，在某些一元和二元系统中也可能将介稳变体及由此而产生的介稳平衡的界线标示于相图上。这种界线一般用虚线表示，以示与热力学平衡态相区别。若有介稳变体出现，每一个变体为一个相。

一个系统中所含相的数目称为相数，用符号 P 表示。按照相数的不同，系统可分为单相系统、两相系统及三相系统等。含有两相以上的系统称为多相系统。

9.1.2 组分、独立组分

组分（或组元）是指系统中每一个可以单独分离出来并能独立存在的化学纯物质。组分的数目称为组分数。独立组分是指足以表示形成平衡系统中各相组成所需要的最少数目的化学纯物质，它的数目称为独立组分数，用符号 C 表示。

在没有化学反应的系统中，化学物质种类的数目等于组分数。如 NaCl 的水溶液中，只有 NaCl 和 H_2O 才是这个系统的组分，而 Na^+ 和 Cl^- 不能单独分离出来和独立存在，它们就不是这个系统的组分，故该系统 $C=2$，如果系统中各物质间发生了化学反应并建立了平衡，一般来说，系统的独立组分数等于组分数减去所进行的独立化学反应数。如由 $CaCO_3$、CaO、CO_2 组成的系统，在高温时发生如下反应并建立平衡：

$$CaCO_3（固） \rightleftharpoons CaO（固）+CO_2（气）$$

此时虽然有三个组分，但独立组分数只有两个，只要确定任意两个组分的量，另一个组分的量根据化学平衡就自然确定了。

按照独立组分数目的不同，可将系统分为单元系统、二元系统和三元系统等。

在无机非金属材料系统中经常采用氧化物（或某种化合物）作为系统的组分，如 SiO_2 一元系统、Al_2O_3-SiO_2 二元系统、CaO-Al_2O_3-SiO_2 三元系统等。值得注意的是，硅酸盐物质的化学式习惯上往往以氧化物形式表达，如硅酸二钙写成 $2CaO \cdot SiO_2$（C_2S）。我们研究 C_2S 的晶形转变时，不能把它视为二元系统。因为 C_2S 是一种新的化学物质，而不是 CaO 和 SiO_2 的简单混合物，它具有自己的化学组成和晶体结构，因而具有自己的化学性质和物理物质。根据相平衡中组分的概念，对它单独加以研究时，它应该属于一元系统。同理，$K_2O \cdot Al_2O_3 \cdot 4SiO_2$-$SiO_2$ 系统是一个二元系统，而不是三元系统。

9.1.3 自由度

在相平衡系统中可以独立改变的变量（如温度、压力或组分的浓度等）称为自由度。这些变量可以在一定范围内任意改变，而不引起旧相的消失和新相产生。这些变量的数目称为自由度数，以符号 F 表示。

按照自由度数可对系统进行分类，$F=0$，称为无变量系统；$F=1$，称为单变量系统；

$F=2$，称为双变量系统等。

9.1.4 相律

1876 年吉布斯以严谨的热力学为工具，推导了多相平衡体系的普遍规律——相律。经过长期实践的检验，相律被证明是自然界最普遍的规律之一。多相系统中自由度数（F）、独立组分数（C）、相数（P）和对系统平衡状态能够发生影响的外界因素之间有如下关系：

$$F = C - P + 2$$

式中，F 为自由度数；C 为独立组分数；P 为相数；2 指温度和压力这两个影响系统平衡的外界因素。

无机非金属材料系统的相平衡属不含气相或气相可以忽略的凝聚系统。在温度和压力这两个影响系统平衡的外界因素中，压力对不包含气相的固-液相之间的平衡影响很小，实际上不影响凝聚系统的平衡状态。大多数无机非金属材料物质属难熔化合物，挥发性很小，压力这一平衡因素可以忽略（如同电场、磁场对一般热力学体系相平衡的影响可以忽略一样），我们通常是在常压（即压力为一大气压的恒值）下研究材料和应用相图的，因而相律在凝聚系统中具有如下形式：

$$F = C - P + 1$$

本章在讨论二元及其以上的系统时均采用上述相律表达式。虽然相图上没有特别标明，但应理解为是在外压为一个大气压下的等压相图，并且即使外压变化，只要变化不是太大，对系统的平衡不会有多大影响，相图图形仍然适用。对于一元凝聚系统，为了能充分反映纯物质的各种聚集状态（包括超低压的气相和超高压可能出现的新晶型），我们并不把压力恒定，而是仍取为变量，这是需要引起注意的。

9.2 相平衡的研究方法

研究凝聚系统相平衡，其本质是通过测量系统发生相变时物理与化学性质或能量的变化（如温度和反应热等）来确定相图的。下面介绍凝聚系统相平衡的两种基本研究方法。

9.2.1 淬冷法（静态法）

淬冷法是测定凝聚系统相图中用得最广泛的一种方法。将一系列不同组成的试样在选定的不同温度下长时间保温，使之达到该温度和组成条件下的热力学平衡状态，然后将试样迅速淬冷，以便把高温的平衡状态在低温下保存下来，再用适当手段对其中所包含的平衡各相进行鉴定，据此制作相图。淬冷法装置示意图如图 9-1 所示。在高温充分保温的试样，用大电流熔断悬丝，让试样迅速掉入炉子下部的淬冷容器中淬冷。由于相变来不及进行，因而冷却后的试样就保持了高温下的平衡状态。然后用 XRD、OM、SEM 等测试手段对淬冷试样进行物相鉴定，以确定试样在高温所处的平衡状态。将测定结果记入相图中相对位置上，即可绘出相图。高温下系统中的液相经急速淬冷后转变为玻璃体，而晶体则以原有晶形保存下来，图 9-2 所示为一个最简单的二元相图是如何用淬冷法测定的。

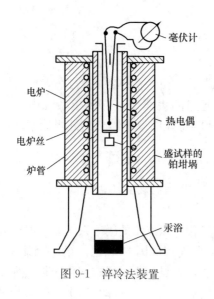

图 9-1 淬冷法装置

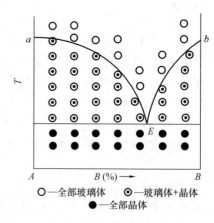

○—全部玻璃体 ⊙—玻璃体+晶体
●—全部晶体

图 9-2 淬冷法测定相图

系统状态点处于液相线 aE、bE 以上的所有试样，经淬冷处理后，仅能观察到玻璃体；系统状态点处于液相线和固相线之间的两相区的所有淬冷试样，可以观察到 A 晶体（或 B 晶体）与玻璃体；而在低共熔温度以下恒温的所有淬冷试样，可以检定出 A 晶体与 B 晶体，但没有玻璃体。显然，用这样的方法确定相图上液相线与固相线的位置，试验点必须足够多，在液相线与固相线附近试验安排的温度间隔与组成间隔必须足够小，才能获得准确的结果。因此，用淬冷法制作一张凝聚系统相图，其工作量是相当大的。

淬冷法的最大优点是准确度高，因为试样经长时间保温比较接近于平衡状态，淬冷后在室温下又可对试样中平衡共存的相数、各相的组成、形态和数量直接进行测定。但对某些相变速度特别快的系统，淬冷难以完全阻止降温过程中发生新的相变化，此方法就不能适用。

用淬冷法测定相图的关键有两个。一是确保恒温的时间足以使系统达到该温度下的平衡状态，这需要通过试验来加以确定。通常采取改变恒温时间观察淬冷试样中相组成变化的办法，如果经过一定时间恒温后，淬冷样中的相组成不再随恒温时间延长而变化，一般可认为平衡已经达到。另一个则是确保淬冷速度足够快，使高温下已达到的平衡状态可以完全保存下来，这也需要通过试验加以检验。近年来，在相图测定中，已应用高温显微镜及高温 X 射线衍射方法检验在室温淬冷样品中观察到的相，在高温平衡状态中是否确实存在，从而检验淬冷效果。选择合适的淬冷剂（如水、油、汞等）这一要求一般是可以达到的。

9.2.2 热分析法（动态法）

热分析法中最常用的是冷却曲线（或加热曲线）法及差热分析法。

冷却曲线法是通过测定系统冷却过程中的温度-时间曲线来判断相变温度。系统在环境温度恒定的自然冷却过程中，如果没有相变发生，其温度-时间曲线是连续的；如果有相变发生，则相变伴随的热效应将会使曲线出现折点或水平段，相变温度即可根据折点或水平段出现的温度加以确定。图 9-3 所示为具有一个低共熔点的简单二元相图是如何用冷却曲线法测定的。

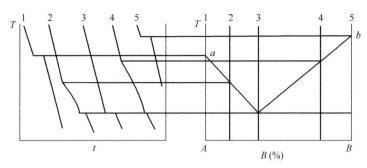

图 9-3　用冷却曲线法测定简单二元系统相图

如果相变热效应很小，冷却曲线上的折点不明显，可以采用灵敏度较高的差热分析法。差热分析的原理是将被测试样及一参比物（无任何相变发生的惰性物质）放在相同热环境中，在程序控温下以相同速度升温。如果试样中没有相变产生的热效应，则被测试样与参比物应具有相同的温度。反之，试样与参比物之间就会产生温差。这个温差可以被差热分析仪中的差热电偶检测到。因此，通常所称的差热曲线实际上是温差-温度曲线。根据差热曲线上峰或谷的位置，可以判断试样中相变发生的温度。

热分析法正好与静态法相反，适用于相变速度快的体系，而不适用于相变缓慢、容易过冷或过热的系统。热分析法的最大优点是简便，不像淬冷法那样费时费力，缺点则由于本质上是一种动态法，不像静态法那样更符合相平衡的热力学要求，所测得的相变温度实际上是近似值。此外，热分析法只能测出相变温度，不能确定相变前后的物相，要确定物相，仍需要其他方法的配合。

9.3　单元系统相图

单元系统中只有一种组分，不存在浓度问题，影响系统的平衡因素只有温度和压力，因此单元系统相图是用温度和压力两个坐标表示的。

单元系统中 $C=1$，相律 $F=C-P+2=3-P$。系统中的相数不可能少于一个，因此单元系统的最大自由度为 2，这两个自由度即温度和压力；自由度最少为零，所以系统中平衡共存的相数最多三个，不可出现四相平衡或五相平衡状态。

在单元系统中，系统的平衡状态取决于温度和压力，只要这两个参变量确定，则系统中平衡共存的相数及各相的形态，便可根据其相图确定。因此相图上的任意一点都表示了系统的一定平衡状态，我们称之为"状态点"。

9.3.1　水的相图

单元系统相图是温度和压力的 $P\text{-}T$ 图。图上不同的几何要素（点、线、面）表达系统的不同平衡状态。图 9-4 是水的相图，整个图面被三条曲线划分为三个相区 cob、coa 及 boa，分别代表冰、水、汽的单相区。在这三个单相区内，显然温度和压

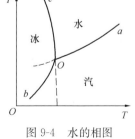

图 9-4　水的相图

力都可以在相区范围内独立改变而不会造成旧相消失或新相产生，因而自由度为 2。我们称这时的系统是双变量系统或说系统是双变量的。把三个单相区划分开来的三条界线代表了系统中的两相平衡状态：oa 代表水汽两相平衡共存，因而 oa 线实际上是水的饱和蒸气压曲线（蒸发曲线）；ob 代表冰汽两相的平衡共存，因而 ob 线实际上是冰的饱和蒸气压曲线（升华曲线）；oc 则代表冰水两相平衡共存，因而 oc 线是冰的熔融曲线。在这三条界线上，温度和压力中只有一个是独立变量，当一个参数独立变化时，另一参量必须沿着曲线指示的数值变化，而不能任意改变，才能维持原有的两相平衡，否则必然造成某一相的消失。因而此时系统的自由度为 1，是单变量系统。三个单相区、三条界线会聚于 o 点，o 点是一个三相点，反映了系统中冰、水、汽的三相平衡共存状态。三相点的温度和压力是恒定的，要想保持系统的这种三相平衡状态，系统的温度和压力都不能有任何改变，否则系统的状态点必然要离开三相点，进入单相区或界线区，从三相平衡状态变为单相或两相平衡状态，即从系统中消失一个或两个旧相。因此，此时系统的自由度为零，处于无变量状态。

水的相图是一个生动的例子，说明相图如何用几何语言把一个系统所处的平衡状态直观而形象化地表示出来。只要知道了系统的温度和压力，即只要确定了系统的状态点在相图上的位置，我们便可以立即根据相图判断出此时系统所处的平衡状态；有几个相平衡共存，是哪几个相。

在水的相图上值得一提的是冰的熔点。曲线 oc 向左倾斜，斜率为负值，这意味着压力增大，冰的熔点下降，这是由于冰融化成水时体积收缩而造成的。oc 的斜率可以根据克拉贝龙-克劳修斯（Chausius-Clapeyron）方程计算：$\dfrac{\mathrm{d}p}{\mathrm{d}T} = \dfrac{\Delta H}{T\Delta V}$。冰融化成水时吸热 $\Delta H > 0$，而体积收缩 $\Delta V < 0$，因而造成 $\dfrac{\mathrm{d}p}{\mathrm{d}T} < 0$，像冰这样熔融时体积收缩的物质并不多，统称为水型物质。铋、镓、锗及三氯化铁等少数物质属于水型物质。大多数物质熔融时体积膨胀，相图上的熔点曲线向右倾斜，压力增加，熔点升高。这类物质统称为硫型物质。

9.3.2　具有同质多晶转变的单元系统相图

图 9-5 是具有同质多晶转变的单元系统相图的一般形式。图上的实线把相图划分为四个区：ABF 是低温稳定的晶形 I 的单相区；$FBCE$ 是高温稳定的晶形 II 的单相区；ECD 是液相（熔体）区；低压部分的 $ABCD$ 是气相区。把两个单相区划分开来的曲线代表了系统两相平衡状态：AB、BC 分别是晶形 I 和晶形 II 的升华曲线；CD 是熔体的蒸气压曲线；BF 是晶形 I 和晶形 II 之间的晶形转变线；CE 是晶形 II 的熔融曲线。代表系统中三相平衡的三相点有两个：B 点代表晶形 I、晶形 II 和气相的三相平衡；C 点表示晶形 II、熔体和气相的三相平衡。

图 9-5 中的虚线表示系统中可能出现的各种介稳平衡状态（在一个具体单元系统中，是否出现介稳状态，出现何种

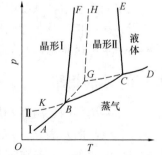

图 9-5　具有同质多晶转变
的单元系统相图

形式的介稳状态，依组分的性质而定）。$FBGH$ 是过热晶形 I 的单相区，$HGCE$ 是过冷熔体的介稳单相区，BGC 和 ABK 是过冷蒸气的介稳单相区，KBF 是过冷晶形 II 的介稳单相区。把两个介稳单相区划分开的虚线代表了相应的介稳两相平衡状态：BG 和 GH 分别是过热晶形 I 的升华曲线和熔融曲线；GC 是过冷熔体的蒸气压曲线；KB 是过冷晶形 II 的蒸气压曲线。三个介稳单相区会聚的 G 点代表过热晶形 I、过冷熔体和气相之间的三相介稳平衡状态，是一个介稳三相点。

9.3.3 可逆（双向）多晶转变与不可逆（单向）多晶转变

从热力学观点来看，多晶转变分为可逆（双向）多晶转变与不可逆（单向）多晶转变。图 9-5 所示即为可逆多晶转变。为便于分析，将这种类型的相图表示于图 9-6。图 9-6 中 2 点是过热晶形 I 的蒸气压曲线与过冷液体蒸气压曲线的交点。由图可知，在不同压力条件下，点 2 相当于晶形 I 的熔点，点 1 为晶形 I 和晶形 II 的转变点，点 3 为晶形 II 的熔点。忽略压力对熔点和转变点的影响，其转变关系可用下式表达：晶形 I $\Longleftrightarrow$ 晶形 II $\Longleftrightarrow$ 熔体。

这类转变相图的特点是，晶形 I 和晶形 II 均有自己稳定存在的温度范围。从图 9-6 中可以看出，蒸气压比较小（相图中实线）的相是稳定相，而蒸气压较大（相图中虚线）的相是介稳相。另一显著特点是，晶形转变的温度低于两种晶形的熔点。

图 9-7 是具有不可逆（单向）多晶转变的单元相图。在相应的不同压力条件下，点 1 是晶形 I 的熔点，点 2 是晶形 II 的熔点，点 3 是多晶转变点。然而，这个三相点实际上是得不到的，因为晶体不可能过热而超过其熔点。

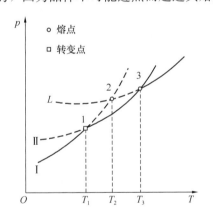
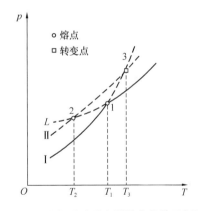

图 9-6　具有可逆多晶转变的单元相图　　图 9-7　具有不可逆多晶转变的单元相图

由图 9-7 可见，晶形 II 的蒸气压在整个温度范围内高于晶形 I，处于介稳状态，随时都有转变为晶形 I 的倾向。但要获得晶形 II，必须先将晶形 I 熔融，然后使它过冷，而不能直接加热晶形 I 来得到。其转变关系表达如下：

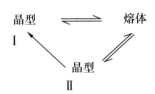

可以看出这类多晶转变的特点：一是晶形 Ⅱ 没有自己稳定存在的温度范围，二是多晶转变的温度高于两种晶形的熔点。

SiO$_2$ 的各种变体之间的转变大部分属于可逆多晶转变。β-C$_2$S 和 γ-C$_2$S 为不可逆转变。只能 β-C$_2$S $\longrightarrow$ γ-C$_2$S，而 γ-C$_2$S 不能直接转变为 β-C$_2$S。

9.4 单元系统相图应用

9.4.1 SiO$_2$ 系统相图的应用

SiO$_2$ 是自然界分布极广的物质。它的存在形态很多，以原生态存在的有水晶、脉石英、玛瑙，以次生态存在的则有砂岩、蛋白石、玉髓及燧石等，此外尚有变质作用的产物如石英岩等。SiO$_2$ 在工业上应用极为广泛，透明水晶可用来制造紫外光谱仪棱镜、补色器、压电元件等；而石英砂则是玻璃、陶瓷、耐火材料工业的基本原料，特别是在熔制玻璃和生产硅质耐火材料中用量更大。

SiO$_2$ 的一个最重要的性质就是其多晶性。试验证明，在常压和有矿化剂（或杂质）存在时，SiO$_2$ 能以七种晶相、一种液相和一种气相存在。近年来，随着高压试验技术的进步又相继发现了新的 SiO$_2$ 变体。它们之间在一定的温度和压力下可以互相转变。因此，SiO$_2$ 系统是具有复杂多晶转变的单元系统。SiO$_2$ 变体之间的转变如下所示：

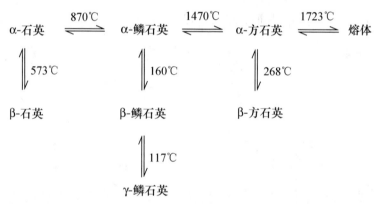

根据转变时的速度和晶体结构发生变化的不同，可将变体之间的转变分为两类。

一级转变（重建型转变）。如石英、鳞石英与方石英之间的转变。此类转变由于变体之间结构差异大，转变时要打开原有化学键，重新形成新结构，所以转变速度很慢。通常这种转变由晶体的表面开始逐渐向内部进行。因此，必须在转变温度下保持相当长的时间才能实现这种转变。要使转变加快，必须加入矿化剂。由于这种原因，高温型的 SiO$_2$ 变体经常以介稳状态在常温下存在，而不发生转变。

二级转变（位移型转变或称为高低温型转变）。如同系列中 α、β、γ 形态之间的转变。各变体间结构差别不大，转变时不需打开原有化学键，只是原子发生位移或 Si—O—Si 键角稍有变化，转变速度迅速而且是可逆转变，转变在一个确定的温度下在全部晶体内部发生。

SiO$_2$ 发生晶形转变时，必然伴随体积的变化，表 9-1 列出了多晶转变体积变化的理论值，（＋）指标膨胀，（－）表示收缩。

表 9-1　SiO₂ 多晶转变时体积的变化

一级变体间的转变	计算采取的温度（℃）	在该温度下转变时体积效应（%）	二级变体间的转变	计算采取的温度（℃）	在该温度下转变时体积效应（%）
α-石英→α-鳞石英	1000	+16.0	β-石英→α-石英	573	+0.82
α-石英→α-方石英	1000	+15.4	γ-鳞石英→β-鳞石英	117	+0.2
α-石英→石英玻璃	1000	+15.5	β-鳞石英→α-鳞石英	163	+0.2
石英玻璃→α-方石英	1000	-0.9	β-方石英→α-方石英	150	+2.8

　　从表 9-1 中可以看出，一级变体之间的转变以 α-石英→α-鳞石英时体积变化最大，二级变体之间的转变以方石英的体积变化最大，鳞石英的体积变化最小。必须指出，一级转变虽然体积变化大，但由于转变速度慢、时间长，体积效应的矛盾不突出，对工业生产影响不大；而位移型转变虽然体积变化小，但由于转变速度快，对工业生产影响很大。

　　图 9-8 是 SiO₂ 系统相图，图中给出了各变体的稳定范围以及它们之间的晶形转化关系。SiO₂ 各变体及熔体的饱和蒸气压极小（2000K 时仅 10^{-7} MPa），相图上的纵坐标是故意放大的，以便于表示各界线上的压力随温度的变化趋势。

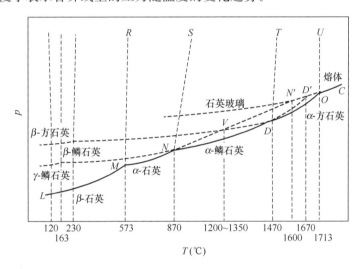

图 9-8　SiO₂ 系统相图

　　此相图的实线部分把全图划分成六个单相区，分别代表了 β-石英、α-石英、α-鳞石英、α-方石英、SiO₂ 高温熔体及 SiO₂ 蒸气六个热力学稳定态存在的相区。每两个相区之间的界线代表了系统中的两相平衡状态。如 LM 代表了 β-石英与 SiO₂ 蒸气之间的两相平衡，因而实际上是 β-石英的饱和蒸气压曲线。OC 代表了 SiO₂ 熔体与 SiO₂ 蒸气之间的两相平衡，因而实际上是 SiO₂ 高温熔体的饱和蒸气压曲线。MR、NS、DT 是晶形转变线，反映了相应的两种变体之间的平衡共存。如 MR 线表示出了 β-石英与 α-石英之间相互转变的温度随压力的变化。OU 线则是 α-方石英的熔融曲线，表示了 α-方石英与 SiO₂ 熔体之间的两相平衡，每三个相区会聚的一点都是三相点。图中有四个三相点，如 M 点是代表 β-石英、α-石英与 SiO₂ 蒸气三相平衡共存的三相点，O 点则是 α-方石英、SiO₂ 熔体与

SiO_2 蒸气的三相点。

如前所述，α-石英、α-鳞石英与α-方石英之间的晶形转变困难。而石英、鳞石英与方石英的高低温型，即 α、β、γ 型之间的转变则速度很快。只要不是非常缓慢的平衡加热或冷却，则往往会产生一系列介稳状态。这些可能发生的介稳态都用虚线表示在相图上。如α-石英加热到 870℃ 时应转变为 α-鳞石英，但如加热速度不是足够慢则可能成为 α-石英的过热体，这种处于介稳态的 α-石英可能一直保持到 1600℃（N' 点）直接熔融为过冷的 SiO_2 熔体。因此 NN' 实际上是过热 α-石英的饱和蒸气压曲线，反映了过热 α-石英与 SiO_2 蒸气两相之间的介稳平衡状态。DD' 则是过热 α-鳞石英的饱和蒸气压曲线，这种过热的 α-鳞石英可以保持到 1670℃（D' 点）直接熔融为 SiO_2 过冷熔体。在不平衡冷却过程中，高温 SiO_2 熔体可能不在 1713℃ 结晶出 α-方石英，而成为过冷熔体。虚线 ON' 在 CO 的延长线上，是过冷 SiO_2 熔体的饱和蒸气压曲线，反映了过冷 SiO_2 熔体与 SiO_2 蒸气两相之间的介稳平衡。α-方石英冷却到 1470℃ 时应转变为 α-鳞石英，实际上却往往过冷到 230℃ 转变成与 α-方石英结构相近的 β-方石英。α-鳞石英则往往不在 870℃ 转变成 α-石英，而是过冷到 163℃ 转变为 β-鳞石英，β-鳞石英在 120℃ 下又转变成 γ-鳞石英。β-方石英、β-鳞石英与 γ-鳞石英虽然都是低温下的热力学不稳定态，但由于它们转变为热力学稳定态的速度极慢，实际上可以长期保持自己的形态。α-石英与 β-石英在 573℃ 下的相互转变，由于彼此间结构相近，转变速度很快，一般不会出现过热或过冷现象。由于各种介稳状态的出现，相图上不但出现了这些介稳态的饱和蒸气压曲线及介稳晶形转变线，而且出现了相应的介稳单相区以及介稳三相点（如 N'、D'），从而使相图呈现出复杂的形态。

对 SiO_2 相图稍加分析不难发现，SiO_2 所有处于介稳状态的变体（或熔体）的饱和蒸气压都比相同温度范围内处于热力学稳定态的变体的饱和蒸气压高。在一元系统中，这是一条普遍规律。这表明，介稳态处于一种较高的能量状态，有自发转变为热力学稳定态的趋势，而处于较低能量状态的热力学稳定态则不可能自发转变为介稳态。理论和实践都证明，在给定温度范围，具有最小蒸气压的相一定是最稳定的相，而两个相如果处于平衡状态，其蒸气压必定相等。

石英是硅酸盐工业上应用十分广泛的一种原料。现以耐火材料硅砖的生产和使用为例介绍 SiO_2 相图在生产和科学研究中的重要价值。硅砖系用天然石英（β-石英）做原料经高温锻烧而成。如上所述，由于介稳状态的出现，石英在高温煅烧冷却过程中实际发生的晶体转变是很复杂的。β-石英加热至 573℃ 很快转变为 α-石英，而 α-石英当加热到 870℃ 时并不是按相图指示的那样转变为鳞石英。在生产的条件下，它往往过热到 1200～1350℃（过热 α-石英饱和蒸气压曲线与过冷方石英饱和蒸气压曲线的交点 V，此点表示了这两个介稳相之间的介稳平衡状态）时直接转变为介稳的 α-方石英（即偏方石英）。这种转变过程并不是我们所希望的，我们希望硅砖制品中鳞石英含量越多越好，而方石英含量越少越好。这是因为在石英、鳞石英、方石英三种变体的高低温型转变中（即 α、β，γ 二级变体之间的转变），方石英体积变化最大（2.8%），石英次之（0.82%），而鳞石英最小（0.2%）（表 9-1）。如果制品中方石英含量高，则在冷却到低温时由于 α-方石英转变成 β-方石英伴随着较大的体积收缩而难以获得致密的硅砖制品。那么，如何促使介稳的 α-方石英转变为稳定态的 α-鳞石英呢？生产上一般是加入少量氧化铁和氧化钙作为矿化剂。这些氧化物在 1000℃ 左右可以产生一定量的液相，α-石英和 α-方石英在此液相中的溶解度大，而 α-鳞石英在其中的溶解度小，因而，α-石英和 α-方石英不断溶入液相，而 α-鳞石英则不断从液相析出。一定量液相的生成，还可以缓解由于 α-石英转化为介稳态的 α-方石英时因巨大的体积膨胀而在坯体内所产生的应力（表 9-1）。虽然在硅砖生产中加入矿化剂，创造了有利的动力学条件，促成大部分介稳的 α-方石英转变成 α-鳞石英，但事实上最后必定还会有一部分未转变的方石英残留于制品中。因此，在使用硅砖时，必须根据 SiO_2 相图制订合理的升温制度，防止残留的方石英发生多晶转变时使窑炉砌砖炸裂。

9.4.2 ZrO_2 系统相图

ZrO_2 相图（图 9-9）比 SiO_2 相图要简单得多。这是由于 ZrO_2 系统中出现的多晶现象和介稳状态不像 SiO_2 系统那样复杂。ZrO_2 有三种晶形，单斜 ZrO_2、四方 ZrO_2 和立方 ZrO_2。它们之间具有如下的转变关系：

$$单斜\ ZrO_2 \underset{约1000℃}{\overset{约1200℃}{\rightleftharpoons}} 四方\ ZrO_2 \overset{约2370℃}{\rightleftharpoons} 立方\ ZrO_2$$

单斜 ZrO_2 加热到 1200℃时转变为四方 ZrO_2，这个转变速度很快，并伴随 7%～9% 的体积收缩。但在冷却过程中，四方 ZrO_2 往往不在 1200℃ 转变成单斜 ZrO_2，而在 1000℃ 左右转变，即从相图上虚线表示的介稳的四方 ZrO_2 转变成稳定的单斜 ZrO_2（图 9-10）。这种滞后现象在多晶转变中是经常可以观察到的。

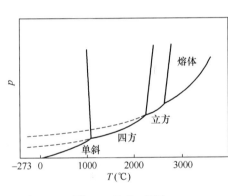

图 9-9 ZrO_2 相图

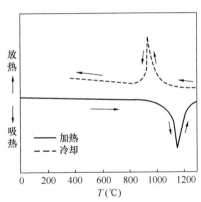

图 9-10 ZrO_2 的 DTA 曲线

ZrO_2 是特种陶瓷的重要原料，其膨胀曲线如图 9-11 所示。由于其单斜形与四方形之间的晶形转变伴有显著的体积变化，造成 ZrO_2 制品在烧成过程中容易开裂，生产上需采取稳定措施，通常是加入适量 CaO 或 Y_2O_3。在 1500℃ 以上四方 ZrO_2 可以与这些稳定剂形成立方晶形的固溶体。在冷却过程中，这种固溶体不会发生晶形转变，没有体积效应，因而可以避免 ZrO_2 制品的开裂。这种经稳定处理的 ZrO_2 称为稳定化立方 ZrO_2。

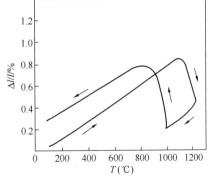

图 9-11 ZrO_2 的 D 膨胀曲线

9.5 二元系统相图类型和重要规则

二元系统存在两种独立组分，由于这两种组分之间可能存在各种不同的物理作用和化学作用，因而二元系统相图的类型比一元相图要多得多。对于二元相图，重要的是必须弄清如何通过不同几何要素（点、线、面）来表达系统的不同平衡状态。在本节中，仅讨论无机非金属材料所涉及的凝聚系统。对于二元凝聚系统：

$$F = C - P + 1 = 3 - P$$

当 $F=0, P=3$，即二元凝聚系统中可能存在的平衡共存的相数最多为三个。当 $P=1$，$F=2$，即系统的最大自由度数为2。由于凝聚系统不考虑压力的影响，这两个自由度显然指温度和浓度。二元凝聚系统相图是以温度为纵坐标，系统中任一组分浓度为横坐标来绘制的。

依系统中两组分之间的相互作用不同，二元凝聚系统相图可以分成若干基本类型。

9.5.1 具有一个低共熔点的简单二元系统相图

如图 9-12 所示，图中的 a 点是组分 A 的熔点，b 点是组分 B 的熔点，E 点是组分 A 和组分 B 的二元低共熔点。液相线 aE、bE 和固相线 GH 把整个相图划分成四个相区。相区中各点、线、面的含义见表 9-2。

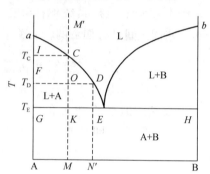

图 9-12　具有一个低共熔点的二元相图

表 9-2　相图 9-12 中各相区点、线、面的含义

点、线、面	性质	相平衡	点、线、面	性质	相平衡
aEb	液相区，$P=1$，$F=2$	L	aE	液相线，$P=2$，$F=1$	L $\rightleftharpoons$ A
aT_EE	固-液共存，$P=2$，$F=1$	L+A	bE	液相线，$P=2$，$F=1$	L $\rightleftharpoons$ B
EbH	固-液共存，$P=2$，$F=1$	L+B	E	低共熔点，$P=3$，$F=0$	L $\rightleftharpoons$ A+B
$AGHB$	固相区，$P=2$，$F=1$	A+B			

掌握此相图的关键是理解 aE、bE 两条液相线及低共熔点 E 的性质。液相线 aE 实质上是一条饱和曲线，任何富 A 高温熔体冷却到 aE 线上的温度，即开始对组分 A 饱和而析出 A 晶体。同样，液相线 bE 则是组分 B 的饱和曲线，任何富 B 高温熔体冷却到 bE 线上的温度，即开始析出 B 晶体。E 点处于这两条饱和曲线的交点，意味着 E 点液相同时对组分 A 和组分 B 饱和。因而，从 E 点液相中将同时析出 A 晶体和 B 晶体，此时系统中三相平衡，$F=0$，即系统处于无变量平衡状态，因而低共熔点 E 是此二元系统中的一个无量变点。E 点组成称为低共熔组成，E 点温度则称为低共熔温度。

现以组成为 M 的配料加热到高温完全熔融然后平衡冷却析晶的过程来说明系统的平衡状态如何随温度变化。将 M 配料加热到高温的 M' 点，因 M' 处于 L 相区，表明系统中只有单相的高温熔体（液相）存在。将此高温熔体冷却到 T_C 温度，液相开始对组分 A 饱和，从液相中析出第一粒 A 晶体，系统从单相平衡状态进入两相平衡状态。根据相律，F

=1，即为了保持这种二相平衡状态，在温度和液相组成二者之间只有一个是独立变量。事实上，A 晶体的析出，意味着液相必定是 A 的饱和溶液，温度继续下降时，液相组成必定沿着 A 的饱和曲线 aE 从 C 点向 E 点变化，而不能任意改变。系统冷却到低共熔温度 T_E，液相组成到达低共熔点 E，从液相中将同时析出 A 晶体和 B 晶体，系统从两相平衡状态进入三相平衡状态。按照相律，此时系统的 $F=0$，系统是无变量的，即只要系统中维持着这种三相平衡关系，系统的温度就只能保持在低共熔温度 T_E 不变，液相组成也只能保持在 E 点的低共熔组成不变。此时，从 E 点液相中不断按 E 点组成中 A 和 B 的比例析出晶体 A 和晶体 B。当最后一滴低共熔组成的液相析出 A 晶体和 B 晶体后，液相消失，系统从三相平衡状态回到两相平衡状态，因而系统温度又可继续下降。

利用杠杆规则还可以对析晶过程的相变化进一步做定量分析。在运用杠杆规则时，需要分清系统组成点、液相点、固相点的概念。系统组成点（简称系统点）取决于系统的总组成，是由原始配料组成决定的。在加热或冷却过程中，尽管组分 A 和组分 B 在固相与液相之间不断转移，但仍在系统内，不会逸出系统以外，因而系统的总组成是不会改变的。对于 M 配料而言，系统状态点必定在 MM' 线上变化。系统中的液相组成和固相组成是随温度不断变化的，因而液相点、固相点的位置也随温度而不断变化。把 M 配料加热到高温的 M' 点，配料中的组分 A 和组分 B 全部进入高温熔体，因而液相点与系统点的位置是重合的。冷却到 T_C 温度，从 C 点液相中析出第一粒 A 晶体，系统中出现了固相，固相点处于表示纯 A 晶体和 T_C 温度的 I 点。进一步冷却到 T_D 温度，液相点沿液相线从 C 点运动到 D 点，从液相中不断析出 A 晶体，因而 A 晶体的量不断增加，但组成仍为纯 A，所以固相组成并无变化。随着温度的下降，固相点从 I 点变化到 F 点。系统点则沿 MM' 从 C 点变化到 O 点。因为固-液两相处于平衡状态，温度必定相同，因而任何时刻系统点、液相点、固相点三点一定处在同一条等温的水平线上（FD 线称为结线，它把系统中平衡共存的两个相的相点连接起来），又因为固-液两相系统从高温单相熔体 M' 分解而来，这两相的相点在任何时刻必定都分布在系统组成点两侧。以系统组成点为杠杆支点，运用杠杆规则可以方便地计算任一温度处于平衡的固-液两相的数量。如在 T_D 温度下的固相量和液相量，根据杠杆规则：

$$\frac{固相量}{液相量} = \frac{OD}{OF}$$

$$\frac{固相量}{固\text{-}液总量（原始配料量）} = \frac{OD}{FD}$$

$$\frac{液相量}{固\text{-}液总量（原始配料量）} = \frac{OF}{FD}$$

系统温度从 T_D 继续下降到 T_E 时，液相点从 D 点沿液相线到达 E 点，从液相中同时析出 A 晶体和 B 晶体，液相点停在 E 点不动，但其数量则随共析晶过程的进行而不断减少。固相中则除了 A 晶体（原先析出的加 T_E 温度下析出的），又增加了 B 晶体，而且此时系统温度不能变化，固相点位置必离开表示纯 A 的 G 点沿等温线 GK 向 K 点运动。当最后一滴 E 点液相消失，液相中的 A、B 组分全部结晶为晶体时，固相组成必然回到原始配料组成，即固相点到达系统点 K。析晶过程结束以后，系统温度又可继续下降，固相点与系统点一起从 K 点向 M 点移动。

上述析晶过程中固-液相点的变化即结晶路程用文字叙述比较烦琐，常用下列简便的表达式表示：

$$M'(熔体) \xrightarrow[P=1,F=2]{L} C[I,(A)] \xrightarrow[P=2,F=1]{L \to A} E(到达)[G,A+(B)] \xrightarrow[P=3,F=0]{L \to A+B}$$

$$E(消失)[K,A+B]$$

上面析晶路程的表达式中，$M' \to C \to E$ 表示液相的变化；箭头上方表示析晶、熔化或转熔的反应式；箭头下方表示相数和自由度；方括号内表示固相的变化，如 $[I，（A）]$ 表示固相总组成点在 I 点，（A）表示晶体 A 刚要析出；$[G，A＋（B）]$ 表示固相总组成点在 G 点，固相中有 A 晶体，B 晶体刚要析出；$[K，A＋B]$ 表示固相由 A 和 B 组成，总组成点在 K。

平衡加热熔融过程恰是上述平衡冷却析晶过程的逆过程。若将组分 A 和组分 B 的配料 M 加热，则该晶体混合物在 T_E 温度下低共熔形成 E 组成的液相，由于三相平衡，系统温度保持不变，随着低共熔过程的进行，A、B 晶相量不断减少，E 点液相量不断增加。当固相点从 K 点到达 G 点，意味着 B 晶相已全部熔完，系统进入两相平衡状态，温度又可继续上升，随着 A 晶体继续熔入液相，液相点沿着液相线从 E 点向 C 点变化。加热到 T_C 温度，液相点到达 C 点，与系统点重合，意味着最后一粒 A 晶体在 I 点消失，A 晶体和 B 晶体全部从固相转入液相，因而液相组成回到原始配料组成。

9.5.2　生成一个一致熔融化合物的二元系统相图

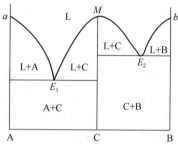

图 9-13　生成一个一致熔融化合物的二元相图

一致熔融化合物是一种稳定的化合物。它与正常的纯物质一样具有固定的熔点，熔化时，所产生的液相与化合物组成一致，故称一致熔融。这类系统的典型相图如图 9-13 所示。组分 A 与组分 B 生成一个一致熔融化合物 C，M 点是该化合物的熔点。曲线 aE_1 是组分 A 的液相线，bE_2 是组分 B 的液相线，E_1ME_2 则是化合物 C 的液相线。一致熔化合物在相图上的特点是，化合物组成点位于其液相线的组成范围内，即表示化合物晶相的 CM 线直接与其液相线相交，交点 M（化合物熔点）是液相线上的温度最高点。因此，CM 线将此相图划分成两个简单分二元系统。E_1 是 A-C 分二元的低共熔点，E_2 是 C-B 分二元的低共熔点。讨论任一配料的结晶路程与上述讨论简单二元系统的结晶路程完全相同。原始配料如落在 A～C 范围，最终析晶产物为 A 和 C 两个晶相。原始配料位于 C～B 区间，则最终析晶产物为 C 和 B 两个晶相。

9.5.3　生成一个不一致熔融化合物的二元系统相图

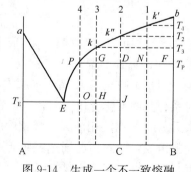

图 9-14　生成一个不一致熔融化合物的二元相图

不一致熔融化合物是一种不稳定的化合物。加热这种化合物到某一温度便发生分解，分解产物是一种液相和一种晶相，二者组成与化合物组成皆不相同，故称不一致熔融。图 9-14 是此类二元系统的典型相图。加热化合物 C 到分解温度 T_P 化合物 C 分解为 P 点组成的液相和组分 B 的晶体。在分解过程中，系统处于三相平衡的无变量状态（$F=0$），因而 P 点也是一个无量变点，称为转熔点（又称回吸点、反应点）。相区中各点、线、面的含义见表 9-3。

表 9-3　相图 9-14 中各相区点、线、面的含义

点、线、面	性质	相平衡	点、线、面	性质	相平衡
aEb	液相面，$P=1$，$F=2$	L	aE	共熔线，$P=2$，$F=1$	L$\Longrightarrow$A
aT_EE	固-液共存，$P=2$，$F=1$	L+A	EP	共熔线，$P=2$，$F=1$	L$\Longrightarrow$C
$EPDJ$	固-液共存，$P=2$，$F=1$	L+C	bP	共熔线，$P=2$，$F=1$	L$\Longrightarrow$B
bPT_P	固-液共存，$P=2$，$F=1$	L+B	E	低共熔点，$P=3$，$F=0$	L$\Longrightarrow$A+C
DT_PBC	两固相共存，$P=2$，$F=1$	C+B	P	转熔点，$P=3$，$F=0$	L+B$\Longrightarrow$C
AT_EJC	两固相共存，$P=2$，$F=1$	A+C			

需要注意，转熔点 P 位于与 P 点液相平衡的两个晶相 C 和 B 的组成点 D、F 的同一侧，这是与低共熔点 E 的情况不同的。运用杠杆规则不难理解这种差别。不一致熔融化合物在相图上的特点是化合物 C 的组成点位于其液相线 PE 的组成范围以外，即 CD 线偏在 PE 的一边，而不与其直接相交。因此，表示化合物的 CD 线不能将整个相图划分为两个分二元系统。

该相图由于转熔点的存在而变得比较特殊，现将图 9-14 中标出的 1、2、3、4 熔体的析晶路程分析如下，这四个熔体具有一定的代表性。

熔体 1 的析晶路程：

$$1(熔体) \xrightarrow[P=1,F=2]{L} k'[T_1,(B)] \xrightarrow[P=2,F=1]{L \to B} P(到达)[T_P,开始回吸 B+(C)] \xrightarrow[P=3,F=0]{L+B \to C}$$
$$P(消失)[N,B+C]$$

熔体 2 的析晶路程：

$$2(熔体) \xrightarrow[P=1,F=2]{L} k''[T_2,(B)] \xrightarrow[P=2,F=1]{L \to B} P(到达)[T_P,开始回吸 B+(C)] \xrightarrow[P=3,F=0]{L+B \to C}$$
$$P(消失)[D,C(液相与晶体 B 同时消失)]$$

熔体 3 的析晶路程：

$$3(熔体) \xrightarrow[P=1,F=2]{L} k[T_3,(B)] \xrightarrow[P=2,F=1]{L \to B} P(到达)[T_P 开始回吸 B+(C)] \xrightarrow[P=3,F=0]{L+B \to C}$$
$$P(离开)[D,晶体 B 消失+C] \xrightarrow[P=2,F=1]{L \to C} E(到达)[J,C+(A)] \xrightarrow[P=3,F=0]{L \to A+C}$$
$$E(消失)[H,A+C]$$

熔体 4 的析晶路程：

$$4(熔体) \xrightarrow[P=1,F=2]{L} P(不停留)[D,(C)] \xrightarrow[P=2,F=1]{L \to C} E(到达)[J,C+(A)] \xrightarrow[P=3,F=0]{L \to A+C}$$
$$E(消失)[O,A+C]$$

以上四个熔体析晶路程具有一定的规律性，现将其总结于表 9-4 中。

表 9-4 不同组成熔体的析晶规律

组成	在 P 点的反应	析晶终点	析晶终相
组成在 PD 之间	$L+B \rightleftharpoons C$，B 先消失	E	A+C
组成在 DF 之间	$L+B \rightleftharpoons C$，L_P 先消失	P	B+C
组成在 D 点	$L+B \rightleftharpoons C$，B 和 L_P 同时消失	P	C
组成在 P 点	在 P 点不停留	E	A+C

9.5.4 生成在固相分解的化合物的二元系统相图

化合物 C 加热到低共熔温度 T_E 以下的 T_D 温度即分解为组分 A 和组分 B 的晶体，没有液相生成 [图 9-15（a）]。相图上没有与化合物 C 平衡的液相线，表明从液相中不可能直接析出 C，C 只能通过 A 晶体和 B 晶体之间的固相反应生成。由于固态物质之间的反应速率很小（尤其在低温下），因而达到平衡状态需要的时间将是很长的。将晶体 A 和晶体 B 配料，按照相图即使在低温下也应获得 A+C 或 C+B，但事实上，如果没有加热到足够高的温度并保温足够长的时间，上述平衡状态是很难达到的，系统往往处于 A、C、B 三种晶体同时存在的非平衡状态。

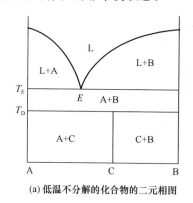
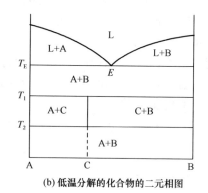

(a) 低温不分解的化合物的二元相图　　　　(b) 低温分解的化合物的二元相图

图 9-15 生成在固相分解的化合物的二元相图

若化合物 C 只在某一温度区间存在，即在低温下也要分解，则其相图形式如图 9-15（b）所示。

9.5.5 具有多晶转变的二元系统相图

同质多晶现象在无机非金属材料中十分普遍。图 9-16（a）中组分 A 在晶形转变点 P 发生 A_α 与 A_β 的晶形转变，显然在 A-B 二元系统中的纯 A 晶体在 T_P 温度下都会发生这一转变，因此 P 点发展为一条晶形转变等温线。在此线以上的相区，A 晶体以 α 形态存在，此线以下的相区，则以 β 形态存在。

如晶形转变温度 T_P 高于系统开始出现液相的低共熔温度 T_E，则 A_α 与 A_β 之间的晶形转变在系统带有 P 组成液相的条件下发生，因为此时系统中三相平衡共存，所以 P 点也是一个无量变点，如图 9-16（b）所示。

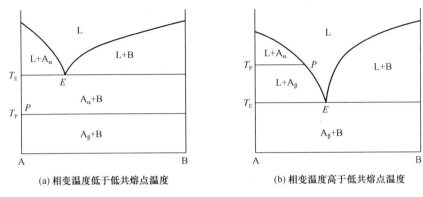

(a) 相变温度低于低共熔点温度　　　　　　(b) 相变温度高于低共熔点温度

图 9-16　具有多晶转变的二元相图

9.5.6　形成连续固溶体的二元系统相图

这类系统的相图形式如图 9-17（a）所示。液相线 aL_2b 以上的相区是高温熔体单相区，固相线 aS_3b 以下的相区是固溶体单相区，处于液相线与固相线之间的相区则是液态溶液与固态溶液平衡的固-液两相区。固-液两相区内的结线 L_1S_1、L_2S_2、L_3S_3 分别表示不同温度下互相平衡的固-液两相的组成。此相图的最大特点是没有一般二元相图上常出现的二元无量变点，因为此系统内只存在液态溶液和固态溶液两个相，不可能出现三相平衡状态。

M' 熔体的析晶路程如下：

$$M'（熔体）\xrightarrow[P=1,F=2]{L} L_1[S_1,(S_1)]\xrightarrow[P=2,F=1]{L\to S} L_2[S_2,S_2]\xrightarrow[P=2,F=1]{L\to S} L_3（消失）[S_3,S_3]$$

在液相从 L_1 到 L_3 的析晶过程中，固溶体组成需从原先析出的 S_1 相变化到最终与 L_3 平衡的 S_3，即在析晶过程中固溶体需随时调整组成以与液相保持平衡。固溶体是晶体，原子的扩散迁移速率很慢，不像液态溶液那样容易调节组成，可以想象，只要冷却过程不是足够缓慢，不平衡析晶是很容易发生的。

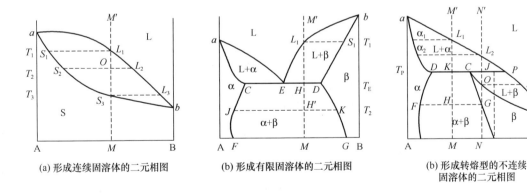

(a) 形成连续固溶体的二元相图　　(b) 形成有限固溶体的二元相图　　(b) 形成转熔型的不连续
　　　　　　　　　　　　　　　　　　　　　　　　　　　　　　　　　固溶体的二元相图

图 9-17　生成固溶体的二元相图

9.5.7　形成有限固溶体的二元系统相图

组分 A、B 间可以形成固溶体，但溶解度是有限的，不能以任意比例互溶。图 9-17

(b)、(c) 上的 α 表示 B 组分溶解在 A 晶体中所形成的固溶体，β 表示 A 组分溶解在 B 晶体中所形成的固溶体。aE 是与 α 固溶体平衡的液相线，bE 是与 β 固溶体平衡的液相线。从液相中析出的固溶体组成可以通过等温结线在相应的固相线 aC 和 bD 上找到，如结线 L_1S_1 表示从 L_1 液相中析出的 β 固溶体组成是 S_1。E 点是低共熔点，从 E 点液相中将同时析出组成为 C 的 α 固溶体和组成为 D 的 β 固溶体。C 点表示组分 B 在组分 A 中的最大固溶度，D 点则表示组分 A 在组分 B 中的最大固溶度。CF 是固溶体 α 的溶解度曲线，DG 则是固溶体 β 的溶解度曲线。根据这两条溶解度曲线的走向，A、B 两个组分在固态互溶的溶解度是随温度下降而下降的。相图上六个相区的平衡各项已在相图上标注出。

图 9-17 (b) 中 M' 熔体的结晶路程表示如下：

$$M'(\text{熔体}) \xrightarrow[P=1,F=2]{L} L_1[S_1,\beta] \xrightarrow[P=2F=1]{L\to\beta} E(\text{到达})[D,\beta+(\alpha)] \xrightarrow[P=3,F=0]{L\to\alpha+\beta}$$
$$E(\text{消失})[H,\alpha+\beta]$$

图 9-17 (c) 是形成转熔型的不连续固溶体的二元相图。α 和 β 之间没有低共熔点，而有一个转熔点 P。冷却时，当温度降到 T_P 时，液相组成变化到 P 点，将发生转熔过程：$L_P+D(\alpha)=C(\beta)$。各相区的含义已在图中标明。现分析 M' 熔体和 N' 熔体的析晶路程。

M' 熔体的析晶路程：

$$M'(\text{熔体}) \xrightarrow[P=1,F=2]{L} L_1[\alpha_1,(\alpha)] \xrightarrow[P=2,F=1]{L\to\alpha} P(\text{到达})[D,\alpha+(\beta)] \xrightarrow[P=3,F=0]{L+\alpha\to\beta}$$
$$P(\text{消失})[K,\alpha+\beta]$$

N' 熔体的析晶路程：

$$N'(\text{熔体}) \xrightarrow[P=1,F=2]{L} L_2[\alpha_2,(\alpha)] \xrightarrow[P=2,F=1]{L\to\alpha} P(\text{到达})[D,\alpha+\beta] \xrightarrow[P=3,F=0]{L+\alpha\to\beta}$$
$$P[C,\beta(\alpha\text{消失})] \xrightarrow[P=2,F=1]{L\to\beta} P'(\text{消失})[O,\beta] \xrightarrow[P=1,F=2]{\text{固相冷却}} [G,\beta+(\alpha)] \xrightarrow[P=2,F=1]{\text{固相冷却}} [N,\alpha+\beta]$$

值得注意的是，N' 熔体的析晶在液相线 bP 上的 P' 点结束。现将此类型相图上不同组成点的规律总结于表 9-5。

表 9-5　不同组成熔体的析晶规律

组成	在 P 点的反应	析晶终点	析晶终相
组成在 DC 之间	$L+\alpha \rightleftharpoons \beta$，$L_P$ 先消失	P	$\alpha+\beta$
组成在 CJ 之间	$L+\alpha \rightleftharpoons \beta$，α 先消失	bP 线上	$\alpha+\beta$
组成在 JP 之间	$L+\alpha \rightleftharpoons \beta$，α 先消失	bP 线上	β
组成在 C 点	$L+\alpha \rightleftharpoons \beta$，α 和 L_P 同时消失	P	$\alpha+\beta$
组成在 P 点	$L+\alpha \rightleftharpoons \beta$，在 P 点不停留	bP 线上	β

9.5.8　具有液相分层的二元系统相图

前面所讨论的各类二元系统中两个组分在液相都是完全互溶的。但在某些实际系统中，两个组分在液态并不完全互溶，只能有限互溶。这时，液相分为两层，一层可视为组分 B 在组分 A 中的饱和溶液（L_1），另一层则可视为组分 A 在组分 B 中的饱和溶液（L'_1）。图 9-18 中的 CKD 帽形区即是一个液相分层区。等温结线 $L_1L'_1$、$L_2L'_2$ 表示不同温度下互相平衡的两个液相的组成。温度升高，两层液相的溶解度都增大，因而其组成越来越接近，到达帽形区最高点 K，两层液相的组成已完全一致，分层现象消失，故 K 点是一个临界点，K 点温度称为临界温度。在 CKD 帽形区以外的其他液相区域，均不发生液相分层现象，为单相区。曲线 aC、DE 均为与 A 晶相平衡的液相线，bE 是与 B 晶相平衡的液相线。除低共熔点

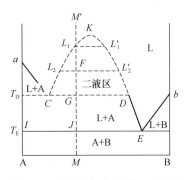

图 9-18　具有液相分层的二元相图

E 外，系统中还有另一个无量变点 D。在 D 点发生的相变化为 $L_C \rightleftharpoons L_D + A$，即冷却时从 C 组成液相中析出晶体 A，而 L_C 液相转变为含 A 低的 L_D 液相。

M' 熔体的析晶路程表示如下：

$$M' \text{熔体} \xrightarrow[P=1,F=2]{L} L_1 + (L'_1) \xrightarrow[P=2,F=1]{\text{液相分离}} F(L_2 + L'_2) \xrightarrow[P=2,F=1]{\text{液相分离}} G(L_C + L_D)$$

$$\xrightarrow[P=3,F=0]{L_C \to L_D + A} D(L_C \text{消失})[T_D,(A)] \xrightarrow[P=2,F=1]{L \to A} E(\text{到达})[I,A+(B)] \xrightarrow[P=3,F=0]{L \to A+B} E(\text{消失})[J,A+B]$$

9.6　二元相图及应用

9.6.1　CaO-SiO$_2$ 系统相图

对 CaO-SiO$_2$ 系统（图 9-19）这种比较复杂的二元相图，首先要看系统中生成几个化合物以及各化合物的性质，根据一致熔融化合物可把系统划分成若干分二元系统，然后对这些分二元系统逐一加以分析。

根据相图（图 9-19）上的竖线可知 CaO-SiO$_2$ 二元系统中共生成四个化合物。CS(CaO·SiO$_2$，硅灰石) 和 C$_2$S(2CaO·SiO$_2$，硅酸二钙) 是一致熔融化合物，C$_3$S$_2$(3CaO·2SiO$_2$，硅钙石) 和 C$_3$S(3CaO·SiO$_2$，硅酸三钙) 是不一致熔融化合物，因此，CaO-SiO$_2$ 系统可以划分成 SiO$_2$-CS、CS-C$_2$S、C$_2$S-CaO 三个分二元系统。对这三个分二元系统逐一分析各液相线和相区，特别是无量变点的性质，判明各无量变点所代表的具体相平衡关系。相图上的每一条横线都是一根三相线，当系统的状态点到达这些线上时，系统都处于三相平衡的无变状态。其中有低共熔线、转熔线、化合物分解或液相分解线以及多条晶形转变线。晶形转变线上所发生的具体晶形转变，需要根据和此线紧邻的上下两个相区所标示的平衡相加以判断。如 1125℃ 的晶形转变线，线上相区的平衡相为 α-鳞石英和 α-CS，而线下相区则为 α-鳞石英和 β-CS，此线必为 α-CS 和 β-CS 的转变线。

我们先讨论相图左侧的 SiO$_2$-CS 分二元系统。在此分二元的富硅液相部分有一个液相分二层区，C 点是此分二元的低共熔点，C 点温度 1436℃，组成是含 37% CaO。由于在与方石英平衡的液相线上插入了 2L 分液区，使 C 点位置偏向 CS 一侧，而距 SiO$_2$ 较远，

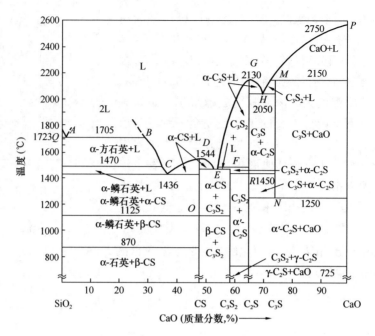

图 9-19 CaO-SiO₂ 系统相图

液相线 CB 也因而较为陡峭。这一相图上的特点常被用来解释为何在硅砖生产中可以采取 CaO 做矿化剂而不会严重影响其耐火度。用杠杆规则计算，如向 SiO₂ 中加入 1% CaO，在低共熔温度 1436℃ 下所产生的液相量为 1∶37＝2.7%。这个液相量是不大的，并且由于液相线 CB 较陡峭，温度继续升高时，液相量的增加也不会很多，这就保证了硅砖的高耐火度。

在 CS-C₂S 这个分二元系统中，有一个不一致熔化合物 C₃S₂，其分解温度是 1464℃。E 点是 CS 与 C₃S₂ 的低共熔点。F 点是转熔点，在 F 点发生 LF＋α-C₂S⇌C3S₂ 的相变化。C₃S₂ 常出现于高炉矿渣，也存在于自然界。

最右侧的 C₂S-CaO 分二元系统，含有硅酸盐水泥的重要矿物 C₃S 和 C₂S。C₃S 是一个不一致熔融化合物，仅能稳定存在于 1250℃、2150℃ 的温度区间。在 1250℃ 分解为 α'-C₂S 和 CaO，在 2150℃ 则分解为 M 组成的液相和 CaO。C₂S 有 α、α'、β、γ 之间的复杂晶形转变（图 9-20）。常温下稳定的 γ-C₂S 加热到 725℃ 转变为 α'-C₂S，α'-C₂S 则在 1420℃ 转变为高温稳定的 α-C₂S。但在冷却过程中，α'-C₂S 往往不转变为 γ-C₂S，而是过冷到 670℃

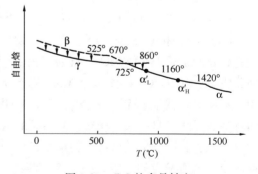

图 9-20 C₂S 的多晶转变

左右转变为介稳态的 β-C₂S，β-C₂S 则在 525℃ 再转变为稳定态 γ-C₂S。β-C₂S 向 γ-C₂S 的晶形转变伴随 9% 的体积膨胀，可以造成水泥熟料的粉化。由于 β-C₂S 是一种热力学非平衡态，没有能稳定存在的温度区间，因而在相图上没有出现 β-C₂S 的相区。C₃S 和 β-C₂S 是硅酸盐水泥中含量最高的两种水硬性矿物，但当水泥熟料缓慢冷却时，C₃S 将会分解，

β-C₂S 将转变为无水硬活性的 γ-C₂S。为了避免这种情况发生，生产上采取急冷措施，将 C_3S 和 β-C₂S 迅速越过分解温度或晶形转变温度，在低温下以介稳态保存下来。介稳态是一种高能量状态，有较强的反应能力，这或许就是 C_3S 和 β-C₂S 具有较高水硬活性的热力学性的原因。CaO-SiO_2 系统中的无量变点的性质见表 9-6。

表 9-6　CaO-SiO₂ 系统中的无量变点

无量变点	相平衡	平衡性质	组成（%）		温度（℃）
			CaO	SiO₂	
P	$CaO \rightleftharpoons L$	熔化	100	0	2570
Q	$SiO_2 \rightleftharpoons L$	熔化	0	100	1723
A	α-方石英+$L_B$$\rightleftharpoons$$L_A$	分解	0.6	99.4	1705
B	α-方石英+$L_B$$\rightleftharpoons$$L_A$	分解	28	72	1705
C	α-CS+α-鳞石英$\rightleftharpoons$L	低熔化	37	63	1436
D	α-CS$\rightleftharpoons$L	熔化	48.2	51.8	1544
E	α-CS+$C_3S_2$$\rightleftharpoons$L	低共熔	54.5	45.5	1460
F	$C_3S_2$$\rightleftharpoons$α-C₂S+L	转熔	55.5	44.5	1464
G	α-C₂S$\rightleftharpoons$L	熔化	65	35	2130
H	α-C₂S+$C_3S$$\rightleftharpoons$L	低共熔	67.5	22.5	2050
M	$C_3S$$\rightleftharpoons$CaO+L	转熔	73.6	26.4	2150
N	α'-C₂S+CaO$\rightleftharpoons$$C_3S$	固相反应	73.6	26.4	1250
O	β-CS$\rightleftharpoons$α-CS	多晶转变	51.8	48.2	1125
R	α'-C₂S$\rightleftharpoons$α-C₂S	多晶转变	65	35	1450
T	γ-C₂S$\rightleftharpoons$α'-C₂S	多晶转变	65	35	725

9.6.2　Al₂O₃-SiO₂ 系统相图

图 9-21 是 Al₂O₃-SiO₂ 系统相图。在该二元系统中，只生成一个一致熔融化合物 A_3S_2（3Al₂O₃·2SiO₂，莫来石）。A_3S_2 中可以固溶少量 Al_2O_3，固溶体组成质量分数在 60%～63% 之间。莫来石是普通陶瓷及黏土质耐火材料的重要矿物。

黏土是硅酸盐工业的重要原料。黏土加热脱水后分解为 Al_2O_3 和 SiO_2，因此人们很早就对 Al₂O₃-SiO₂ 系统相平衡产生了广泛的兴趣，先后发表了许多不同形式的相图。这些相图的主要分歧是莫来石的性质，最初认为是不一致熔融化合物，后来认为是一致熔融化合物，到 20 世纪 70 年代又有人提出是不一致熔融化合物。这种情况在硅酸盐体系相平衡研究中是屡见不鲜的，因为硅酸盐物质熔点高，液相黏度大，高温物理化学过程速度缓慢，容易形成介稳态，这

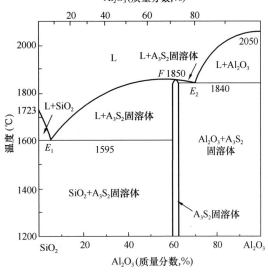

图 9-21　Al₂O₃-SiO₂ 系统相图

就给相图制作造成了试验上的很大困难。

以 A_3S_2 为界，可以将 Al_2O_3-SiO_2 系统划分成两个分二元系统。在 SiO_2-A_3S_2 这个分二元系统中，有一个低共熔点 E，加热时 SiO_2 和 A_3S_2 在低共熔温度 1595℃下生成含 Al_2O_3 质量分数 5.5％的 E 点液相。与 CaO-SiO_2 系统中 SiO_2-CS 分二元的低共熔点 C 不同，E_1 点距 SiO_2 一侧很近。如果在 SiO_2 中加入质量分数 1％的 Al_2O_3，根据杠杆规则，在 1595℃下就会产生 1：5.5＝18.2％的液相量，这样就会使硅砖的耐火度大大下降。此外，由于与 SiO_2 平衡的液相线从 SiO_2 熔点 1723℃向 E_1 点迅速下降，Al_2O_3 的加入必然造成硅砖耐火度的急剧下降。因此，对于硅砖来说，Al_2O_3 是非常有害的杂质，其他氧化物都没有像 Al_2O_3 这样大的影响。在硅砖的制造和使用过程中，要严防 Al_2O_3 混入。

系统中液相量随温度的变化取决于液相线的形状。本分二元系统中莫来石的液相线 E_1F 在 1595～1700℃的区间比较陡峭，而在 1700～1850℃区间则比较平坦。根据杠杆规则，这意味着一个处于 E_1F 组成范围内的配料加热到 1700℃前系统中的液相量随温度升高增加并不多，但在 1700℃以后，液相量将随温度升高而迅速增加。这是使用化学组成处于这一范围，以莫来石和石英为主要晶相的黏土质和高铝质耐火材料时，需要引起注意的。

在 A_3S_2-Al_2O_3 分二元系统中，A_3S_2 熔点（1850℃）、Al_2O_3 熔点（2050℃）以及低共熔点（1840℃）都很高。因此，莫来石质及刚玉质耐火砖都是性能优良的耐火材料。

9.6.3　MgO-SiO_2 系统相图

图 9-22 是 MgO-SiO_2 系统相图。本系统中有一个一致熔融化合物 M_2S（Mg_2SiO_4，镁橄榄石）和一个不一致熔融化合物 MS（$MgSiO_3$，顽火辉石）。M_2S 的熔点很高，达 1890℃。MS 则在 1557℃分解为 M_2S 和 D 组成的液相。表 9-7 列出了 MgO-SiO_2 中的无量变点。

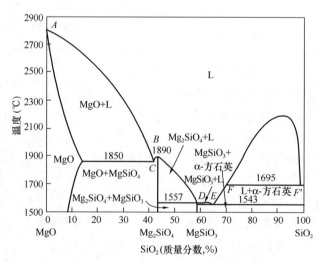

图 9-22　MgO-SiO_2 系统相图

表 9-7 MgO-SiO₂ 中的无量变点

无量变点	相平衡	平衡性质	温度（℃）	组成（%）	
				MgO	SiO₂
A	液体⇌MgO	熔化	2800	100	0
B	液体⇌Mg₂SiO₄	熔化	1890	57.2	42.8
C	液体⇌MgO+Mg₂SiO₄	低共熔	1850	约57.7	约42.3
D	Mg₂SiO₄+液体⇌MgSiO₃	转熔	1557	约38.5	约61.5
E	液体⇌MgSiO₃+α-方石英	低共熔	1543	约35.5	约64.5
F	液体F'⇌液体F+α-方石英	分解	1659	约30	约70
F'	液体F'⇌液体F+α-方石英	分解	1659	约0.8	约99.2

在 MgO-Mg₂SiO₄ 这个分二元系统中，有一个溶有少量 SiO₂ 的 MgO 有限固溶体单相区以及此固溶体与 Mg₂SiO₄ 形成的低共熔点 C，低共熔温度是 1850℃。

在 Mg₂SiO₄-SiO₂ 分二元系统中，有一个低共熔点 E 和一个转熔点 D，在富硅的液相部分出现液相分层。这种在富硅液相发生分液的现象，不但在 MgO-SiO₂、CaO-SiO₂ 系统，而且在其他碱金属和碱土金属氧化物与 SiO₂ 形成的二元系统中也是普遍存在的。MS 在低温下的稳定晶形是顽火辉石，1260℃转变为高温稳定的原顽火辉石。但在冷却时，原顽火辉石不易转变为顽火辉石，而以介稳态保持下来或在 700℃ 以下转变为另一介稳态斜顽火辉石，伴随 2.6% 的体积收缩。原顽火辉石是滑石瓷中的主要晶相，如果制品中发生向斜顽辉石的晶形转变，将会导致制品气孔率增加，机械强度下降，因而在生产上要采取稳定措施予以防止。

可以看出，在 MgO-Mg₂SiO₄ 这个分系统中的液相线温度很高（在低共熔温度 1850℃ 以上），而在 Mg₂SiO₄-SiO₂ 分系统中液相线温度要低得多，因此，镁质耐火材料配料中 MgO 含量应大于 Mg₂SiO₄ 中的 MgO 含量，否则配料点落入 Mg₂SiO₄-SiO₂ 分系统，开始出现液相温度及全熔温度急剧下降，造成耐火度大大下降。

9.6.4 Na₂O-SiO₂ 系统

Na₂O-SiO₂ 系统相图如图 9-23 所示。由于在碱含量高时熔融碱的挥发，以及熔融物的腐蚀性很强，所以，在试验中 Na₂O 的质量分数只取 0%～67%。在 Na₂O-SiO₂ 系统中存在四种化合物：正硅酸钠（2Na₂O·SiO₂）、偏硅酸钠（Na₂O·SiO₂）、二硅酸钠

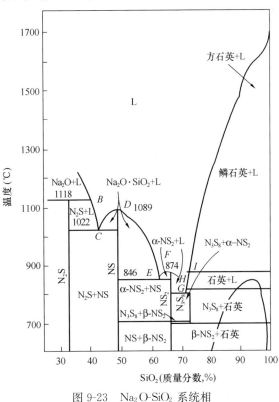

图 9-23 Na₂O-SiO₂ 系统相

（$Na_2O \cdot 2SiO_2$）和 $3Na_2O \cdot 8SiO_2$。$2Na_2O \cdot SiO_2$ 在 1118℃时不一致熔融，960℃发生多晶转变，因为在实用上关系不大，所以图中未予表示。$Na_2O \cdot SiO_2$ 为一致熔融化合物，熔点为 1089℃。$Na_2O \cdot 2SiO_2$ 也为一致熔融化合物，熔点为 874℃，它有两种变体，分别为 α 型和 β 型，转化温度为 710℃。$3Na_2O \cdot 8SiO_2$ 在 808℃时不一致熔融，分解为石英和熔液，在 700℃时分解为 β-$Na_2O \cdot 2SiO_2$ 和石英。

在该相图富含 SiO_2（80%～90%）的地方有一个介稳的二液区，以虚线表示。组成在这个范围的透明玻璃重新加热到 580～750℃时，玻璃就会分相，变得乳浊。

这个系统的熔融物，经过冷却、粉碎倒入水中，加热搅拌，就得到水玻璃。水玻璃的组分常有变动，通常是三个 SiO_2 分子与一个 Na_2O 分子结合在一起。

Na_2O-SiO_2 系统相图中各无量变点的性质如表 9-8 所示。

表 9-8　Na_2O-SiO_2 系统相图中各无量变点的性质

无量变点	相平衡	平衡性质	温度（℃）	组成（%）	
				Na_2O	SiO_2
B	Na_2O＋液体 ⇌ $2Na_2O \cdot SiO_2$	转熔	1118	58	42
C	液体 ⇌ $2Na_2O \cdot SiO_2$＋$Na_2O \cdot SiO_2$	低共熔点	1022	56	44
D	液体 ⇌ $Na_2O \cdot SiO_2$	熔化	1089	50.8	49.2
E	液体 ⇌ $Na_2O \cdot SiO_2$＋α-$Na_2O \cdot 2SiO_2$	低共熔点	846	37.9	62.1
F	液体 ⇌ α-$Na_2O \cdot SiO_2$	熔化	874	34.0	66.0
G	液体 ⇌ a-$Na_2O \cdot SiO_2$＋$3Na_2O \cdot 8SiO_2$	低共熔点	799	约28.6	约71.4
H	SiO_2＋液体 ⇌ $3Na_2O \cdot 8SiO_2$	转熔	808	28.1	71.9
I	α-鳞石英 ⇌ α-石英（液体参与）	多晶转变	870	27.2	72.8
J	α-方石英 ⇌ α-鳞石英（液体参与）	多晶转变	1470	约11	约89

9.7　三元系统相律及组成表示

9.7.1　三元系统相律

对于三元凝聚系统，相律的表达式：

$$F = C - P + 1 = 4 - P$$

当 $F=0$，$P=4$，即三元凝聚系统中可能存在的平衡共存的相数最多为四个。当 $P=1$，$F=3$，即系统的最大自由度数为 3。这三个自由度指温度和三个组分中任意两个的浓度。由于描述三元系统的状态需要三个独立变量，其完整的状态图应是一个三维坐标的立体图，但这样的立体图不便于应用，我们实际使用的是它的平面投影图。

9.7.2　三元系统组成表示方法

三元系统的组成与二元系统一样，可以用质量分数，也可以用物质的量分数。由于增加了一个组分，其组成已不能用直线表示。通常是使用一个每条边被均分为 100 等分的等边三角形（浓度三角形）来表示三元系统的组成。图 9-24 是一个浓度三角形。浓度三角形的三个顶点表示三个纯组分 A、B、C 的一元系统；三条边表示三个二元系统 A-B、B-C、C-A 的组成，其组成表示方法与二元系统相同；而在三角形内的任意一点都表示一个含有 A、B、C 三个组分的三元系统的组成。

设一个三元系统的组成在 M 点（图 9-24），其组成可以用下面的方法求得。过 M 点作 BC 边的平行线，在 AB、AC 边上得到截距 $a=A\%=50\%$；过 M 点作 AC 边的平行线在 BC、AB 边上得到截距 $b=B\%=30\%$；过 M 点作 AB 边的平行线，在 AC、BC 边上得到截距 $c=C\%=20\%$；根据等边三角形的几何性质，不难证明：

$$a+b+c = BD+AE+ED = AB = BC = CA = 100\%$$

事实上，M 点的组成可以用双线法，即过 M 点引三角形两条边的平行线，根据它们在第三条边上的交点来确定，如图 9-25 所示。反之，若两个三元系统的组成已知，也可用双线法确定其组成点在浓度三角形内的位置。

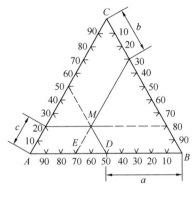

图 9-24 浓度三角形

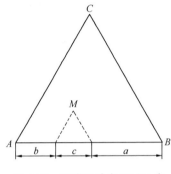

图 9-25 双线法确定三元组成

根据浓度三角形的这种表示组成的方法，不难看出一个三元组成点越靠近某一角顶，该角顶所代表的组分含量必定越高。

9.8 三元系统相图规则

9.8.1 等含量规则和定比例规则

在浓度三角形内，等含量规则和定比例规则对我们分析实际问题是十分有用的。

（1）等含量规则。平行于浓度三角形某一边的直线上的各点，其第三组分的含量不变（等浓度线）。图 9-26 中 MN//AB，则 MN 线上任一点的 C 含量相等，变化的只是 A、B 的含量。

（2）定比例规则。从浓度三角形某角顶引出射线上各点，另外两个组分含量的比例不变。图 9-26 中 CD 线上各点 A、B、C 三组分的含量皆不同，但 A 与 B 含量的比值是不变的，都等于 BD：AD。

此规则不难证明。在 CD 线上任取一点 O，用双线法确定图 9-26 定比例规则的证明 A 含量为 BF，B 含量为 AE，

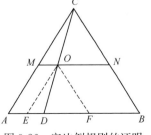

图 9-26 定比例规则的证明

则 $BF:AE=NO:MO=BD:AD$。

上述两规则对不等边浓度三角形也是适用的。不等边浓度三角形表示三元组成的方法与等边三角形相同，唯各边须按本身边长均分为 100 等分。

9.8.2 杠杆规则

这是讨论三元相图十分重要的一条规则，它包括两层含义：①在三元系统内，由两个相（或混合物）合成一个新相（或新的混合物）时，新相的组成点必在原来两相组成点的连线上；②新相组成点与原来两相组成点的距离和两相的量成反比。

设 $mkgM$ 组成的相与 $nkgN$ 组成的相合成为一个 $(m+n)kg$ 的新相 P（图 9-27）。按杠杆规则，新相的组成点 P 必在 MN 连线上，并且 $MP:PN=n:m$。

上述关系可以证明如下：过 M 点作 AB 边平行线 MR，过 M、P、N 点作 BC 边平行线，在 AB 边上所得截距 a_1、x、a_2 分别表示 M、P、N 各相中 A 的百分含量。两相混合前与混合后的 A 量应该相等，即 $a_1m+a_2n=x(m+n)$，因而 $n:m=(a_1-x):(x-a_2)=MQ:QR=MP:PN$

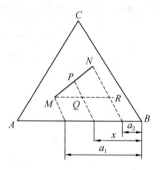

图 9-27 杠杆规则的证明

根据上述杠杆规则可以推论，由一相分解为二相时，这两相的组成点必分布于原来的相点的两侧，且三点成一直线。

9.8.3 重心规则

三元系统中的最大平衡相数是 4。处理四相平衡问题时，重心规则十分有用。处于平衡的四相组成设为 M、N、P、Q，这四个相点的相对位置可能存在下列三种配置方式（图 9-28）。

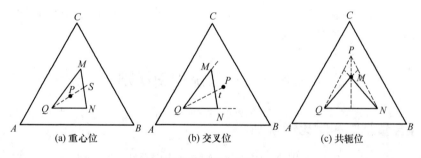

图 9-28 重心原理

（1）P 点处在 $\triangle MNQ$ 内部 [图 9-28（a）]。根据杠杆规则，M 与 N 可以合成 S 相，而 S 相与 Q 相可以合成 P 相，即 $M+N=S$，$S+Q=P$，因而：

$$M+N+Q=P$$

表明 P 相可以通过 M、N、Q 三相而合成；反之，从 P 相可以分解出 M、N、Q 三相。P 点所处的这种位置，叫作重心位。

（2）P 点处于 $\triangle MNQ$ 某条边（如 MN）的外侧，且在另两条边（QM、QN）的延长线范围内 [图 9-28（b）]。根据杠杆规则，$P+Q=t$，$M+N=t$，因而：

$$P+Q=M+N$$

即从 P 和 Q 两相可以合成 M 和 N 相；反之，从 M、N 相可以合成 P、Q 相。P 点所处的这种位置，叫作交叉位。

（3）P 点处于 $\triangle MNQ$ 某一角顶（如 M）的外侧，且在形成此角顶的两条边（QM、NM）的延长线范围内 [图 9-28（c）]。此时，运用两次杠杆规则可以得到：

$$P + Q + N = M$$

即从 P、Q、N 三相可以合成 M 相，按一定比例同时消耗 P、Q、N 三相可以得到 M 相。P 点所处的这种位置，叫作共轭位。

9.9　三元相图类型

9.9.1　具有一个低共熔点的三元立体相图及平面投影图

图 9-29（a）是这一系统的立体状态图。它是一个以浓度三角形为底，以垂直于浓度三角形平面的纵坐标表示温度的三方棱柱体。三条棱边 AA'、BB'、CC' 分别表示 A、B、C 三个一元系统，A'、B'、C' 是三个组分的熔点，即一元系统中的无量变点；三个侧面分别表示三个简单二元系统 A-B、B-C、C-A 的状态图，E_1、E_2、E_3 为相应的二元低共熔点。

二元系统中的液相线在三元立体相图中发展为液相面，如 $A'E_1E'E_3$ 液相面即是一个饱和曲面，任何富 A 的三元高温熔体冷却到该液相面上的温度，即开始析出 A 晶体。所以液相面代表了两相平衡状态。$B'E_2E'E_1$、$C'E_3E'E_2$ 分别是 B、C 组分的液相面。在三个液相面的上部空间则是熔体的单相区。

三个液相面彼此相交得到三条空间曲线 E_1E'、E_2E' 及 E_3E'，称为界线。在界线上的液相同时饱和着两种晶相，如 E_1E' 上任一点的液相对 A 和 B 同时饱和，冷却时同时析出 A 晶体和 B 晶体，因此界线代表了系统的三相平衡状态，$F = 4 - P = 1$。三个液相面、三条界线相交于 E' 点，E' 点的液相同时对三个组分饱和，冷却时将同时析出 A 晶体、B 晶体和 C 晶体。因此，E' 点是系统的三元低共熔点。在 E' 点系统处于四相平衡状态，自由度 $F = 0$，因而是一个三元无量变点。

为了便于实际应用，将立体图向浓度三角形底面投影成平面图 [图 9-29（b）]。在平面投影图上，立体图上的空间曲面（液相面）投影为初晶区Ⓐ、Ⓑ、Ⓒ空间界线投影为平面界线 e_1E、e_2E、e_3E。e_1、e_2、e_3 分别是三个二元低共熔点 E_1、E_2、E_3 在平面上的投影，E 是三元低共熔点 E' 的投影。在平面投影图上表示温度，有如下几种表示方法。

① 采取等温线表示，如图 9-29（b）所示。在立体图上每隔一定温度间隔做平行于浓度三角形底面的等温截面，这些等温截面与液相面相交即得到许多等温线，然后将其投影到底面并在投影线上标上相应的温度值。很明显，液相面越陡，投影平面图上的等温线越密集。因此，投影图上等温线的疏密可以反映出液相面的倾斜程度。由于等温线使相图图面变得复杂，有些三元相图上是不画的。

② 在界线上（包括三角形的边上）用箭头表示二元液相线和三元界线的温度下降方向。如图 9-29（b）所示。

③ 对于一些特殊点，如各组分及化合物的熔点，二元、三元无量变点的温度也往往

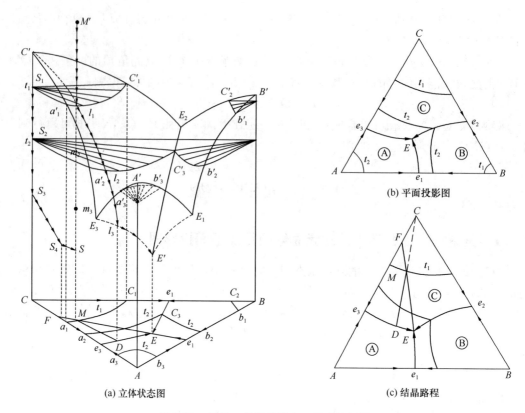

图 9-29　具有一个低共熔点三元系统相图

直接在图上无量变点附近注明（如 9.10 小节介绍的图 9-42 CaO-Al$_2$O$_3$-SiO$_2$ 系统相图）。

④ 对于无量变点，其温度也常列表表示（如 9.10 小节介绍的图 9-47 MgO-Al$_2$O$_3$-SiO$_2$ 系统相图）。

⑤ 也可根据分析析晶路程来判断点、线、面上温度的相对高低，对于界线的温度下降方向则往往需要运用后面将要学习的连线规则独立加以判断。

简单三元系统的析晶路程分析用图 9-29（a）、（c）来讨论。将组成为 M 的高温熔体 M' 冷却。当其沿 M'M 线向下移动到达 C 的液相面上的 l_1 点（l_1 点温度为 t_1，其位于 $a_1'C_1'$ 等温线上），液相开始析出 C 的第一粒晶体，因为固相中只有 C 晶体，固相点的位置处于 CC' 上的 S_1 点。液相点随后将随着温度下降沿着此液相面变化，但液相面上的温度下降方向有许多路线，根据定比例规则（或杠杆规则），当从液相只析出 C 晶体时，留在液相中的 A、B 两组分含量的比例不会改变，所以液相组成必沿着平面投影图上［图 9-29（c）］CM 连线延长线的方向变化（或根据杠杆规则，析出的晶相 C、系统总组成与液相组成必在一条直线上）。在空间图上，就是沿着 l_1l_3 变化。当系统冷却到 t_2 温度时，系统点到达 m_2，液相点到达 l_2，固相点则到达 S_2。根据杠杆规则，系统中的固相量随温度下降不断增加（虽然组成未变，仍为纯 C）。当冷却过程中系统点到达 m_3 时，液相点到达 E_3E' 界线上的 l_3 点（投影图上的 D 点），由于此界线是组分 A 和 C 的液相面的交线，因此从 l_3 液相中将同时析出 C 和 A 晶体，而液相组成必沿着 E_3E' 界线，向三元低共熔点 E' 的方向变化（在投影图上沿平面界线 e_3E 向温度下降的 E 点变化）。在此析晶过程中，固相除了 C 晶相外，还增加了 A 晶体，因而固相点将离开 S_3 向 S_4 点移动（在投影图上离开 C 点向 F 点移动）。当系统冷却到低共熔温度 T_E 时，系统点到达 S 点，液相点到达 E' 点，固相点到达 S_4 点（投影图上的 F 点）。按杠杆规则，这三点必在同一条等温的直线上。此时，从液相中开始同时析出 C、A、B 三种晶体，系统进入四相平衡状态，$F = 0$。在这个等温析晶过程中，固相中除了 C、A 晶体又增加了 B 晶体，固相点必离开 S_4 点向三棱柱内部运动，按照杠杆规则，固相点必定沿着 $E'SS_4$ 直线向 S 点推进（投影图上离开 F 点沿 FE 线向三角形内的 M 点运动）。当固相点回到系统点 S（投影图上固相点回到原始配料组成点 M），意味着最后一滴液相在 E' 结束结晶。此时系统重新获得一个自由度，系统温度又可继续下降。最后获得的结晶产物为晶相 A、B、C。

上面讨论 M 熔体的结晶路程用文字表达冗繁，我们常用平面投影图上固相、液相点位置的变化简明地加以表述。M 熔体的结晶路程可以表示为图 9-29（c）：

$$M(\text{熔体}) \xrightarrow[P=2, F=2]{L \rightarrow C} D[C, C + (A)] \xrightarrow[P=3, F=1]{L \rightarrow A + C} E(\text{到达})[F, A + C(B)] \xrightarrow[P=4, F=0]{L \rightarrow A + B + C}$$
$$E(\text{消失})[M, A + B + C]$$

上述结晶路程分析中各项的含义与二元系统相同，在此不重复说明。按照杠杆规则，液相点、固相点、总组成点这三点在任何时刻必须处于一条直线上。这就使我们能够在析晶的不同阶段，根据液相点或固相点的位置反推另一相组成点的位置，也可以利用杠杆规则计算某一温度下系统中的液相量和固相量。如液相到达 D 点时［图 9-29（c）］：

固相量：液相量 $= MD : CM$；

液相量：液-固总量（配料量）$= CM : CD$；

固相量：液-固总量（配料量）$= MD : CD$。

9.9.2 三元凝聚系统相图基本类型

（1）生成一个一致熔融二元化合物的三元系统相图

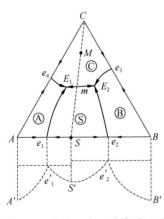

图 9-30 生成一个一致熔融二元化合物的三元相图

由某两个组分间生成的二元化合物，其组成点必处于浓度三角形的某一条边上。设在 A、B 两组分间生成一个一致熔融化合物 S（图 9-30），其熔点为 S'，S 与 A 的低共熔点为 e'_1，S 与 B 的低共熔点为 e_2'，图 9-30 下部用虚线表示的就是 A-B 二元相图。在 A-B 二元相图上的 $e'_1S'e'_2$ 是化合物 S 的液相线，这条液相线在三元相图上必然会发展出一个 S 的液相面，即 S 初晶区。这个液相面与 A、B、C 的液相面在空间相交，共得五条界线、两个三元低共熔点 E_1 和 E_2。在平面图上 E_1 位于 Ⓐ、Ⓢ、Ⓒ三个初晶区的交会点，与 E_1 点液相平衡的晶相是 A、S、C。E_2 位于 Ⓐ、Ⓢ、Ⓑ三个初晶区的交会点，与 E_2 点液相平衡的是 S、B、C 晶相。

一致熔融化合物 S 的组成点位于其初晶区Ⓢ内，这是所有一致熔融二元或一致熔融三元化合物在相图上的特点。由于 S 是一个稳定化合物，它可以与组分 C 形成新的二元系统，从而将 A-B-C 三元系统划分为两个三元分系统 ASC 和

BSC。这两个三元分系统的相图形式与简单三元系统完全相同。显然，如果原始配料点落在△ASC内，液相必在 E_1 点结束析晶，析晶产物为 A、S、C 晶体；如落在△SBC内，则液相在 E_2 点结束析晶，析晶产物为 S、B、C 晶体。

如同 e_4 是 A-C 二元低共熔点一样，连线 CS 上的 m 点必定是 C-S 二元系统中的低共熔点。而在分三元 A-S-C 的界线 mE_1 上，m 必定是整条 E_1E_2 界线上的温度最高点。同时 m 点又是 SC 连线（S-C 二元系统）上的温度最低点。因此，m 点通常叫"马鞍点"或叫"范雷恩点"（图 9-31）。

（2）生成一个不一致熔融二元化合物的三元系统相图

图 9-32 是生成一个不一致熔融二元化合物的三元系统相图。A、B 组分间生成一个不一致熔融化合物 S。在 A-B 二元相图中，$e_1'p'$ 是与 S 的平衡液相线，而化合物 S 的组成点不在 $e_1'p'$ 的组成范围内。液相线 $e_1'p'$ 在三元相图中发展为液相面，即 Ⓢ 初晶区。显然，在三元相图中不一致熔融二元化合物 S 的组成点仍然不在其初晶区范围内。这是所有不一致熔二元或三元化合物在相图上的特点。

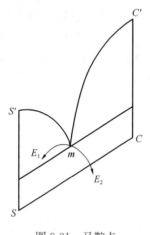

图 9-31　马鞍点

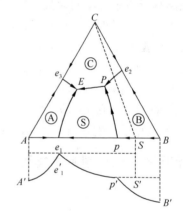

图 9-32　具有一个不一致熔融
二元化合物的三元相图

由于 S 是一个高温分解的不稳定化合物，在 A-B 二元系统中，它不能和组分 A、组分 B 形成分二元系统。在 A-B-C 三元系统中，连线 CS 与图 9-30 中的连线 CS 不同，它不代表一个真正的二元系统，它不能把 A-B-C 三元系统划分成两个分三元系统。相图中各相区、界线及无量变点的含义见表 9-9。

表 9-9　图 9-32 中各点、线、面的含义

点、线、面	性质	相平衡	点、线、面	性质	相平衡
e_1E	共熔线，$P=3$，$F=1$	L⇌A+S	Ⓑ	B 的初晶区，$P=2$，$F=2$	L⇌B
pP	转熔线，$P=3$，$F=1$	L+B⇌S	Ⓒ	C 的初晶区，$P=2$，$F=2$	L⇌C
e_2P	共熔线，$P=3$，$F=1$	L⇌C+B	Ⓢ	S 的初晶区，$P=2$，$F=2$	L⇌S
e_3E	共熔线，$P=3$，$F=1$	L⇌A+C	E	低共熔点，$P=4$，$F=0$	L_E⇌A+C+S
Ⓐ	A 的初晶区，$P=2$，$F=2$	L⇌A	P	转熔点，$P=4$，$F=0$	L_P+B⇌S+C

　　一个复杂的三元相图上往往有许多界线和无量变点，只有首先判明这些界线和无量变点的性质，才有可能讨论系统中配料在加热和冷却过程中发生的相变化。所以，在分析三元相图析晶路程以前，我们首先学习几条十分重要的规则。

　　① 连线规则。连线规则是用来判断界线温度变化方向的。将一界线（或延长线）与相应的连线（或延长线）相交，其交点是该界线上的温度最高点。连线与界线相交有三种情况，如图 9-33 所示。SC 为连线，E_1E_2 为相应界线。

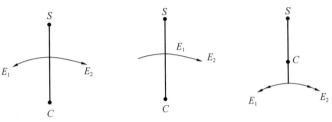

(a) 连线与界线E_1E_2相交，　(b) 连线与界线E_1E_2延长　(c) 连线的延长线与界线
　　交点是界线E_1E_2上的　　　线相交，交点是界线　　　　E_1E_2相交，交点是界线
　　温度最高点　　　　　　　　E_1E_2上的温度最高点　　　E_1E_2上的温度最高点

图 9-33　连线与界线相交的三种情况

　　所谓相应的连线是指与界线上液相平衡的两晶相组成点的连接直线。如图 9-32 中界线 e_2P 界线与其组成点连线 BC，交于 e_2 点，则 e_2 点是界线上的温度最高点，表示温度下降方向的箭头应指向 P 点。界线 EP 与其相应连线 CS 不直接相交，此时需延长界线使其相交，交点在 P 点右侧，因此，温降箭头应从 P 点指向 E 点。

　　② 切线规则。切线规则用于判断三元相图上界线的性质。

　　将界线上某一点所做的切线与相应的连线相交，如交点在连线上，则表示界线上该处具有共熔性质；如交点在连线的延长线上，则表示界线上该处具有转熔性质，远离交点的晶相被回吸。图 9-32 上的界线 e_1E 上任一点切线都交于相应连线 AS 上，所以是共熔线。P 上任一点切线都交于相应连线 BS 的延长线上，所以是一条转熔线，冷却时远离交点的 B 晶体被回吸，析出 S 晶体。图 9-38 上的界线 E_1P 上任一点切线与相应的连线 AS 相交有两种情况，在 E_1F 段，交点在连线上；而在 FP 段，交点在 AS 的延长线上。因此，E_1F段界线具有共熔性质，冷却时从液相中同时析出 A、S 晶体；而 FP 段具有转熔性质，冷却时远离交点的 A 晶体被回吸，析出 S 晶体。F 点是界线上的一个转折点。

　　为了区别这两类界线，在三元相图上共熔界线的温度下降方向规定用单箭头表示，而转熔界线的温度下降方向则用双箭头表示。

　　③ 重心规则。重心规则用于判断无量变点的性质。

　　如无量变点处于其相应副三角形的重心位，则该无量变点为低共熔点；如无量变点处于其相应副三角形的交叉位，则该无量变点为单转熔点；如无量变点处于其相应副三角形的共轭位，则该无量变点为双转熔点。

　　所谓相应副三角形是指与该无量变点液相平衡的三个晶相组成点连成的三角形。图 9-38无量变点 E_1 处于相应副三角形△SBC 的重心位，因而是低共熔点。无量变点 P 处于其相应副三角形△ABS 的交叉位，因此 P 点是一个单转熔点，回吸的晶相是远离 P 点的角顶A，析出的晶相是 S 和 B。在 P 点发生下列相变化：$L_P+A \rightarrow S+B$。图 9-37 中无量

变点 R 处于相应的副三角形△ABS 的共轭位，因而 R 是一个双转熔点。根据重心原理，被回吸的两种晶相是 A 和 B，析出的则是晶相 S。在 R 点发生下列相变化：$L_R+A+B \rightarrow S$。

判断无量变点性质，除了上述重心规则，还可以根据界线的温降方向。凡属低共熔点，则三条界线的温降箭头一定都指向它；凡属单转熔点，两条界线的温降箭头指向它，另一条界线的温降箭头则背向它。被回吸的晶相是温降箭头指向它的两条界线所包围的初晶区的晶相如图 9-32 中的 P 点，回吸的是晶相 B。因为从该无量变点出发有两个温度升高的方向，所以单转熔点又称"双升点"。凡属双转熔点，只有一条界线的温降箭头指向它，另两条界线的温降箭头则背向它，所析出的晶体是温降箭头背向它的两条界线所包围的初晶区的晶相如图 9-37 中的 R 点，回吸的是 A、B 晶体，析出的是 S 晶体。因为从该无量变点出发，有两个温度下降的方向，所以双转熔点又称"双降点"。

④ 三角形规则。三角形规则用于确定结晶产物和结晶终点。

原始熔体组成点所在三角形的三个顶点表示的物质即为其结晶产物；与这三个物质相应的初晶区所包围的三元无量变点是其结晶结束点。

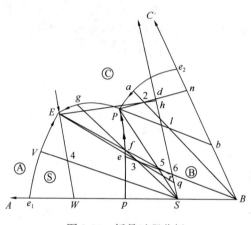

图 9-34　析晶过程分析

根据此规则，凡组成点落在图 9-32 上△SBC 内的配料，其高温熔体析晶过程完成以后所获得的结晶产物是 S、B、C，而液相在 P 点消失。凡组成点落在△ASC 内的配料，其高温熔体析晶过程完成以后所获得的析晶产物为 A、S、C，液相则在 E 点消失。运用这一规律，我们可以验证对结晶路程的分析是否正确。

图 9-34 是图 9-32 中富 B 部分的放大图。图上共列出六个配料点，其析晶路程具有代表性。我们分别讨论其冷却析晶过程。

熔体 1 的析晶过程：

$$熔体1 \xrightarrow[P=1,F=3]{L} 1[B,(B)] \xrightarrow[P=2,F=2]{L \rightarrow B} a[B,B+(C)] \xrightarrow[P=3,F=1]{L \rightarrow B+C} P(到达)[b,B+$$

$$C+(S)] \xrightarrow[P=4,F=0]{L+B \rightarrow S+C} P(消失)[1,S+B+C]$$

熔体 2 的析晶过程：

$$熔体2 \xrightarrow[P=1,F=3]{L} 2[B,(B)] \xrightarrow[P=2,F=2]{L \rightarrow B} a[B,B+(C)] \xrightarrow[P=3,F=1]{L \rightarrow B+C} P(到达)[n,B+$$

$$C+(S)] \xrightarrow[P=4,F=0]{L+B \rightarrow S+C} P(离开)[d,S+C(B消失)] \xrightarrow[P=3,F=1]{L \rightarrow S+C} E(到达)[h,S+C+(A)]$$

$$\xrightarrow[P=4,F=0]{L \rightarrow A+S+C} E(消失)[2,A+S+C]$$

熔体 3 的析晶过程：

$$\text{熔体}3\xrightarrow[P=1,F=3]{L}3[B,(B)]\xrightarrow[P=2,F=2]{L\rightarrow B}e[B,B+(S)]\xrightarrow[P=3,F=1]{L+B\rightarrow S}f[S,S+(B\text{消失})]$$

$$\xrightarrow[P=2,F=2]{L\rightarrow S(\text{穿相区})}g[S,S+(C)]\xrightarrow[P=3,F=1]{L\rightarrow S+C}E(\text{到达})[q,S+C+(A)]\xrightarrow[P=4,F=0]{L\rightarrow A+S+C}$$

$$E(\text{消失})[3,A+S+C]$$

熔体 4 的析晶过程：

$$\text{熔体}4\xrightarrow[P=1,F=3]{L}4[S,(S)]\xrightarrow[P=2,F=2]{L\rightarrow S}V[S,S+(A)]\xrightarrow[P=3,F=1]{L\rightarrow A+S}E(\text{到达})$$

$$[W,A+S+(C)]\xrightarrow[P=4,F=0]{L\rightarrow A+S+C}E(\text{消失})[4,A+S+C]$$

熔体 5 的析晶过程：

$$\text{熔体}5\xrightarrow[P=1,F=3]{L}5[B,(B)]\xrightarrow[P=2,F=2]{L\rightarrow B}e[B,B+(S)]\xrightarrow[P=3,F=1]{L+B\rightarrow S}P(\text{不停留})[S,S+(C)]$$

$$\xrightarrow[P=3,F=1]{L+S+C}E(\text{到达})[r,S+C+(A)]\xrightarrow[P=4,F=0]{L\rightarrow A+S+C}E(\text{消失})[5,A+S+C]$$

熔体 6 的组成刚好在 SC 连线上，最终的析晶产物为晶体 S 和晶体 C，在 P 点析晶结束，其析晶路程请读者自己分析。

从以上析晶路程分析，可得到许多规律性的东西，现总结于表 9-10 中。

表 9-10　不同组成熔体的析晶规律

组成	无量变点的反应	析晶终点	析晶终相
组成在 △ASC 内	$L_E \rightleftharpoons A+S+C$，B 先消失	E	$A+S+C$
组成在 △BSC 内	$L_P+B \rightleftharpoons S+C$，$L_P$ 先消失	P	$B+S+C$
组成在 SC 连线上	$L_P+B \rightleftharpoons S+C$，B 和 L_P 同时消失	P	$S+C$
组成在 pPS 扇形区	$L_E \rightleftharpoons A+S+C$，穿相区，不经过 P 点	E	$A+S+C$
组成在 PS 连线上	$L_E \rightleftharpoons A+S+C$，在 P 点不停留	E	$A+S+C$

上面讨论的都是平衡析晶过程，平衡加热过程应是上述平衡析晶过程的逆过程。从高温平衡冷却和从低温平衡加热到同一温度，系统所处的状态应是完全一样的。在分析了平衡析晶以后，我们再以配料 4 为例说明平衡加热过程。配料 4 处于 △ASC 内，其高温熔体平衡析晶终点是 E 点，因而配料中开始出现液相的温度应是 T_E，此时，$A+S+C \rightleftharpoons L_E$（注意：原始配料用的是 A、B、C 三组分，但按热力学平衡状态的要求，在低温下 A、B 已通过固相反应生成化合物 S，B 已耗尽。由于固相反应速率很慢，实际过程往往并非如此。这里讨论的前提是平衡加热），即在 T_E 温度下 A、S、C 晶体不断低共熔生成 E 组成的熔体。由于四相平衡，液相点保持在 E 点不变，固相点则沿 E_4 连线延长线方向变化，当固相点到达 AB 边上的 W 点，表明固相中的 C 晶体已熔完，系统温度可以继续上升。由于系统中此时残留的晶相是 A 和 S，因而液相点不可能沿其他界线变化，只能沿与 A、S 晶相平衡的 e_1E 界线向温升方向的 e_1 点运动。e_1E 是一条共熔界线，升温时发生共熔过程 $A+S \rightleftharpoons L$，A 和 S 晶体继续熔入熔体。当液相点到达 V 点，固相组成从 W 点

沿 AS 线变化到 S 点，表明固相中的 A 晶体已全部熔完，系统进入液相与 S 晶体的两相平衡状态。液相点随后将随温度升高，沿 S 点的液相面从 V 点向 4 点接近。温度升到液相面上的 4 点温度，液相点与系统点（原始配料点）重合，最后一粒 S 晶体熔完，系统进入高温熔体的单相平衡状态。不难看出，此平衡加热过程是配料 4 熔体的平衡冷却析晶过程的逆过程。

（3）生成一个固相分解的二元化合物的三元系统相图

图 9-35 中，A、B 两组分间生成一个固相分解的化合物 S，其分解温度低于 A、B 两组分的低共熔温度，因而不可能从 A、B 二元的液相线 ae_3' 及 be_3' 直接析出 S 晶体。但从二元发展到三元时，液相面温度是下降的，如果降到化合物 S 的分解温度 T_R 以下，则有可能从液相中直接析出 S。图中 S 即为二元化合物 S 在三元中的初晶区。

该相图的一个异常特点是系统具有三个无量变点 P、E、R，但只能画出与 P、E 点相应的副三角形。与 R 点液相平衡的三晶相 A、S、B 组成点处于同一直线，不能形成一个相应的副三角形。根据三角形规则，在此系统内任一三元配料只可能在 P 点或 E 点结束结晶，而不能在 R 点结束结晶。根据三条界线温降方向判断，R 点是一个双转熔点，在 R 点发生下列转熔过程：$L_R + A + B \rightleftharpoons S$。

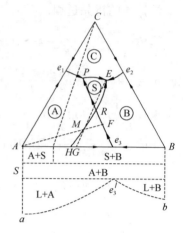

图 9-35 生成一个固相分解的二元化合物的三元相图

如果分析 M 点结晶路程，可以发现，在 R 点进行上述转熔过程时，实际上液相量并未减少，所发生的变化仅仅是 A 和 B 生成化合物 S（液相起介质作用），R 点因此当然不可能成为析晶终点。像 R 这样的无量变点常被称为过渡点。

图 9-35 中 M 熔体在冷却过程中的析晶路程如下。

$$M(熔体) \xrightarrow[P=1, F=3]{L} M[A, (A)] \xrightarrow[P=2, F=2]{L \to A} F[A, A+(B)] \xrightarrow[P=3, F=1]{L \to A+B} R(到达)$$

$$[H, A+B+(S)] \xrightarrow[P=4, F=0]{L+A+B \to S} R(离开)[H, S+B+(A 消失)] \xrightarrow[P=3, F=1]{L \to S+B} E(到达)$$

$$[G, S+B+(C)] \xrightarrow[P=4, F=0]{L \to S+B+C} E(消失)[M, S+B+C]$$

（4）具有一个一致熔融三元化合物的三元系统相图

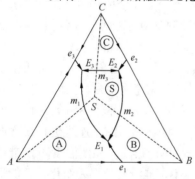

图 9-36 具有一个一致熔融三元化合物的三元相图

图 9-36 中的三元化合物 S 的组成点处于其初晶区 $⑤$ 内，因而是一个一致熔融化合物。由于生成的化合物是一个稳定化合物，SA、SB、SC 都代表一个独立的二元系统，m_1、m_2、m_3 分别是其二元低共熔点。整个系统被三根连线划分成三个简单三元 A-B-S、B-S-C 及 A-S-C，E_1、E_2、E_3 分别是它们的低共熔点。

（5）具有一个不一致熔融三元化合物的三元系统相图

图 9-37 及图 9-38 中三元化合物 S 的组成点位于其初晶区 $⑤$ 以外，因而是一个不一致熔融化合物。在划分

成副三角形后，根据重心规则判断，图 9-38 中的 P 点是单转熔点，在 P 点发生转熔过程 L_P ＋A $\Longrightarrow$ B＋S。图 9-37 中的 R 点是一个双转熔点，在 R 点发生的相变化是 L_R＋A＋B $\Longrightarrow$ S。按照切线规则判断界线性质时，发现图 9-38 上的 E_1P 线具有从共熔性质变为转熔性质的转折点，因而在同一条界线上既有单箭头又有双箭头。

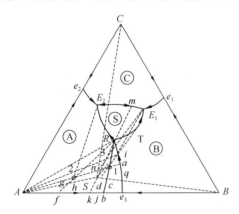
图 9-37　有双降点的生成不一致熔融三元
化合物的三元相图

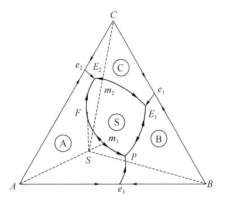
图 9-38　有双升点的生成不一致熔融三元
化合物的三元相图

本系统配料的结晶路程可因配料点位置不同而出现多种变化，特别在转熔点的附近区域。图 9-37 中 1、2、3 点的析晶路程分析如下。

熔体 1 的析晶过程：

$$熔体 1 \xrightarrow[P=1,F=3]{L} 1[A,(A)] \xrightarrow[P=2,F=2]{L \to A} a[A,A+(B)] \xrightarrow[P=3,F=1]{L \to A+B} R(到达)[b,A+B+(S)]$$

$$\xrightarrow[P=4,F=0]{L+A+B \to S} R(离开)[c,S+B+(A 消失)] \xrightarrow[P=3,F=1]{L+B \to S} T[j,S+B] \xrightarrow[P=3,F=1]{L \to S+B}$$

$$E_1(到达)[d,S+B+(C)] \xrightarrow[P=4,F=0]{L \to S+B+C} E_1(消失)[1,S+B+C]$$

熔体 2 的析晶过程：

$$熔体 2 \xrightarrow[P=1,F=3]{L} 2[A,(A)] \xrightarrow[P=2,F=2]{L \to A} a[A,A+(B)] \xrightarrow[P=3,F=1]{L \to A+B} R(到达)[f,A$$

$$+B+(S)] \xrightarrow[P=4,F=0]{L+A+B \to S} R(离开)[g,A+S+(B 消失)] \xrightarrow[P=3,F=1]{L+A \to S} E_2(到达)[h,A+S+$$

$$(C)] \xrightarrow[P=4,F=0]{L \to A+S+C} E_2(消失)[2,A+S+C]$$

熔体 3 的析晶过程：

$$熔体 3 \xrightarrow[P=1,F=3]{L} 3[A,(A)] \xrightarrow[P=2,F=2]{L \to A} i[A,A+(B)] \xrightarrow[P=3,F=1]{L \to A+B} R(到达)[k,A$$

$$+B+(S)] \xrightarrow[P=4,F=0]{L+A+B \to S} R(离开)[S,S+(A,B 同时消失)] \xrightarrow[P=2,F=2]{L \to S(穿相区)} m[S,S+(C)]$$

$$\xrightarrow[P=3,F=1]{L \to S+C} E_1(到达)[n,S+C+(B)] \xrightarrow[P=4,F=0]{L \to S+B+C} E_1(消失)[3,S+B+C]$$

（6）具有多晶转变的三元系统相图

图 9-39（a）、（b）和（c）中的组分 A 高温下的晶形是 α 型，t_n 温度下转变为 β 型。t_n

和 A-B、A-C 两个系统的低共熔点有不同的相对位置，分为三种不同的情况。第一种情况，$t_n > e_1$，$t_n > e_2$ [图 9-39 （a）]；第二种情况，$t_n < e_1$，$t_n > e_2$ [图 9-39 （b）]；第三种情况，$t_n < e_1$，$t_n < e_2$ [图 9-39 （c）]。

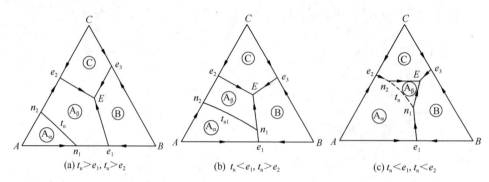

图 9-39　具有多晶转变的三元相图

　　显然，三元相图上的晶形转变线与某一等温线是重合的，该等温线表示的温度即晶形转变温度。

　　（7）形成一个二元连续固溶体的三元系统相图

　　这类系统的相图如图 9-40 所示。组分 A、B 形成连续固溶体，而 A-C、B-C 则为两个简单二元系统。在此相图上有一个 C 的初晶区，一个 S_{AB} 固溶体的初晶区。从界线液相中同时析出 C 晶体和 S_{AB} 固溶体。结线 $l_1 S_1$、$l_2 S_2$、$l_n S_n$ 表示与界线上不同组成液相相平衡的 S_{AB} 固溶体的不同组成。由于此相图上只有两个初晶区和一条界线，不可能出现四相平衡，所以相图上没有三元无量变点。

　　M 熔体冷却时首先析出 C 晶体，液相点到达界线上的 l_1 后，从液相中同时析出 C 晶体和 S_1 组成的固溶体。当液相点随温度下降沿界线变化到 l_2 点时，固溶体组成到达 S_2 点，固相总组成点在 $l_2 M$ 的延长线与 $C S_2$ 连线的交点 N。当固溶体组成到达 S_n 点，C、M、S_n 三点成一直线时，液相必在 l_n 消失，析晶过程结束。

　　（8）具有液相分层的三元系统相图

　　图 9-41 中的 A-C、B-C 均为简单二元系统，而 A-B 二元中有液相分层现象。从二元发展为三元时，C 组分的加入使分液范围逐渐缩小，最后在 K 点消失。在分液区内，两个相互平衡的液相组成，由一系列结线表示（如图中的连线 $L_1 L_2$）。

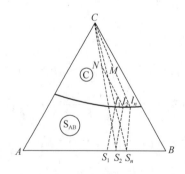

图 9-40　形成一个二元连续
固溶体的三元相图

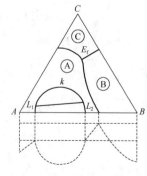

图 9-41　形成一个二元连续
固溶体的三元相图

9.10 案例解析

9.10.1 CaO-Al₂O₃-SiO₂ 系统

（1）CaO-Al_2O_3-SiO_2 系统相图

CaO-Al_2O_3-SiO_2 系统的三元相图图形比较复杂（图 9-42），可按如下步骤详细阅读。

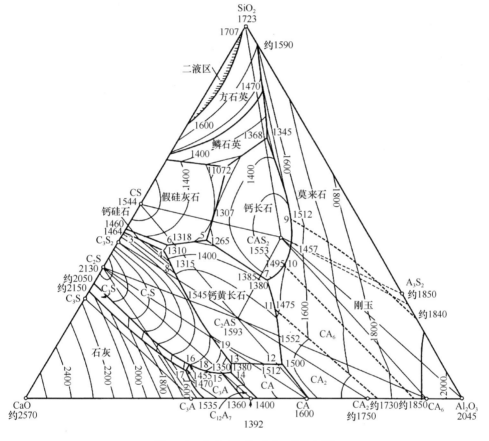

图 9-42 CaO-Al_2O_3-SiO_2 系统相图

① 看系统中生成多少化合物，找出各化合物的初晶区，根据化合组成点与其初晶区的位置关系，判断化合物的性质。本系统共有十个二元化合物，其中四个是一致熔融化物：CS、C_2S、$C_{12}A_7$、A_3S_2，六个不一致熔融化合物：C_3S_2、C_3S、C_3A、CA、CA_2、CA_6。两个三元化合物 CAS_2（钙长石）及 C_2AS（铝方柱石）都是一致熔融的。这些化合物的熔点或分解温度都标在相图上各自的组成点附近。

② 如果界线上未标明等温线，也未标明界线的温降方向，则需要运用连线规则，首先判明各界线的温度下降方向，再用切线规则判明界线性质。然后在界线上打上相应的单箭头或双箭头。

③ 运用重心规则判断各无量变点性质。

如果在判断界线性质时，已经先画出了与各界线相应的连线，则与无量变点相应的副三角形已经自然形成；如果先画出与各无量变点相应的副三角形，则与各界线相应的连线也会自然形成。

需要注意的是，不能随意在两个组成点间连线或在三个组成点间连副三角形。如 A_3S_2 与 CA 组成点间不能连线，因为相图上这两个化合物的初晶区并无共同界线，液相与这两个晶相并无平衡共存关系；在 A_3S_2、CA、Al_2O_3 的组成点间也不能连副三角形，因为相图上不存在这三个初晶区相交的无量变点，它们并无共同析晶关系。

三元相图上的无量变点必定都处于三个初晶区、三条界线的交点，而不可能出现其他的形式，否则是违反相律的。

在一般情况下，有多少个无量变点，就可以将系统划分成多少相应的副三角形（有时副三角形的数目可能少于无量变点数目）。本系统共有 19 个无量变点，除去晶形转变点，整个相图可以划分成 15 个副三角形。在副三角形划分以后，根据配料点所处的位置，运用三角形规则，就可以很容易地预先判断任一配料的结晶产物和结晶终点。

本系统 19 个无量变点的性质、温度和组成见表 9-11。

表 9-11　系统中的无量变点及其性质

图中点号	相平衡	平衡性质	平衡温度（℃）	化学组成（%，质量分数）		
				CaO	Al_2O_3	SiO_3
1	L $\rightleftharpoons$ 鳞石英 + CAS_2 + A_3S_2	低共熔点	1345	9.8	19.8	70.4
2	L $\rightleftharpoons$ 鳞石英 + CAS_2 + α-CS	低共熔点	1170	23.3	14.7	62.0
3	α-CS $\rightleftharpoons$ α'-CS（存在液相及 C_3S_2）	多晶转变	1450	53.3	4.2	42.8
4	α'-CS + L $\rightleftharpoons$ C_3S_2 + C_2AS	单熔点	1315	48.2	11.9	39.9
5	L $\rightleftharpoons$ CAS_2 + C_2AS + α-CS	低共熔点	1265	38.0	20.0	42.0
6	L $\rightleftharpoons$ C_2AS + C_3S_2 + α-CS	低共熔点	1310	47.2	11.8	41.0
7	L $\rightleftharpoons$ CAS_2 + C_2AS + CA_6	低共熔点	1380	29.2	39.0	31.8
8	α-C_2S $\rightleftharpoons$ α'-C_2S（存在液相及 C_2AS）	多晶转变	1450	49.0	14.4	36.6
9	Al_2O_3 + L $\rightleftharpoons$ CAS_2 + A_3S_2	单转熔点	1512	15.6	36.5	47.9
10	Al_2O_3 + L $\rightleftharpoons$ CA_6 + CAS_2	单转熔点	1495	23.0	41.0	36.0
11	CA_2 + L $\rightleftharpoons$ C_2AS + CA_6	单转熔点	1475	31.2	44.5	24.3
12	L $\rightleftharpoons$ C_2AS + CA + CA_2	低共熔点	1500	37.5	53.2	9.3
13	C_2AS + L $\rightleftharpoons$ α'-C_2S + CA	单转熔点	1380	48.3	42.0	9.7
14	L $\rightleftharpoons$ α'-C_2S + CA + $C_{12}A_7$	低共熔点	1335	49.5	43.7	6.8
15	L $\rightleftharpoons$ α'-C_2S + C_3A + $C_{12}A_7$	低共熔点	1335	52.0	41.2	6.8
16	C_3S + L $\rightleftharpoons$ C_3A + α-C_2S	单转熔点	1455	58.3	33.0	8.7
17	CaO + L $\rightleftharpoons$ C_3S + C_3A	单转熔点	1470	59.7	32.8	7.5
18	α-C_2S $\rightleftharpoons$ α'-C_2S（存在液相及 C_3A）	多晶转变	1450			
19	α-C_2S $\rightleftharpoons$ α'-C_2S（存在液相及 C_2AS）	多晶转变	1450			

④ 仔细观察相图上是否存在晶形转变、液相分层或形成固溶体等现象。本相图在富硅部分液相有分液区（2L），它是从 CaO-SiO_2 二元的分液区发展而来的。此外，在 SiO_2

初晶区还有一条 1470℃ 的方石英与鳞石英之间的晶形转变线。

CaO-Al$_2$O$_3$-SiO$_2$ 系统与许多硅酸盐产品有关，其富钙部分相图与硅酸盐水泥生产关系尤为密切。在这一部分相图上（图 9-43），共有三个无量变点 h、k、F（表 9-11 中的 17、16、15），h、k 是单转熔点，F 是低共熔点。与这三个无量变点相应的副三角形是 CaO-C$_3$A-C$_3$S、C$_3$S-C$_3$A-C$_2$S、C$_2$S-C$_3$A-C$_{12}$A$_7$。用切线规则判断，CaO 与 C$_3$S 初晶区的界线在 Z 点从转熔界线变为共熔界线，而 C$_3$S 与 C$_2$S 初晶区的界线则在 y 点从共熔性质变为转熔性质。在 yk 段，冷却时，L+C$_2$S$\Longrightarrow$C$_3$S，即 C$_2$S 被回吸，生成 C$_3$S。但到达 k 点，L$_k$+C$_3$S$\Longrightarrow$C$_2$S+C$_3$A，即 C$_3$S 被回吸，生成 C$_2$S。这个有趣的现象说明，系统从三相平衡进入四相平衡是一种质的飞跃，而不是量的渐变，不能简单地从三相平衡关系类推四相平衡关系。

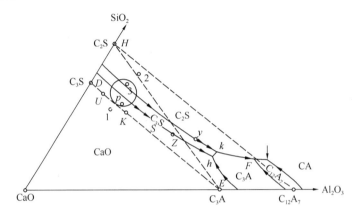

图 9-43 CaO-Al$_2$O$_3$-SiO$_2$ 系统富钙部分相图

我们以硅酸盐水泥熟料的典型配料图上的点 3 为例，分析一下结晶路程。将配料 3 加热到高温完全熔融（约 2000℃），然后平衡冷却析晶，从熔体中首先析出 C$_2$S，液相组成沿 C$_2$S-3 连线的延长线变化到 C$_2$S-C$_3$S 界线时，开始从液相中同时析出 C$_2$S 与 C$_3$S。液相点随温度下降沿界线变化到 y 点时，共析晶过程结束，转熔过程开始，C$_3$S 被回吸，析出 C$_2$S。当系统冷却到 k 点温度（1455℃），液相点沿 yk 界线到达 k 点，系统进入无量变状态，L$_k$ 液相与 C$_3$S 晶体不断反应生成 C$_2$S 与 C$_3$A。由于配料点处于三角形 C$_3$S-C$_2$S-C$_3$A 内，最后 L$_k$ 首先耗尽，结晶过程在 k 点结束，获得的结晶产物是 C$_3$S、C$_2$S、C$_3$A。

（2）CaO-Al$_2$O$_3$-SiO$_2$ 系统相图应用

下面我们就硅酸盐水泥生产中的配料、烧成及冷却，结合相图加以讨论，以提高利用相图分析实际问题的能力。

① 硅酸盐水泥的配料。硅酸盐水泥熟料中含有 C$_3$S、C$_2$S、C$_3$A、C$_4$AF 四种矿物，相应的组成氧化物为 CaO、SiO$_2$、Al$_2$O$_3$、Fe$_2$O$_3$。因为 Fe$_2$O$_3$ 含量较低（2%～5%），可以合并入 Al$_2$O$_3$ 考虑，C$_4$AF 则相应计入 C$_3$A，这样可以用 CaO-Al$_2$O$_3$-SiO$_2$ 三元系来表示硅酸盐水泥的配料组成。

根据三角形规则，配料点落在哪个副三角形，最后析晶产物便是这个副三角形三个角顶所表示的三种晶相。图 9-43 中 1 点配料处于三角形 CaO-C$_3$A-C$_3$S 中，平衡析晶产物中将有游离 CaO。2 点配料处于三角形 C_2S-C_3A-$C_{12}A_7$ 内，平衡析晶产物中将有 $C_{12}A$ 而没有 C_3S，前者的水硬活性很差，而后者是水泥中最重要的水硬矿物。因此，这两种配料都不符合硅酸盐水泥熟料矿物组成的要求。硅酸盐水泥生产中熟料的实际组成是 2%～67% CaO、20%～24%SiO_2 和 6.5%～13%（Al_2O_3＋Fe_2O_3），即在三角形 C_3S-C_3A-C_3S 内的小圆圈内波动。从相平衡的观点看这个配料是合理的，因为最后析晶产物都是水硬性能良好的胶凝矿物。以 C_3S-C_2S-C_3A 作为一个浓度三角形，根据配料点在此三角形中的位置，可以读出平衡析晶时水泥熟料中各矿物的含量。

② 烧成。工艺上不可能将配料加热到 2000℃ 左右完全熔融，然后平衡冷却析晶。实际上是采用部分熔融的烧结法生产熟料。因此，熟料矿物的形成并非完全来自液相析晶，固态组分之间的固相反应起着更为重要的作用。为了加速固相反应，液相开始出现的温度及液相量至关重要。如果是非常缓慢的平衡加热，则加热熔融过程应是缓慢冷却平衡析晶的逆过程，且在同一温度下，应具有完全相同的平衡状态。以配料 3 为例，其结晶终点是 k 点，则平衡加热时应在 k 点出现与 C_3S、C_2S、C_3A 平衡的 L_k 液相。但 C_3S 很难通过纯固相反应生成（如果很容易，水泥就不需要在 1450℃ 的高温下烧成了），在 1200℃ 以下组分间通过固相反应生成的是反应速率较快的 $C_{12}A_7$、C_3A、C_2S。因此，液相开始出现的温度并不是 k 点的 1445℃，而是与这三个晶相平衡的 F 点温度 1335℃（事实上，由于工艺配料中含有 Na_2O、K_2O、MgO 等其他氧化物，液相开始出现的温度还要低，约 1250℃）。F 点是一个低共熔点，加热时 C_2S＋C_3A＋$C_{12}A_7 \rightleftharpoons L_k$，即 C_3S、C_2A、$C_{12}A_7$ 低共熔形成 F 点液相。当 $C_{12}A_7$ 熔完后，液相组成将沿 Fk 界线变化，升温过程中 C_2S 与 C_3A 继续熔入液相，液相量随温度升高不断增加。系统中一旦形成液相，生成 C_3S 的固相反应 C_2S＋$CaO \rightleftharpoons C_3S$ 的反应速率即大大增加。从某种意义上说，水泥烧成的核心问题是如何创造良好的动力条件促成熟料中的主要矿物 C_3S 大量生成。$C_{12}A_7$ 是在非平衡加热过程中在系统中出现的一个非平衡相，但它的出现降低了液相开始形成温度，对促进热力学平衡相 C_3S 的大量生成是有帮助的。

③ 冷却。水泥配料达到烧成温度时所获得的液相量 20%～30%。在随后降温过程中，为了防止 C_3S 分解及 β-C_2S 发生晶形转化，工艺上采取快速冷却措施，因而冷却过程也是不平衡的，这种不平衡的冷却过程可以用下面两种模式加以讨论。

一种模式是急冷。此时冷却速率超过熔体的临界冷却速率，液相完全失去析晶能力，全部转变为低温下的玻璃体。

另一种模式是液相独立析晶。如果冷却速率不是快到使液相完全失去析晶能力，但也不是慢到足以使它能够和系统中其他晶相保持原有相平衡关系，此时液相犹如一个原始配料高温熔体那样独自析晶，重新建立一个新的平衡体系，不受系统中已存在的其他晶相的制约。这种现象特别容易发生在转熔点上的液相，譬如在 k 点，L_k＋$C_3S \rightleftharpoons C_2S$＋$C_3A$，生成的 C_2S 和 C_3A 往往包裹在 C_3S 表面，阻止了 L_k 与 C_3S 的进一步反应，此时液相将作为一个原始熔体开始独立析晶，沿 kF 界线析出 C_2S 和 C_3A，到 F 点后又有 $C_{12}A_7$ 析出。因为 k 点在三角形 C_2S-C_3A-$C_{12}A_7$ 内，独立析晶的析晶终点必在与其相应的无量变点 F。因此，在发生液相独立析晶时，尽管原始配料点处在三角形 C_3S-C_3A-C_2S 内，其最终获得的产物中可能有四个晶相，除了 C_3S、C_2S、C_3A 外，还可能有 $C_{12}A_7$，这是由过程的非平衡性质造成的。由于冷却时在 k 点发生 L_k＋$C_3S \rightleftharpoons C_2S$＋$C_3A$ 的转熔过程，C_3S 要消耗，如在 k 点发生液相独立析晶或急冷成玻璃体，可以阻止这一转熔过程。因此，对某些硅酸盐水泥配料，快速冷却反而可以增加熟料中 C_3S 含量。

必须指出，所谓急冷成玻璃体或发生液相独立析晶，这不过是非平衡冷却过程的两种理想化了的模式，实际过程很可能比这两种理想模式更复杂或者二者兼而有之。

在 $CaO-Al_2O_3-SiO_2$ 系统中，各种重要的硅酸盐制品的组成范围如图 9-44 所示。

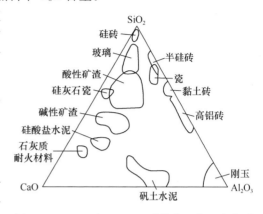

图 9-44 $CaO-Al_2O_3-SiO_2$ 系统中工艺组成范围

9.10.2 $K_2O-Al_2O_3-SiO_2$ 系统

本系统有 5 个二元化合物及 4 个三元化合物。在这 4 个三元化合物的组成中，K_2O 含量与 Al_2O_3 含量的比值是相等的，因而它们排列在一条 SiO_2 与二元化合物 $K_2O \cdot Al_2O_3$ 的连线上。三元化合物钾长石 KAS_6（图 9-45 中的 W 点）是一个不一致熔融化合物，其分解温度较低，在 1150℃ 即分解为 KAS_4 和富硅液相（液相量约 50%），因而是一种熔剂性矿物。白榴石 KAS_4（图 9-45 中的 X 点）是一致熔融化合物，熔点约 1686℃。钾霞石 KAS_2（图 9-45 中的 Y 点）也是一个一致熔融化合物，熔点 1800℃。化合物 KAS（图 9-45 中的 Z 点）的性质迄今未明，其初晶区范围尚未能予以确定。K_2O 高温下易于挥发引起试验

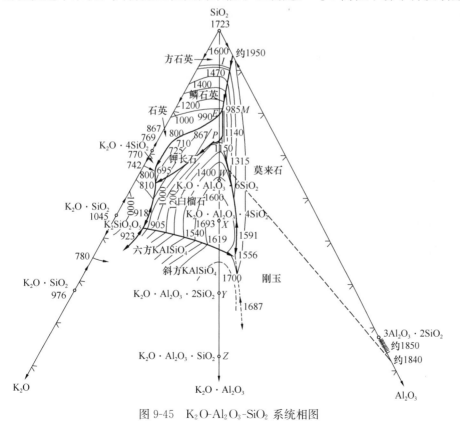

图 9-45 $K_2O-Al_2O_3-SiO_2$ 系统相图

上的困难，本系统的相图不是完整的，仅给出了 K_2O 含量在 50% 以下部分的相图。

图 9-45 中的 M 点和 E 点是两个不同的无量变点。M 点处于莫来石、鳞石英和钾长石三个初晶区的交点，是一个三元无量变点，按照重心规则，它是一个低共熔点（985℃）。M 点左侧的 E 点是鳞石英和钾长石初晶区界线与相应连线 SiO_2-W 的交点，是该界线上的温度最高点，也是鳞石英与钾长石的低共熔点（990℃）。

图 9-46 所示系统与日用陶瓷及普通电瓷生产密切相关。日用陶瓷及普通电瓷一般用黏土（高岭土）、长石和石英配料。高岭土的主要矿物组成是高岭石 $Al_2O_3 \cdot 2SiO_2 \cdot 2H_2O$，烧脱水后的化学组成为 $Al_2O_3 \cdot 2SiO_2$，称为烧高岭。图 9-46 上的 D 点即为烧高岭的组成点，D 点不是相图上固有的一个二元化合物组成点，而是一个附加的辅助点，用以表示配料中的一种原料的组成。根据重心原理，用高岭土、长石、石英三种原料配制的陶瓷坯料组成点必处于辅助 $\triangle QWD$（常被称为配料三角形）内，而在相图上则是处于副 $\triangle QWm$（常被称为产物三角形）内。这就是说，配料经过平衡析晶（或平衡加热）后在制品中获得的晶相应为莫来石、石英和长石。在配料 $\triangle QWD$ 中，1～8 线平行于 QW 边，根据等含量规则，所有处于该线上的配料中烧高岭的含量是相等的。而在产物 $\triangle QWm$ 中，1～8 线平行于 QW 边，意味着在平衡析晶（或平衡加热）时从 1～8 线上各配料所获得的产品中莫来石量是相等的。也就是说，产品中莫来石的量取决于配料中的黏土量。莫来石是日用陶瓷中的重要晶相。

如将配料 3 加热到高温完全熔融，平衡析晶时首先析出莫来石，液相点沿 A_3S_2-3 连线延长线方向变化到石英与莫来石初晶区的界线后（图 9-45），从液相中同时析出莫来石与石英，液相沿此界线到达 985℃ 的低共熔点 M 后，同时析出莫来石、石英与长石，析晶过程在 M 点结束。当将配料 3 平衡加热，长石、石英及通过固相反应生成的莫来石将在 985℃ 下低共熔生成 M 组成的液相，即 $A_3S_2 + KAS_6 + S \rightleftharpoons L_M$。此时系统处于四相平衡，$F = 0$，液相点保持在 M 点不变，固相点则从 M 点沿 M-3 连线延长线方向变化，当固相点到达 Q_m 边上的点 10，意味着固相中的 KAS_6 已首先熔完，固相中保留下来的晶相是莫来石和石英。因消失了一个晶相，系统可继续升温，液相将沿与莫来石和石英平衡的界线向温度升高方向移动，莫来石与石英继续熔入液相，固相点则相应从点 10 沿 Q_m 边向 A_3S_2 移动。由于 M 点附近界线上的等温线很紧密，说明此阶段液相组成及液相量随温度升高变化并不急剧，日用瓷的烧成温度大致处于这一区间。当固相点到达 A_3S_2，意味着固相中的石英已完全熔入液相。此后液相组成将离开莫来石与石英平衡的界线，沿 A_3S_2-3 连线的延长线进入莫来石初晶区，当液相点回到配料点 3，最后一粒莫来石晶体熔完。可以看出，上述平衡加热熔融过程是平衡冷却析晶过程的逆过程。

配料在 985℃ 下低共熔过程结束时首先消失的晶相取决于配料点的位置。如配料 7，因 M-7 连线的延长线交于 Wm 边的点 15，表明首先熔完的晶相是石英，固相中保留的是莫来石和长石。而在低共熔温度下所获得的最大液相量，根据杠杆规则，应为线段 7～15 与线段 M～15 之比。

日用瓷的实际烧成温度在 1250～1450℃，系统中要求形成适宜数量的液相，以保证坯体的良好烧结，液相量不能过少，也不能太多。由于 M 点附近等温线密集，液相量随温度变化不很敏感，使这类瓷的烧成温度范围较宽，工艺上较易掌握。此外，因 M 点及邻近界线均接近 SiO_2 角顶，熔体中的 SiO_2 含量很高，液相黏度大，结晶困难，在冷却时系统中的液相往往形成玻璃相，从而使瓷质呈半透明状。

实际工艺配料中不可避免地会含有其他杂质组分，实际生产中的加热和冷却过程不可能是平衡过程，也会出现种种不平衡现象，因此，开始出现液相的温度，液相量以及固-液相组成的变化事实上都不会与相图指示的热力学平衡态完全相同。但相图指出了过程变化的方向及限度，对我们分析问题仍然是很有帮助的。譬如，根据配料点的位置，我们有可能大体估计烧成时液相量的多少以及烧成后所获得的制品中的相组成。在图9-46上列出的从点1~8的八个配料中，只要工艺过程离平衡过程不是太远，则可以预测，配料1~5的制品中可能以莫来石、石英和玻璃相为主，配料6则以莫来石和玻璃相为主，而配料7~8则很可能以莫来石、长石及玻璃相为主。

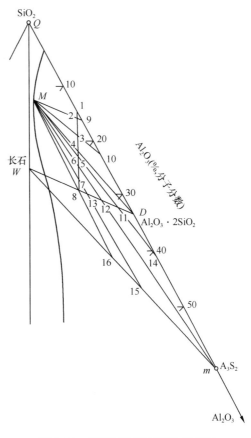

图9-46 配料三角形与产物三角形

9.10.3 MgO-Al₂O₃-SiO₂ 系统

图 9-47 是 MgO-Al$_2$O$_3$-SiO$_2$ 系统相图。本系统共有四个二元化合物 MS、M$_2$S、MA、A$_3$S$_2$ 和两个三元化合物 M$_2$A$_2$S$_6$（董青石）、M$_4$A$_5$S$_2$（假蓝宝石）。董青石和假蓝宝石都是不一致熔融化合物。董青石在 1465℃ 分解为莫来石和液相，假蓝宝石则在 1482℃ 分解为尖晶石、莫来石和液相（液相组成即无量变点 8 的组成）。

相图上共有九个无量变点（表9-12）。相应地，可将相图划分为 9 个副三角形。

表 9-12 MgO-Al₂O₃-SiO₂ 系统的三元无量变点

图中点号	相平衡	平衡性质	平衡温度（℃）	化学组成（%，质量分数）		
				MgO	Al₂O₃	SiO₂
1	L⇌MS+S+M₂A₂S₅	低共熔点	1355	20.5	17.5	62
2	A₃S₂+L⇌M₂A₂S₅+S	双升点	1440	9.5	22.5	68
3	A₃S₂+L⇌M₂A₂S₅+M₄A₅S₂	双升点	1460	16.5	34.5	49
4	MA+L⇌M₂A₂S₅+M₂S	双升点	1370	26	23	51
5	L⇌M₂S+MS+M₂A₂S₅	低共熔点	1365	25	21	54
6	L⇌M₂S+MA+M	低共熔点.	1710	51.5	20	28.5
7	A+L⇌MA+A₃S₂	双升点	1578	15	42	43
8	MA+A₃S₂+L⇌M₄A₅S₂	双降点	1482	17	37	46
9	M₄A₅S₂+L⇌M₂A₂S₅+MA	双升点	1453	17.5	33.5	49

本系统内各组分氧化物及多数二元化合物熔点都很高，可制成优质耐火材料。但是三元无量变点的温度大大下降。因此，不同二元系列的耐火材料不应混合使用，否则会降低

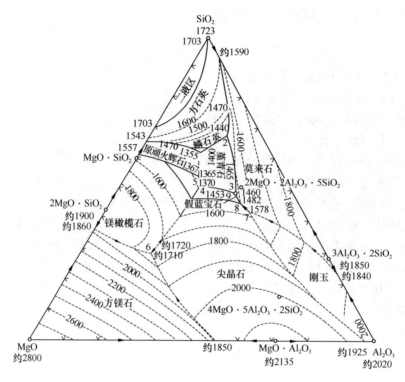

图 9-47 MgO-Al$_2$O$_3$-SiO$_2$ 系统相图

液相出现温度和材料耐火度。

副三角形 SiO$_2$-MS-M$_2$A$_2$S$_5$ 与镁质陶瓷生产密切相关。镁质陶瓷是一种用于无线电工业的高频瓷料，其介电损耗低，镁质陶瓷以滑石和黏土配料。图 9-48 上画出了经烧脱水后的偏高岭土（烧高岭）及偏滑石（烧滑石）的组成点的位置，镁质瓷配料点大致在这两点连线上或其附近区域。L、M、N 各配料以滑石为主，仅加入少量黏土，故称为滑石瓷。其配料点接近 MS 角顶，因而制品中的主要晶相是顽火辉石。如果在配料中增加黏土含量，即把配料点拉向靠近 M$_2$A$_2$S$_5$ 一侧（有时在配料中还另加 Al$_2$O$_3$ 粉），则瓷坯中将以堇青石为主晶相，这种瓷叫堇青石瓷。在滑石瓷配料中加入 MgO，把配料点移向接近顽火辉石和镁橄榄石初晶区的界线（如图 9-48 中的 P 点），可以改善瓷料电学性能，制成低损耗滑石瓷。如果加入的 MgO 量足够使坯料组成点到达 M$_2$S 组成点附近，则将制得以镁橄榄石为主晶相的镁橄榄石瓷。

滑石瓷的烧成温度范围狭窄，这可从相图上得到解释。滑石瓷配料点处于三角形 SiO$_2$-MS-M$_2$A$_2$S$_5$ 内，与此副三角形相应的无量变点是点 1，点 1 是一个低共熔点，因此，在平衡加热时，滑石瓷坯料将在点 1 的 1355℃出现液相。根据配料点位置（L、M 等）可以判断，低共熔过程结束时消失的晶相是 M$_2$A$_2$S$_5$，其后液相组成将离开点 1 沿与石英和顽火辉石平衡的界线向温度升高的方向变化，相应的固相组成点则可在 SiO$_2$-MS 边上找到。运用杠杆规则，可以计算出任一温度下系统中出现的液相量。在石英与顽火辉石初晶区的界线上画出了 1400℃、1470℃、1500℃三条等温线，这些等温线分布宽疏，意味着温度升高时，液相点位置变化迅速，液相量将随温度升高迅速增加。滑石瓷瓷坯在液相量

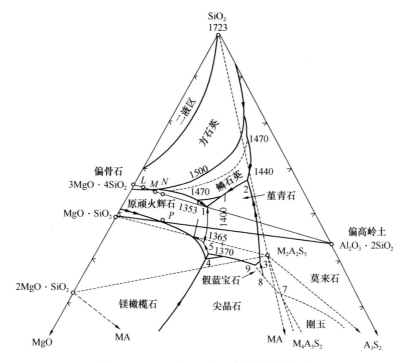

图 9-48　MgO-Al$_2$O$_3$-SiO$_2$ 相图的富硅部分

35％时可以充分烧结，但液相量 45％时则已过烧变形。根据相图进行的计算表明，L、M 配料（分别含烧高岭 5％、10％）的烧成温度范围仅 30～40℃，而 N 配料（含烧高岭 15％）则在低共熔点 1355℃ 已出现 45％ 的液相。因此，在滑石瓷中一般限制黏土用量在 10％ 以下。在低损耗滑石瓷及董青石瓷配料中用类似方法计算其液相量随温度的变化，发现它们的烧成温度范围都很窄，工艺上常需加入助烧结剂以改善其烧结性能。

　　在本系统中熔制的玻璃，配料组成位于接近低共熔点 1 及邻近界线区域，因而熔制温度约在 1355℃。由于这种玻璃的析晶倾向大，加入适当促进熔体结晶的成核剂可以制得以董青石为主要晶相的低热膨胀系数的微晶玻璃材料。

9.10.4　Na$_2$O-CaO-SiO$_2$ 系统

　　本系统的富硅部分与 Na$_2$O-CaO-SiO$_2$ 硅酸盐玻璃的生产密切相关。图 9-49 是 SiO$_2$ 含量在 50％ 以上的富硅部分相图。

　　Na$_2$O-CaO-SiO$_2$ 系统富硅部分共有四个二元化合物 NS、NS$_2$、N$_3$S$_8$、CS 及四个三元化合物 N$_2$CS$_3$、NC$_2$S$_3$、NC$_3$S$_3$、NCS$_5$。这些化合物的性质和熔点（或分解温度）见表 9-13。

表 9-13　Na$_2$O-CaO-SiO$_2$ 系统富硅部分化合物

化合物	性质	熔点（℃）	化合物	性质	熔点（℃）
Na$_2$O・SiO$_2$（NS）	一致熔融	1088	2Na$_2$O・CaO・3SiO$_2$（N$_2$CS$_3$）	不一致熔融	1141
Na$_2$O・2SiO$_2$（NS$_2$）	一致熔融	874	Na$_2$O・3CaO・6SiO$_2$（NC$_3$S$_6$）	不一致熔融	1047
CaO・SiO$_2$（CS）	一致熔融	1540	3Na$_2$O・8SiO$_2$（N$_3$S$_8$）	不一致熔融	793
Na$_2$O・2CaO・3SiO$_2$（NC$_2$S$_2$）	一致熔融	1284	Na$_2$O・CaO・5SiO$_2$（NCS$_5$）	不一致熔融	827

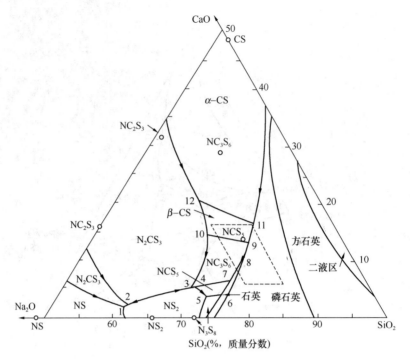

图 9-49 Na$_2$O-CaO-SiO$_2$ 系统富硅部分相图

每个化合物都有其初晶区，加上组分 SiO$_2$ 的初晶区，相图上共有 9 个初晶区。在 SiO$_2$ 初晶区内有两条表示方石英、鳞石英和石英间多晶转变的晶形转变线和一个分液区。在 CS 初晶区内有一条表示 α-CS 与 β-CS 晶形转化的晶形转变线。相图上共有 12 个无量变点，这些无量变点的性质、温度和组成见表 9-14。

表 9-14　Na$_2$O-CaO-SiO$_2$ 系统富硅部分的无量变点的性质

图中点号	相平衡	平衡性质	平衡温度（℃）	化学组成（%，质量分数）		
				Na$_2$O	Al$_2$O$_3$	SiO$_2$
1	L ⇌ NS+NS$_2$+N$_2$CS$_3$	低共熔点	821	37.5	1.8	60.7
2	L+NC$_2$S$_3$ ⇌ NS$_2$+N$_2$CS$_3$	双升点	827	36.6	2.0	61.4
3	L+ NC$_2$S$_3$ ⇌ NS$_2$+NC$_3$S$_6$	双升点	785	25.4	5.4	69.2
4	L+NC$_3$S$_6$ ⇌ NS$_2$+NCS$_5$	双升点	785	25.0	5.4	69.6
5	L ⇌ NS$_2$+ N$_3$S$_8$+NCS$_5$	低共熔点	755	24.4	3.6	72.0
6	L ⇌ N$_3$S$_8$+NCS$_5$+S（石英）	低共熔点	755	22.0	3.8	74.2
7	L+S（石英）+NC$_3$S$_6$ ⇌ NCS$_5$	双降点	827	19.0	6.8	74.2
8	α-石英 ⇌ α-鳞石英（存在 L 及 NC$_3$S$_6$）	晶形转变	870	18.7	7.0	74.3
9	L+β-CS ⇌ NC$_3$S$_6$+S（石英）	双升点	1035	13.7	12.9	73.4
10	L+β-CS ⇌ NC$_2$S$_3$+NC$_3$S$_6$	双升点	1035	19.0	14.5	66.5
11	α-CS ⇌ β-CS（存在 L 及 α-鳞石英）	晶形转变	1110	14.4	15.6	73.0
12	α-CS ⇌ β-CS（存在 L 及 NC$_2$S$_3$）	晶形转变	1110	17.7	16.5	62.8

玻璃是一种非晶态的均质体。玻璃中如出现析晶，将会破坏玻璃的均一性，造成玻璃的一种严重缺陷，称为失透。玻璃中的析晶不仅会影响玻璃的透光性，还会影响其机械强度和热稳定性。因此，在选择玻璃的配料方案时，析晶性能是必须加以考虑的一个重要因素，而相图可以帮助我们选择不易析晶的玻璃组成。大量试验结果表明，组成位于低共熔点的熔体比组成位于界线上的熔体析晶能力小，而组成位于界线上的熔体又比组成位于初晶区内的熔体析晶能力小。这是由于组成位于低共熔点或界线上的熔体有几种晶体同时析出的趋势，而不同晶体结构之间的相互干扰，降低了每种晶体的析晶能力。除了析晶能力较小，这些组成的配料熔化温度一般也比较低，这对玻璃的熔制也是有利的。

当然，在选择玻璃组成时，除了析晶性能外，还必须综合考虑到玻璃的其他工艺性能和使用性能。各种实用的 Na_2O-CaO-SiO_2 硅酸盐玻璃的化学组成一般波动于下列范围内：12%～18% Na_2O、6%～16% CaO、68%～82% SiO_2，即其组成点位于图 9-49 上用虚线画出的平行四边形区域内，而并不在低共熔点 6。这是由于尽管点 6 组成的玻璃析晶能力最小，但其中的氧化钠含量太高（22%），其化学稳定性和强度不能满足使用要求。

相图还可以帮助我们分析玻璃生产中产生失透现象的原因。对上述成分的玻璃的析晶能力进行的研究表明，析晶能力最小的玻璃是 Na_2O 与 CaO 含量之和等于 26%、SiO_2 含量 74% 的那些玻璃，即配料组成位于 8 和 9 界线附近的玻璃。这与我们在上面所讨论的玻璃析晶能力的一般规律是一致的。配料中 SiO_2 含量增加，组成点离开界线进入 SiO_2 初晶区，则从熔体中析出鳞石英或方石英的可能性增加；配料中 CaO 含量增加，容易出现硅灰石（CS）析晶；Na_2O 含量增加时，则容易析出失透石（NC_3S_6）晶体。因此，根据对玻璃中失透石的鉴定，结合相图可以为分析其产生原因及提出改进措施提供一定的理论依据。

熔制玻璃时，除了参照相图选择不易析晶而又符合性能要求的配料组成，严格控制工艺条件也是十分重要的。高温熔体在析晶温度范围停留时间过长或混料不匀而使局部熔体组成偏离配料组成，都容易造成玻璃的析晶。

9.11　思政拓展

金展鹏院士长期从事相图测定、热力学计算以及相变动力学研究，开创了用三元扩散偶＋电子探针的微区成分分析的相图测定方法，国际上誉为"金氏相图测定法"，使相图研究的效率提高了数十倍，成为全球通用的相图研究方法；他带领团队在相图数据库、热力学模型、相图优化计算方法、热化学磁矩法、阶段性亚稳相转变理论和动力学通道研究等所取得的创新成果，成为材料领域建立新理论、发展新方法、设计新材料、阐明新现象和制定新工艺的科学依据，被中国工程物理研究院、美国麻省理工学院等国内外权威机构成功应用于尖端新材料设计。

金展鹏院士忠诚于党的教育事业，时刻关注着中国高等教育的未来，始终坚守在教学和科研岗位，呕心沥血、鞠躬尽瘁、坚韧不拔、淡泊名利、潜心科研、立德树人，鼓舞着一批又一批的教育与科技作者。他的事迹被国家众多媒体广泛报道，曾获得全国模范教师、全国教书育人楷模、全国创先争优优秀共产党员、全国自强模范等荣誉称号。

有一种信仰由心而生

1938 年，金展鹏出生于广西荔浦，一家人靠父亲打铁为生。他的童年因为日军的空袭而变得狼狈与匆忙，那段逃亡的经历在他的记忆里留下了深刻的烙印，让他刻骨铭心地感受到：个人渺小的命运与国家宏大的命运原来是那样紧密连在一起的，只有祖国强大了，个人才不会被欺负。

1955 年，金展鹏高中毕业后，顺利考取了中南矿冶学院（中南大学前身之一），在国家奖学金的资助下以优异的成绩完成学业，并留校任教。1979 年，他考取了国家公派留学，被选派到瑞典皇家工学院做访问学者。第一次走出国门的金展鹏，犹如从一个文化贫瘠的荒地走入知识的海洋。在深深地感受到差距的同时，更多地感受到了肩上沉甸甸的责任。两年后，从瑞典回到祖国的他，写下这样一段话："个人的命运与国家是紧密相连的，每一个人都有责任为国家的富强做点事。"

有一种信念困而弥坚

金展鹏一边在相图世界遨游，一边用英文版的《毛泽东选集》自学英语。即使是在遥远的异国他乡，处身寂寥，金展鹏都心无旁骛地向着心中的梦想前进。

在瑞典留学期间，他付出了比常人更多的努力和艰辛。因为做试验太晚，被困在电梯里；因为总是工作在实验室，管理人员和试验人员外出都习惯向他"请假"……也因为着了魔似的努力，他"以 1 胜 52"的"金氏相图测定法"，实现了用 1 个试样取代原来用 52 个试样来测定三元相图整个等温截面的计算方法，成果多次被引用，研究方法也被国外多个实验室以及多所科研单位采用。"中国金"从此饮誉国际相图界。后来，他又将相图热力学、相变动力学与组织形态学结合，建立了以热力学计算和动力学模拟为特色的材料设计体系，被国际同行尊称为"材料世界的活地图"。

回国后的金展鹏信心满满，一边承担着前沿课题研究，一边培育学生。然而，厄运却不期而至。1998 年春节后的一个早晨，他刚走出家门，便倒在了地上。从此，高位截瘫的他手不能举、足不能行，连喝水吃饭都要靠别人来帮忙。这对处于事业巅峰之际的金展鹏来说，无疑是致命的打击。然而就在亲朋好友的扼腕叹息中，他却似乎又恢复了往日的工作状态：让妻子举手翻页，看书，让学生们将论文一字一字地念出来进行修正。后来，当别人问起他当时的想法时，他说："我就想，总不能躺着等死啊，只要脑袋能转，我就能思考和创造。"

2003 年，在瘫痪 6 年后，金展鹏当选为中国科学院院士。而在患病后的 14 年里，金展鹏完成了一项国家"863"项目，3 项国家自然科学基金项目，1 项国际合作项目，培养了 20 多位博士、30 多位硕士，向中央和国家有关部门提交了 17 份中国材料科学发展战略建议书，有人统计过，这相当于 10 个教授工作量的总和。

有一种使命贯穿始终

2011 年全国"教书育人楷模"颁奖典礼上，坐在轮椅上、身体高位瘫痪的金展鹏自豪地望着向他鞠躬的三位学生。他们中，有两位从海外归来，带着最前沿的知识报效祖国；有一位是金老师最后带的博士生，目前已是上海大学教授。

自从留校任教起，金展鹏就将"教师"这个身份看得很重，将学生看作自己最大的财富。难以想象，在漆黑停电的夜晚，到火车站接实习归来的学生，金展鹏仅凭声音便能辨别出班上 40 多名学生，这对他来说，不过是践行自己职业使命的平常事。

生病初期，所有的人都劝金展鹏放弃工作好好养病，可是他都一一说服了他们。他说："我不能躺着等死吧，头脑还是清醒的，手里头还有几个学生没有毕业，放不下他们。""20 岁是人生最美好的时光，学生把最美好的时光交付到我手里，这是对我最大的信任，我要用心带好他们。这是对学生负责，对家长负责，也是对国家负责。"

就是这种单纯的责任心，这种坚定的使命感，使金展鹏在病情最严重的时候，躺着看完了 4 名硕士、2 名博士的论文。那时候，金教授的保姆说："我最怕学生来改论文，一篇论文少则七八十页，多则上百页，可金老师连个标点符号都不放过。担心他生褥疮，我们就要不断帮他翻身。有时候，金老师正在兴头上，总说等一下。结果一看就是两三个小时，背上生了褥疮，好久才能康复。"

当丈夫身体病痛最严重的时候，妻子胡元英也最盼望有学生来，或者打电话来，因为只要这样，金展鹏的精神就会好了很多，全然忘记了身体的不适。"学生，是他最好的止痛药。"

金展鹏经常跟学生说的一句话是：我这辈子最大的愿望是我的学生都能超过我。为了这个愿望，金展鹏甘做人梯，把学生推向前沿；为了这个愿望，金展鹏坚信"严师出高徒"。金展鹏的学生因多与他一样从事相图研究，且在国际相图界叱咤风云，而被誉为"金家军"。金展鹏带过的 50 名弟子从中南大学出发，走向欧洲、北美，分布在 17 个国家，活跃在材料科学的国际前沿。

有一种素养暖如春风

从红砖蓝瓦的院士楼出来，绕过清可见鱼的观云池，穿过两旁的绿树浓荫，到特冶楼或米塔尔大楼的办公室——这是金展鹏十几年来都未曾改变的上班路线。在这条路上，任何人都可以推着轮椅，陪这个老者走一程。

"暖如春风"，这是许多初见或刚识金展鹏的人对他的印象，而他的谦逊无私，淡泊名利，亦成为他的同事，尤其是学生"心灵深处的一盏明灯"，"跟随他，不仅掌握了知识，更重要的是学会了怎样做人"。

学生发表论文，把导师名字署在前面是司空见惯的。金展鹏却从来都坚持把学生作为第一作者。他说："我不过给学生提了点建议，就要把名字署在前面，这不行。"弟子们说，金老师出差只要能坐火车就决不会坐飞机，在外面总是尽量找最便宜的招待所住，尽量吃公共食堂的饭菜。即使是当了院士，享受较高的待遇，他能不麻烦人就尽量不麻烦人。

80 余年的岁月里，他的人生几经更迭，他的生活天翻地覆；及至老年，荣誉等身，不变的，是他儿时起就日趋坚定的信仰和向着信仰迈进的脚步。即便足不能行，心，也要紧紧追随。如鲲鹏，搏击长空。

本章总结

相图是处于平衡状态下系统的组分、物相和外界条件相互关系的几何描述。通过相图可以了解某一组成的系统，在指定条件下达到平衡时，系统中存在的相的数目、各相的形态、组成及其相对含量。

分析单元系统相图时，应该搞清楚不同晶型之间的平衡关系及转变规律，并会运用相图分析、指导实际生产过程出现的各种问题。二元以上的相图为多元相图，多元系统相图之间的几何要素有着必然的内在联系。例如，由二元相图过渡到三元相图时，二元系统的液相线变成三元系统的液相面，二元系统的固相线变成三元系统的固相面，相应的二元系统的液相区、液-固相平衡共存区、固相区等变成三元系统的液相空间、液-固相平衡共存空间及固相空间。三元系统相图知识是多元系统相图理论的基础，因为三元以上的多元相图有许多可以等价为三元系统相图来分析。分析实际三元系统相图时涉及以下主要问题：判断化合物的性质、划分副三角形、判断界线温度变化方向及界线性质、确定三元无变量点的性质、分析冷却析晶过程或加热熔融过程以及冷却加热过程相组成的计算。

相平衡虽然描述的是热力学平衡条件下的变化规律，但对非平衡状态下的实际生产过程有着非常重要的参考价值和指导意义。

课后习题

9-1 解释下列名词：凝聚系统，介稳平衡，低共熔点，双升点，双降点，马鞍点，连线规则，切线规则，三角形规则，重心规则。

9-2 从 SiO_2 的多晶转变现象说明硅酸盐制品中为什么经常出现介稳态晶相。

9-3 SiO_2 具有很高的熔点，硅酸盐玻璃的熔制温度也很高。现要选择一种氧化物与 SiO_2 在 800℃的低温下形成均一的二元氧化物玻璃，请问，选何种氧化物？加入量是多少？

9-4 具有不一致熔融二元化合物的二元相图（图 9-14）在低共熔点 E 发生如下析晶过程：$L \rightleftharpoons A+C$，已知 E 点的 B 含量为 20%。化合物 C 的 B 含量为 64%。今有 C_1、C_2 两种配料，已知 C_1 中 B 含量是 C_2 中 B 含量的 1.5 倍，且在高温熔融冷却析晶时，从该两配料中析出的初相（即达到低共熔温度前析出的第一种晶体）含量相等。请计算 C_1、C_2 的组成。

9-5 已知 A、B 两组分构成具有低共熔点的有限固溶体二元相图 [图 9-17 (c)]。试根据下列试验数据绘制相图的大致形状。A 的熔点为 1000℃，B 的熔点为 700℃。含 B 为 0.25mol 的试样在 500℃完全凝固，其中含 0.733mol 初相 α 和 0.267mol（α+β）共生体。含 B 为 0.5mol 的试样在同一温度下完全凝固，其中含 0.4mol 初相 α 和 0.6mol（α+β）共生体，而 α 相总量占晶相总量的 50%。试验数据均在达到平衡状态时测定。

9-6 在三元系统的浓度三角形上画出下列配料的组成点，并注意其变化规律。

(1) $C(A)=10\%$，$C(B)=70\%$，$C(C)=20\%$（质量分数，下同）；

(2) $C(A)=10\%$，$C(B)=20\%$，$C(C)=70\%$；

(3) $C(A)=70\%$，$C(B)=20\%$，$C(C)=10\%$。

今有配料（1）3kg，配料（2）2kg，配料（3）5kg，若将此三配料混合加热至完全熔融，试根据杠杆规则用作图法求熔体的组成。

9-7 图 9-37 是具有双降点的生成一个不一致熔融三元化合物的三元相图。请分析1、2、3点的析晶路程的各自特点，并在图中用阴影标出析晶时可能发生穿相区的组成范围。组成点 n 在 SC 连线上，请分析它的析晶路程。

9-8 在图 9-50 中划分副三角形；用箭头标出界线上温度下降的方向及界线的性质；

判断化合物 S 的性质；写出各无量变点的性质及反应式；分析 M 点的析晶路程，写出刚到达析晶终点时各晶相的含量。

9-9 分析相图（图 9-51）中点 1、2 熔体的析晶路程（注：S、1、E_3 在一条直线上）。

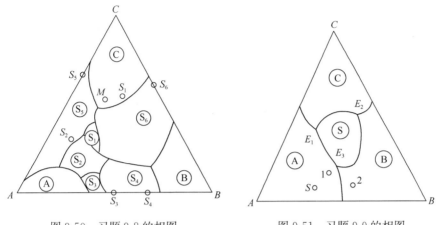

图 9-50 习题 9-8 的相图　　图 9-51 习题 9-9 的相图

9-10 Na_2O-CaO-SiO_2 相图（图 9-49）中，划分出全部的副三角形；判断界线的温度变化方向及界线的性质；写出无量变点的平衡关系式；分析并写出 M 点的析晶路程（M 点在 CS 与 NC_3S_6 连线的延长线上，注意穿相区的情况）。

9-11 一个陶瓷配方，含长石（$K_2O \cdot Al_2O_3 \cdot 6SiO_2$）39%，脱水高岭土（$Al_2O_3 \cdot 2SiO_2$）61%，在 1200℃烧成。问：（1）瓷体中存在哪几相？（2）所含各相的质量分数是多少？

10 扩 散

本章导读

晶体材料的主要结构特征是其原子或离子的周期性规则排列。然而，实际晶体中原子或离子的排列总是或多或少偏离这种严格的周期性。晶体中的某些原子或离子由于存在热起伏会脱离格点进入晶格中的间隙位置或晶体表面，同时在晶体内部留下空位；并且，这些处于间隙位置上的原子或原格点上留下来的空位可以从热涨落的过程中重新获取能量，从而在晶体结构中不断地改变位置而出现由一处向另一处的无规则迁移运动，这就是晶格中原子或离子的扩散。原子或离子的这种扩散迁移运动不仅可以出现在晶体材料中，同样可以发生在结构无序的非晶态材料中（如玻璃、高分子有机材料等）。

原子或离子的扩散过程是一种不可逆的过程，它与热传导、导电、黏滞等不可逆过程一样，都是由于物质内部存在某些物性的不均匀性而发生的物质迁移的过程。具体来说，扩散现象是由于物质中存在浓度梯度、化学位梯度、温度梯度和其他梯度所引起的物质输运过程。无机非金属材料制备和使用中很多重要的物理化学过程都与扩散有着密切的联系，如半导体的掺杂、离子晶体的导电、固溶体的形成、相变过程、固相反应、烧结、材料表面处理、玻璃的熔制、陶瓷材料的封接、耐火材料的侵蚀性等。因此，研究并掌握固体中扩散的基本规律对认识材料的性质、制备和生产具有一定性能的固体材料均有十分重要的意义。

10.1 扩散的基本特点及扩散方程

10.1.1 扩散的基本特点

发生在流体（气体或液体）中的传质过程是一个早为人们所认识的自然现象。对于流体，由于质点间相互作用比较弱，且无一定的结构，故质点的迁移如图 10-1 中所描述的那样，完全随机地朝三维空间的任意方向发生，每一步迁移的自由行程（与其他质点发生碰撞之前所行走的路程）也随机地取决于该方向上最邻近质点的距离。流体的质点密度越低（如在气体中），质点迁移的自由程也就越大。因此发生在流体中的扩散传质过程往往总是具有很大的速率和完全的各向同性。

与流体中的情况不同，质点在固体介质中的扩散远不如在流体中那样显著。固体中的扩散有其自身的特点：①构成固体的所有质点均束缚在三维周期性势阱中，质点之间的相互作用强，故质点的每一步迁移必须从热涨落或外场中获取足够的能量以克服势阱的能量，因此固体中明显的质点扩散常开始于较高的温度，但实际上又往往低于固体的熔点；②固体中原子或离子迁移的方向和自由行程还受到结构中质点排列方式的限制，依一定方式所堆积成的结构将以一定的对称性和周期性限制着质点每一步迁移的方向和自由行程。如图 10-2 所示，处于平面点阵内间隙位置的原子，只存在四个等同的迁移方向，每一迁移的发生均需获取高于能垒 ΔG 的能量，迁移自由程则相当于晶格常数大小。因此，固体中的质点扩散往往具有各向异性和扩散速率低的特点。

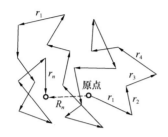 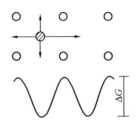

图 10-1　扩散质点的无规行走轨迹　　　图 10-2　间隙原子扩散势场示意图

10.1.2　菲克定律与扩散动力学方程

10.1.2.1　菲克定律

虽然在微观的流体和固体介质中，由于其本身结构的不同而使质点的扩散行为彼此存在较大的差异。但从宏观角度看，介质中质点的扩散行为都遵循相同的统计规律。1855年德国物理学家 A. 菲克（Adolf Fick）在研究大量扩散现象的基础之上，首先对这种质点扩散过程做出了定量描述，得出了著名的菲克定律，建立了浓度场下物质扩散的动力学方程。

菲克第一定律认为：在扩散过程中，单位时间内通过单位横截面的扩散流量密度 J（或质点数目）与扩散质点的浓度梯度成正比。

即
$$J = -D\frac{\partial C}{\partial x} \tag{10-1}$$

式中，J 为扩散通量，指单位时间内通过垂直于 x 轴的单位平面的原子数量，常用单位是 $mol/(cm^2 \cdot s)$；$\partial C/\partial x$ 是同一时刻沿 x 轴的浓度梯度；D 是比例系数，称为扩散系数，表示单位浓度梯度下的通量，单位为 m^2/s 或 cm^2/s；负号表示粒子从浓度高处向浓度低处扩散，即向逆浓度梯度的方向扩散（图 10-3）。

在三维扩散体系中，参与扩散质点的浓度 C 是位置坐标 x、y、z 和时间 t 的函数，即浓度因位置而异，且可随时间而变化。在扩散过程中，单位时间内通过单位横截面的扩散流量密度 J（或质点数目）与扩散质点的浓度梯度 $\vec{\nabla} C$ 成正比，即有如下扩散第一方程：

$$\vec{J} = -D\vec{\nabla} C = -D\left(i\frac{\partial c}{\partial x} + j\frac{\partial c}{\partial y} + k\frac{\partial c}{\partial z}\right) \tag{10-2}$$

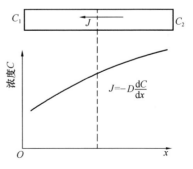

图 10-3　溶质原子流动的方向与浓度梯度的关系

式（10-2）同时表明，若质点在晶体中扩散，则其扩散行为还依赖于晶体的具体结构，对于大部分的玻璃或各向同性的多晶陶瓷材料，可以认为扩散系数 D 将与扩散方向无关而为一标量。但在一些存在各向异性的单晶材料中，扩散系数的变化取决于晶体结构的对称性，对于一般非立方对称结构晶体，扩散系数 D 为二阶张量，此时式（10-2）可写成分量的形式：

$$J_x = -D_{xx}\frac{\partial c}{\partial x} - D_{xy}\frac{\partial c}{\partial y} - D_{xz}\frac{\partial c}{\partial z}$$

$$J_y = -D_{yx}\frac{\partial c}{\partial x} - D_{yy}\frac{\partial c}{\partial y} - D_{yz}\frac{\partial c}{\partial z} \qquad (10\text{-}3)$$

$$J_z = -D_{zx}\frac{\partial c}{\partial x} - D_{zy}\frac{\partial c}{\partial y} - D_{zz}\frac{\partial c}{\partial z}$$

菲克第一定律（扩散第一方程）是质点扩散定量描述的基本方程。它可以直接用于求解扩散质点浓度分布不随时间变化的稳定扩散问题，同时又是不稳定扩散（质点浓度分布随时间变化）动力学方程建立的基础。

10.1.2.2 扩散动力学方程

现考虑如图 10-4 所示的不稳定扩散体系中任一体积元 $\mathrm{d}x\mathrm{d}y\mathrm{d}z$，在 δt 时间内由 x 方向流进的净物质增量应为：

$$\Delta J_x = J_x\mathrm{d}y\mathrm{d}z\delta_t - \left(J_x + \frac{\partial J_x}{\partial x}\mathrm{d}x\right)\mathrm{d}y\mathrm{d}z\delta_t = -\frac{\partial J_x}{\partial x}\mathrm{d}x\mathrm{d}y\mathrm{d}z\delta_t \qquad (10\text{-}4)$$

在 δ_t 时间内整个体积元中物质净增量为：

$$\Delta J_x + \Delta J_y + \Delta J_z = -\left(\frac{\partial J_x}{\partial x} + \frac{\partial J_y}{\partial y} + \frac{\partial J_z}{\partial z}\right)\mathrm{d}x\mathrm{d}y\mathrm{d}z\delta_t \qquad (10\text{-}5)$$

若 δ_t 时间内，体积元中质点浓度平均增量为 δ_c，则根据物质守恒定律，$\delta_c\mathrm{d}x\mathrm{d}y\mathrm{d}z$ 应等于式（10-5），因此得：

$$\frac{\delta_c}{\delta_t} = -\left(\frac{\partial J_x}{\partial x} + \frac{\partial J_y}{\partial y} + \frac{\partial J_z}{\partial z}\right)$$

或 $\qquad \dfrac{\partial c}{\partial t} = -\vec{\nabla}\cdot\vec{J} = \vec{\nabla}\cdot(D\vec{\nabla}C) \qquad (10\text{-}6)$

若假设扩散体系具各向同性，且扩散系数 D 不随位置坐标变化，则有：

$$\frac{\partial c}{\partial t} = D\left(\frac{\partial^2 c}{\partial x^2} + \frac{\partial^2 c}{\partial y^2} + \frac{\partial^2 c}{\partial z^2}\right) \qquad (10\text{-}7)$$

对于球对称扩散，上式可变换为球坐标表达式：

$$\frac{\partial c}{\partial t} = D\left(\frac{\partial^2 c}{\partial r^2} + \frac{2}{r}\frac{\partial c}{\partial r}\right) \qquad (10\text{-}8)$$

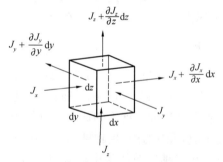

图 10-4　扩散体积元示意图

式（10-6）为不稳定扩散的基本动力学方程式，它可适用于不同性质的扩散体系。但在实际应用中，往往为了求解简单起见，而常采用式（10-7）之形式。

10.1.3 扩散动力学方程的应用举例

在实际固体材料的研制生产过程中，经常会遇到众多与原子或离子扩散有关的实际问题。因此，求解不同边界条件的扩散动力学方程式往往是解决这类问题的基本途径。一般情况下，所有的扩散问题可归结成稳定扩散与不稳定扩散两大类。所谓稳定扩散，正如前面所言，是指扩散物质的浓度分布不随时间变化的扩散过程，使用菲克第一定律可解决稳定扩散问题。不稳定扩散是指扩散物质浓度分布随时间变化的一类扩散，这类问题的解决应借助于菲克第二定律。

10.1.3.1 稳定扩散

以一高压氧气球罐的氧气泄漏问题为例。如图 10-5 所示，氧气球罐内外直径分别为 r_1 和 r_2，罐中氧气压力为 P_1，罐外氧气压力为大气中氧分压为 P_2。由于氧气泄漏量极微，故可认为 P_1 不随时间变化。因此当达到稳定状态时，氧气将以一恒定速率泄漏。由扩散第一定律可知，单位时间内氧气泄漏量：

$$\frac{\mathrm{d}G}{\mathrm{d}t} = -4\pi r^2 D \frac{\mathrm{d}c}{\mathrm{d}r} \tag{10-9}$$

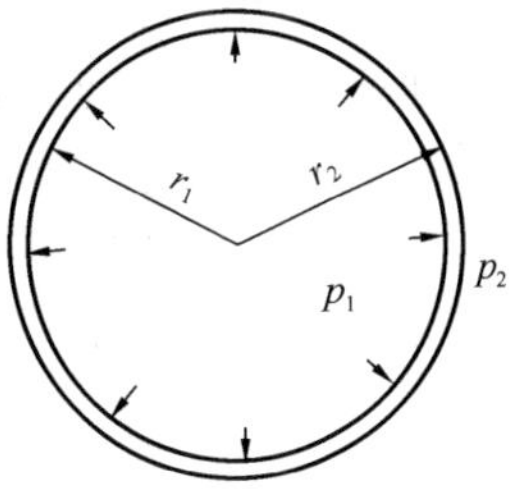

图 10-5 氧气通过球罐壁扩散泄漏示意图

式中，D 和 $\frac{\mathrm{d}c}{\mathrm{d}r}$ 分别为氧分子在钢罐壁内的扩散系数和浓度梯度。对上式积分得：

$$\frac{\mathrm{d}G}{\mathrm{d}t} = -4\pi D \frac{c_2 - c_1}{\frac{1}{r_1} - \frac{1}{r_2}} = -4\pi D r_1 r_2 \frac{c_2 - c_1}{r_2 - r_1} \tag{10-10}$$

式中，c_2 和 c_1 分别为氧气分子在球罐外壁和内壁表面的溶解浓度。根据 Sievert（西华特）定律：双原子分子气体在固体中的溶解度通常与压力的平方根成正比，$c = K\sqrt{P}$，于是可得单位时间内氧气泄漏量：

$$\frac{\mathrm{d}G}{\mathrm{d}t} = -4\pi D r_1 r_2 K \frac{\sqrt{P_2} - \sqrt{P_1}}{r_2 - r_1} \tag{10-11}$$

10.1.3.2 不稳定扩散

不稳定扩散中典型的边界条件可分成两种情况，它们对应于不同扩散特征的体系。一种情况是扩散长度远小于扩散体系的尺度，故可引入无限大或半无限大边界条件，使方程得到简单的解析解；另一情况是扩散长度与体系尺度相当，此时方程的解往往具有级数的形式。下面对前一情况的两个例子进行讨论。

如图 10-6 所示的扩散体系为一长棒 B，其端面暴露于扩散质 A 的恒压蒸气中，因而扩散质将由端面不断扩散至棒 B 的内部。不难理解，该扩散过程可由如下方程及其初始条件和边界条件得到描述：

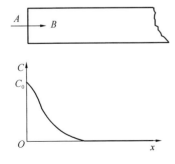

$$\frac{\partial C}{\partial t} = D \frac{\partial^2 C}{\partial x^2}, t = 0, x \geqslant 0 \quad c(\infty, t) = 0;$$
$$t > 0, c(0, t) = c_0 \tag{10-12}$$

通过引入新的变量 $u = x/\sqrt{t}$，并考虑在任意时刻 $c(\infty, t) = 0$ 和 $c(0, t) = c_0$ 的边界条件，可以解得长棒 B 中扩散质浓度分布为：

$$c(x, t) = c_0 \left[1 - \mathrm{erf}\left(\frac{x}{2\sqrt{Dt}}\right) \right] \tag{10-13}$$

图 10-6 端面处于恒定蒸气压下的半无限大固体一维扩散示意图

式中，$\mathrm{erf}(z)$ 为高斯误差函数：

$$\text{erf}(z) = \frac{2}{\sqrt{\pi}} \int_0^z \exp(-\xi^2) d\xi = \int_0^z e^{-\xi^2} d\xi \tag{10-14}$$

由式（10-13）可看出，对于一定值的 $c(x,t)/c_0$，所对应的扩散深度 x 与时间 t 有着确定的关系。例如假定 $c/c_0 = 0.5$，由图 10-7 可知 $x/2(Dt)^{1/2} = 0.52$，即在任何时刻 t，对于半浓度的扩散距离 $x = 1.04(Dt)^{1/2}$，并有更一般的关系：

$$x^2 = Kt \tag{10-15}$$

式中，K 为比例系数，这个关系式常作为抛物线时间定则。在一指定浓度 c 时，增加一倍扩散深度则需延长四倍的扩散时间。这一关系被广泛地应用于如钢铁渗碳、晶体管或集成电路生产等工艺环节中控制扩散质浓度分布和扩散时间以及温度的关系。

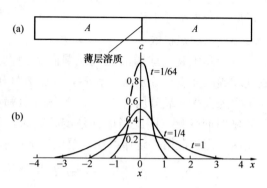

图 10-7　定量扩散质在无限长棒中扩散的薄膜解

长棒扩散的另一个典型例子是扩散的薄膜解。如图 10-7 所示，在一半无限长棒的一个端面上沉积 Q 量的扩散质薄膜，此时扩散过程的初始和边界条件可描述为：

$$\frac{\partial c}{\partial t} = D \frac{\partial^2 c}{\partial x^2}; c(x > 0,0) = 0; \int_0^\infty c(x)dx = Q(t > 0) \tag{10-16}$$

其相应的解有如下形式：

$$c(x,t) = \frac{Q}{\sqrt{\pi Dt}} e^{\left(-\frac{x^2}{4Dt}\right)} \tag{10-17}$$

扩散薄膜解的一个重要应用是测定固体材料中有关的扩散系数。将一定量的放射性示踪原子涂于长棒的一个端面上，测量经历一定时间后放射性示踪原子离端面不同深度处的浓度，然后利用式（10-17）求得扩散系数 D，其数据处理步骤如下：

将式（10-17）两边取对数：

$$\ln c(x,t) = \ln \frac{Q}{2\sqrt{\pi Dt}} - \frac{x^2}{4Dt} \tag{10-18}$$

对所获试验数据作 $\ln c(x,t) \sim x^2$ 直线，其斜率为 $-\frac{1}{4Dt}$，截距为 $\frac{\ln Q}{2\sqrt{\pi Dt}}$，由此即可求出扩散系数 D。

10.2　扩散的推动力

10.2.1　扩散的一般推动力

扩散动力学方程式建立在大量扩散质点做无规则布朗运动的统计基础之上，唯象地描述了扩散过程中扩散质点所遵循的基本规律。但是在扩散动力学方程式中并没有明确地指出扩散的推动力是什么，而仅仅表明在扩散体系中出现定向宏观物质流是存在浓度梯度条件下大量扩散质点无规则布朗运动（非质点定向运动）的必然结果。显然，经验告诉人们，即使体系不存在浓度梯度而当扩散质点受到某一力场的作用时也将出现定向物质流。因此浓度梯度显然不能作为扩散推动力的确切表征。根据广泛适用的热力学理论，可以认为扩散过程与其他物理化学过程一样，其发生的根本驱动力应该是化学位梯度。一切影响扩散的外场（电场、磁场、应力场等）都可统一于化学位梯度之中，且仅当化学位梯度为零，系统扩散方可达到平衡。下面以化学位梯度概念建立扩散系数的热力学关系。

设一多组分体系中，i 组分的质点沿 x 方向扩散所受到的力应等于该组分化学位（μ_i）在 x 方向上梯度的负值：

$$F_i = -\partial \mu_i / \partial x \tag{10-19}$$

相应的质点运动平均速率 V_i 正比于作用力 F_i：

$$V_i = B_i F_i = -B_i \partial \mu_i / \partial x \tag{10-20}$$

式中，比例系数 B_i 为单位力作用下，组分 i 质点的平均速率或称淌度。显然此时组分 i 的扩散通量 J_i 等于单位体积中该组成质点数 C_i 和质点移动平均速度的乘积：

$$J_i = C_i V_i \tag{10-21}$$

将式（10-20）代入式（10-21），便可得用化学位梯度概念描述扩散的一般方程式：

$$J_i = -C_i B_i \frac{\partial \mu_i}{\partial x} \tag{10-22}$$

若所研究体系不受外场作用，化学位为系统组成活度和温度的函数，则式（10-22）可写成：

$$J_i = -C_i B_i \frac{\partial \mu_i}{\partial c_i} \cdot \frac{\partial c_i}{\partial x}$$

将上式与菲克第一定律比较得扩散系数 D_i：

$$D_i = C_i B_i \frac{\partial \mu_i}{\partial c_i} = \frac{B_i \partial \mu_i}{\partial \ln C_i}$$

因

$$C_i / C = N_i , \quad d\ln C_i = d\ln N_i$$

故有：

$$D_i = \frac{B_i \partial \mu_i}{\partial \ln N_i} \tag{10-23}$$

又因：

$$\mu_i = \mu_i^\theta(T, P) + RT\ln a_i = \mu_i^\theta + RT(\ln N_i + \ln \gamma_i)$$

则：

$$\frac{\partial \mu_i}{\partial \ln N_i} = RT\left(1 + \frac{\partial \ln \gamma_i}{\partial \ln N_i}\right) \tag{10-24}$$

将式（10-24）代入式（10-23）得：

$$D_i = RTB_i\left(1 + \frac{\partial \ln \gamma_i}{\partial \ln N_i}\right) \tag{10-25}$$

上式便是扩散系数的一般热力学关系。式中 $\left(1 + \frac{\partial \ln \gamma_i}{\partial \ln N_i}\right)$ 称为扩散系数的热力学因子。对于理想混合体系活度系数 $\gamma_i = 1$，此时 $D_i = D_i^* = RTB_i$。通常称 D_i^* 为自扩散系数，而 D_i 为本征扩散系数。对于非理想混合体系存在两种情况：①当 $\left(1 + \frac{\partial \ln \gamma_i}{\partial \ln N_i}\right) > 0$，此时 $D_i > 0$，称为正常扩散，在这种情况下物质流将由高浓度处流向低浓度处，扩散的结果使溶质趋于均匀化；②当 $\left(1 + \frac{\partial \ln \gamma_i}{\partial \ln N_i}\right) < 0$，此时 $D_i < 0$，称为反常扩散或逆扩散。与上述情况相反，扩散结果使溶质偏聚或分相。

10.2.2 逆扩散实例

逆扩散在无机非金属材料领域中也是经常见到的。如固溶体中有序无序相变、玻璃在旋节区（Spinodal range）分相以及晶界上选择性吸附过程，某些质点通过扩散而富集于晶界上等过程都与质点的逆扩散有关。下面简要介绍几种逆扩散实例。

（1）玻璃分相

在旋节分解区，由于 $\partial^2 G/\partial c^2 < 0$，产生上坡扩散，在化学位梯度推动下由浓度低处向浓度高处扩散。

（2）晶界的内吸附

晶界能量比晶粒内部高，如果溶质原子位于晶界上，可降低体系总能量，它们就会扩散而富集在晶界上，因此溶质在晶界上的浓度就高于在晶粒内的浓度。

（3）固溶体中发生某些元素的偏聚

在热力学平衡状态下，固溶体的成分从宏观看是均匀的，但微观上溶质的分布往往是不均匀的。溶质在晶体中位置是随机地分布称为无序分布，当同类原子在局部范围内的浓度大大超过其平均浓度时称为偏聚。

10.3 扩散机制和扩散系数

10.3.1 扩散的布朗运动理论

菲克第一、第二定律定量地描述了质点扩散的宏观行为，在人们认识和掌握扩散规律过程中起到了重要的作用。然而，菲克定律仅仅是一种现象的描述，它将除浓度以外的一切影响扩散的因素都包括在扩散系数之中，而又未能赋予其明确的物理意义。

1905 年爱因斯坦（Einstein）在研究大量质点做无规则布朗运动的过程中，首先用统计的方法得到扩散方程，并使宏观扩散系数与扩散质点的微观运动得到联系。爱因斯坦最初得到的一维扩散方程为：

$$\frac{\partial c}{\partial t} = \frac{1}{2\tau} \overline{\xi^2} \frac{\partial^2 c}{\partial x^2} \tag{10-26}$$

若质点可同时沿空间三维方向跃迁，且具有各向同性，则其相应扩散方程应为：

$$\frac{\partial c}{\partial t} = \frac{1}{6\tau} \overline{\xi^2} \left(\frac{\partial^2 c}{\partial x^2} + \frac{\partial^2 c}{\partial y^2} + \frac{\partial^2 c}{\partial z^2} \right) \tag{10-27}$$

将上式与式（10-7）比较，可得菲克扩散定律中的扩散系数：

$$D = \overline{\xi^2}/6\tau \tag{10-28}$$

式中，$\overline{\xi^2}$ 为扩散质点在时间 τ 内位移平方的平均值。

对于固态扩散介质，设原子迁移的自由程为 r，原子的有效跃迁频率为 f，于是有 $\overline{\xi^2} = f \cdot \tau \cdot r^2$。将此关系代入式（10-28）中，便有：

$$D = \frac{\overline{\xi^2}}{6\tau} = \frac{1}{6} f \cdot \overline{r^2} \tag{10-29}$$

由此可见，扩散的布朗运动理论确定了菲克定律中扩散系数的物理含义，为从微观角度研究扩散系数奠定了物理基础。在固体介质中，做无规则布朗运动的大量质点的扩散系数取决于质点的有效跃迁频率 f 和迁移自由程 r 平方的乘积。显然，对于不同的晶体结构和不同的扩散机构，质点的有效跃迁频率 f 和迁移自由程 r 将具有不同的数值。因此，扩散系数既是反映扩散介质微观结构，又是反映质点扩散机构的一个物性参数，它是建立扩散微观机制与宏观扩散系数间关系的桥梁。

10.3.2　质点迁移的微观机构

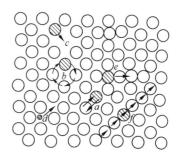

图 10-8　晶体中质点的扩散机构
a—直接交换；b—环形交换；c—空位；
d—间隙；e—填隙；f—挤列

由于构成晶体的每一质点均束缚在三维周期性势阱中，故而固体中质点的迁移方式或称扩散的微观机构将受到晶体结构对称性和周期性的限制。到目前为止已为人们所认识的晶体中原子或离子的迁移机构主要可分为两种：空位机构和间隙机构。

所谓空位机构的原子或离子迁移过程如图 10-8 中 c 所描述的情况，晶格中由于本征热缺陷或杂质离子不等价取代而存在空位，于是空位周围格点上的原子或离子就可能跳入空位，此时空位与跳入空位的原子分别做了相反方向的迁移。因此在晶体结构中，空位的移动意味着结构中原子或离子的相反方向移动。这种以空位迁移作为媒介的质点扩散方式就称为空位机构。无论金属体系或离子化合物体系，空位机构是固体材料中质点扩散的主要机构。在一般情况下离子晶体可由离子半径不同的阴、阳离子构成晶格，而较大离子的扩散多半是通过空位机构进行的。

图 10-8 中 d 则给出了质点通过间隙机构进行扩散的物理图像。在这种情况下，处于间隙位置的质点从一间隙位移入另一邻近间隙位的过程必须引起其周围晶格的变形。与空位机构相比，间隙机构引起的晶格变形大。因此间隙原子相对晶格位上原子尺寸越小、间隙机构越容易发生，反之间隙原子越大、间隙机构越难发生。

除以上两种扩散机构以外，还存在如图 10-8 中 a、b、e 等几种扩散方式。e 称为亚间隙机构。这种扩散机构所造成的晶格变形程度居于空位机构和间隙机构之间。已有文献报道，AgBr 晶体中 Ag^+ 和具有萤石结构的 UO_{2+x} 晶体中的 O^{2-} 的扩散属这种机构。此外，a、b 分别称为直接易位和环易位机构。在这些机构中处于对等位置上的两个或两个以上的结点原子同时跳动进行位置交换，由此而发生位移。

10.3.3　扩散系数

虽然晶体中以不同微观机构进行的质点扩散有不同的扩散系数，但通过爱因斯坦扩散方程 $D = \dfrac{1}{6} f \cdot \overline{r^2}$ 所赋予扩散系数的物理含义，则有可能建立不同扩散机构与相应扩散系数的关系。

在空位机构中，结点原子成功跃迁到空位中的频率应为原子成功跃过能垒 ΔG_m 的次数和该原子周围出现空位的概率的乘积所决定：

$$f = A v_0 N_V \exp\left(-\frac{\Delta G_m}{RT}\right) \tag{10-30}$$

式中，v_0 为格点原子振动频率（约 $10^{13}/s$）；N_V 为空位浓度；A 为比例系数。

若考虑空位来源于晶体结构中本征热缺陷（例如 Schottkey 缺陷），则式（10-30）中 $N_V = \exp\{-\Delta G_f / 2RT\}$，此处 ΔG_f 为空位形成能。将该关系式与式（10-30）一并代入式（10-29），便得空位机构扩散系数：

$$D = \frac{A}{6}\,\overline{r^2}\,v_0\exp\left(-\frac{\Delta G_m}{RT}\right)\cdot\exp\left(-\frac{\Delta G_f}{2RT}\right) \tag{10-31}$$

因空位来源于本征热缺陷，故该扩散系数称为本征扩散系数或自扩散系数。考虑 $\Delta G = \Delta H - T\Delta S$ 热力学关系以及空位跃迁距离 r 与晶胞参数 a_0 成正比，$r = Ka_0$，式（10-31）可改写成：

$$D = \gamma a_0^2 v_0\exp\left\{\frac{\Delta S_f/2 + \Delta S_m}{R}\right\}\exp\left\{-\frac{\Delta H_f/2 + \Delta H_m}{RT}\right\} \tag{10-32}$$

式中，γ 为新引进的常数，$\gamma = \frac{A}{6}K^2$，它因晶体的结构不同而不同，故常称为几何因子。

对于以间隙机构进行的扩散，由于晶体中间隙原子浓度往往很小，所以实际上间隙原子所有邻近的间隙位都是空着的。因此间隙机构扩散时可提供间隙原子跃迁的位置概率可近似地看成 100％。基于与上述空位机构同样的考虑，间隙机构的扩散系数可表达为：

$$D = \gamma a_0^2 v_0\exp\left\{\frac{\Delta S_m}{R}\right\}\cdot\exp\left\{-\frac{\Delta H_m}{RT}\right\} \tag{10-33}$$

比较式（10-32）和式（10-33）容易得出它们均具有相同的形式。为方便起见，习惯上将各种晶体结构中空位间隙扩散系数统一于如下表达式：

$$D = D_0\exp\left\{-\frac{Q}{RT}\right\} \tag{10-34}$$

Arrhenius 变形上面公式为：

$$Q = -RT\ln\left(\frac{D}{D_0}\right) \tag{10-35}$$

式中，D_0 为频率因子，通常取 $1.45\,\text{cm}^2/\text{s}$；$D$ 为扩散系数，m^2/s；Q 为扩散活化能，kJ/mol；R 为气体常数，$R=8.31\text{J}/(\text{mol}\cdot\text{K})$；$T$ 为扩散温度，℃。

显然空位扩散活化能由形成能和空位迁移能两部分组成，而间隙扩散活化能只包括间隙原子迁移能。

由于在实际晶体材料中空位的来源除本征热缺陷提供的以外，还往往包括杂质离子固溶所引入的空位。因此，空位机构扩散系数中应考虑晶体结构中总空位浓度 $N_V = N'V + N_I$。其中 $N'V$ 和 N_I 分别为本征空位浓度和杂质空位浓度。此时扩散系数应由下式表达：

$$D = \gamma a_0^2 v_0(N'_V + N_I)\exp\left\{\frac{\Delta S_m}{R}\right\}\cdot\exp\left\{-\frac{\Delta H_m}{RT}\right\} \tag{10-36}$$

在温度足够高的情况下，结构中来自本征缺陷的空位浓度 N'_V 可远大于 N_I，此时扩散为本征缺陷所控制，式（10-36）完全等价于式（10-32），扩散活化能 Q 和频率因子 D_0 分别等于：

$$\begin{cases} Q = \dfrac{\Delta H_f}{2} + \Delta H_m \\[2mm] D_0 = \gamma a_0^2 v_0\exp\left\{\left(\dfrac{\Delta S_f}{2} + \Delta S_m\right)/R\right\} \end{cases}$$

当温度足够低时，结构中本征缺陷提供的空位浓度 N'_V 可远小于 N_I，从而式（10-36）

变为：

$$D = \gamma a_0^2 v_0 N_1 \exp\left\{\frac{\Delta S_m}{R}\right\} \cdot \exp\left\{-\frac{\Delta H_m}{RT}\right\} \quad (10\text{-}37)$$

因扩散受固溶引入的杂质离子的电价和浓度等外界因素所控制，故称之为非本征扩散。相应的 D 则称为非本征扩散系数，此时扩散活化能 Q 与频率因子 D_0 为：

$$\begin{cases} Q = \Delta H_m \\ D_0 = \gamma a_0^2 v_0 N_1 \exp\{\Delta S_m/R\} \end{cases}$$

图 10-9 表示了含微量 $CaCl_2$ 的 NaCl 晶体中，Na^+ 的自扩散系数 D 与温度 T 的关系。在高温区活化能较大的应为本征扩散。在低温区活化能较小的则相应于非本征扩散。

Patterson 等人测量了单晶 NaCl 中 Na^+ 和 Cl^- 的本征扩散系数并得到了活化能数据见表 10-1。

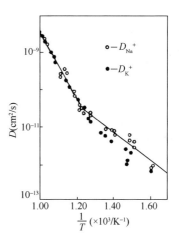

图 10-9　NaCl 单晶中 Na^+
的自扩散系数

表 10-1　NaCl 单晶中自扩散活化能

离子	活化能 Q（kJ/mol）		
	$\Delta H_m + \Delta H_f/2$	ΔH_m	ΔH_f
Na^+	174	74	199
Cl^-	261	161	199

10.4　固体中的扩散

10.4.1　金属中的扩散

金属中扩散的基本步骤是金属原子从一个平衡位置转移到另一个平衡位置，也就是说，通过原子在整体材料中的移动而发生质量迁移，在自扩散的情况下，没有净质量迁移，而是原子从一种无规则状态在整个晶体中移动，在互扩散中几乎都发生质量迁移，从而减少了成分上的差异。许多学者已经提出了各种关于自扩散和互扩散的原子机制，从能量角度看，最有利的过程是一个原子与其相邻的空位互相交换位置。试验证明，这种过程在大多数金属中都占优势。在溶质原子比溶剂原子小到一定程度的合金中，溶质原子占据了间隙的位置。这时在互扩散中，间隙机制占优势。因此，氢、碳、氮和氧在多数金属中是间隙扩散的。由于与间隙原子相邻的未被占据的间隙数目通常是很多的，所以扩散的激活能仅仅与原子的移动有关，故间隙溶质原子在金属中的扩散比置换溶质原子的扩散要快得多。试验表明，金属和合金自扩散的激活能随熔点升高而增加，这说明原子间的结合能强烈地影响扩散进行的速率。

10.4.2　离子固体和共价固体中的扩散

大多数离子固体中的扩散是按空位机制进行的，但是在某些开放的晶体结构中，例如在萤石（CaF_2）和 UO_2 中，阴离子却是按间隙机制进行扩散的。在离子型材料中，影响扩散的缺陷来自两方面：（1）本征点缺陷，例如热缺陷，其数量取决于温度；（2）掺杂点缺陷，它来源于价数与溶剂离子不同的杂质离子。前者引起的扩散与温度的关系类似于金属中的自扩散，后者引起的扩散与温度的关系则类似于金属中间隙溶质的扩散。纯 NaCl 中阳离子 Na^+ 的扩散率与金属中的自扩散相差不大，Na 在 NaCl 中扩散激活能为 41kcal/mol，因为在 NaCl 中，肖特基（Schottkey）缺陷比较容易形成。而在非常纯的化学比的金属氧化物中，相应于本征点缺陷的能量非常高，以至于只有在很高温度时，其浓度才足以引起明显的扩散。在中等温度时，少量杂质能大大加速扩散。

10.4.3 非晶体中的扩散

玻璃中的物质扩散可大致分为以下四种类型：

（1）原子或分子的扩散

稀有气体 He、Ne、Ar 等在硅酸盐玻璃中的扩散；N_2、O_2、SO_2、CO_2 等气体分子在熔体玻璃中的扩散；Na、Au 等金属以原子状态在固体玻璃中的扩散。这些分子或原子的扩散，在 SiO_2 玻璃中最容易进行，随着 SiO_2 中其他网络外体氧化物的加入，扩散速率开始降低。

（2）一价离子的扩散

主要是玻璃中碱金属离子的扩散，以及 H^+、Tl^+、Ag^+、Cu^+ 等其他一价离子在硅酸盐玻璃中的扩散。玻璃的电学性质、化学性质、热学性质几乎都是由碱金属离子的扩散状态决定的。一价离子易于迁移，在玻璃中的扩散速率最快，也是扩散理论研究的主要对象。

（3）碱土金属、过渡金属等二价离子的扩散

这些离子在玻璃中的扩散速率较慢。

（4）氧离子及其他高价离子（如 Al^{3+}、Si^{4+}、B^{3+} 等）的扩散

在硅酸盐玻璃中，硅原子与邻近氧原子的结合非常牢固。因而即使在高温下，它们的扩散系数也是小的，在这种情况下，实际上移动的是单元，硅酸盐网络中有一些相当大的孔洞，因而像氢和氦那样的小原子可以很容易地渗透通过玻璃；此外，这类原子对于玻璃组分在化学上是惰性的，这增加了它们的扩散率。这种观点解释了氢和氦对玻璃有明显的穿透性，并且指出了玻璃在某些高真空应用中的局限性。钠离子和钾离子由于其尺寸较小，也比较容易扩散穿过玻璃。但是，它们的扩散速率明显地低于氢和氦，因为阳离子受到 Si—O 网络中原子的周围静电吸引。尽管如此，这种相互作用要比硅原子所受到相互作用的约束性小得多。

10.4.4 非化学计量氧化物中的扩散

除掺杂点缺陷引起非本征扩散外，非本征扩散亦发生于一些非化学计量氧化物晶体材料中，特别是过渡金属元素氧化物，例如 FeO、NiO、CoO 或 MnO 等。在这些氧化物晶体中，金属离子的价态常因环境中的气氛变化而改变，从而引起结构中出现阳离子空位或阴离子空位并导致扩散系数明显地依赖于环境中的气氛。在这类氧化物中典型的非化学计量空位形成可分成如下两类情况：

（1）金属离子空位型

造成这种非化学计量空位的原因往往是环境中氧分压升高迫使部分 Fe^{2+}、Ni^{2+}、Mn^{2+} 等二价过渡金属离子变成三价金属离子：

$$2M_M + \frac{1}{2}O_2(g) = O_0 + V''_M + 2M\dot{}_M \tag{10-38}$$

当缺陷反应平衡时，平衡常数 K_P 由反应自由焓 ΔG_0 控制：

$$K_P = \frac{[V''_M][M\dot{}_M]^2}{P_{O_2}^{1/2}} = \exp\left\{-\frac{\Delta G_0}{RT}\right\}M$$

并有 $[M\dot{}_M] = 2[V''_M]$ 关系，因此非化学计量空位浓度 $[V''_M]$：

$$[V''_M] = \left(\frac{1}{4}\right)^{1/3} \cdot P_{O_2}^{1/6}\exp\left\{-\frac{\Delta G_0}{3RT}\right\} \tag{10-39}$$

将式（10-39）代入式（10-36）中空位浓度项，则得非化学计量空位浓度对金属离子空位扩散系数的贡献：

$$D_M = \left(\frac{1}{4}\right)^{1/3}\gamma a_0^2\nu_0 P_{O_2}^{1/6}\exp\left(\frac{\Delta S_m + \Delta S_0/3}{R}\right)\cdot\exp\left(-\frac{\Delta H_m + \Delta H_0/3}{RT}\right)$$

显然若温度不变，根据上式，用 $\ln D$ 与 $\ln P_{O_2}$ 作图所得直线斜率为 $1/6$，若氧分压 P_{O_2} 不变，$\ln D$-$1/T$ 图直线斜率负值为 $(\Delta H_m + \Delta H_0/3)/R$。图 10-10 为试验测得氧分压对 CoO 中钴离子空位扩散系数影响关系，其直线斜率为 $1/6$。因而理论分析与试验结果是一致的。

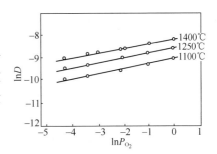

图 10-10　氧分压对 C_OO 中 C_O^{2+}
扩散系数的影响

（2）氧离子空位型

以 ZrO_2 为例，高温氧分压的降低将导致如下缺陷反应发生：

$$O_0 = \frac{1}{2}O_2(g) + V''_O + 2e'$$

其反应平衡常数为：$K_P = P_{O_2}^{1/2}[V''_O][e']^2 = \exp\left(\frac{\Delta G_0}{RT}\right)$

考虑平衡时 $[e'] = 2[V''_O]$，故有：　　$[V''_O] = \left(\frac{1}{4}\right)^{-1/3}\cdot P_{O_2}^{-1/6}\cdot\exp\left(-\frac{\Delta G_0}{3RT}\right)$

$$\tag{10-40}$$

于是非化学计量空位对氧离子的空位扩散系数贡献为：

$$D_0 = \left(\frac{1}{4}\right)^{-1/3}\cdot\gamma a_0^3\nu_0 P_{O_2}^{-1/6}\cdot\exp\left(\frac{\Delta S_m + \Delta S_0/3}{R}\right)\cdot\exp\left(-\frac{\Delta H_m + \Delta H_0/3}{RT}\right)$$

$$\tag{10-41}$$

可以看出，对过渡金属非化学计量氧化物，氧分压 P_{O_2} 的增加将有利于金属离子的扩散而不利于氧离子的扩散。

无论是金属离子或氧离子，其扩散系数的温度依赖关系在 $\ln D$-$1/T$ 直线中均有相同的斜率负值表达式 $\dfrac{\Delta H_m + \Delta H_0/3}{R}$。倘若在非化学计量氧化物中同时考虑本征缺陷空位、杂质缺陷空位以及由于气氛改变所引起的非化学计量空位对扩散系数的贡献，其 $\ln D$-$1/T$ 图由含两个转折点的直线段构成。高温段与低温段分别为本征空位和杂质空位所致，而中温段则为非化学计量空位所致。图 10-11 示意地给出了这一关系的图像。

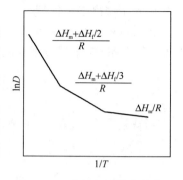

图 10-11　在缺氧的氧化物中，扩散与温度关系示意图

10.5　影响扩散的因素

对于各种固体材料而言，扩散问题远比上面所讨论的要复杂得多。材料的组成、结构与键性以及除点缺陷以外的各种晶粒内部的位错、多晶材料内部的晶界以及晶体的表面等各种材料结构缺陷都将对扩散产生不可忽视的影响。

10.5.1　晶体组成的复杂性

在大多数实际固体材料中，往往具有多种化学成分。因而一般情况下整个扩散并不局限于某一种原子或离子的迁移，而可能是两种或两种以上的原子或离子同时参与的集体行为，所以实际测得的相应扩散系数已不再是自扩散系数而应是互扩散系数。互扩散系统不仅要考虑每一种扩散组成与扩散介质的相互作用，同时要考虑各种扩散组分本身彼此间的相互作用。对于多元合金或有机溶液体系，尽管每一扩散组成具有不同的自扩散系数 D_i，但它们均具有相同的互扩散系数 $\tilde{D}$，并且各扩散系数间将有下面所谓的 Darken（达肯）方程得到联系：

$$\tilde{D} = (N_1 D_2 + N_2 D_1)\left(1 + \frac{\partial \ln \gamma_1}{\partial \ln N_1}\right) \tag{10-42}$$

式中，N、D 分别表示二元体系各组试成摩尔分数浓度和自扩散系数。

式（10-42）已在金属材料的扩散试验中得到了证实，但对于离子化合物的固溶体，上式不能直接用于描述离子的互扩散过程，而应进一步考虑体系电中性等复杂因素。

10.5.2　化学键的影响

不同的固体材料其构成晶体的化学键性质不同，因而扩散系数也就不同。尽管在金属键、离子键或共价键材料中，空位扩散机构始终是晶粒内部质点迁移的主导方式，且因空位扩散活化能由空位形成能 ΔH_f 和原子迁移能 ΔH_m 构成，故激活能常随材料熔点升高而增加。但当间隙原子比格点原子小得多或晶格结构比较开放时，间隙机构将占优势。例如氢、碳、氮、氧等原子在多数金属材料中依间隙机构扩散。又如在萤石 CaF_2 结构中，F^- 和 UO_2 中的 O^{2-} 也依间隙机构进行迁移，而且在这种情况下原子迁移的活化能与材料的熔点无明显关系。

在共价键晶体中，由于成键的方向性和饱和性，它与金属型和离子型晶体相比，是较开放的晶体结构。但正因为成键方向性的限制，间隙扩散不利于体系能量的降低，而且表现出自扩散活化能通常高于熔点相近金属的活化能。例如，虽然 Ag 和 Ge 的熔点仅相差几摄氏度，但 Ge 的自扩散活化能为 289kJ/mol，而 Ag 的活化能却只有 184kJ/mol。显然共价键的方向性和饱和性对空位的迁移是有强烈影响的。一些离子型晶体材料中扩散活化能见表 10-2。

表 10-2 一些离子材料中离子扩散活化能

扩散离子	活化能（kJ/mol）	扩散离子	活化能（kJ/mol）
Fe^{2+}/FeO	96	$O^{2-}/NiCr_2O_4$	226
O^{2-}/UO_2	151	Mg^{2+}/MgO	348
U^{4+}/UO_2	318	Ca^{2+}/CaO	322
Co^{2+}/CoO	105	Be^{2+}/BeO	477
Fe^{3+}/Fe_3O_4	201	Ti^{4+}/TiO_2	276
$Cr^{3+}/NiCr_2O_4$	318	Zr^{4+}/ZrO_2	389
$Ni^{2+}/NiCr_2O_4$	272	O^{2-}/ZrO_2	130

10.5.3 结构缺陷的影响

多晶材料由不同取向的晶粒相接合而构成，因此晶粒与晶粒之间存在原子排列非常紊乱、结构非常开放的晶界区域。试验表明，在金属材料、离子晶体中，原子或离子在晶界上的扩散远比在晶粒内部扩散来得快；在某些氧化物晶体材料中，晶界对离子的扩散有选择性的增强作用，例如在 Fe_2O_3、C_oO、$SrTiO_3$ 材料中晶界或位错有增强 O^{2-} 的扩散作用，而在 BeO、UO_2、Cu_2O 和（$ZrCa$）O_2 等材料中则无此效应。这种晶界对离子扩散的选择性增强作用是和晶界区域内电荷分布密切相关的。

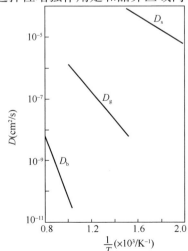

图 10-12 Ag 的自扩散系数 D_b、晶界扩散系数 D_g 和表面扩散系数 D_s

图 10-12 表示了金属银中 Ag 原子在晶粒内部扩散系数 D_b、晶界区域扩散系数 D_g 和表面区域扩散系数 D_s 的比较。其活化能数值大小各为 193kJ/mol、85kJ/mol 和 43kJ/mol。显然活化能的差异与结构缺陷之间的差别是相对应的。

在离子型化合物中，一般规律为：

$$Q_s = 0.5Q_b; \quad Q_g = 0.6 \sim 0.7Q_b$$

式中，Q_s、Q_g 和 Q_b 分别为表面扩散、晶界扩散和晶格内扩散的活化能。

$$D_b : D_g : D_s = 10^{-14} : 10^{-10} : 10^{-7}$$

除晶界以外，晶粒内部存在的各种位错也往往是原子容易移动的途径。结构中位错密度越高，位错对原子（或离子）扩散的贡献越大。

10.5.4 温度与杂质对扩散的影响

正如前面所说，在固体中原子或离子的迁移实质是一个热激活过程。因此，温度对于扩散的影响具有特别重要的意义。一般而言，扩散系数与温度的依赖关系服从式：

$$D = D_0 e^{\frac{Q}{RT}}$$

扩散活化能 Q 值越大，说明温度对扩散系数的影响越敏感。图 10-13 为一些常见氧化物中阳离子或阴离子的扩散系数随温度的变化关系。应该指出，对于大多数实用晶体材料，由于其或多或少地含有一定量的杂质以及具有一定的热历史，因而温度对其扩散系数的影响往往不完全是 $\ln D$-$1/T$ 间均呈直线关系，而可能出现曲线或在不同温度区间出现不同斜率的直线段。显然，这一差别主要是由于活化能随温度变化所引起的。

温度和热过程对扩散影响的另一种方式是通过改变物质结构来达成的。例如，在硅酸盐玻璃中网络变性离子 Na^+、K^+、Ca^{2+} 等在玻璃中的扩散系数随玻璃的热历史不同有明显差别。在急冷的玻璃中扩散系数一般高于同组分充分退火的玻璃中的扩散系数。两者可相差一个数量级或更多，这可能与玻璃中网络结构疏密程度有关。图 10-14 给出硅酸盐玻璃中 Na^+ 随温度升高而变化的规律，中间的转折应与玻璃在反常区间结构变化相关。对于晶体材料，温度和热历史对扩散也可引起类似的影响，如晶体从高温急冷时，高温时所出现的高浓度肖特基空位将在低温下保留下来，并在较低温度范围内显示出本征扩散。

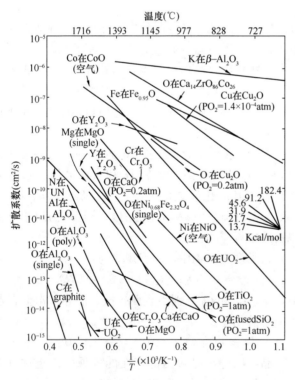

图 10-13 一些氧化物中离子扩散系数与温度的关系
1atm＝100kPa；1cal＝4.18J

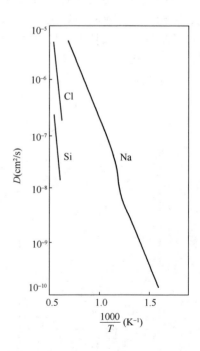

图 10-14 硅酸盐玻璃中阳离子的扩散系数

利用杂质对扩散的影响是人们改善扩散的主要途径。一般而言，高价阳离子的引入可造成晶格中出现阳离子空位并产生晶格畸变，从而使阳离子扩散系数增大；且当杂质含量增加，非本征扩散与本征扩散温度转折点升高，这表明在较高温度时杂质扩散仍超过本征扩散。然而，应该注意的是，若所引入的杂质与扩散介质形成化合物，或发生淀析则将导致扩散活化能升高，使扩散速率下降；反之当杂质原子与结构中部分空位发生缔合，往往会使结构中总空位浓度增加而有利于扩散，如 KCl 中引入 $CaCl_2$，倘若结构中 $Ca_K^·$ 和部分 V_K' 之间发生缔合，则总的空位浓度 $[V_K']\sum$ 应为：

$$[V_K']\sum = [V_K'] + (Ca_K^· V_K')$$

总之，杂质对扩散的影响较为复杂，必须考虑晶体结构缺陷缔合、晶格畸变等众多因素的影响。

10.6 案例解析

10.6.1 玻璃中离子扩散与化学钢化玻璃

化学钢化处理（又称离子交换法）是提高玻璃强度的主要方法之一。化学钢化处理的主要原理是利用高温下玻璃表面组分与熔盐间的离子扩散，使熔盐中半径大的离子（如钾离子）替换玻璃表层半径小的离子（如钠离子），使玻璃表面层形成压应力层，从而阻止玻璃表面微裂纹扩展和提高玻璃强度。化学钢化玻璃的主要优点是强度较之普通玻璃提高数倍，抗弯强度和抗冲击强度分别是普通玻璃的 3～5 倍和 5～10 倍。化学钢化玻璃可以通过在高于 300℃ 的温度下将玻璃浸没在含有钾的熔盐中来制备获得。目前，离子交换已被证实是提高光学玻璃和显示器玻璃机械性能的有效方法。

离子交换即离子的互扩散，其微观结构与自扩散相似。对玻璃中的碱离子扩散有较多的模型和学说。最初根据离子晶体的情况，把玻璃中碱离子的扩散看成空位的迁移与间隙的跳跃。碱离子的跃迁，需要越过能垒，从爱因斯坦-斯莫卡霍夫斯基关系式出发，再考虑电导率和离子迁移率的关系；综合得出著名的 Nerst-Einstein（能斯特-爱因斯坦）关系式：

$$D/\sigma = (KT/Ne^2)f \tag{10-43}$$

式中，D 为碱离子扩散系数（cm^2/s）；σ 为体积电导率（$1/\Omega \cdot cm$）；K 为波兹曼常数（J/K）；T 为绝对温（K）；N 为单位体积中碱离子数（$1/cm^3$）；e 为电荷；f 为相关因子。对于不同成分的玻璃，f 数值是不同的。Na_2O-SiO_2 系统中，$f<0.5$；Na_2O-Al_2O_3-B_2O_3 系统中，$f=0.22～0.55$；Na_2O-Al_2O_3-SiO_2 系统中，f 与 Al/Na 比有关，Al/Na>1，则 $f=0.3$；Al/Na<1，则 $f=0.8$；Na_2O-Al_2O_3-P_2O_5 系统中，$f=0.15～0.25$，不同的 f 值，说明不同的扩散机理。

互扩散比自扩散复杂，从熔盐到玻璃中的离子交换，实际上存在表面能垒和表面质子层问题。硅酸盐玻璃在空气中，由于表面的不饱和硅氧键，会吸附空气中的水汽，形成多种类型的羟基团。熔盐中的阳离子向玻璃中扩散，必须克服此表面质子层，因而互扩散的难度增加。熔盐中的阳离子，也有可能首先和羟基中的氢进行离子交换，用离子探针测定离子交换后的样品，发现 SiOH 谱线的相对强度明显降低。

近年来，手机的制造与使用发展迅速。通过化学钢化（离子交换）处理，能够使手机玻璃的强度大幅提高。通过离子交换增强玻璃强度，一种是高温型（Tg 点以上）离子交换，另一种是低温型离子交换，低温型离子交换应用比较广泛。一般来说，熔盐成分、交换温度和时间对玻璃离子交换和化学钢化效果具有较大影响，需要通过试验手段进行优化。

10.6.2　熔盐成分对化学钢化玻璃性能的影响

研究发现，玻璃对熔盐中不同离子具有选择性吸附。K^+ 对玻璃的亲和性小于杂质离子对玻璃的亲和性，导致 Ca^{2+}、Mg^{2+} 等杂质离子优先集中在玻璃-熔盐界面，并同时向玻璃内部扩散，堵塞了离子交换的通道，抑制了玻璃中 K^+ 的扩散。Ca^{2+} 的抑制效应最大，即使含有微量 Ca^{2+} 也会大大影响离子交换效果，大幅度降低玻璃的机械强度，因此，经常需要加入吸附杂质离子或与杂质离子反应的除杂剂。例如，在熔盐中加入 K_2CO_3、K_2PO_3、K_2SiO_3 等，它们可与 Ca^{2+}、Mg^{2+} 等杂质反应生成高熔点或低溶解度的化合物。以 Na_2O-Al_2O_3-SiO_2 超薄玻璃试样为例，将其放在熔盐中进行离子交换处理，熔盐成分为：KNO_3 92~96%（质量分数）、硅藻土 2.0%（质量分数）、K_2SiO_3 1.0%（质量分数）、KOH 0.5%（质量分数）、Al_2O_3 0.5%（质量分数）、K_2CO_3 0~4.0%（质量分数）等，离子交换温度为 380℃，离子交换时间为 20h，熔盐中加入 K_2CO_3 含量分别为（质量分数）0、1.0%、2.0%、3.0%、4.0% 时进行离子交换，所得样品分别命名为 Q1，Q2，Q3，Q4，Q5。对不同 K_2CO_3 含量的熔盐中进行离子交换的五组试样进行 EPMA 电子探针测试，可测得五组玻璃从表面到内部 250μm 处的 K^+ 和 Na^+ 的含量分布，K^+ 和 Na^+ 浓度分布测试原始结果曲线与 Boltzmann（玻尔兹曼）拟合曲线如图 10-15、图 10-16 所示。由图 10-15 可看出 K^+ 在玻璃表面附近的富集峰，K^+ 峰值浓度在熔盐中加入 K_2CO_3 后明显下降。Na^+ 的含量从玻璃表面到玻璃内部逐渐增大。由图 10-16 可知，K^+ 的扩散深度与富集峰的位置变化趋势相同，Na^+ 的扩散深度随着 K_2CO_3 含量的增大而增大。

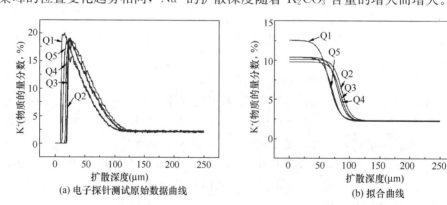

图 10-15　不同 K_2CO_3 含量样品的 K^+ 电子探针原始数据曲线及其 Boltzmann（玻尔兹曼）拟合曲线

K^+、Na^+ 的交换过程实质上就是两种离子互相扩散的过程（图 10-17），离子的扩散系数 D 与其浓度 C 相关，可根据离子的浓度曲线求出离子的扩散系数分布曲线，其关系式为：

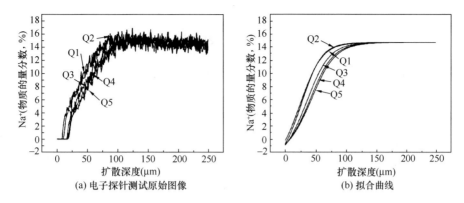

(a) 电子探针测试原始图像　　　　(b) 拟合曲线

图 10-16　不同 K_2CO_3 含量样品的 Na^+ 电子探针原始图像及其 Boltzmann（玻尔兹曼）拟合曲线

$$D(C) = -\frac{1}{2t}\left(\frac{\mathrm{d}x}{\mathrm{d}C}\right)_C \int_{C_1}^{C} x\mathrm{d}C \qquad (10\text{-}44)$$

式中，$\left(\dfrac{\mathrm{d}x}{\mathrm{d}C}\right)_C$ 为 C（x）曲线上浓度为 C 处斜率的导数；x 为离子扩散深度（μm）；C_1 为扩散离子在表面的浓度；$\int_{C_1}^{C} x\mathrm{d}C$ 为从 C_1 到 C 的积分；t 为交换时间（s）。

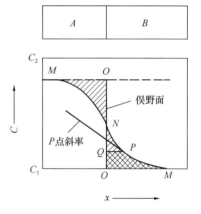

图 10-17　侯野法的扩散模型示意图

将玻璃表面近似取为 Matano（侯野）面，将拟合的 Boltzmann（玻尔兹曼）浓度曲线按照公式进行处理，可以得到 K^+ 和 Na^+ 的扩散系数分布曲线，如图 10-18 所示。K^+ 的扩散系数从玻璃表面到玻璃内部呈现逐渐减小的趋势，Na^+ 的扩散系数从玻璃表面到玻璃内部呈现先减小后增大的趋势。由于侯野法的计算方式在玻璃表面和内部深处的误差较大，取扩散深度 $25\sim150\mu m$ 的扩散系数进行分析，发现 K^+ 的扩散系数总体上随着 K_2CO_3 含量的增大先增大后减小，最后都趋近于 $0.1\times10^{-12}\ m^2/s$；Na^+ 扩散系数总体上随着 K_2CO_3 含量的增大逐渐增大，扩散系数的极小值出现在距离玻璃表面 $25\sim75\mu m$ 处。

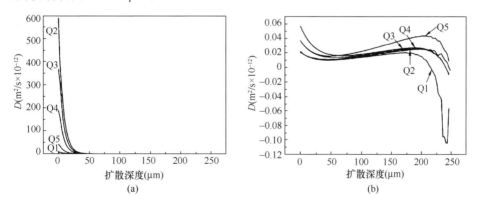

(a)　　　　　　　　　　(b)

图 10-18　不同 K_2CO_3 含量样品的 K^+ 和 Na^+ 扩散系数曲线

二硅酸锂微晶玻璃具有良好的化学稳定性和生物相容性，并且因其可以很好地匹配牙齿颜色和具有恰当的透光度而在齿科修复领域具有广阔的应用前景。为了获得高强度的二硅酸锂玻璃陶瓷齿科植入体，可以利用离子交换技术对其进行强化处理。研究表明，利用 $RbNO_3$ 或 $CsNO_3$ 对二硅酸锂玻璃陶瓷进行离子交换表面强化处理，即使很薄的交换层，二硅酸锂微晶玻璃的弯曲强度和耐腐蚀性也可以大大提高，其中使用 Rb 离子进行离子交换强化的二硅酸锂微晶玻璃其断裂强度可由原来的 169MPa 提升到 300MPa 以上，并且硬度和化学稳定性也均有所增加。通过测试 Rb^+ 和 Cs^+ 在离子交换层中的含量分布，Rb^+ 交换层的总厚度约为 $4.3\mu m$，越接近表面含量越高，其表面附近最高含量约为 950mg/kg；随着深度的增加，Rb^+ 含量呈线性下降。对于利用 $CsNO_3$ 为熔盐交换处理的样品，玻璃陶瓷中 Cs^+ 的交换层厚度约为 $0.45\mu m$，表面附近的 Cs^+ 含量最高约为 8.44mg/kg。由于 Cs^+ 的半径大于 Rb^+ 半径，Rb^+ 的交换深度和含量均高于 Cs^+ 的交换深度和含量，Rb^+ 交换样品的抗折强度高于 Cs^+ 交换样品的抗折强度。

10.7　思政拓展

离子扩散与玻璃专家王承遇

"求真务实为人师，严于律己为世范"；

"科学精神得传承，严谨作风励我行"；

"传道授业重育人，一脉相承青胜蓝"。

以上是玻璃科学与行业领域著名科学家王承遇教授的弟子们在《大连现代科技专家——王承遇》一书中有关王老师的通讯报道的部分题目。王承遇教授退休前为大连工业大学（原大连轻工业学院）教授，国家级突出贡献专家，享受国务院政府特殊津贴专家，原轻工部高校硅酸盐材料专业学科带头人，中国日用玻璃行业终身成就奖获得者，硕士/博士生导师，研究方向：玻璃成分与性质、玻璃表面物理化学、玻璃表面处理、特种玻璃制品。

王承遇教授从事玻璃及非晶态材料教学和科研近 60 年，做出了许多创造性的研究工作。先后担任国家重点工程所需泡沫玻璃等项目的研制，对吸声泡沫玻璃成分、发泡工艺、气泡结构与吸声系数提出了定量关系式，从而使研制和生产的泡沫玻璃低频吸声系数达到国家重点工程要求，同时获得 1978 年全国科学大会奖和辽宁省重大科技成果奖。

虽然在 20 世纪 50 年代我国已生产热钢化玻璃（淬火玻璃），但只适用于厚度 3mm 以上的平板玻璃，其表面压应力比较低，这对于 2mm 或更薄的玻璃、异型玻璃制品以及强度要求很高不允许自爆的军工产品是不适用的。1960 年，国外研发了离子交换增强（化学钢化）工艺，此工艺用纯硝酸钾熔盐，离子交换时间需十几小时甚至几十小时。1977 年，王承遇教授提出在硝酸钾熔盐中加入 KOH、K_3PO_4、KF、KBF_4 等添加剂，研究其对离子交换的影响，结果发现熔盐中加入 KOH 效果较好，离子交换时间缩短到 90min，交换后玻璃强度、硬度均有很大提高。为了改善交换后表面状态，他还提出采用氧化铝做保护剂，上述研究成果作为企业玻璃化学钢化工艺至今仍在使用。

离子扩散是离子交换的基础，为了进一步提升离子交换的效果，必须深入探讨离子扩散机制和扩散动力学。国内外学者对一价离子自扩散研究比较多，而二价离子扩散文献上较罕见。自 1979 年开始，王承遇指导研究生研究了硅酸盐玻璃中二价离子的扩散及离子交换中加速剂和保护剂的优选和应用，探讨了 Zn、Cd、Ca、Sr、Pb、Ba 离子的自扩散系数、活化能、扩散方程以及外加电场下 Ba 的自扩散系数；获得了高能 B^+、P^+ 离子注入后在玻璃表面分布、退火后的浓度分布及扩散系数值、不同价态离子的自扩散方程以及背离子散射谱（RBS）的分析和计算方法，为化学钢化玻璃生产工艺奠定了基础。在 2013 年由中国玻璃网主办的西湖论坛上，他做了手机玻璃面板的特邀报告，阅读次数达 14182 次。王承遇教授自 20 世纪 70 年代末期开始，在国内率先将离子注入技术用于多种工业化生产的玻璃材料，以研究玻璃的表面改性和进行新材料的研制开发，在离子注入和离子交换/离子扩散方面取得的科研成果得到了专业同行的瞩目和认可。

王承遇教授在国内外的无机非金属材料专业和玻璃行业领域具有重要影响，他主持编著了多部与玻璃相关的专著，包括《玻璃表面处理技术》《玻璃成分设计与调整》《仪器玻璃》《玻璃材料手册》《玻璃性质与工艺手册》等 18 部专著，其中，《玻璃表面处理技术》获中国石油和化学工业优秀科技图书奖一等奖，《玻璃性质与工艺手册》获大连市科学著作一等奖。

老骥伏枥，志在千里。王承遇教授虽已退休多年，但他至今还在全心从事他所钟爱的玻璃科学事业。一路走来，遇到过无数的难题，但他凭着那股脚踏实地、不畏艰难的劲头，将之一一破解。他作为玻璃专家，常常是为相关厂家稍微调整一下配方，就会产生很大的经济效益。王承遇教授在近 60 年的教学和科研工作中，辛勤耕耘，不懈努力，在玻璃表面物理化学领域独树一帜；同时，他治学严谨，对学生言传身教，总是毫不保留地将自己积累的知识和所掌握的科研技术传递给弟子，培养了众多材料科学领域的专业人才。王承遇教授那种钻研科学、孜孜以求、精益求精、一丝不苟的精神永远激励着他的弟子们努力前行，同时，他也是当代大学生追求知识、钻研科学、踔厉奋发、勇毅前行的学习榜样。

科技兴则民族兴，科技强则国家强。我国科技事业取得历史性成就的背后，是一代又一代人矢志报国、前赴后继、刻苦奋斗的结果。习近平总书记在中国人民大学考察调研时勉励广大青年踔厉奋发、勇毅前行。

本章总结

本章主要介绍了扩散的宏观规律及其动力学方程，扩散的推动力，扩散的微观机制和扩散系数，讲述了固体中的扩散和影响扩散的因素，并以玻璃化学钢化处理工艺为例，介绍了玻璃与熔盐中离子扩散和离子交换对玻璃强度的影响，分析了影响玻璃中离子扩散和化学钢化处理的因素。

课后习题

10-1　名词解释（试比较异同）

（1）稳定扩散与不稳定扩散

（2）本征扩散和非本征扩散

（3）自扩散和互扩散

（4）正扩散和逆扩散

10-2 欲使 Mg^{2+} 在 MgO 中的扩散直至 MgO 的熔点（2825℃）都是非本征扩散，要求三价杂质离子有什么样的浓度？试对你在计算中所做的各种特性值的估计做充分说明（已知 MgO 肖特基缺陷形成能为 6eV）。

10-3 试根据图 10-13 查取：

（1）CaO 在 1145℃和 1650℃的扩散系数值；

（2）Al_2O_3 在 1393℃和 1716℃的扩散系数值；并计算 CaO 和 Al_2O_3 中 Ca^{2+} 和 Al^{3+} 扩散激活能和 D_0 值。

10-4 在两根金晶体圆棒的端点涂上示踪原子 Au^*，并把两棒端点连接，如图 10-19（a）所示。在 920℃下加热 100h，Au^* 示踪原子扩散分布如图 10-19（b）所示，并满足下列关系：

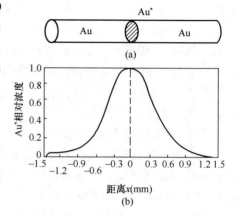

图 10-19 920℃加热 100h 后 Au^* 的扩散分布曲线

$$c = \frac{M}{2(\pi Dt)^{1/2}} e^{-\frac{X^2}{4Dt}}$$

M 为试验中示踪原子总量，求此时金的自扩散系数。

10-5 试讨论从室温到熔融温度范围内，氯化锌添加剂（物质的量分数为 10^{-4}）对 NaCl 单晶中所有离子（Zn、Na 和 Cl）的扩散能力的影响。

10-6 试从扩散介质的结构、性质、晶粒尺寸、扩散物浓度、杂质等方面分析影响扩散的因素。

10-7 根据 ZnS 烧结的数据测定了扩散系数。在 450℃和 563℃时，分别测得扩散系数为 $1.0×10^{-4} cm^2/s$ 和 $3×10^{-4} cm^2/s$。（1）确定活化能和 D_0；（2）根据你对结构的了解，请从运动的观点和缺陷的产生来推断扩散活化能的含义；（3）根据 ZnS 和 ZnO 相互类似，预测 D 随硫的分压而变化的关系。

10-8 碳、氮、氢在体心立方铁中扩散的活化能分别为 84kJ/mol、75kJ/mol 和 13kJ/mol，试对此差异进行分析和解释。

10-9 （1）试推测在贫铁的 Fe_3O_4 中铁离子扩散系数与氧分压的关系。（2）推测在铁过剩的 Fe_2O_3 中氧分压与氧扩散的关系。

10-10 由 MgO 和 Fe_2O_3 制取 $MgFe_2O_4$ 时，预先在界面上埋入标志物，然后让其进行反应。（1）若反应是由 Mg^{2+} 和 Fe^{3+} 互扩散进行的，标志物的位置将如何改变？（2）当只有 Fe^{3+} 和 O^{2-} 共同向 MgO 中扩散时，情况又如何？（3）在存在氧化还原反应的情况下，Fe^{2+} 和 Mg^{2+} 互扩散时，标志物又将如何移动？

10-11 利用电导与温度的依赖关系求得的扩散系数和用示踪原子等方法直接测得的值经常不一样，试分析其原因。

11 相　　变

本章导读

在一定的温度、压强等条件下，物质将以一种与外界条件相适应的聚集状态或结构形式存在着，这种形式就是相。相变过程是物质从一个相转变为另一个相的过程，是指在外界条件发生变化的过程中物相于某一特定的条件下（临界值）发生突变，表现为：① 从一种结构变化为另一种结构，如气相、液相和固相间的相互转变，或固相中不同晶体结构或原子、离子聚集状态之间的转变；② 化学成分的不连续变化，例如均匀溶液的脱溶沉淀或固溶体的脱溶分解等；③ 更深层次结构的变化并引起物理性质的突变，例如顺磁体-铁磁体转变、顺电体-铁电体转变、正常导体-超导体转变等。实际材料中所发生的相变形式可以是上述中的一种，也可以是它们之间的复合，如脱溶沉淀往往是结构和成分变化同时发生，铁电相变则总是和结构相变耦合在一起。

相变在传统的硅酸盐工业与新材料研发和生产中十分重要。例如陶瓷、耐火材料的烧成和重结晶，或引入矿化剂控制其晶型转化；玻璃中防止失透或控制结晶来制造各种微晶玻璃；单晶、多晶和晶须中采用的液相或气相外延生长；瓷釉、搪瓷和各种复合材料的熔融和析晶；以及新型铁电材料中由自发极化产生的压电、热释电、电光效应等都归之为相变过程。相变过程中涉及的基本理论对获得特定性能的材料和制订合理工艺过程是极为重要的。目前，相变已成为无机功能新材料研究的重要课题。

11.1　相变的分类

物质的相变种类和方式很多，特征各异，很难将其归类，常见的分类方法有按热力学分类、按相变方式分类、按相变时质点迁移情况分类，等等。

11.1.1　按热力学分类

热力学中处理相变问题是讨论各个相的能量状态在不同的外界条件下所发生的变化。热力学分类把相变分为一级相变与二级相变。

体系由一相变为另一相时，如两相的化学势相等但化学势的一级偏微商（一级导数）不相等的称为一级相变，即：

$$\mu_1 = \mu_2 ; (\partial \mu_1 / \partial T)_P \neq (\partial \mu_2 / \partial T)_P ; (\partial \mu_1 / \partial T)_T \neq (\partial \mu_2 / \partial T)_T$$

由于 $(\partial \mu / \partial T)_P = -S$；$(\partial \mu / \partial T)_T = V$，也即一级相变时 $S_1 \neq S_2$；$V_1 \neq V_2$。因此在一级相变时熵（S）和体积（V）有不连续变化，如图 11-1 所示。即相变时有相变潜热，并伴随有体积改变。晶体的熔化、升华；液体的凝固、气化；气体的凝聚以及晶体中大多数晶型转变都属一级相变，这是最普遍的相变类型。

二级相变特点是：相变时两相化学势相等，其一级偏微商也相等，但二级偏微商不等，即：

$$\mu_1 = \mu_2$$

$$(\partial \mu_1 / \partial T)_P = (\partial \mu_2 / \partial T)_P \; ; \; (\partial \mu_1 / \partial P)_T = (\partial \mu_2 / \partial P)_T$$

$$(\partial^2 \mu_1 / \partial T^2)_P \neq (\partial^2 \mu_2 / \partial T^2)_P \; ; \; (\partial^2 \mu_1 / \partial P^2)_T \neq (\partial^2 \mu_2 / \partial P^2)_T$$

$$\frac{\partial^2 \mu_1}{\partial T \partial P} \neq \frac{\partial^2 \mu_2}{\partial T \partial P}$$

上面一组数学式也可写成：

$$\mu_1 = \mu_2 \; ; \; S_1 = S_2 \; ; \; V_1 = V_2 \; ; \; C_{P1} \neq C_{P2} \; ; \; \beta_1 \neq \beta_2 \; ; \; \alpha_1 \neq \alpha_2$$

$$(11\text{-}1)$$

式中，β 和 α 分别为等温压缩系数和等压膨胀系数。

式（11-1）表明：二级相变时两相化学势、熵和体积相等，但热容、热膨胀系数、压缩系数却不相等，即无相变潜热，没有体积的不连续变化（图 11-2）；而只有热容量、热膨胀系数和压缩系数的不连续变化。由于这类相变中热容随温度的变化在相变温度 T_0 时趋于无穷大，因此可根据 $C_p\text{-}T$ 曲线具有 λ 形状而称二级相变为 λ 相变，其相变点可称 λ 点或居里点（图 11-3）。

一般合金的有序-无序转变、铁磁性-顺磁性转变、超导态转变等均属于二级相变。

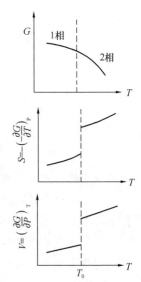

图 11-1　一级相变时两相的自由焓、熵及体积的变化

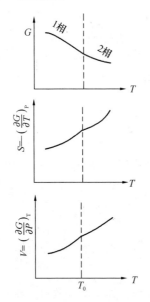

图 11-2　二级相变时的自由焓、熵及体积的改变

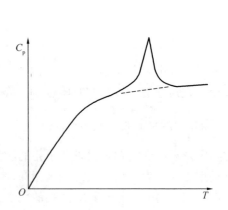

图 11-3　磁性金属在居里点附近的热容变化

虽然热力学分类方法比较严格，但并非所有相变形式都能明确划分。例如 $BaTiO_3$ 的相变具有二级相变特征，然而它又有不大的相变潜热，KH_2PO_4 的铁电体相变在理论上是一级相变，但它实际上却符合二级相变的某些特征。在许多一级相变中都重叠有二级相

变的特征，因此有些相变实际上是混合型的。

11.1.2　按相变方式分类

Gibbs（吉布斯）将相变过程分为两种不同方式：一种是由程度大但范围小的浓度起伏开始发生相变，并形成新相核心称为成核-长大型相变；另一种却由程度小、范围广的浓度起伏连续地长大形成新相，称为连续型相变，如 SPinodal（斯宾纳多）分解。

11.1.3　按质点迁移特征分类

根据相变过程中质点的迁移情况，可以将相变分为扩散型和无扩散型两大类。

扩散型相变的特点是相变依靠原子（或离子）的扩散来进行的。如晶型转变、熔体中析晶、气-固、液-固相变和有序-无序转变。

无扩散型相变主要是低温下进行的纯金属（锆、钛、钴等）同素异构转变以及一些合金（Fe-C、Fe-Ni、Cu-Al 等）中的马氏体转变。

相变分类方法除以上三种外，还可按成核特点而分为均质转变和非均质转变；也可按成分、结构的变化情况而分为重建式转变和位移式转变。由于相变所涉及新、旧相能量变化、原子迁移、成核方式、晶相结构……的复杂性，很难用一种分类法描述。陶瓷材料相变综合分类如图 11-4 所示。

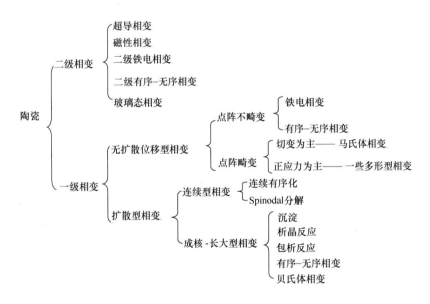

图 11-4　陶瓷材料相变综合分类情况

在此简单介绍一下在材料制造与使用中常见的马氏体相变与有序-无序转变。

马氏体（Martensite）是在钢淬火时得到的一种高硬度产物的名称，马氏体相变是固态相变的基本形式之一。一个晶体在外加应力的作用下通过晶体的一个分立体积的剪切作用以极迅速的速率而进行相变称为马氏体相变。

马氏体相变最主要的特征是其结晶学特征。检查马氏体相变的重要结晶学特征是相变后存在习性平面和晶面的定向关系。图 11-5（a）为一四方形的母相——奥氏体结构示意图。图 11-5（b）是从母相中形成马氏体的示意图。其中 $A_1B_1C_1D_1$-$A_2B_2C_2D_2$ 由母相奥氏体转变为 $A_2B_2C_2D_2$-$A_1'B_1'C_1'D_1'$ 马氏体。在母相内 $PQRS$ 为直线，相变时被破坏成为

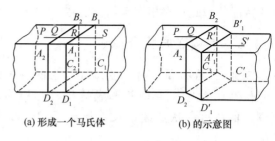

(a) 形成一个马氏体   (b) 的示意图

图 11-5 从一个母相奥氏体晶体四方块

PQ、QR'、$R'S'$ 三条直线。$A_2B_2C_2D_2$ 和 $A_1'B_1'C_1'D_1'$ 两个平面在相变前后保持既不扭曲变形也不旋转的状态，这两个把母相奥氏体和转变相马氏体之间连接起来的平面称为习性平面。马氏体是沿母相的习性平面生长并与奥氏体母相保持一定的取向关系。

马氏体相变的另一特征是它的无扩散性。马氏体相变是点阵有规律的重组，其中原子并不调换位置，而只变更其相对位置，其相对位移不超过原子间距。因而它是无扩散性的位移式相变。

马氏体相变往往以很高的速度进行，有时高达声速。例如 Fe-C 和 Fe-Ni 合金中，马氏体的形成速度很高，在 $-20 \sim -195\,^{\circ}\mathrm{C}$ 之间，每一片马氏体形成时间为 $0.05 \sim 5\mu\mathrm{s}$。一般说在这么低的温度下，原子扩散速率很低，相变不可能以扩散方式进行。

马氏体相变没有一个特定的温度，而是在一个温度范围内进行的。在母相冷却时，奥氏体开始转变为马氏体的温度称为马氏体开始形成温度，以 M_s 表示。完成马氏体转变的温度称为马氏体转变终了温度，以 M_f 表示。低于 M_f 马氏体转变基本结束。

马氏体相变不仅发生在金属中，在无机非金属材料中也有出现，例如钙钛矿结构型的 $BaTiO_3$、$KTa_{0.65}Nb_{0.35}O$（KTN）、$PbTiO_3$ 由高温顺电性立方相→低温铁电正方相和 ZrO_2 中都存在这种相变。目前广泛应用 ZrO_2 由四方晶系转变为单斜晶系的马氏体相变过程进行无机高温结构材料的相变增韧。

有序-无序转变是固体相变的又一种机理。在理想晶体中，原子周期性排列在规则的位置上，这种情况称为完全有序。然而固体除了在 0K 的温度下可能完全有序外，在高于 0K 的温度下，质点热振动使其位置与方向均发生变化，从而产生位置与方向的无序性。在许多合金与固溶体中，在高温时原子排列呈无序状态，而在低温时则呈有序状态，这种随温度升降而出现低温有序和高温无序的可逆转变过程称为有序-无序转变。

一般用有序参数 ξ 表示材料中有序与无序程度，完全有序时 ξ 为 1，完全无序时 ξ 为 0。

$$\xi = \frac{R}{R+\omega} \tag{11-2}$$

式中，R 为原子占据应该占据的位置数；ω 为原子占据不应占据的位置数；$R+\omega$ 为该原子的总数。有序参数分为远程有序参数与近程有序参数，如为后者时，将 ω 理解为原子 A 最近邻原子 B 的位置被错占的位置数即可。

11.2 液-固相变过程热力学

11.2.1 相变过程的不平衡状态及亚稳区

根据热力学平衡理论,将物体冷却(或者加热)到相转变温度,就会发生相变而形成新相。从图 11-6 的单元系统 $T \sim p$ 相图中可以看到,OX 线为气-液相平衡线(界线);OY 线为液-固相平衡线;OZ 线为气-固相平衡线。当处于 A 状态的气相在恒压 p' 下冷却到 B 点时,达到气-液平衡温度,开始出现液相,直到全部气相转变为液相为止,然后离开 B 点,进入 BD 段液相区。继续冷却到 D 点到达液-固反应温度,开始出现固相,直至全部转变为固相,温度才能下降离开 D 点进入 Dp' 段的固相区。但是实际上,当温度冷到 B 或 D 的相变温度时,系统并不会自发产生相变,也不会有新相产生。而要冷却到比相变温度更低的某一温度例如 C(气-液)和 E(液-固)点时才能发生相变,即凝结出液相或析出固相。这种在理论上应发生相变而实际上不能发生相转变的区域(如图 11-6 所示的阴影区)称为亚稳区。在亚稳区内,旧相能以亚稳态存在,而新相还不能生成。这是由于当一个新相形成时,它是以一微小液滴或微小晶粒出现,由于颗粒很小,因此其饱和蒸气压和溶解度却远高于平面状态的蒸气压和溶解度,在相平衡温度下,这些微粒还未达到饱和而重新蒸发和溶解。

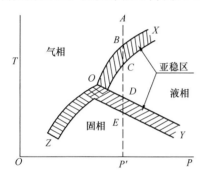

图 11-6 单元系统相变过程图

由此得出:①亚稳区具有不平衡状态的特征,是物相在理论上不能稳定存在,而实际上却能稳定存在的区域;②在亚稳区内,物系不能自发产生新相,要产生新相,必然要越过亚稳区,这就是过冷却的原因;③在亚稳区内虽然不能自发产生新相,但是当有外来杂质存在时,或在外界能量影响下,也有可能在亚稳区内形成新相,此时使亚稳区缩小。

11.2.2 相变过程推动力

相变过程的推动力是相变过程前后自由焓的差值。

$\Delta G_{T \cdot p} < 0$,过程自发进行;

$\Delta G_{T \cdot p} = 0$,过程达到平衡。

(1)相变过程的温度条件

由热力学可知,在等温等压下有:

$$\Delta G = \Delta H - T \Delta S$$

在平衡条件下,$\Delta G = 0$,则有 $\Delta H - T \Delta S = 0$

$$\Delta S = \Delta H / T_0 \tag{11-3}$$

式中,T_0 为相变的平衡温度;ΔH 为相变热。

若在任意一温度 T 的不平衡条件下,则有:

$$\Delta G = \Delta H - T \Delta S \neq 0$$

若 ΔH 与 ΔS 不随温度而变化，将式（11-3）代入上式得：

$$\Delta G = \Delta H - \frac{T\Delta H}{T_0} = \Delta H \frac{T_0 - T}{T_0} = \Delta H \frac{\Delta T}{T_0} \tag{11-4}$$

从式（11-4）可见，相变过程要自发进行，必须有 $\Delta G < 0$，则 $\Delta H \Delta T/T_0 < 0$。若相变过程放热（如凝聚过程、结晶过程等），$\Delta H < 0$，要使 $\Delta G < 0$，必须有 $\Delta T > 0$，$\Delta T = T_0 - T > 0$，即 $T_0 > T$，这表明在该过程中系统必须"过冷却"，或者说系统实际温度比理论相变温度还要低，才能使相变过程自发进行。若相变过程吸热（如蒸发、熔融等）$\Delta H > 0$，要满足 $\Delta G < 0$ 这一条件则必须 $\Delta T < 0$，即 $T_0 < T$，这表明系统要发生相变过程必须"过热"。由此得出结论：相变驱动力可以表示为过冷度（过热度）的函数，因此相平衡理论温度与实际温度之差即为该相变过程的推动力。

（2）相变过程的压力和浓度条件

从热力学知道，在恒温可逆不做有用功时：

$$dG = Vdp$$

对理想气体而言：

$$\Delta G = \int Vdp = \int \frac{RT}{p}dp = RT\ln\frac{p_2}{p_1}$$

当过饱和蒸气压力为 p 的气相凝聚成液相或固相（其平衡蒸气压力为 p）时，有：

$$\Delta G = RT\ln\frac{p_0}{p} \tag{11-5}$$

要使相变能自发进行，必须 $\Delta G < 0$，即 $p > p_0$，也即要使凝聚相变自发进行，系统的饱和蒸气压应大于平衡蒸气压 p_0。这种过饱和蒸气压差为凝聚相变过程的推动力。

对溶液而言，可以用浓度 c 代替压力 p，式（11-5）写成：

$$\Delta G = RT\ln\frac{c_0}{c} \tag{11-6}$$

若是电解质溶液还要考虑电离度 α，即一摩尔能离解出 α 个离子：

$$\Delta G = \alpha RT\ln\frac{c_0}{c} = \alpha RT\ln\left(1 + \frac{\Delta c}{c}\right) \approx \alpha RT\frac{\Delta c}{c} \tag{11-7}$$

式中，c_0 为饱和溶液浓度；c 为过饱和溶液浓度。

要使相变过程自发进行，应使 $\Delta G < 0$，式（11-7）右边 α、R、T、c 都为正值，要满足这一条件必须 $\Delta c < 0$，即 $c > c_0$，液相要有过饱和浓度，它们之间的差值 $c - c_0$，即为这一相变过程的推动力。

综上所述，相变过程的推动力应为过冷度、过饱和浓度、过饱和蒸气压，即相变时系统温度、浓度和压力与相平衡时温度、浓度和压力之差值。

11.2.3 晶核形成条件

均匀单相并处于稳定条件下的熔体或溶液，一旦进入过冷却或过饱和状态，系统就具有结晶的趋向，但此时所形成的新相的晶胚十分微小，其溶解度很大，很容易溶入母相溶液（熔体）中。只有当新相的晶核形成足够大时，它才不会消失而继续长大形成新相。那么至少要多大的晶核才不会消失而形成新相呢？

当一个熔体（熔液）冷却发生相转变时，则系统由一相变成两相，这就使体系在能量上出现两个变化，一是系统中一部分原子（离子）从高自由焓状态（例如液态）转变为低自由焓的另一状态（例如晶态），这就使系统的自由焓减少（ΔG_1）；另一是由于产生新相，形成了新的界面（例如固-液界面），这就需要做功，从而使系统的自由焓增加（ΔG_2）。因此系统在整个相变过程中自由焓的变化（ΔG）应为此两项的代数和：

$$\Delta G = \Delta G_1 + \Delta G_2 = V\Delta G_V + A\gamma \tag{11-8}$$

式中，V 为新相的体积；ΔG_V 为单位体积中旧相和新相之间的自由焓之差 $G_液 - G_固$；A 为新相总表面积；γ 为新相界面能。

若假设生成的新相晶胚呈球形，则式（11-8）写作：

$$\Delta G = \frac{4}{3}\pi r^3 n\Delta G_V + 4\pi r^2 n\gamma \tag{11-9}$$

式中，r 为球形晶胚半径；n 为单位体积中半径 r 的晶胚数。

将式（11-4）代入式（11-8）得：

$$\Delta G = \frac{4}{3}\pi r^3 n\Delta H\Delta T/T_0 + 4\pi r^2 n\gamma \tag{11-10}$$

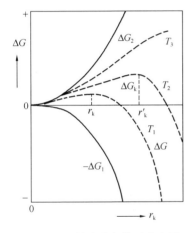

图 11-7　晶核大小与体系自由焓
关系之图解（据 Mullin，1972）

由式（11-10）可见 ΔG 是晶胚半径 r 和过冷度 ΔT 的函数。图 11-7 表示 ΔG 与晶胚半径 r 的关系，系统自由焓 ΔG 是由两项之和决定的。图中曲线 ΔG_1 为负值，它表示由液态转变为晶态时，自由焓是降低的。图中曲线 ΔG_2 表示新相形成的界面自由焓，它为正值。当新相晶胚十分小（r 很小）且 ΔT 也很小时，也即系统温度接近 T_0（相变温度）时，$\Delta G_1 < \Delta G_2$。如图中 T_3 温度时，ΔG 随 r 增加而增大并始终为正值。当温度远离 T_0 即温度下降，如图中 T_1、T_2 温度时，晶胚半径逐渐增大，ΔG 开始随 r 而增加，接着随 r 增加而降低，此时 $\Delta G \sim r$ 曲线出现峰值。在两条曲线峰值的左侧，ΔG 随 r 增长而增加，即 $\Delta G > 0$，此时系统内产生的新相是不稳定的；反之，在曲线峰值的右侧，ΔG 随新相晶胚长大而减少，即 $\Delta G < 0$，故此晶胚在母相中能稳定存在，并继续长大。显然，相对于曲线峰值的晶胚半径 r_k 是划分这两个不同过程的界限，r_k 称为临界半径，是新相能够长大而不消失的最小晶胚半径。从图 11-7 还可以看到，在低于熔点的温度下 r_k 才能存在，而且温度越低，r_k 值越小。图中 $T_3 > T_2 > T_1$，$r_{k_2} > r_{k_1}$。r_k 值可以通过求曲线的极值来确定。

$$\frac{d(\Delta G)}{dr} = 4\pi n \frac{\Delta H\Delta T}{T_0}r^2 + 8\pi\gamma nr = 0$$

$$r_k = -\frac{2\gamma T_0}{\Delta H\Delta T} = -2\gamma/\Delta G_V \tag{11-11}$$

从式（11-11）可以得出：

① r_k 是新相可以长大而不消失的最小晶胚半径，r_k 值越小，表示新相越易形成。当系统温度接近于相变温度时，即 $\Delta T \to 0$ 时，$r_k \to \infty$。这表示析晶相变在熔融温度时，要求 r_k 无限大，显然析晶不可能发生。ΔT 越大则 r_k 越小，相变越易进行。

② 在相变过程中，γ 和 T_0 均为正值，析晶相变系放热过程，则 $\Delta H < 0$，若要式（11-11）成立（r_k 永远为正值），则 $\Delta T > 0$，也即 $T_0 > T$，这表明系统要发生相变必须过冷，而且过冷度越大，则 r_k 值就越小。例如铁，当 $\Delta T = 10℃$ 时，$r_k = 0.04\ \mu m$，临界核胚由 1700 万个晶胞所组成。而当 $\Delta T = 100℃$ 时，$r_k = 0.004\mu m$，即由 1.7 万个晶胞就可以构成一个临界核胚。从熔体中析晶，一般 r_k 值在 $10\sim100nm$ 的范围内。

③ 由式（11-11）指出，影响 r_k 因素有物系本身的性质如 γ 和 ΔH，以及外界条件如 ΔT 两类。晶核的界面能降低和相变热 ΔH 增加均可使 r_k 变小，有利于新相形成。

④ 相应于临界半径 r_k 时系统中单位体积的自由焓变化可计算如下，以式（11-11）代入方程（11-10）得到：

$$\Delta G_k = -\frac{32}{3}\frac{\pi n\gamma^3}{\Delta G_V^2} + 16\frac{\pi n\gamma^3}{\Delta G_V^2} = \frac{1}{3}\left(16\frac{\pi n\gamma^3}{\Delta G_V^2}\right) \tag{11-12}$$

式（11-12）中第二项为：

$$A_k = 4\pi r_k^2 n = 16\frac{\pi n\gamma^2}{\Delta G_V^2} \tag{11-13}$$

因此可得：

$$\Delta G_k = \frac{1}{3}A_k\gamma \tag{11-14}$$

由式（11-14）可见，要形成临界半径大小的新相，则需要对系统做功，其值等于新相界面能的 1/3。这个能量（ΔG_k）称为成核位垒，它是描述相变发生时所必须克服的位垒。这一数值越低，相变过程越容易进行。式（11-14）还表明，液-固相之间的自由焓差值只能供给形成临界晶核所需表面能的 2/3。而另外的 1/3（ΔG_k），对于均匀成核而言，则需依靠系统内部存在的能量起伏来补足。通常我们描述系统的能量均为平均值，但从微观角度看，系统内不同部位由于质点运动的不均衡性，而存在能量起伏，动能低的质点偶尔较为集中，即引起系统局部温度的降低，为临界晶核产生创造了必要条件。

系统内能形成 r_k 大小的粒子数 n_k 可用下式描述：

$$\frac{n_k}{n_1} = \exp\left(-\frac{\Delta G_k}{RT}\right) \tag{11-15}$$

式中，n_k/n 表示半径大于和等于尺寸为 r_k 粒子的分数。由此式可见，ΔG_k 越小，具有临界半径 r_k 的粒子数越多。

11.3 液-固相变过程动力学

11.3.1 晶核形成过程动力学

晶核形成过程是析晶的第一步，它分为均匀成核和非均匀成核两类。所谓均匀成核是指晶核从均匀的单相熔体中产生的概率处处相同。非均匀成核是指借助于表面、界面、微粒裂纹、器壁以及各种催化位置等而形成晶核的过程。

（1）均匀成核

当母相中产生临界核胚以后，从母相中必须有原子或分子一个个逐步加到核胚上，使其生长成稳定的晶核。因此成核速率除了取决于单位体积母相中核胚的数目以外，还取决于母相中原子或分子加到核胚上的速率，可以表示为：

$$I_v = v n_i \cdot n_k \tag{11-16}$$

式中，I_v 为成核速率，指单位时间、单位体积中所生成的晶核数目，其单位通常是晶核个数（s·cm³）；v 为单个原子或分子同临界晶核碰撞的频率；n_i 为临界晶核周界上的原子或分子数。

碰撞频率表示为：

$$v = v_0 \exp\left(-\frac{\Delta G_m}{RT}\right) \tag{11-17}$$

式中，v_0 为原子或分子的跃迁频率；ΔG_m 为原子或分子跃迁新旧界面的迁移活化能。因此成核速率可以写成：

$$
\begin{aligned}
I_v &= v_0 n_i n \exp\left(-\frac{\Delta G_k}{RT}\right) \exp\left(-\frac{\Delta G_m}{RT}\right) \\
&= B \exp\left(-\frac{\Delta G_k}{RT}\right) \exp\left(-\frac{\Delta G_m}{RT}\right) \\
&= P \cdot D
\end{aligned} \tag{11-18}
$$

式中，P 为受核化位垒影响的成核率因子；D 为受原子扩散影响的成核率因子；B 为常数。

式（11-l8）表示成核速率随温度变化的关系。

当温度降低，过冷度增大，由于 $\Delta G_k \propto \dfrac{1}{\Delta T^2}$〔将式（11-4）代入式（11-12）可得〕，因而成核位垒下降，成核速率增大，直至达到最大值。

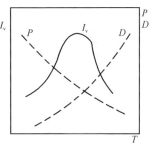

若温度继续下降，液相黏度增加，原子或分子扩散速率下降，ΔG_m 增大，使 D 因子剧烈下降，致使 I_v 降低，成核率 I_v 与温度的关系应是曲线 P 和 D 的综合结果，如图 11-8 中 I_v 曲线所示。在温度低时，D 项因子抑制了 I_v 的增长，温度高时，P 项因子抑制了 I_v 的增长，只有在合适的过冷度下，P 与 D 因子的综合结果使 I_v 有最大值。

图 11-8　成核速度与温度关系图

图中：$P = B \exp\left(-\dfrac{\Delta G_K}{RT}\right)$

$D = \exp\left(-\dfrac{\Delta G_M}{RT}\right)$

（2）非均匀成核

熔体过冷或液体过饱和后不能立即成核的主要障碍是晶核要形成液-固相界面需要能量。如果晶核依附于已有的界面上（如容器壁、杂质粒子、结构缺陷、气泡等）形成，则高能量的晶核与液体的界面被低能量的晶核与成核基体之间的界面所取代。成核基体的存在可降低成核位垒，使非均匀成核能在较小的过冷度下进行。

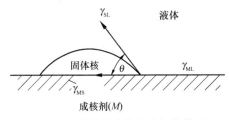

图 11-9　非均匀成核的球帽状模型

非均匀成核的临界位垒 ΔG_k^* 在很大程度上取决于接触角 θ 的大小。当新相的晶核与平面成核基体接触时，形成接触角 θ，如图 11-9 所示。晶核形成一个具有临界大小的球冠粒子，这时成核位垒为：

$$\Delta G_k^* = \Delta G_k \cdot f(\theta) \tag{11-19}$$

式中，ΔG_k^* 为非均匀成核时自由焓变化（临界成核位垒）；ΔG_k 为均匀成核时自由焓变化；$f(\theta)$ 可由图 11-9 球冠模型的简单几何关系求得。

$$f(\theta) = \frac{(2+\cos\theta)(1-\cos\theta)^2}{4} \tag{11-20}$$

由式（11-19）可见，在成核基体上形成晶核时，成核位垒应随着接触角 θ 的减小而下降。若 $\theta = 180°$，则 $\Delta G_k^* = \Delta G_k$；若 $\theta = 0°$，则 $\Delta G_k^* = 0$。由于 $f(\theta) \leqslant 1$，所以非均匀成核比均匀成核的位垒低，析晶过程容易进行，而润湿的非均匀成核又比不润湿的位垒更低，更易形成晶核。因此在实际生产中，为了在制品中获得晶体，往往选定某种成核基体加入到熔体中去。例如，在铸石生产中，一般用铬铁砂作为成核基体。在陶瓷结晶釉中，常加入硅酸锌和氧化锌作为核化剂。

非均匀晶核形成速率为：

$$I_S = B_S \exp\left(-\frac{\Delta G_k^* + \Delta G_m}{RT}\right) \tag{11-21}$$

式中，ΔG_k^* 为非均匀成核位垒；B_S 为常数。I_S 与均匀成核速率 I_v 公式极为相似，只是以 ΔG_k^* 代替 ΔG_k，用 B_S 代替 B 而已。

11.3.2 晶体生长过程动力学

在稳定的晶核形成后，母相中的质点按照晶体格子构造不断地堆积到晶核上去，使晶体得以生长。晶体生长速率 u 受温度（过冷度）和浓度（过饱和度）等条件所控制。它可以用物质扩散到晶核表面的速度和物质由液态转变为晶体结构的速度来确定：

$$u = Bv\left[1 - \exp\left(-\frac{\Delta H \Delta T}{RT T_0}\right)\right] \tag{11-22}$$

当过程离开平衡态很小时，即 $T \rightarrow T_0$，$\Delta G \ll RT$，则式（11-22）可写成：

$$u \approx Bv\left(\frac{\Delta H \Delta T}{RT T_0}\right) \approx Bv \frac{\Delta H}{RT_0^2}\Delta T \tag{11-23}$$

这就是说，此时晶体生长速率与过冷度 ΔT 成线性关系。

当过程离平衡很远，即 $T \ll T_0$ 时，则 $\Delta G \gg RT$，式（11-22）可以写为 $u \approx Bv(1-0) \approx Bv$。亦即此时晶体生长速率达到了极限值，约在 10^{-5} cm/s 的范围内。

乌尔曼曾对 GeO_2 晶体研究时，做出生长速率与过冷度关系图，如图 11-10 所示，在熔点时生长速率为零。开始时它随着过冷度增加而增加，并成直线关系增至最大值后，由于进一步过冷，黏度增加使相界面迁移的频率因子 v 下降，故导致生长速率下降。$u \sim \Delta T$ 曲线所以出现峰值是由于在高温阶段主要由液相变成晶相的速率控制，增大过冷度，对该过程有利，故生长速率增加；在低温阶段，过程主要由相界面扩散所控制，低温对扩散不利，故生长速率减慢，这与晶核形成速率与过冷度的关系相似，只是其最大值较晶核形成速率的最大值对应的过冷度更小而已。

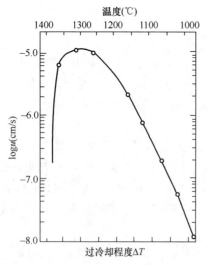

图 11-10　GeO_2 生长速率与过冷度关系

11.3.3 总的结晶速率

结晶过程包括成核和晶体生长两个过程，若考虑总的相变速度，则必须将这两个过程结合起来。总的结晶速度常用结晶过程中已经结晶出晶体体积占原来液体体积的分数和结晶时间（t）的关系来表示。

$$\frac{V_\beta}{V} = \frac{4}{3}\pi I_v u^3 \int_0^t t^3 \mathrm{d}t = \frac{1}{3}\pi I_v u^3 t^4 \tag{11-24}$$

式（11-24）是析晶相变初期的近似速度方程，随着相变过程的进行，I_v 与 u 并非都与时间无关，而且 V_β 也不等于 V，所以该方程会产生偏差。

阿弗拉米（M. Avrami）1939 年对相变动力学方程做了适当的校正，导出公式：

$$\frac{V_\beta}{V} = 1 - \exp\left[-\frac{1}{3}\pi u^3 I_v t^4\right] \tag{11-25}$$

在相变初期，转化率较小时，式（11-25）可写成

$$\frac{V_\beta}{V} \approx \frac{1}{3}\pi u^3 I_v t^4$$

可见在这种特殊条件下式（11-25）可还原为式（11-24）。

克拉斯汀（I. W. Christion）在 1965 年对相变动力学方程做了进一步修正，考虑到时间 t 对新相核的形成速率 I_v 及新相的生长速度 u 的影响，导出如下公式：

$$\frac{V_\beta}{V} = 1 - \exp(-Kt^n) \tag{11-26}$$

式中，$\dfrac{V_\beta}{V}$ 为相转变的转变率；n 通常称为阿弗拉米指数；K 是包括新相核形成速率及新相的生长速度的系数。

阿弗拉米方程可用来研究两类相变，其一是属于扩散控制的转变，另一类是蜂窝状转变，其典型代表为多晶转变。转变率 $\dfrac{V_\beta}{V}$ 随时间 t 的典型变化曲线称为转变动力学曲线，如图 11-11 所示。根据阿弗拉米方程计算所做的转变动力学曲线均以 $\dfrac{V_\beta}{V} = 100\%$ 的水平线为渐近线。在转变曲线开始阶段，形成新相核的速率 I_v 的影响较大，新相长大速度 u 的影响稍次，曲线平缓，这阶段主要为进一步相变创造条件，故称为"诱导期"。中间阶段由于大量新相核已存在，故可以在这些大量核上长大，此时 u 较大，而它是以 u^3 形式对 $\dfrac{V_\beta}{V}$

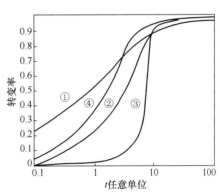

图 11-11 根据阿弗拉米方程计算所作的转变动力学曲线

产生影响，所以转化率迅速增长，曲线变陡，类似加入催化剂使化学反应速度加快那样，故称为"自动催化期"。相变的后期，相变已接近结束，新相大量形成，过饱和度减少，故转化率减慢，曲线趋于平滑并接近于 100% 转化率。

11.3.4 析晶过程

当熔体过冷却到析晶温度时，由于粒子动能的降低，液体中粒子的"近程有序"排列得到了延伸，为进一步形成稳定的晶核准备了条件，这就是"核胚"，也有人称之为"核前群"。温度回升，核胚解体。如果继续冷却，可以形成稳定的晶核，并不断长大形成晶体。因而析晶过程是由晶核形成过程和晶粒长大过程所共同构成的。这两个过程都各自需要有适当的过冷却程度。过冷却程度 ΔT 对晶核形成和长大速率的影响必有一最佳值。一

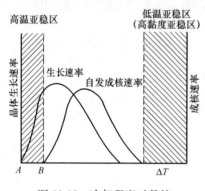

图 11-12　冷却程度对晶核
生长及晶体生长速率的影响

方面当过冷度增大，温度下降，熔体质点动能降低，粒子间吸引力相对增大，因而容易聚结和附在晶核表面上，有利于晶核形成。另一方面，由于过冷度增大，熔体黏度增加，粒子移动能力下降，不易从熔体中扩散到晶核表面，对晶核形成和长大过程都不利，尤其对晶粒长大过程影响更甚。以 ΔT 对成核和生长速率作图，如图 11-12 所示。从图中可以看出：

① 过冷度过大或过小对成核与生长速率均不利，只有在一定过冷度下才能有最大成核和生长速率。图中对应有 I_v 和 u 的两个峰值。从理论上峰值的过冷度可以用 $\partial I_v / \partial T = 0$ 和 $\partial u / \partial T = 0$ 来求得。由于 $I_v = f_1(T)$，$u = f_2(T)$，$f_1(T) \neq f_2(T)$，因此成核速率和生长速率两曲线峰值往往不重叠，而且成核速率曲线的峰值一般位于较低温度处。

② 成核速率与晶体生长速率两曲线的重叠区通常称为"析晶区"。在这一区域内，两个速率都有一个较大的数值，所以最有利于析晶。

③ 图中 T_m（A 点）为熔融温度，两侧阴影区是亚稳区。高温亚稳区表示理论上应该析出晶体，而实际上却不能析晶的区域。B 点对应的温度为初始析晶温度。在 T_m 温度（相当于图中 A 点），$\Delta T \to 0$ 而 $r_k \to \infty$，此时无晶核产生。此时如有外加成核剂，晶体仍能在成核剂上成长，因此晶体生长速率在高温亚稳区内不为零，其曲线起始于 A 点。图中右侧为低温亚稳区，在此区域内，由于速率太低，黏度过大，以致质点难以移动而无法成核与生长。在此区域内不能析晶而只能形成过冷液体——玻璃体。

④ 成核速率与晶体生长速率两曲线峰值的大小、它们的相对位置（即曲线重叠面积的大小）、亚稳区的宽狭等都是由系统本身性质所决定的，而它们又直接影响析晶过程及制品的性质。如果成核与生长曲线重叠面积大，析晶区宽则可以用控制过冷度大小来获得数量和尺寸不等的晶体。若 ΔT 大，控制在成核率较大处析晶，则往往容易获得晶粒多而尺寸小的细晶，如搪瓷中 TiO_2 析晶；若 ΔT 小，控制在生长速率较大处析晶，则容易获得晶粒少而尺寸大的粗晶，如陶瓷结晶釉中的大晶花。如果成核与生长两曲线完全分开而不重叠，则无析晶区，该熔体易形成玻璃而不易析晶；若要使其在一定过冷度下析晶，一般采用移动成核曲线的位置，使它向生长曲线靠拢。可以用加入适当的核化剂，使成核位垒降低，用非均匀成核代替均匀成核，使两曲线重叠而容易析晶。

熔体形成玻璃正是由于过冷熔体中晶核形成最大速率所对应的温度低于晶体生长最大

速率所对应的温度所致。当熔体冷却到生长速率最大处，成核率很小，当温度降到最大成核速率时，生长速率又很小，因此，两曲线重叠区越小，越易形成玻璃；反之，重叠区越大，则容易析晶而难以玻璃化。由此可见，要使自发析晶能力大的熔体形成玻璃，只有采取增加冷却速度以迅速越过析晶区的方法，使熔体来不及析晶而玻璃化。

11.3.5 影响析晶能力的因素

（1）熔体组成

根据相平衡观点，熔体系统中组成越简单，则当熔体冷却到液相线温度时，化合物各组成部分相互碰撞排列成一定晶格的概率越大，这种熔体也越容易析晶。同理，相应于相图中一定化合物组成的玻璃也较易析晶。当熔体组成位于相图中的相界线上，特别是在低共熔点上时，由于系统要同时析出两种以上的晶体，在初期形成晶核结构时相互产生干扰，从而降低玻璃的析晶能力。因此从降低熔制温度和防止析晶的角度出发，玻璃的组分应考虑多组分并且其组成应尽量选择在相界线或共熔点附近。

（2）熔体的结构

从熔体结构分析，还应考虑熔体中不同质点间的排列状态及其相互作用的化学键强度和性质。干福熹认为熔体的析晶能力主要取决于两方面因素：

① 熔体结构网络的断裂程度。网络断裂越多，熔体越易析晶。在碱金属氧化物含量相同时，阳离子对熔体结构网络的断裂作用大小取决于其离子半径。例如一价离子中随半径增大而析晶本领增加，即 $Na^+ < K^+ < Cs^+$。而在熔体结构网络破坏比较严重时，加入中间体氧化物可使断裂的硅氧四面体重新相连接，从而熔体析晶能力下降。例如含钡硼酸盐玻璃 $60B_2O_3 \cdot 10R_mO_n \cdot 20BaO$ 中添加网络外氧化物如 K_2O、CaO、SrO 等促使熔体析晶能力增加，而添加中间体氧化物如 Al_2O_3、BeO 等则使析晶能力减弱。

② 熔体中所含网络变性体及中间体氧化物的作用。电场强度较大的网络变性体离子由于对硅氧四面体的配位要求，使近程有序范围增加，容易产生局部积聚现象，因此含有电场强度较大的 $(Z/r^2 > 1.5)$ 网络变性离子（如 Li^+、Mg^{2+}、La^{3+}、Zr^{4+} 等）的熔体皆易析晶。当阳离子的电场强度相同时，加入易极化的阳离子（Pd^{2+} 及 Bi^{3+} 等）使熔体析晶能力降低。添加中间体氧化物如 Al_2O_3、Ge_2O_3 等时，由于四面体 $[AlO_4]^{5-}$、$[GaO_4]^{4-}$ 等带有负电，吸引了部分网络变性离子使积聚程度下降，因而熔体析晶能力也减弱。

以上两种因素应全面考虑。当熔体中碱金属氧化物含量高时，前一因素对析晶起主要作用；当碱金属氧化物含量不多时，则后一因素影响较大。

（3）界面情况

虽然晶态比玻璃态更稳定，具有更低的自由焓，但由过冷熔体变为晶态的相变过程却不会自发进行。如要使这过程得以进行，必须消耗一定的能量以克服由亚稳的玻璃态转变为稳定的晶态所须越过的势垒。从这个观点看，各相的分界面对析晶最有利，存在相分界面是熔体析晶的必要条件。

（4）外加剂

微量外加剂或杂质会促进晶体的生长，因为外加剂在晶体表面上引起的不规则性犹如晶核的作用。熔体中杂质还会增加界面处的流动度，使晶格更快地定向。

11.4 液-液相变

11.4.1 液相的不混溶现象（玻璃的分相）

一个均匀的玻璃相在一定的温度和组成范围内有可能分成两个互不溶解或部分溶解的玻璃相（或液相）并相互共存，这种现象称为玻璃的分相（或称液相不混溶现象）。分相现象首先在硼硅酸盐玻璃中发现，用 75％SiO_2、20％B_2O_3 和 5％Na_2O 熔融并形成玻璃，再在 $500\sim600℃$ 范围内进行热处理，结果使玻璃分成两个截然不同的相：一相几乎是纯 SiO_2 而另一相富含 Na_2O 和 B_2O_3。这种玻璃经酸处理除去 Na_2O 和 B_2O_3 后，可以制得包含 $4\sim15nm$ 微孔的纯 SiO_2 多孔玻璃。分相是玻璃形成过程中的普遍现象，它对玻璃结构和性质有重大影响。

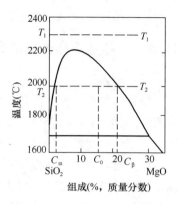

图 11-13　MgO-SiO_2 系统相图中，富 SiO_2 部分的不混合区

在硅酸盐或硼酸盐熔体中，发现在液相线以上或以下有两类液相的不混溶区。

在 MgO-SiO_2 系统中，液相线以上出现的相分离现象如图 11-13 所示。在 T_1 温度时，任何组成都是均匀熔体。在 T_2 温度时，原始组成 C_0 分为两组成 C_α 和 C_β 两个熔融相。

常见的另一类液-液不混溶区是出现在 S 形液相线以下。如 Na_2O、Li_2O、K_2O 和 SiO_2 的二元系统。图 11-14（b）为 Na_2O 和 SiO_2 二元系统液相线以下的分相区。在 T_K 温度以上（图中约 850℃），任何组成都是单一均匀的液相，在 T_K 温度以下该区又分为两部分。

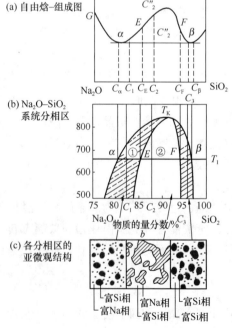

图 11-14　Na_2O-SiO_2 系统的分相区

（1）亚稳定区（成核-生长区）

由图 11-14（b）中有剖面线的区域可以看出，如若系统组成点落在该区域的 C_1 点，在 T_1 温度时不混溶的第二相（富 SiO_2 相）通过成核-生长而从母液（富 Na_2O 相）中析出。颗粒状的富 SiO_2 相在母液中是不连续的。颗粒尺寸在 $3\sim15nm$，其亚微观结构示意如图 11-14（c）所示。如若组成点落在该区的 C_3 点，在温度 T_1 时，同样通过成核-生长从富 SiO_2 的母液中析出富 Na_2O 的第二相。

（2）不稳区（Spinodal 分解）

当组成点落在②区如图 11-14（b）的 C_2 点时，在温度 T_1 时熔体迅速分为两个不混溶的液相。相的分离不是通过成核-生长，而是通过浓度的波形起伏，相界面开始时是弥散的，但逐渐出现明显的界面轮廓。在此时间内相的成分在不断变化，直至达到平衡值为止。析出的第二相（富 Na_2O 相）在母液中互相贯通、连续，并与母液交织而成为两种成分不同的玻璃，其亚微观结构示意如图 11-14（c）所示。

两种不混溶区的浓度剖面示意图如图 11-15 所示。图 11-15（a）表示亚稳区内第二相成核-生长的浓度变化。若分相时母液平均浓度为 C_0，第二相浓度为 C'_a，成核-生长时，由于核的形成，使局部地区由平均浓度 C_0 降至 C_a，同时出现一个浓度为 C'_a 的"核胚"，这是一种由高浓度 C_0 向低浓度 C_a 的正扩散，这种扩散的结果导致核胚粗化直至最后"晶体"长大。这种分相的特点是起始时浓度变化程度大，而涉及的空间范围小，分相自始至终第二相成分不随时间而变化。分相析出的第二相始终有显著的界面，但它是玻璃而不是晶体。

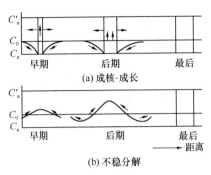

图 11-15　浓度剖面示意图

图 11-15（b）表示不稳分解时第二相浓度变化。相变开始时浓度变化程度很小，但空间范围很大，它是发生在平均浓度 C_0 的母相中瞬间的浓度波形起伏。相变早期类似组成波的生长，出现浓度低处 C_0 向浓度高处 C'_a 的负扩散（爬坡扩散）。第二相浓度随时间而持续变化直至达平衡成分。

从相平衡角度考虑，相图上平衡状态下析出的固态都是晶体，而在不混溶区中析出富 Na_2O 或富 SiO_2 的非晶态固体。严格地说不应该用相图表示，因为析出产物不是处于平衡状态。为了示意液相线以下的不混溶区，一般在相图中用虚线画出分相区。

液相线以下不混溶区的确切位置可以从一系列热力学活度数据根据自由焓-组成的关系式推算出来。图 11-14（a）为 Na_2O-SiO_2 二元系统在温度 T_1 时的自由焓（G）-组成（C）曲线。曲线由两条正曲率曲线和一条负曲率曲线组成。G-C 曲线存在一条公切线 $\alpha\beta$。根据吉布斯（Gibbs）自由焓-组成曲线建立相图的两条基本原理：①在温度、压力和组成不变的条件下，具有最小 Gibbs 自由焓的状态是最稳定的。②当两相平衡时，两相的自由焓-组成曲线上具有公切线，切线上的切点分别表示两平衡相的成分。现对图 11-14（a）中 G-C 曲线各部分具体分析如下：

（1）当组成落在（物质的量分数）75%SiO_2 与 C_a 之间，由于 $(\partial^2 G/\partial C^2)_{T,P} > 0$，存在富 Na_2O 单相均匀熔体，在热力学上有最低的自由焓。同理，当组成在 C_β100%（物质的量分数）的 SiO_2 之间时，富 SiO_2 相均匀熔体单相是稳定的。

（2）当组成在 $C_a \rightarrow C_E$ 之间，虽然 $(\partial^2 G/\partial C^2)_{T,P} > 0$，但由于有 $\alpha\beta$ 公切线存在，这时分成 C_a 和 C_β 两相比均匀单相有更低的自由焓，因此分相比单相更稳定。如组成点在 C_1，则富 SiO_2 相（成分为 C_β）自母液富 Na_2O 相（成分为 C_a）中析出。两相的组成分别在 C_a 和 C_β 上读得，两相的比例由 C_1 在公切线 $\alpha\beta$ 上的位置，根据杠杆规则得到。

（3）当组成在 E 点和 F 点，这是两条正曲率曲线与负曲率曲线相交的点，称为拐点。用数学式表示为 $(\partial^2 G/\partial C^2)_{T,P} = 0$，即组成发生起伏时系统的化学位不发生变化，在此点为亚稳和不稳分相区的转折点。

（4）当组成在 $C_E \rightarrow C_F$ 之间，由于 $(\partial^2 G/\partial C^2)_{T,P} < 0$，因此是热力学不稳定区。当组成点落在 C_2 时，分相动力学障碍小，分相很容易进行。

由以上分析可知，一个均一相对于组成微小起伏的稳定性或亚稳性的必要条件之一是相应的化学位随组分的变化应该是正值，至少为零。$(\partial^2 G / \partial C^2)_{T,P} \geq 0$ 可以作为一种判据来判断由于过冷所形成的液相（熔融体）对分相是亚稳的还是不稳的。当 $(\partial^2 G / \partial C^2)_{T,P} > 0$ 时，系统对微小的组分起伏是亚稳的，分相如同析晶中的成核生长，需要克服一定的成核位垒才能形成稳定的核，而后新相再得到扩大；如果系统不足以提供此位垒，系统不分相而呈亚稳态。当 $(\partial^2 G / \partial C^2)_{T,P} < 0$ 时，系统对微小的组成起伏是不稳定的，组成起伏由小逐渐增大，初期新相界面弥散，因而不需要克服任何位垒，分相是必然发生的。

如果将 T_K 温度以下每个温度的自由焓-组成曲线的各个切点轨迹相连即得出亚稳分相区的范围。若把各个曲线的拐点轨迹相连即得到不稳分相区的范围。

表 11-1 比较了亚稳和不稳分相的特点。

表 11-1 亚稳和不稳分相比较

特点	亚稳	不稳
热力学	$(\partial^2 G / \partial C^2)_{T,P} > 0$	$(\partial^2 G / \partial C^2)_{T,P} < 0$
成分	第二相组成不随时间变化	第二相组成随时间而连续向两个极端组成变化，直至达到平衡组成
形貌	第二相分离成孤立的球形颗粒	第二相分离成高度连续性的非球形颗粒
有序	颗粒尺寸和位置在母液中是无序的	第二相分布在尺寸上和间距上均有规则
界面	在分相开始界面有突变	分相开始界面是弥散的，逐渐明显
能量	分相需要位垒	不存在位垒
扩散	正扩散	负扩散（或逆扩散、爬坡扩散）
时间	分相所需时间长，动力学障碍大	分相所需时间极短，动力学障碍小

大量研究工作表明，许多硅酸盐、硼酸盐、硫系化合物及氟化物等玻璃中都存在分相现象。玻璃分相及其形貌几乎对玻璃的所有性质都会发生或大或小的影响。例如凡是与迁移性能有关的性质，如黏度、电导、化学稳定性等都与玻璃分相及其形貌有很大关系。在 Na_2O-SiO_2 系统玻璃中，当富钠相连续时，其电阻和黏度低，而当富硅相连续时其电阻与黏度均可高几个数量级。经研究发现玻璃态的分相过程总是发生在核化和晶化之前，分相为析晶成核提供了驱动力；分相产生的界面为晶相成核提供了有利的成核位。分相现象对玻璃的影响是：可以利用分相制备多孔高硅氧玻璃，也可以利用微分相所起的异相成核和富集析晶组成的作用，制成微晶玻璃、感光玻璃和光色玻璃等新材料；但分相区通常存在于高硼高硅区，正是处于玻璃形成区，故分相容易引起玻璃失透。

此外，分相对玻璃着色也有重要影响，对于含有过渡金属元素（如 Fe、Co、Ni、Cu）的玻璃，在分相过程中，过渡金属元素几乎都富集在分相产生的球形液滴状微相中，而不是在基体玻璃中。过渡金属元素这种有选择的富集特性，对颜色玻璃、激光玻璃、光敏玻璃、光色玻璃的制备都有重要意义。陶瓷大红花状铁红釉，就是利用铁在玻璃分相过程中有选择的富集形成的。总之，玻璃分相是一个广泛而又十分有意义的研究课题，它对充实玻璃结构理论、改进生产工艺、制造激光、光敏、滤色、微晶玻璃和玻璃层析等方面都具有重要意义。

11.4.2 分相的结晶化学观点

关于结晶化学观点解释分相原因的理论有能量观点、静电键观点、离子势观点等，这方面理论尚在发展中，这里仅做简单介绍。

玻璃熔体中离子间相互作用程度与静电键 E 的大小有关。$E = Z_1 Z_2 e^2 / r_{1,2}$，其中 Z_1、Z_2 是离子 1 和 2 的电价，e 是电荷，$r_{1,2}$ 是两个离子的间距。例如玻璃熔体中 Si—O 间键能较强，而 Na—O 间键能较弱；如果除 Si—O 键外还有另一个阳离子与氧的键能也相当高时，就容易导致不混溶。这表明分相结构取决于这两者间键力的竞争。具体说，如果外加阳离子在熔体中与氧形成强键，以致氧很难被硅夺去，在熔体中表现为独立的离子聚集体。这样就出现了两个液相共存，一种是含少量 Si 的富 R—O 相，另一种是含少量 R 的富 Si—O 相，造成熔体的不混溶。若对于氧化物系统，键能公式可以简化为离子电势 Z/r，其中 r 是阳离子半径。

表 11-2 列出不同阳离子的 Z/r 值以及它们和 SiO_2 一起熔融时的液相曲线类型。S 形液相线表示有亚稳不混溶。从表中还可以看出，随 Z/r 的增加不混溶趋势也加大，如 Sr^{2+}、Ca^{2+}、Mg^{2+} 的 Z/r 较大，故可导致熔体分相；而 K^+、Cs^+、Rb^+ 的 Z/r 小，故不易引起熔体分相。其中，Li^+ 因半径小使 Z/r 值较大，因而使含锂的硅酸盐熔体产生分相而呈乳光现象。从热力学相平衡角度分析所得到的一些规律可以用离子势观点来解释，也就是说离子势差别（场强差）越小，越趋于分相。沃伦和匹卡斯（Princas）曾指出，当离子的离子势 $Z/r > 1.40$ 时（如 Mg、Ca、Sr），系统的液相区中会出现一个圆顶形的不混溶区域；而若 Z/r 在 $1.40 \sim 1.0$ 之间（如 Ba、Li、Na），液相便呈倒 S 形，这是系统中发生亚稳分相的特征；$Z/r < 1.00$（例如 K、Rb、Cs），系统不会发生分相。

表 11-2　离子电势和液相曲线的类型

阳离子	Z	Z/r	曲线类型
Cs^+	1	0.61	近直线
Rb^+	1	0.67	
K^+	1	0.75	
Na^+	1	1.02	S 形线
Li^+	1	1.28	
Ba^{2+}	2	1.40	
Sr^{2+}	2	1.57	不混溶
Ca^{2+}	2	1.89	
Mg^{2+}	2	2.56	

11.5　固-固相变

在传统硅酸盐材料和其他无机功能材料中经常见到晶体由一种结构向另一种结构的转变。晶体在一定温度范围内如有一种结构的自由焓最低，则这种结构的晶体就是该温度范围内最稳定的晶相；而在另一温度范围内常是另一种结构晶相的自由焓最低、结构最稳定。因此，随着温度的变化，晶体就从一种晶型转变为另一种晶型。晶型转变对材料的性能具有重要影响，例如，大家熟知的 α-方石英⇔β-方石英，单斜 ZrO_2⇔四方 ZrO_2 等相变引起的体积变化对耐火材料、发热元件性能的影响。此外，$BaTiO_3$ 等各种铁氧体、铁电体的相变对材料微观结构和性质的影响理论也是近些年硅酸盐领域的重要研究课题。下面以 Al_2O_3、SiO_2、TiO_2 等相变为例简要介绍固相→固相的相变过程。

11.5.1 Al_2O_3 的相变动力学过程

Al_2O_3 的相变过程为：熔体→γ-Al_2O_3→δ-Al_2O_3→θ-Al_2O_3→α-Al_2O_3。Al_2O_3 的相变过程和一般相变一样，分为晶核生成和晶体长大两个步骤。在 Al_2O_3 相变初期可能取决于成核速率，特别是当颗粒内出现很少晶核时，一旦形成晶核，相转变就以这晶核为中心，围绕着它生长，并迅速扩散到颗粒整体，使全体转变为另一晶相。但要使相变继续进行下去，必须在别的颗粒内再次出现新晶核。由于成核速率小于晶体长大速率，故相变速率取决于前者，而服从于一级反应的速度规律。当 Al_2O_3 相变进行一段时间以后，新相体积已发育到相当程度，新相的表面积也相对变大，这时成核所提供的相变量较小，相变速率就取决于晶体长大速率了。

以 δ-Al_2O_3→α-Al_2O_3 为例，δ-Al_2O_3 与 α-Al_2O_3 的密度相差较大（分别为 3.60 和 3.94），故可利用密度的测定来定量确定 δ-Al_2O_3 向 α-Al_2O_3 的转变程度。少量 TiO_2 添加物能提高 Al_2O_3 相变速率。根据相变前后折射率的测定，在氧化气氛下，TiO_2 并不进入 Al_2O_3 晶格形成固溶体，而是通过晶界作用来加快晶粒长大的可能性较大。

11.5.2 石英的相变动力学过程

石英的转变（$SiO_{2[石英]}$⇔β 鳞石英，α 石英⇔β 石英，α-鳞石英⇔β-鳞石英，α-方石英⇔β-方石英）均属于一级相变。

纯石英的相变速率一般由晶核形成和晶体长大两个过程同时控制。晶核往往在石英颗粒的表面缺陷处形成，其形成速率按玻尔兹曼分布定律计算，即服从一级反应动力学方程。晶核形成后向周围延伸，形成一片连续的新相层，继而向颗粒内部扩散，新的晶相不断长大。在晶体长大过程中，相变速率是一常数，也服从一级反应动力学方程式。

石英的相变速率除和温度直接有关外，也和石英颗粒大小、杂质等有关。颗粒越小，比表面积越大，表面缺陷也越多，成核速率就越快。Fe、Mn、Ca、Ti 等氧化物除了能和 SiO_2 生成液相，利用各晶型在液相中的不同溶解度促使方石英溶解，鳞石英析出，起液相催化作用外，还可起固相催化作用，即促使与之邻接的 SiO_2 局部表面强烈活化。而电荷高、体积小的离子（例如 Al^{3+}）则能屏蔽易极化的氧离子，起阻碍相变的作用。

11.5.3 TiO_2 相变动力学过程

从热力学观点 TiO_2 的转变是不可逆（单向）的转变；按结晶学观点则符合下式：锐钛矿型（完全结晶）→锐钛矿型（不完全结晶）→金红石型（不完全结晶）→金红石型（完全结晶）。

用 X 射线衍射法可以测得锐钛矿型 TiO_2 向金红石型 TiO_2 的转化率，用锐钛矿型的浓度对数 $\ln c$ 与转化时间 t 作图，可得锐钛矿向金红石型的转化率曲线，转化符合一级反应方程式：

$$c = c_0 \exp(-kt) \tag{11-27}$$

即

$$\ln c = \ln c_0 - kt \tag{11-28}$$

式中，c、c_0 分别为在 t 时间和 0 时间内锐钛矿型含量（质量分数,%），而反应速率常数为：

$$k = \beta_v \exp\left(-\frac{\Delta E}{RT}\right) \tag{11-29}$$

式中，ΔE 为活化能；β_v 为频率因素。影响金红石型转化的动力学参数包括诱导时间、频率因素和活化能。

影响 TiO_2 转变速率的因素有：①外加剂，如氧化铜、氧化钴、氧化铬能促进转变。氧化钨和氧化钠则使转变减慢，一般情况下，凡使 TiO_2 晶格缺陷增大的外加剂能促进扩散和相变；②气氛，TiO_2 为 n 型半导体，氧气分压越小，生成晶格缺陷越多，越能促进金红石的转化。

11.5.4　铁电相变

铁电相变是一种结构相变，很多铁电现象都能从铁电相变理论中得到解释，其中最重要的是自发极化的产生及其变化。在相变过程中某些力学、电学、热学参数发生突变。目前铁电体已成为能把机、电、光、热性质都联系起来的重要材料。通过相变产生的自发极化随着各种外界因素又产生了各种新效应，例如随压力变化导致压电效应，随温度变化导致热释电效应，随电场变化导致电光效应等。所以自发极化又是铁电材料相变的研究中心。

钙钛矿型的 $BaTiO_3$，在结构上的特点是氧八面体中心为一个尺寸较小的钛离子占据。钛氧离子间的中心距离 0.205nm，大于它们的半径之和 0.195nm。因此，钛离子的位移在小于等于 0.005nm 时所受到的阻力很小。故可近似地把钛离子的这种移动看作在非简谐振动中。铁电体的相变就是运用了晶格振动的基本概念——晶格振动是无数个离子或原子在晶格上做简谐振动。从晶体的对称性、离子或原子排列的周期性以及近程、远程相互作用力的相对平衡来看，相变是由于晶格振动的不稳定性引起的。一旦在我们所讨论的简正坐标系统中，某种离子沿某一坐标轴做简谐振动的恢复力变小，晶格振动变得不稳定起来，这种离子就有可能位移到新的平衡位置，晶体出现相变。这是近年发展起来的相变理论——软模理论的最基本概念。

11.6　气-固相变

无机非金属材料除了用烧结（如制备陶瓷）、熔融（如制备玻璃）等典型方法来制备外，也可通过气相凝聚来制备，例如从气相沉积制得结构完整的单晶、晶须和薄膜等。通过气相沉积方法制备的无机非金属材料具有独特的电学、力学和光学性能，对半导体材料和新工艺的发展具有重要贡献。此外，固→气的蒸发损失（例如玻璃和耐火材料在还原气氛中的 SiO_2 蒸发）也有重要的研究价值。

11.6.1 蒸发

固体或液体材料中蒸发主要用来获得原子或分子颗粒流，使其沉积在一些固体上。所有金属几乎都能做此处理，但硅的蒸发在半导体工艺中有特殊应用。在半导体工艺中，使硅在真空中达到一定的蒸发速率，蒸气压必须达到 10^{-5} atm（1atm＝100kPa）左右。因此把硅加热到熔点（1410℃）以上，通常是1558℃，达到有效蒸发，蒸发速率是 7×10^{-5} g/（cm² · s）。用化学蒸发也可达到物理蒸发的同样效果，在化学蒸发中借化学反应，化学蒸气将原子从材料表面逸出，例如钼和硅的蒸发。

$$Mo(固) + 3/2O_2(气) \longrightarrow MoO_3(气)$$
$$SiCl_4(气) + Si(固) \longrightarrow 2SiCl_2(气)$$

蒸发速率可用不同方法控制。采用高温和保持蒸发系数 $\alpha_v = 1$ 能提高蒸发速率。通常比较困难的倒是要在高温操作时减小蒸发，引入杂质可以降低 α_v，有时可以降低几个数量级。例如灯泡中以 N_2 代替真空可以阻止钨丝蒸发，α_v 从1减到 1×10^{-3}。少数材料自身能抑制蒸发，例如磷，其蒸气中含有多聚物 P_4，α_v 低到 1×10^{-4}。

11.6.2 凝聚

当蒸气温度低于物质熔点，且系统压力中固相的饱和蒸气压大时，可从蒸气相直接析出固相。在许多情况下，晶体从气相生长时会出现液相的过渡薄层，这对晶须生长很重要。

许多高温陶瓷和电子薄膜材料是由化学蒸气沉积而制得的。物理沉积和化学沉积硅的主要差别是：硅的物理蒸发要求供应蒸发热，温度高时，硅蒸气较活泼，常在室温的基体上直接沉积而成；而硅的化学蒸发是 $SiCl_4$ 的稳定化合物在较低温度就能自发反应而形成硅蒸气，其蒸发的产物能储藏，而且控制气相很方便。化学反应的速度不仅由温度决定，也由蒸气的组成决定。增加气相中 $SiCl_4$ 浓度将增大沉积初始速率，但浓度大时会发生下面过程：

$$SiCl_4(气) + Si(固) \longrightarrow 2SiCl_2(气)$$

因此沉积膜的生长速率随 $SiCl_4$ 浓度而变化，有一个生长速率最大值。蒸气沉积材料的晶体结构和形态变化范围很大，低温沉积的可能是无定形或小的不完整颗粒；高温沉积的可能是定向或柱状晶体。

11.7 案例解析

以二硅酸锂为例介绍影响析晶能力的因素

二硅酸锂（$Li_2Si_2O_5$）微晶玻璃因其优良的机械性能、良好半透性和优异的生物相容性，近年来得到了牙医和患者的高度青睐，成为齿科领域最具前景的修复材料。但是，相比于氧化锆陶瓷，二硅酸锂微晶玻璃的力学性能需要进一步提高，因此近年来研究开发强度较高的二硅酸锂微晶玻璃受到了人们的极大关注。

提高微晶玻璃挠曲强度的有效方法主要有调整制备工艺和玻璃配方两种。本案例采用二段热处理析晶温度制度，通过调整 MgO 含量对二硅酸锂微晶玻璃的微观结构与性能进行调控，获得了兼具高透和高强度的二硅酸锂微晶玻璃。选用 SiO_2-Li_2O-MgO-P_2O_5-Al_2O_3-Rb_2O-TiO_2-ZrO_2-La_2O_3-Tb_4O_7-CeO_2 玻璃体系，控制 SiO_2/Li_2O 物质的量分数比值为 2.45，MgO 含量为物质的量分数 $0\sim3.37\%$。研究表明，MgO 对二硅酸锂微晶玻璃的析晶温度具有重要的影响，当 MgO 含量为物质的量分数 2.74% 时出现极值，偏硅酸锂的析晶温度最高（688.8℃），二硅酸锂的析晶温度最低（794.8℃），玻璃熔点最低（954.9℃）；当 MgO 含量为物质的量分数 3.37% 时，修饰体 MgO 过量，大部分 MgO 又作为网络形成体，因而导致二硅酸锂析晶温度和玻璃熔点又呈现出升高趋势。微晶玻璃中形成偏硅酸锂、二硅酸锂和磷酸锂晶相反应方程式如式（11-30）～（11-33）所示。

$$Li_2O（玻璃）+SiO_2（玻璃）\longrightarrow Li_2SiO_3（晶体） \tag{11-30}$$

$$Li_2SiO_3（晶体）+SiO_2（玻璃）\longrightarrow Li_2Si_2O_5（晶体） \tag{11-31}$$

$$P_2O_5（玻璃）+3Li_2O（玻璃）\longrightarrow 2Li_3PO_4（晶体） \tag{11-32}$$

$$Li_2O（玻璃）+2SiO_2（玻璃）\longrightarrow Li_2Si_2O_5（晶体） \tag{11-33}$$

图 11-16 为不同 MgO 含量玻璃经不同温度热处理后的实物照片以及扫描电镜（SEM）图像和元素分布图。随着 MgO 含量的增加，二硅酸锂微晶玻璃呈现出从均匀高透到不均匀的条纹状再到不透的现象。在 MgO 含量为物质的量分数 2.0% 的微晶玻璃中，发生了玻璃分相现象，分别形成了一个"富 Mg"相和一个"贫 Mg"相，而且，半透性较差的"富 Mg"相中 O 和 Tb 元素的含量明显高于半透性良好的"贫 Mg"相，导致颜色较深且发黄。在半透性良好的"贫 Mg"相中，Mg 元素含量较低，Mg 可能以四配位的镁氧四面体 $[MgO_4]$ 形式存在于玻璃网络中，$[MgO_4]$ 起到重

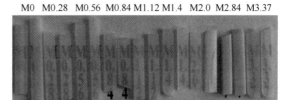

(a) 不同MgO含量制备的微晶玻璃的实物照片

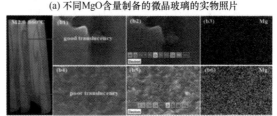

(b) M2.0 (MgO含量为物质的量分数2.0%时) 经860℃热处理后半透性不同区域的EDS元素分布图

图 11-16 实物照片和元素分布图

新连接断裂网络的作用，因而抑制了析晶；而在半透性较差的"富 Mg"相中，Mg 元素含量较高，大部分 MgO 以六配位的镁氧八面体 $[MgO_6]$ 存在，MgO 作为网络外体，起到网络修饰体作用，有助于产生更多的非桥氧和促进二硅酸锂析出，因而析晶程度大，半透性较差，并且颜色较深且发黄。因此，可以断定，当 MgO 含量增加到一定程度时，会引起玻璃严重分相，从而导致微晶玻璃出现析晶条纹现象。

11.8 思政拓展

居里温度与伟大科学家居里夫妇

19 世纪末，著名物理学家皮埃尔·居里（居里夫人的丈夫）在自己的实验室里发现磁石的一个物理特性，就是当磁石加热到一定温度时，原来的磁性就会消失。后来，人们把这个温度叫居里温度（Curie temperature，T_c），又称为"居里点（Curie point）"或磁

性转变点，它是指磁性材料中自发磁化强度降到零时的温度，是铁磁性或亚铁磁性物质转变成顺磁性物质的临界点。低于居里点温度时该物质成为铁磁体，温度高于居里点时，该物质成为顺磁体。居里点由物质的化学成分和晶体结构决定。

皮埃尔·居里，1859 年 5 月 15 日出生于法国巴黎，他是医生尤金·居里博士之子。他从小聪明伶俐，喜欢独立思考，又富有想象力，天资出众，爱好自然，酷爱科学。皮埃尔·居里将科学当作自己生命中最宝贵的事，视作比生命更重要的事业，他不追求名利，以超人的专注投身科学事业，让人敬佩。玛丽·居里，世称"居里夫人"，是波兰裔法国籍女物理学家、放射性化学家。1867 年 11 月 7 日生于波兰王国华沙市一个中学教师的家庭。居里夫人在巴黎大学求学期间，结识了皮埃尔·居里，两人结为夫妇。为了研究物质的放射性，居里夫妇在学校里借到一间又潮又黑的地下室当作实验室。每天他们在这里一锅一锅的煮沥青铀矿，用一根沉重的铁棒不停的搅拌像岩浆一样又稠又黏的东西，经过三年多的艰辛努力，他们从 8t 矿渣中提炼出 0.1g 氯化镭。当夫妇俩看见提炼的微量物质在黑夜里闪着微蓝色的微光时，万千的辛苦化作了滴滴喜悦的泪水。居里夫妇发现"镭"和"钋"两种新元素后，震惊了世界科学界。1903 年，居里夫人获得了博士学位，同年，居里夫妇获得了诺贝尔物理学奖。

1906 年 4 月的一个下午，皮埃尔·居里穿过马路时，被一辆狂奔的马车撞到，车轮从他的头上碾了过去，当场殒命。居里夫人悲痛欲绝，她失去的不但是十余年来相濡以沫的丈夫，两个孩子的父亲，还是她事业上最重要的伙伴，她几乎失去了一切，但是她没有倒下。她还要将他们的孩子养大，还要完成丈夫未完成的事业。于是她擦干泪水，重新投入了战斗。居里夫人的日程表上只有工作，工作，工作，几乎没有休息的时间。居里夫人在各方面都非常成功，她建立了当时全世界最好的科学实验室。她的女儿伊雷娜在父亲死时只有九岁，在母亲的教育下健康成长，后来成为杰出的科学家，并于 1935 年获得诺贝尔化学奖。

居里夫人是历史上第一个获得两项诺贝尔奖的人，而且是在两个不同的领域获得诺贝尔奖。在第一次世界大战时期，居里夫人倡导用放射学救护伤员，推动了放射学在医学领域里的运用。她坚毅刻苦、锲而不舍的顽强精神以及为科学事业献身的崇高精神令人敬佩。

居里夫妇有着伟大无私、谦虚质朴的高尚品格，他们把追求科学视作比生命更重要的事业，他们献身科学、不求名利的伟大品质和精神值得我们学习。

本章总结

相变可以按照不同的方法进行分类，从热力学上可将相变分为一级相变和二级相变；按相变方式划分，可以将相变分为成核-长大型相变和连续型相变（不稳相变，Spinoda 分解）。重点介绍了液-固相变热力学，包括亚稳区概念和特征，相变的推动力，晶核形成条件及影响因素。分析了液-固相变过程动力学，介绍了均匀成核和非均匀成核，晶核形成和晶体生长过程动力学，分析了总的结晶速率和析晶过程以及影响析晶能力的因素。介绍了液-液相变，分析了玻璃分相的本质及其对玻璃结构和性能的影响。介绍了固-固相变和气-固相变，举例分析了典型的固-固相变如 TiO_2 晶型转变、Al_2O_3 晶型转变和铁电相变等。

课后习题

11-1 名词解释

① 一级相变与二级相变；② 玻璃析晶与玻璃分相；③ 均匀成核与非均匀成核；④ 马氏体相变；⑤ 有序-无序转变。

11-2 当一个球形晶核在液态中形成时，其自由焓的变化 $\Delta G = 4\pi r^2 \gamma + \frac{4}{3}\pi r^3 \cdot \Delta G_V$。式中 r 为球形晶核的半径；γ 为液态中晶核的表面能；ΔG_V 为单位体积晶核形成时释放的体积自由焓，求临界半径 r_k 和临界核化自由焓 ΔG_k。

11-3 如果液态中形成一个边长为 a 的立方体晶核时，其自由焓 ΔG 将写成什么形式？求出此时晶核的临界立方体边长 a_k 和临界核化自由焓 ΔG_k，并与 11-2 题比较，哪一种形状的 ΔG 大，为什么？

11-4 在析晶相变时，若固相分子体积为 v，试求在临界球形粒子中新相分子数 i 应为多少？

11-5 如图所示为晶核的半径 r 与 ΔG 间的关系，现有不同温度的三条曲线，请指出哪条温度最高？哪条温度最低？你的根据是什么？

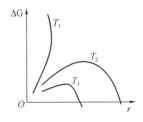

11-6 非均匀成核能在较小的过冷度下进行，试分析非均匀成核的活化能 ΔG_K^* 与接触角 θ 的关系，说明当 $\theta = 90°$ 时，ΔG_K^* 与均匀成核活化能 ΔG_K 的关系。

11-7 由 A 向 B 转变的相变中，单位体积自由焓变化 ΔG_V 在 1000℃时为 -419J/cm^3；在 900℃时为 -2093J/cm^3，设 A-B 间界面能为 0.5N/m，求：

（1）在 900℃和 1000℃时的临界半径；

（2）在 1000℃进行相变时所需的能量。

11-8 什么是亚稳分解和旋节分解（不稳分解）？并从热力学、动力学、形貌等比较这两种分相过程。简述如何用试验方法区分这两种过程。

11-9 试用图例说明过冷度对核化、晶化速率、析晶范围、析晶数量和晶粒尺寸等的影响。

11-10 如果直径为 $20\mu\text{m}$ 的液滴，测得成核速率 $I_v = 10^{-1}$ 个/s·cm³，如果锗能够过冷 227℃，试计算锗的晶-液表面能。（$T_M = 1231℃$，$\Delta H = 34.8\text{kJ/mol}$，$\rho = 5.35\text{g/cm}^3$）

11-11 下列多晶转变中，哪一个转变需要的激活能最少？哪一个最多？为什么？

（1）体心立方 Fe→面心立方 Fe；石墨→金刚石；立方 $BaTiO_3$→四方 $BaTiO_3$；

（2）α-石英→α-鳞石英；α-石英→β 石英。

12　固相反应

本章导读

固相反应在无机非金属固体材料的高温过程中是一个普遍的物理化学现象，它是一系列金属合金材料、传统硅酸盐材料以及各种新型无机材料制备所涉及的基本过程之一。广义地讲，凡是有固相参与的化学反应都可称为固相反应，例如固体的热分解、氧化以及固体与固体、固体与液体之间的化学反应等都属于固相反应范畴。但在狭义上，固相反应常指固体与固体之间发生化学反应生成新的固相产物的过程。

12.1　固相反应类型

固相反应与一般气、液反应相比在反应机理、反应速率等方面有其自己的特点：

① 与大多数气、液反应不同，固相反应属非均相反应，因此参与反应的固相相互接触是反应物间发生化学作用和物质输送的先决条件。

② 固相反应开始温度常远低于反应物的熔点或系统低共熔温度，这一温度与反应物内部开始呈现明显扩散作用的温度相一致，常称为泰曼温度或烧结开始温度。不同物质的泰曼温度与其熔点（T_m）间存在一定的关系。例如，对于金属为 $(0.3 \sim 0.4)T_m$；盐类和硅酸盐则分别为 $0.57T_m$ 和 $(0.8 \sim 0.9)T_m$。此外，当反应物之一存在有多晶转变时，则此转变温度也往往是反应开始变得显著的温度，这一规律常称为海德华定律。

固相反应的实际研究中常常根据参加反应的物质聚集状态、反应的性质或反应进行的机理对固相反应进行分类。

（1）按反应物质状态分，可分为：

① 纯固相反应。即反应物和生成物都是固体，没有液体和气体参加，反应式可以写为 A（s）＋B（s）——→AB（s）。

② 有液相参与的反应。在固相反应中，液相可来自反应物的熔化 A(s)——→A(l)，反应物与反应物生成低共熔物 A(s)+B(s)——→(A+B)(l)，A(s)+B(s)——→(A+AB)(l)，(A+B+AB)(l)。例如，硫和银反应生成硫化银，就是通过液相进行的，硫首先熔化 S(s)——→S(l)，液态硫与银反应生成硫化银 S(l)+2Ag(s)——→Ag_2S(s)。

③ 有气体参与的反应。在固相反应中，如有一个反应物升华 A(s)——→A(g)或分解 AB(s)——→A(g)+B(s)或反应物与第三组分反应都可能出现气体 A(s)+C(g)——→AC(g)。普遍反应式为：A(s)——→A(g)，A(g)+B(s)——→AB(s)。在实际的固相反应中，通常是三种形式的各种组合。

（2）根据反应的性质划分，分为氧化反应、还原反应、加成反应、置换反应和分解反应，见表 12-1。

（3）按反应机理划分，分为扩散控制过程、化学反应速率控制过程、晶核成核速率控制过程和升华控制过程等。

显然，分类的研究方法往往强调了问题的某一个方面，以寻找其内部规律性的东西，实际上不同性质的反应，其反应机理可以相同也可以不同，甚至不同的外部条件也可导致反应机理的改变。因此，欲真正了解固相反应所遵循的规律，在分类研究的基础上应进一步做结果的综合分析。

表 12-1　固相反应依性质分类

名称	反应式	例子
氧化反应	$A(s)+B(g)\longrightarrow AB(s)$	$2Zn+O_2\longrightarrow 2ZnO$
还原反应	$AB(s)+C(g)\longrightarrow A(s)+BC(g)$	$Cr_2O_3+3H_2\longrightarrow 2Cr+3H_2O$
加成反应	$A(s)+B(s)\longrightarrow AB(s)$	$MgO+Al_2O_3\longrightarrow MgAl_2O_4$
置换反应	$A(s)+BC(s)\longrightarrow AC(s)+B(s)$ $AC(s)+BD(s)\longrightarrow AD(s)+BC(s)$	$Cu+AgCl\longrightarrow CuCl+Ag$ $AgCl+NaI\longrightarrow AgI+NaCl$
分解反应	$AB(s)\longrightarrow A(s)+B(g)$	$MgCO_3\longrightarrow MgO+CO_2\uparrow$

12.2　固相反应机理

从热力学的观点看，系统自由焓的下降就是促使一个反应自发进行的推动力，固相反应也不例外。为了理解方便，可以将其分成三类：

（1）反应物通过固相产物层扩散到相界面，然后在相界面上进行化学反应，这一类反应有加成反应、置换反应和金属氧化；

（2）通过一个流体相传输的反应，这一类反应有气相沉积、耐火材料腐蚀及汽化；

（3）反应基本上在一个固相内进行，这类反应主要有热分解和在晶体中的沉淀。

对于不同的固相反应系统，几乎都包括以下 3 个过程：

（1）反应物之间的混合接触并产生表面效应；

（2）化学反应和新相形成；

（3）晶体成长和结构缺陷的校正。

固相反应绝大多数是在等温等压下进行的，故可用 ΔG 来判别反应进行的方向及其限度。如果可能发生的几个反应生成几个变体（ A_1 ， A_2 ，$\cdots$ ， A_n ），若相应的自由焓变化值大小的顺序为 $\Delta G_1 < \Delta G_2 \cdots < \Delta G_n$ ，则最终产物将是 ΔG 最小的变体，即 A_1 相。但当 ΔG_2 、ΔG_3 、ΔG_n 都是负值时，则生成这些相的反应均可进行，而且生成这些相的实际顺序并不完全由 ΔG 值的相对大小决定，而是和动力学（即反应速率）有关。反应速率越大，在这种条件下，反应进行的可能也越大。

对于反应物和生成物都是固相的纯固相反应，总是往放热的方向进行，一直到反应物之一耗完为止，出现平衡的可能性很小，只在特定的条件下才有可能。这种纯固相反应，其反应的熵变小到可认为忽略不计，则 $T\Delta S \longrightarrow 0$ ，因此 $\Delta G \approx \Delta H$ 。所以，没有液相或气相参与的固相反应，只有 $\Delta H < 0$ ，即放热反应才能进行，这称为范特霍夫规则。如果过程中放出气体或有液体参加，由于 ΔS 很大，这个原则就不适用。

要使 ΔG 趋向于零，在下列情况有可能：

（1）反应产物的生成热很小时，ΔH 很小，使得差值（$\Delta H - T\Delta S$）$\longrightarrow 0$。

（2）当各相能够相互溶解，生成混合晶体或者固溶体、玻璃体时，均能导致 ΔS 增大，促使 $\Delta G \longrightarrow 0$。

（3）当反应物和生成物的总热容差很大时，熵变就变得大起来，因为 $\Delta S_r = \int_0^T \dfrac{\Delta C_P}{T} \times dT$，促使 $\Delta G \longrightarrow 0$。

（4）当反应中有液相或气相参加时，ΔS 可能会达到一个相当大的值，特别在高温时，因为 $T\Delta S$ 项增大，使得 $T\Delta S \longrightarrow \Delta H$，即（$\Delta H - T\Delta S$）$\longrightarrow 0$。

一般认为，为了在固相之间进行反应，放出的热大于 4.184kJ/mol 就够了。在晶体混合物中许多反应的产物生成热相当大，大多数硅酸盐反应测得的反应热为每摩尔几十到几百千卡。因此，从热力学观点看，没有气相或液相参与的固相反应，会随着放热反应而进行到底。实际上，由于固体之间反应主要是通过扩散进行，由于接触不良，反应就不能进行到底，即反应会受到动力学因素的限制。

在反应过程中，系统处于更加无序的状态，它的熵必然增大。在温度上升时，熵项 $T\Delta S$ 总是起着"促进"反应向着增大液相数量或放出气体的方向进行。例如，在高温下，碳的燃烧优先向如下反应方向进行：$2C + O_2 =\!=\!= 2CO$，虽然在任何温度下，存在着 $C + O_2 =\!=\!= CO_2$ 的反应，而且其反应热比前者大得多。高于 700～750℃ 下的反应 $C + CO_2 =\!=\!= 2CO$，虽然伴随着很大的吸热效应，反应还是能自动地往右边进行，这是因为系统中气态分子增加时，熵增大，以至于 $T\Delta S$ 的乘积超过反应的吸热效应值。因此，当固相反应中有气体或液相参与时，范特霍夫规则就不适用了。

各种物质的标准生成热 ΔH^o 和标准生成熵 ΔS^o 几乎与温度无关。因此，ΔG^o 基本上与 T 成比例，其比例系数等于 ΔS^o。当金属被氧化生成金属氧化物时，反应的结果使气体数量减少，$\Delta S^o < 0$，这时 ΔG^o 随着温度的上升而增大，如 $Ti + O_2 =\!=\!= TiO_2$ 反应。当气体的数量没有增加，$\Delta S \approx 0$，在 ΔG^o-T 关系中出现水平直线，例如碳的燃烧反应 $C + O_2 =\!=\!= CO_2$。对于 $2C + O_2 =\!=\!= 2CO$ 的反应，由于气体量增大，$\Delta S > 0$，随着温度的上升，ΔG 是直线下降的，因此温度升高对之是有利的。

当反应物和产物都是固体时，$\Delta S \approx 0$，$T\Delta S \approx 0$，则 $\Delta G^o \approx \Delta H^o$，$\Delta G$ 与温度无关，故在 ΔG-T 图中是一条平行于 T 轴的水平线。

12.3　固相反应动力学

固相反应动力学旨在通过反应机理的研究，提供有关反应体系、反应随时间变化的规律性信息。由于固相反应的种类和机理可以是多样的，对于不同的反应，乃至同一反应的不同阶段，其动力学关系也往往不同。固相反应的基本特点在于反应通常是由几个简单的物理化学过程，如化学反应、扩散、熔融、升华等步骤构成。因此，整个反应的速度将受到其所涉及的各动力学阶段所进行速度的影响。

12.3.1　固相反应一般动力学关系

图 12-1 描述了物质 A 和 B 进行化学反应生成 C 的一种反应历程：反应一开始是反应

物颗粒之间的混合接触，并在表面发生化学反应形成细薄且含大量结构缺陷的新相，随后发生产物新相的结构调整和晶体生长。当在两反应颗粒间所形成的产物层达到一定厚度后，进一步的反应将依赖于一种或几种反应物通过产物层的扩散而得以进行，这种物质的输运过程可能通过晶体晶格内部、表面、晶界、位错或晶体裂缝进行。当然，对于广义的固相反应，由于反应体系存在气相或液相，因而进一步反应所需要的传质过程往往可在气相或液相中发生。此时气相或液相的存在可能对固相反应起到重要作用。由此可以认为，固相反应是固体直接参与化学作用并起化学变化，同时至少在固体内部或外部的某一过程起着控制作用的反应。显然，此时控制反应速率的不仅限于化学反应本身，反应体系中的新相晶格缺陷调整速率、晶粒生长速率以及物质和能量的输送速率都将影响着反应速度。显然，所有环节中速度最慢的一环将对整体反应速度有着决定性的影响。

现以金属氧化过程为例，建立整体反应速度与各阶段反应速度间的定量关系。设反应依图 12-2 所示模式进行，其反应方程式为：

$$M\text{（s）}+\frac{1}{2}O_2\text{（g）}\longrightarrow MO\text{（s）}$$

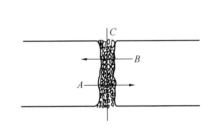

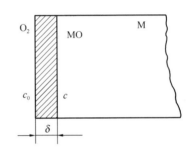

图 12-1　固相物质 A、B
化学反应过程的模型

图 12-2　金属 M 表面氧化反应模型

反应经 t 时间后，金属 M 表面已形成厚度为 δ 的产物层 MO。进一步的反应将由氧气 O_2 通过产物层 MO 扩散到 M—MO 界面和金属氧化两个过程所组成。根据化学反应动力学一般原理和扩散第一定律，单位面积界面上金属氧化速度 V_R 和氧气扩散速度 V_D，分别有如下关系：

$$V_R = Kc; \quad V_D = D\frac{\mathrm{d}c}{\mathrm{d}x}\bigg|_{x=\delta} \tag{12-1}$$

式中，K 为化学反应速率常数；c 为界面处氧气浓度；D 为氧气在产物层中的扩散系数。显然，当整个反应过程达到稳定时整体反应速率 V 为：$V = V_R = V_D$

由 $Kc = D\dfrac{\mathrm{d}c}{\mathrm{d}x}\bigg|_{x=\delta} = D\dfrac{c_0-c}{\delta}$ 得界面氧浓度：$c = c_0\bigg/\left(1+\dfrac{K\delta}{D}\right)$

故

$$\frac{1}{V} = \frac{1}{Kc_0} + \frac{1}{\dfrac{Dc_0}{\delta}} \tag{12-2}$$

由此可见，由扩散和化学反应构成的固相反应过程其整体反应速率的倒数为扩散最大速率的倒数和化学反应最大速率的倒数之和。若将反应速率的倒数理解成反应的阻力，则式（12-2）将具有大家所熟悉的串联电路欧姆定律相似的形式：反应的总阻力等于各环节分阻力之和。反应过程与电路的这一类同对于研究复杂反应过程有着很大的方便。例如当固相反应不仅包括化学反应、物质扩散，还包括结晶、熔融、升华等物理化学过程，且当这些单元过程间又以串联模式依次进行时，那么固相反应的总速率应为：

$$v = 1/\left(\frac{1}{v_{1\max}} + \frac{1}{v_{2\max}} + \frac{1}{v_{3\max}} + \cdots + \frac{1}{v_{n\max}}\right) \tag{12-3}$$

式中，$v_{1\max}$，$v_{2\max}$，$\cdots$，$v_{n\max}$ 分别代表构成反应过程各环节的最大可能速率。

因此，为了确定过程总的动力学速率，确定整个过程中各个基本步骤的具体动力学关系是应首先予以解决的问题。但是对实际的固相反应过程，掌握所有反应环节的具体动力学关系往往十分困难，故需抓住问题的主要矛盾才能使问题比较容易地得到解决。例如，若在固相反应环节中，物质扩散速率较其他各环节都慢得多，则由式（12-3）可知反应阻力主要来源于扩散过程。此时，若其他各项反应阻力较扩散项是一小量并可忽略不计时，则总反应速率将几乎完全受控于扩散速率。

12.3.2 化学反应控制动力学范围

化学反应是固相反应过程的基本环节。根据物理化学原理，对于二元均相反应系统，若化学反应依反应式 $mA + nB \longrightarrow pC$ 进行，则化学反应速率的一般表达式为：

$$V_R = \frac{dc_C}{dt} = Kc_A^m c_B^n \tag{12-4}$$

式中，c_A、c_B、c_C 分别代表反应物 A、B 和 C 的浓度；K 为反应速率常数。它与温度间存在阿累尼乌斯关系：

$$K = K_0 \exp\left\{-\frac{\Delta G_R}{RT}\right\}$$

式中，K_0 为常数；ΔG_R 为反应活化能。

然而，对于非均相的固相反应，式（12-4）不能直接用于描述化学反应动力学关系。这是因为对于大多数固相反应，浓度的概念已失去应有的意义。其次，多数固相反应以固相反应物间的机械接触为基本条件。因此，在固相反应中将引入转化率 G 的概念以取代式（12-4）中的浓度，同时考虑反应过程中反应物间的接触面积。

所谓转化率是指参与反应的一种反应物，在反应过程中被反应了的体积分数。设反应物颗粒呈球状，半径为 R_0，经 t 时间反应后，反应物颗粒外层 x 厚度已被反应，则定义转化率 G：

$$G = \frac{R_0^3 - (R_0 - x)^3}{R_0^3} = 1 - \left(1 - \frac{x}{R_0}\right)^3 \tag{12-5}$$

$$x = R_0\left[1 - (1-G)^{\frac{1}{3}}\right]$$

根据式（12-4）的含义，固相化学反应中动力学一般方程式可写成：

$$\frac{dG}{dt} = KF(1-G)^n \tag{12-6}$$

式中，n 为反应级数；K 为反应速率常数；F 为反应截面。

当反应物颗粒为球形时，$F = 4\pi R_0^2(1-G)^{2/3}$。不难看出式（12-6）与式（12-4）具有完全类同的形式和含义。在式（12-4）中浓度 c 既反映了反应物的多寡又反映了反应物之中接触或碰撞的概率，而这两个因素在式（12-6）中则通过反应截面 F 和剩余转化率

（1－G）得到了充分的反映。考虑一级反应，由式（12-6）则有动力学方程式：

$$\frac{\mathrm{d}G}{\mathrm{d}t} = KF(1-G) \tag{12-7}$$

当反应物颗粒为球形时：

$$\frac{\mathrm{d}G}{\mathrm{d}t} = 4K\pi R_0^2(1-G)^{2/3} \cdot (1-G) = K_1(1-G)^{5/3} \tag{12-8a}$$

若反应截面在反应过程中不变（例如金属平板的氧化过程）则有：

$$\frac{\mathrm{d}G}{\mathrm{d}t} = K_1'(1-G) \tag{12-8b}$$

积分式（12-8a）和式（12-8b），并考虑到初始条件：$t=0$，$G=0$，得反应截面分别依球形和平板模型变化时，固相反应转化率或反应度与时间的函数关系：

$$F_1(G) = \left[(1-G)^{-2/3} - 1\right] = K_1 t \tag{12-9a}$$

$$F_1'(G) = \ln(1-G) = -K_1' t \tag{12-9b}$$

碳酸钠（Na_2CO_3）和二氧化硅（SiO_2）在740℃下进行固相反应：

$$Na_2CO_3(s) + SiO_2(s) \longrightarrow Na_2SiO_3(s) + CO_2(g)$$

当颗粒 $R_0 = 36\mu m$，并加入少许 NaCl 做溶剂时，整个反应动力学过程完全符合式（12-9a）关系，如图 12-3 所示。这说明该反应体系于该反应条件下，反应总速率为化学反应动力学过程所控制，而扩散的阻力已小到可忽略不计，且反应属于一级化学反应。

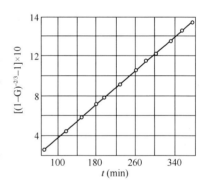

图 12-3　在 NaCl 参与下反应
$Na_2CO_3 + SiO_2 \longrightarrow Na_2O \cdot SiO_2 + CO_2$
动力学曲线（$T=740$℃）

12.3.3　扩散控制反应动力学

固相反应一般都伴随着物质的迁移。由于在固相结构内部扩散速率通常较为缓慢，因而在多数情况下，扩散速率控制着整个反应的总速度。由于反应截面变化的复杂性，扩散控制的反应动力学方程也将不同。在众多的反应动力学方程式中，基于平板模型和球体模型所导出的杨德尔（Jander）和金斯特林格（Ginsterlinger）方程式具有一定的代表性。

12.3.3.1　杨德尔方程

如图 12-4（a）所示，设反应物 A 和 B 以平板模式相互接触反应和扩散，并形成厚度为 x 的产物 AB 层，随后物质 A 通过 AB 层扩散到 B-AB 界面继续与 B 反应。若界面化学反应速度远大于扩散速率，则可认为固相反应总速率由扩散过程控制。

设 t 到 $t+\mathrm{d}t$ 时间内通过 AB 层单位截面的 A 物质量为 $\mathrm{d}m$。显然，在反应过程中的任一时刻，反应界面 B-AB 处 A 物质浓度为零。而界面 A-AB 处 A 物质浓度为 C_0。由扩散第一定律得：

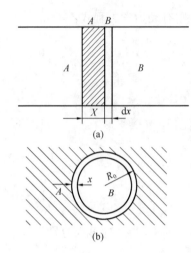

图 12-4　固相反应 Jander 模型

$$\frac{\mathrm{d}m}{\mathrm{d}t} = D\left(\frac{\mathrm{d}C}{\mathrm{d}x}\right)_{x=\xi}$$

设反应产物 AB 密度为 ρ，相对分子质量为 M，则 $\mathrm{d}m = \frac{\rho\mathrm{d}x}{M}$；又考虑扩散属稳定扩散，因此有：

$$\left(\frac{\mathrm{d}c}{\mathrm{d}x}\right)_{x=\xi} = c_0/x;\ \frac{\mathrm{d}x}{\mathrm{d}t} = \frac{MDc_0}{\rho x} \tag{12-10}$$

积分上式并考虑边界条件 $t=0$，$x=0$ 得：

$$x^2 = \frac{2MDc_0}{\rho}t = Kt \tag{12-11}$$

式（12-11）说明，反应物以平板模式接触时，反应产物层厚度与时间的平方根成正比。由于式（12-11）存在二次方关系，故常称之为抛物线速度方程式。

考虑实际情况中固相反应通常以粉状物料为原料，为此杨德尔假设：①反应物是半径为 R_0 的等径球粒；②反应物 A 是扩散相，即 A 成分总是包围着 B 的颗粒，而且 A、B 与产物是完全接触，反应自球面向中心进行，如图 12-4（b）所示。于是由式（12-5）得：

$$x = R_0\left[1-(1-G)^{1/3}\right]$$

将上式代入（12-11）式得杨德尔方程积分式：

$$x^2 = R_0^2\left[1-(1-G)^{1/3}\right]^2 = Kt \tag{12-12a}$$

或

$$F_{\mathrm{J}}(G) = \left[1-(1-G)^{1/3}\right]^2 = \frac{K}{R_0^2}t = K_{\mathrm{J}}t \tag{12-12b}$$

对式（12-12b）微分得杨德尔方程微分式：

$$\frac{\mathrm{d}G}{\mathrm{d}t} = K_{\mathrm{J}}\frac{(1-G)^{2/3}}{1-(1-G)^{1/3}} \tag{12-13}$$

杨德尔方程作为一个较经典的固相反应动力学方程已被广泛地接受，但仔细分析杨德尔方程推导过程，可以发现，将圆球模型的转化率公式（12-5）代入平板模型的抛物线速度方程的积分式（12-11），就限制了杨德尔方程只能用于反应转化率较小（或 $\frac{x}{R_0}$ 比值很小）和反应截面 F 可近似地看成常数的反应初期。

杨德尔方程在反应初期的正确性在许多固相反应的实例中都得到证实。图 12-5 和图 12-6分别表示了反应 $BaCO_3+SiO_2\longrightarrow BaSiO_3+CO_2$ 和 $ZnO+Fe_2O_3\longrightarrow ZnFe_2O_4$，在不同温度下 $F_{\mathrm{J}}(G)\sim t$ 关系。显然，温度的变化所引起直线斜率的变化完全由反应速率常数 K_{J} 变化所致。由此变化可求得反应的活化能：

$$\Delta G_{\mathrm{R}} = \frac{RT_1T_2}{T_2-T_1}\ln\frac{K_{\mathrm{J}}(T_2)}{K_{\mathrm{J}}(T_1)} \tag{12-14}$$

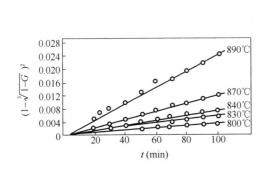

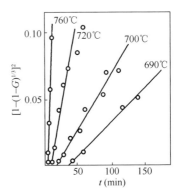

图 12-5 在不同温度下
$BaCO_3 + SiO_2 \longrightarrow BaSiO_3 + CO_2$
的反应动力学曲线（按杨德尔方程）

图 12-6 在不同温度下
$ZnO + Fe_2O_3 \longrightarrow ZnFe_2O_4$
的反应动力学曲线

12.3.3.2 金斯特林格方程

金斯特林格针对杨德尔方程只能适用于转化率较小的情况，考虑在反应过程中反应截面随反应进程变化这一事实，认为实际反应开始以后生成产物层是一个厚度逐渐增加的球壳而不是一个平面。

为此，金斯特林格提出了如图 12-7 所示的反应扩散模型。当反应物 A 和 B 混合均匀后，若 A 熔点低于 B 的熔点，A 可以通过表面扩散或通过气相扩散而布满整个 B 的表面。在产物层 AB 生成之后，反应物 A 在产物层中扩散速率远大于 B 的扩散速率，且 AB-B 界面上，由于化学反应速率远大于扩散速率，扩散到该处的反应物 A 可迅速与 B 反应生成 AB，因而 AB-B 界面上 A 的浓度可恒为零。但在整个反应过程中，反应生成物球壳外壁（即 A 界面）上，扩散相 A 浓度恒为 c_0，故整个反应速率完全由 A 在生成物球壳 AB 中的扩散速率所决定。设单位时间内通过 $4\pi r^2$ 球面扩散入产物层 AB 中 A 的量为 dm_A/dt，由扩散第一定律：

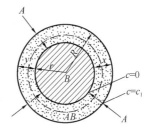

图 12-7 金斯特林格
反应模型

c——在产物层中 A 的浓度；
c_1——在 A-AB 界面上 A 的浓度；r——在扩散方向上产物层中任意时刻的球面的半径

$$dm_A/dt = D4\pi r^2 (\partial c/\partial r)_{r=R-x} = M_{(x)} \qquad (12-15)$$

假设这是稳定扩散过程，因而单位时间内将有相同数量的 A 扩散通过任一指定的 r 球面，其量为 $M(x)$。若反应生成物 AB 密度为 ρ，相对分子质量为 μ，AB 中 A 的分子数为 n，令 $\rho \cdot n/\mu = \varepsilon$。这时产物层 $4\pi r^2 \cdot dx$ 体积中积聚 A 的量为：

$$4\pi r^2 \cdot dx \cdot \varepsilon = D4\pi r^2 (\partial c/\partial r)_{r=R-x} dt$$

所以

$$dx/dt = \frac{D}{\varepsilon} (\partial c/\partial r)_{r=R-x} \qquad (12-16)$$

由式（12-15）移项并积分可得：

$$(\partial c/\partial r)_{r=R-x} = \frac{C_0 R(R-x)}{r^2 x} \qquad (12-17)$$

将式（12-17）代入式（12-16），令 $K_0 = D/\varepsilon \cdot C_0$ 得：

$$\frac{\mathrm{d}x}{\mathrm{d}t} = K_0 \frac{R}{x(R-x)} \tag{12-18a}$$

积分式 (12-18a) 得：

$$x^2 \left(1 - \frac{2}{3}\frac{x}{R}\right) = 2K_0 t \tag{12-18b}$$

将球形颗粒转化率关系式 (12-5) 代入式 (12-18) 并经整理即可得出以转化率 G 表示的金斯特林格动力学方程的积分和微分式：

$$F_K(G) = 1 - \frac{2}{3}G - (1-G)^{2/3} = \frac{2DMC_0}{R_0^2 \rho n} \cdot t = K_K t \tag{12-19}$$

$$\frac{\mathrm{d}G}{\mathrm{d}t} = K'_K \frac{(1-G)^{1/3}}{1-(1-G)^{1/3}} \tag{12-20}$$

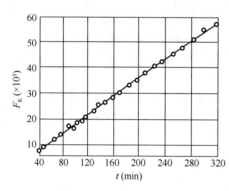

图 12-8　碳酸钠和二氧化硅的反应动力学
[SiO$_2$] ：[Na$_2$CO$_3$] $=1:1$，$r=36$，$T=820℃$

式中，$K'_K = \frac{1}{3}K_K$，称为金斯特林格动力学方程速率常数。

大量试验研究表明，金斯特林格方程比杨德尔方程能适用于更大的反应程度。例如，碳酸钠与二氧化硅在 820℃ 下的固相反应，测定不同反应时间的二氧化硅转化率 G 得表 12-2 所列的试验数据。根据金斯特林格方程拟合试验结果，在转化率从 0.2458 变到 0.6156 区间内，$F_K(G)$ 关于 t 有相当好的线性关系，其速率常数 K_K 恒等于 1.83。但若以杨德尔方程处理试验结果，$F_J(G)$ 与 t 的线性关系较差，速率常数 K_K 值从 1.81 偏离到 2.25。图 12-8 给出了这一试验结果图线。

表 12-2　二氧化硅-碳酸钠反应动力学数据 ($R_0 = 0.036$mm, $T = 820℃$)

时间（min）	SiO$_2$反应度	$K_K \times 10^4$	$K_J \times 10^4$
41.5	0.2458	1.83	1.81
49.0	0.2666	1.83	1.96
77.0	0.3280	1.83	2.00
99.5	0.3686	1.83	2.02
168.0	0.4640	1.83	2.10
193.0	0.4920	1.83	2.12
222.0	0.5196	1.83	2.14
263.5	0.5600	1.83	2.18
296.0	0.5876	1.83	2.20
312.0	0.6010	1.83	2.24
332.0	0.6156	1.83	2.25

此外，金斯特林格方程式有较好的普遍性，从其方程本身可以得到进一步的说明。

令 $\xi = \frac{x}{R}$，由式 (12-18a) 得：

$$\frac{\mathrm{d}x}{\mathrm{d}t} = K\frac{R_0}{(R_0-x)x} = \frac{K}{R_0}\frac{1}{\xi(1-\xi)} = \frac{K'}{\xi(1-\xi)} \tag{12-21}$$

作 $\frac{1}{K'}\frac{\mathrm{d}x}{\mathrm{d}t} \sim \xi$ 关系曲线（图 12-9），得产物层增厚速率 $\frac{\mathrm{d}x}{\mathrm{d}t}$ 随 ξ 变化规律。

当 ξ 很小即转化率很低时，$\frac{\mathrm{d}x}{\mathrm{d}t} = K/x$，方程转为抛物线速率方程。此时金斯特林格方程等价于杨德尔方程。随着 ξ 增大，$\frac{\mathrm{d}x}{\mathrm{d}t}$ 很快下降并经历一最小值（$\xi = 0.5$）后逐渐上升。当 $\xi \to 1$（或 $\xi \to 0$）时，$\frac{\mathrm{d}x}{\mathrm{d}t} \to \infty$，这说明在反应的初期或终期扩散速率极快，故而反应进入化学反应动力学范围，其速率由化学反应速率控制。

比较式（12-14）和式（12-20），令 $Q = \left(\frac{\mathrm{d}G}{\mathrm{d}t}\right)_K / \left(\frac{\mathrm{d}G}{\mathrm{d}t}\right)_J$，得：

$$Q = \frac{K_K(1-G)^{1/3}}{K_J(1-G)^{2/3}} = K(1-G)^{-1/3}$$

依上式作关于转化率 G 图线（图 12-10），由此可见当 G 值较小时，$Q=1$，这说明两方程一致。随着 G 逐渐增加，Q 值不断增大，尤其到反应后期 Q 值随 G 陡然上升，这意味着两方程偏差越来越大。因此，如果说金斯特林格方程能够描述转化率很大情况下的固相反应，那么杨德尔方程只能在转化率较小时才适用。

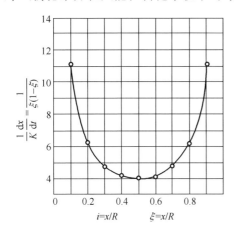 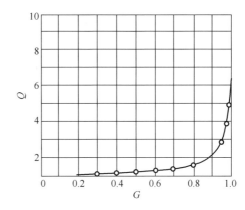

图 12-9　反应产物层增厚速率与 ξ 的关系　　图 12-10　金斯特林格方程与杨德尔方程比较

然而，金斯特林格方程并非对所有扩散控制的固相反应都能适用。由以上推导可以看出，杨德尔方程和金斯特林格方程均以稳定扩散为基本假设，它们之间所不同的仅在于其几何模型的差别。

因此，不同颗粒形状的反应物必然对应着不同形式的动力学方程。例如，对于半径为 R 的圆柱状颗粒，当反应物沿圆柱表面形成的产物层扩散的过程起控制作用时，其反应动力学过程符合依轴对称稳定扩散模式推得的动力学方程式：

$$F_0(G) = (1-G)\ln(1-G) + G = Kt \tag{12-22}$$

另外，金斯特林格动力学方程中没有考虑反应物与生成物密度不同所带来的体积效应。实际上由于反应物与生成物密度差异，扩散相 A 在生成物 C 中扩散路程并非 $R_0 \to r$，

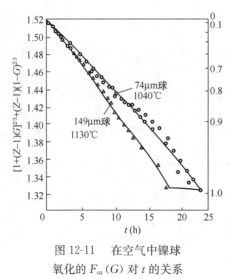

图 12-11　在空气中镍球
氧化的 $F_{aa}(G)$ 对 t 的关系

而是 $r_0 \rightarrow r$（此处 $r_0 \neq R_0$，为未反应的 B 加上产物层厚的临时半径），并且 $|R_0 - r_0|$ 随着反应进一步进行而增大。为此，卡特（Carter）对金斯特林格方程进行了修正，得卡特动力学方程式为：

$$F_{aa}(G) = [1 + (Z-1)G]^{2/3} + (Z-1)(1-G)^{2/3}$$
$$= Z + 2(1-Z)Kt \qquad (12\text{-}23)$$

式中，Z 为消耗单位体积 B 组分所生成产物 C 组分的体积。

卡特将该方程用于镍球氧化过程的动力学数据处理，发现一直进行到 100% 方程仍然与事实结果符合得很好，如图 12-11 所示。H. O. Schmalyrieel 也在 ZnO 与 Al_2O_3 反应生成 $ZnAl_2O_4$ 试验中，证实卡特方程在反应度为 100% 时仍然有效。

12.3.4　通过流体相传输的反应和动力学

通过流体相传输的固相反应主要包括气化、气相沉积和耐火材料腐蚀等，这里主要讨论化学气相沉积反应动力学。近年来，在电子技术领域，功能薄膜的研发及应用受到重视。目前，薄膜制备工艺主要分为三大类：真空蒸发镀膜、溅射镀膜和化学镀膜。在化学镀膜中，化学气相沉积镀膜是一种重要的方法。

化学气相沉积技术的重要应用是在单晶基片上外延生长单晶锗及单晶硅。根据所用的掺杂材料，这种薄膜可以制成 p 型导电层或 n 型导电层，用这种方法形成的 p-n 结与常规方法形成的 p-n 结相似。现以通过氢气还原生产硅薄膜为例说明此种技术的原理。化学反应式为：

$$SiCl_4 + 2H_2 \longrightarrow Si + 4HCl$$

硅的化学气相沉积如图 12-12 所示。进入的氢气通过 $SiCl_4$ 液面，于是 $SiCl_4$ 的蒸气就混入氢气中。这种混合气体经过竖式反应室，在反应室中，基片的温度适合于上述反应向右进行。于是在热的基片表面产生还原反应，反应生成的 Si 沉积在基片上，逐渐形成一个沉积层，副产物 HCl 随后要排除。

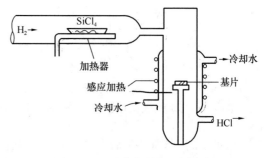

图 12-12　硅的化学气相沉积图

一般来说，控制反应气体的化学位（或浓度），就可控制沉积速率。沉积速率和沉积温度决定反应动力学和在反应表面上还原分解产物的"结晶"速率。倘若在反应室中气体 Si 的过饱和度很大，就会发生均态气相成核，也就是说，多相表面是不需要的。而实际上气体 Si 的过饱和度较小，Si 只能沿着基片表面结晶沉积。沉积的完整性、多孔性、优先的颗粒取向等取决于特定的材料和沉积速率。通常是较慢的沉积和较高的温度会得到更完美的沉积层。

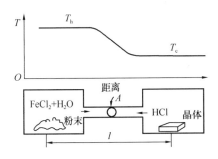

图 12-13　FeO 的化学传输反应示意图

下面以一个简单的系统为例（图 12-13），在这系统中，化学气相沉积过程进行的速率是由气相扩散阶段所决定。也就是说，气相扩散、通过界面层的扩散、分子和界面的结合、结晶等过程中以气相扩散为最慢。这种情况是可以实现的，只要整个系统中压力很低（$10.13Pa < P_\text{总} < 10132Pa$），而且扩散所需的浓度梯度很小，气相扩散就变得很慢，从而可使沉积缓慢进行，使沉积质量提高。为了讨论方便，把这个系统看成闭合的。两室温度不同，左边的温度稍高，右边的温度稍低。互相之间由一个截面面积为 A 的管子连通，假定化学反应在每个室中达到热力学平衡，反应式为：

$$FeCl_2(g) + H_2O \underset{\text{高温}}{\overset{\text{低温}}{\rightleftharpoons}} FeO(s) + 2HCl$$

由于两室温度不同，所以平衡常数不同。显然，在高温中 $FeCl_2$ 在整个混合气体中的浓度要稍高一些，而低温室中 $FeCl_2$ 的浓度要稍低一些。这样就出现了浓度梯度，扩散流将从热室流向冷室。所以 $FeCl_2(g)$ 的扩散速率可用菲克定律描述：

$$\frac{dn}{dt} = -AD\frac{dC}{dx} = -AD\frac{\Delta C}{l} = -AD\frac{(C_{LT} - C_{hT})}{l} \tag{12-24}$$

式中，n 为被传输的物质的量；A 为物质传输面积；D 为扩散系数；C_{hT} 为高温室中 $FeCl_2$（g）的浓度；C_{LT} 为低温室中 $FeCl_2$（g）的浓度；l 为物质传输距离。

由于气体稀薄，可看成理想气体，所以有：

$$C_{hT} = \frac{n_{hT}}{V} = \frac{P_{hT}}{RT_{hT}} \tag{12-25}$$

浓度差为：

$$C_{LT} - C_{hT} \approx \frac{P_{LT} - P_{hT}}{RT_{av}} \tag{12-26}$$

式中，T_{av} 为平均温度。

于是传质速率为：

$$\frac{dn}{dt} = -\frac{AD}{lRT_{av}}(P_{LT} - P_{hT}) \tag{12-27}$$

根据化学平衡知识，平衡压力可以由对应温度下的标准形成自由焓来确定，即：

$$\Delta G_{hT}^0 = -RT_{hT}\ln\frac{P_{FeCl_2}P_{H_2O}}{P_{HCl}^2\alpha_{FeO}} \tag{12-28}$$

$$\Delta G_{LT}^0 = -RT_{LT}\ln\frac{P_{HCl}^2\alpha_{FeO}}{P_{FeCl_2}P_{H_2O}} \tag{12-29}$$

式中，P_{FeCl_2} 为 $FeCl_2$ 的分压；P_{H_2O} 为 H_2O 的分压；P_{HCl} 为 HCl 的分压；α_{FeO} 为 FeO 的活度。

若在整个闭合系统中，HCl 的起始分压为 B，则有一部分 HCl 通过形成等物质的量的 $FeCl_2$ 和 H_2O 来降低其压力，则式（12-28）调整为：

$$\Delta G_{hT}^0 = -RT_{hT}\ln\frac{P_{FeCl_2}P_{H_2O}}{(B-P_{HCl})^2} \qquad (12\text{-}30)$$

考虑到等量物质其分压相同，所以有：

$$\Delta G_{hT}^0 = -RT_{hT}\ln\frac{P_{FeCl_2}^2}{(B-2P_{FeCl_2})^2} \qquad (12\text{-}31)$$

在每个温度下求解式（12-31），即可得到传质速率的预期值。

12.4　材料制备中的插层反应

12.4.1　插层反应对晶体结构的要求

插层反应是在材料原有的晶体相结构中插入额外的原子或离子来达到氧化还原反应目的的方法。插层反应对晶体结构的要求是：晶体结构应具有一定的开放性，即能允许一些外来的原子或离子扩散进入或逸出，使原来晶体的结构和组成发生变化，生成新的晶体材料。要使原子或离子进入或逸出晶体结构，可以采用插层法或局部离子交换法。

具有层状或链状结构的过渡金属氧化物或硫化物 MX（M＝过渡金属，X＝O、S）能够在室温条件下与锂或其他碱金属离子发生插层反应，生成还原相 A_xMX_n（A＝Li、Na、K）。插层反应无论在材料制备技术还是材料应用方面通常具有如下特点：①所发生的反应是可逆的，可以采用化学或电化学方法来实现；②反应是局部的，主体的结构变化不大；③插入主体 MX_n 中的离子、电子具有相当大的迁移度，可以作为离子或电子混合导电材料。例如，用丁基锂溶液在环己烷中与 TiS_2 反应，可生成 Li_xTiS_2。也可用金属锂做阳极，用 TiS_2 做阴极，浸入高氯酸锂的二氧戊环的溶液中组成一个电池，当使两个电极短路时，锂离子便以原子形式嵌入 TiS_2 的层间，补偿电子由阳极经外电路流向阴极。

同样地，石墨类基质晶体具有平面环状结构，其层间可插入各种碱金属离子、卤素离子、氨和胺等。当外来原子或离子渗入层与层之间的空间时，层间距增大，而发生逆反应时，即原子从晶体中逸出时层间距缩小，恢复原状。

局部离子交换法是发生于开放性结构中的外来原子或离子进入或逸出晶体的另一种方法。常发生于具有层状或三维网络结构的无机固体中。如 β-Al_2O_3 中钠离子可被 H_3O^+、NH_4^+ 等一价和二价的阳离子所取代。无机固体中的阳离子被质子交换后的材料表现出很高的质子导电性。离子交换反应受动力学和热力学因素的制约。

12.4.2　插层复合法制备有机-无机纳米复合材料

12.4.2.1　插层复合原理和分类

插层复合法是制备聚合物-层状硅酸盐（PLS）纳米复合材料的方法之一。首先将单体或聚合物插入经插层剂处理的层状硅酸盐片层之间，进入层间的聚合物分子破坏硅酸盐的片层结构，使其剥离成厚为 1nm、面积为 100nm×100nm 的层状硅酸盐基本单元，并均匀分散在聚合物基体中，以实现聚合物与黏土类层状硅酸盐在纳米尺度上的复合。

按照复合的过程，插层复合法分为插层聚合和聚合物插层两类。

（1）插层聚合（intercalation polymerization）。先将聚合物单体分散，插层进入层状硅酸盐片层中，然后原位聚合，利用聚合时放出的大量热量克服硅酸盐片层间的库仑力，使其剥离（exfoliate），从而使硅酸盐片层与聚合物基体以纳米尺度相复合。按照聚合反应类型的不同，插层聚合可以分为插层缩聚和插层加聚两种。

（2）聚合物插层（polymer intercalation）。将聚合物熔体或溶液与层状硅酸盐混合，利用化学或热力学作用使层状硅酸盐剥离成纳米尺度的片层，并均匀分散在聚合物基体中。插层复合法制备 PLS 纳米复合材料流程示意于图 12-14。

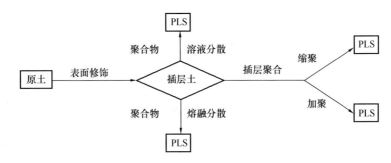

图 12-14　插层复合法制备 PLS 纳米复合材料流程示意图

聚合物插层又可分为聚合物溶液插层和聚合物熔融插层两种。聚合物溶液插层是聚合物大分子链在溶液中借助溶剂而插层进入蒙脱土的硅酸盐片层间，然后挥发除去溶剂。这种方式需要合适的溶剂来同时溶解聚合物和分散黏土，而且大量的溶剂不易回收，对环境不利。聚合物熔融插层是将聚合物加热到其软化温度以上，在静止条件或剪切力作用下直接插层进入蒙脱土的硅酸盐片层间。

12.4.2.2　层状硅酸盐及其表面修饰

目前研究较多并具有实际应用前景的层状硅酸盐是一些 2：1 型黏土矿物，如蒙脱土等。层间具有可交换性阴离子，如 Na^+、Mg^{2+}、Ca^{2+} 等。它们可与无机金属离子、有机阳离子型表面活性剂和阳离子染料等进行阳离子交换进入黏土层间。通过离子交换作用使得层状硅酸盐层间距增加，由不到 1nm 增加到 1nm 以上，甚至几纳米。在适当的聚合条件下，单体在片层之间聚合可能使层间距进一步增大，甚至解离成单层，使黏土以 1nm 厚的片层均匀分散于聚合物基体中。

在制备聚合物层状硅酸盐（PLS）纳米复合材料时，常采用有机阳离子（插层剂）进行离子交换使层间距增大，并改善层间微环境，使黏土内外表面由亲水转变为疏水，降低硅酸盐表面能，以利于单体或聚合物插入黏土层间形成 PLS 纳米复合材料，因此，层状硅酸盐的表面修饰是制备 PLS 纳米复合材料的关键环节之一。

插层剂的选择必须符合以下条件：

（1）容易进入层状硅酸盐晶片（001）之间的纳米空间，并能显著增大层间距；

（2）插层剂分子应与聚合物单体或高分子链之间具有较强的物理或化学作用，以利于单体或聚合物插层反应的进行，并可增强黏土片层与聚合物两相间的界面黏结，有助于提高复合材料性能；从分子设计观点看，插层剂有机阳离子的分子结构应与单体及其聚合物相容，具有参与聚合的基团，这样聚合物基体能够通过离子键同硅酸盐片层相连接，显著提高聚合物与层状硅酸盐间的界面相互作用；

（3）价廉易得，最好是现有的工业品。常用的插层剂有烷基铵盐、季铵盐、吡啶类微生物和其他阳离子型表面活性剂。

以烷基氨基酸对黏土的表面修饰为例。图 12-15 为不同长度碳链的 ω-烷基氨基酸盐上碳原子数与黏土层间距离的关系。黏土层间距离随着黏土层中的氨基酸碳原子数的增加而增加。图 12-16 为其过程示意图。当 ω-烷基氨基酸 $[H_3C—(CH_2)_{n-1}—COOH]$ 的碳原子数 $n \leqslant 8$ 时，膨胀剂与黏土片层方向平行排列；$n \geqslant 11$，膨胀剂与黏土片层方向以一定角度倾斜排列。

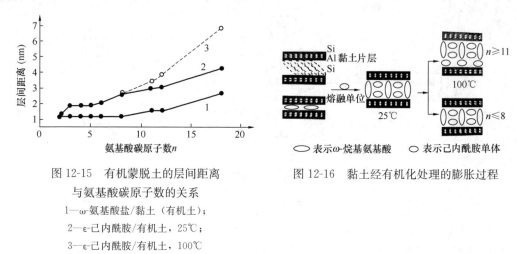

图 12-15　有机蒙脱土的层间距离
与氨基酸碳原子数的关系
1—ω-氨基酸盐/黏土（有机土）；
2—ε-己内酰胺/有机土，25℃；
3—ε-己内酰胺/有机土，100℃

图 12-16　黏土经有机化处理的膨胀过程

在 100℃时，己内酰胺单体（熔点 70℃）以熔融状态浸入黏土片层中间，层间距离明显增加。可看到，在 $n \leqslant 8$ 时黏土片层距离变化基本一致；而在 $n \geqslant 11$ 时高温下黏土层间距离明显增加，表明膨胀剂通过离子交换作用已插入到硅酸盐片层中，并与黏土片层方向垂直取向。因此，具有较长脂肪链的烷基氨基酸膨胀剂有利于黏土片层的撑开及粒子交换作用的进行。

在 100℃时，己内酰胺单体（熔点 70℃）以熔融状态浸入黏土片层中间，层间距离明显增加。可看到，在 $n \leqslant 8$ 时黏土片层距离变化基本一致；而在 $n \geqslant 11$ 时高温下黏土层间距离明显增加，表明膨胀剂通过离子交换作用已插入硅酸盐片层中，并与黏土片层方向垂直取向。因此，具有较长脂肪链的烷基氨基酸膨胀剂有利于黏土片层的撑开及离子交换作用的进行。

12.4.2.3　插层复合动力学

Giannelis（詹内利斯）等用原位 XRD 和 TEM 对聚苯乙烯熔体插层有机化层状硅酸盐过程的动力学进行了系统研究，计算了不同温度和聚乙烯分子量的插层速率以及混杂材料形成的活化能。认为聚合物熔体插层反应分两步进行：聚合物分子链扩散进入初级粒子（primary particles）聚集体和扩散进入硅酸盐层间域。而熔体插层的控制步骤在于高分子链扩散进入初级粒子的质量传递过程。在此基础上，提出了聚合物熔体插层的平均场（mean field）模型，建立了选择相容的聚合物-有机化层状硅酸盐黏土体系的一般原则：聚合物的极性度越大或亲水性越强，有机化层状硅酸盐的功能化基团越短，越有利于减小插层剂烷基链与聚合物之间的不利相互作用，即越有利于插层反应的进行。试验结果表明，PS-蒙脱土纳米复合材料形成的活化能与纯聚合物熔体的分子链扩散活化能相近，高分子链在硅酸盐片层间的扩散行为至少与其在本体熔体中相当，因此复合材料在加工成形后就已经形成，可利用与常规聚合物相同的工艺条件如挤出进行加工，不需要额外的热处理时间。

12.5　影响固相反应的因素

由于固相反应过程涉及相界面的化学反应和相内部或外部的物质输运等若干环节，因此，除反应物的化学组成、特性和结构状态以及温度、压力等因素外，其他可能影响晶格活化，促进物质内外传输作用的因素均会对反应起影响作用。

12.5.1　反应物化学组成与结构的影响

（1）反应物化学组成与结构是影响固相反应的内因，是决定反应方向和反应速率的重要因素。从热力学角度看，在一定温度、压力条件下，反应可能进行的方向是自由焓减少（$\Delta G < 0$）的方向。而且 ΔG 的负值越大，反应的热力学推动力也越大。从结构的观点看，反应物的结构状态、质点间的化学键性质以及各种缺陷的多少都将对反应速率产生影响。反应物中质点间的作用力越大，则可动性和反应能力越小，反之亦然。事实表明，同组成反应物的结晶状态、晶型由于其热历史不同会出现很大的差别，从而影响到这种物质的反应活性。例如，用氧化铝和氧化钴合成钴铝尖晶石（$Al_2O_3 + CoO \longrightarrow CoAl_2O_4$）的反应中若分别采用轻烧 Al_2O_3 和在较高温度下过烧的 Al_2O_3 做原料，其反应速率可相差近十倍。研究表明，$\gamma\text{-}Al_2O_3$ 的结构比较松弛，密度为 $3.47 \sim 3.60 g/cm^3$；而 $\alpha\text{-}Al_2O_3$ 结构紧密，密度为 $3.96 g/cm^3$，晶格能也较大，约为 $16757 kJ/mol$，所以二者与 MgO 合成尖晶石时，开始反应温度不同，开始温度相差 $220℃$。由于煅烧过程中 $\gamma\text{-}Al_2O_3 \longrightarrow \alpha\text{-}Al_2O_3$ 转变，故轻烧 Al_2O_3 的反应活性大。

（2）反应物具有多晶转变时也可以促进固相反应的进行。因为发生多晶转变时，晶体由一种结构类型转变为另一种结构类型，原来稳定的结构被破坏，晶格中基元的位置发生重排，此时基元间的结合力大大削弱，处于一种活化状态。试验证明，反应物多晶转变温度往往是反应急速进行的温度。例如，SiO_2 与 CO_2O_3 反应中，当温度低于 $900℃$，反应进行很慢；当反应温度为 $900℃$ 时，由于在 $870℃$ 下存在石英向磷石英的多晶转变，因而反应速度大大加快，转化率增大。又如，对于 Fe_2O_3 与 SiO_2 的反应，在 $573℃$ 和 $870℃$ 附近的石英多晶转变温度下，反应速度大大加快，反应产物数量大大增加。这是由于在相转变温度附近物质质点可动性显著增大，晶格松懈、结构内部缺陷增多，从而反应和扩散能力增加。因此，在生产实践中往往可以利用多晶转变、热分解和脱水反应等过程引起的晶格活化效应来选择反应原料和设计反应工艺条件以达到高的生产效率。

（3）在同一反应系统中，固相反应速度还与各反应物间的比例有关，如果颗粒尺寸相同的 A 和 B 反应形成产物 AB，若改变 A 与 B 的比例就会影响到反应物表面积和反应截面积的大小，从而改变产物层的厚度和影响反应速率。例如增加反应混合物中"遮盖"物的含量，则反应物接触机会和反应截面就会增加，产物层变薄，相应的反应速率就会增加。

12.5.2　反应物颗粒尺寸及分布的影响

反应物颗粒尺寸对反应速率的影响，首先在杨德尔、金斯特林格动力学方程式中明显地得到反映。反应速率常数 K 值反比于颗粒半径平方。因此，在其他条件不变的情况下反应速率受到颗粒尺寸大小的强烈影响。图 12-17 表示出不同颗粒尺寸对 $CaCO_3$ 和 MoO_3 在 600℃反应生成 $CaMoO_4$ 的影响，比较曲线 1 和 2 可以看出颗粒尺寸的微小差别对反应速率的显著影响。

另外，颗粒尺寸大小对反应速率的影响是通过改变反应界面和扩散截面以及改变颗粒表面结构等效应来完成的，颗粒尺寸越小，反应体系比表面积越大，反应界面和扩散界面也相应增加，因此反应速率增大。同时按威尔表面学说，随颗粒尺寸减小，键强分布曲线变平，弱键比例增加，故而使反应和扩散能力增强。

需要指出的是，同一反应体系由于物料颗粒尺寸不同其反应机理也可能会发生变化，而属不同动力学范围控制。例如前面提及的 $CaCO_3$ 和 MoO_3 反应，当取等分子比并在较高温度（600℃）下反应时，若 $CaCO_3$ 颗粒大于 MoO_3 则反应由扩散控制，反应速率随 $CaCO_3$ 颗粒度减少而加速，倘若 $CaCO_3$ 颗粒尺寸减小到小于 MoO_3 并且体系中存在过量的 $CaCO_3$ 时，则由于产物层变薄，扩散阻力减少，反应由 MoO_3 的升华过程所控制，并随 MoO_3 粒径减小而加强。图 12-18 给出了 $CaCO_3$ 与 MoO_3 反应受 MoO_3 升华所控制的动力学情况，其动力学规律符合由布特尼柯夫和金斯特林格推导的升华控制动力学方程：

$$F(G) = 1 - (1-G)^{2/3} = Kt \tag{12-32}$$

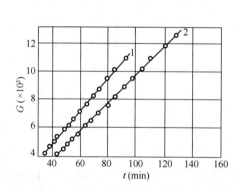

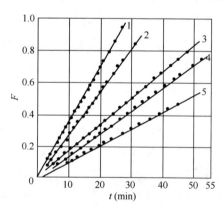

图 12-17　碳酸钙与氧化钼固相反应的动力学

$MoO_3 : CaCO_3 = 1 : 1$，$r_{MoO_3} = 0.036mm$；

1—$r_{CaCO_3} = 0.13mm$，$T = 600℃$；

2—$r_{CaCO_3} = 0.135mm$，$T = 600℃$

图 12-18　碳酸钙与氧化钼固相反应（升华控制）

$CaCO_3 : MoO_3 = 15$，$r_{CaCO_3} = 30$，（$T = 620℃$）

1—$r_{(MoO_3)} = 52\mu m$；　2—$r_{(MoO_3)} = 64\mu m$；

3—$r_{(MoO_3)} = 119\mu m$；　4—$r_{(MoO_3)} = 130\mu m$；

5—$r_{(MoO_3)} = 153\mu m$

反应物料粒径的分布对反应速率的影响同样是重要的。理论分析表明由于物料颗粒大小以平方关系影响着反应速率，颗粒尺寸分布越是集中对反应速率越是有利。因此缩小颗粒尺寸分布范围，以避免少量较大尺寸的颗粒存在而显著延缓反应进程，是生产工艺在减小颗粒尺寸的同时应注意到的另一问题。

12.5.3　反应温度、压力与气氛的影响

温度是影响固相反应速率的重要外部条件之一。一般可以认为温度升高均有利于反应进行。这是因为温度升高，固体结构中质点热振动动能增大、反应能力和扩散能力均得到增强。对于化学反应，其速率常数 $K = A\exp(-\dfrac{\Delta G_R}{RT})$。式中，$\Delta G_R$ 为化学反应活化能；A 是与质点活化机构相关的指前因子；对于扩散，其扩散系数 $D = D_0\exp\left(-\dfrac{Q}{RT}\right)$。因此无论是扩散控制或化学反应控制的固相反应，温度的升高都将提高扩散系数或反应速率常数。而且由于扩散活化能 Q 通常比反应活化能 ΔG_R 小，而使温度的变化对化学反应的影响远大于对扩散的影响。

压力是影响固相反应的另一外部因素。对于纯固相反应，压力的提高可显著地改善粉料颗粒之间的接触状态，如缩短颗粒之间距离，增加接触面积等可提高固相反应速率。但对于有液相、气相参与的固相反应，扩散过程主要不是通过固相粒子直接接触进行的。因此提高压力有时并不表现出积极作用，甚至会适得其反。例如黏土矿物脱水反应和伴有气相产物的热分解反应以及某些由升华控制的固相反应等，增加压力会使反应速率下降，由表 12-3 所列数据可见随着水蒸气压的增高，高岭土的脱水温度和活化能明显提高，脱水速率降低。

表 12-3　不同水蒸气压力下高岭土的脱水活化能

水蒸气压力 P_{H_2O} (Pa)	温度 T（℃）	活化能 ΔG_R（kJ/mol）
＜0.10	390～450	214
613	435～475	352
1867	450～480	377
6265	470～495	469

此外气氛对固相反应也有重要影响。它可以通过改变固体吸附特性而影响表面反应活性。对于一系列能形成非化学计量的化合物 ZnO、CuO 等，气氛可直接影响晶体表面缺陷的浓度、扩散机构和扩散速度。

12.5.4　矿化剂及其他影响因素

在固相反应体系中加入少量非反应物物质或某些可能存在于原料中的杂质常会对反应产生特殊的作用，这些物质被称为矿化剂，它们在反应过程中不与反应物或反应产物起化学反应，但它们以不同的方式和程度影响着反应的某些环节。试验表明矿化剂可以产生如下作用：（1）改变反应机构降低反应活化能；（2）影响晶核的生成速率；（3）影响结晶速率及晶格结构；（4）降低体系共熔点，改善液相性质等。例如在 Na_2CO_3 和 Fe_2O_3 反应体系加入 $NaCl$，可使反应转化率提高 1.5～1.6 倍之多。而且当颗粒尺寸越大，这种矿化效果越明显。又如，在硅砖中加入 1%～3% $[Fe_2O_3 + Ca(OH)_2]$ 作为矿化剂，能使其大部分 α-石英不断熔解析出 α-鳞石英，从而促使 α-石英向鳞石英的转化。关于矿化剂的一般矿化机理是复杂多样的，可因反应体系的不同而完全不同，但可以认为矿化剂总是以某种

方式参与到固相反应过程中。

以上从物理化学角度对影响固相反应速率的诸因素进行了分析讨论，但必须提出，实际生产科研过程中遇到的各种影响因素可能会更多更复杂。对于工业性的固相反应除了有物理化学因素外，还有工程方面的因素。例如，水泥工业中的碳酸钙分解速率，一方面受到物理化学基本规律的影响，另一方面与工程上的换热传质效率有关。在同温度下，普通旋窑中的分解率要低于窑外分解炉中的，这是因为在分解炉中处于悬浮状态的碳酸钙颗粒在传质换热条件上比普通旋窑中好得多，因此从反应工程的角度考虑传质传热效率对固相反应的影响具有同样重要性。尤其是硅酸盐材料生产通常都要求高温条件，此时传热速率对反应进行的影响极为显著。例如把石英砂压成直径为 50mm 的球，以约 8℃/min 的速度进行加热使之进行 $\beta \rightarrow \alpha$ 相变，约需 75min 完成。而在同样加热速率下，用相同直径的石英单晶球做试验，则相变所需时间仅为 13min。产生这种差异的原因除两者的传热系数不同外〔单晶体约为 5.23W/(m² · K)，而正英砂球约为 0.58W/(m² · K)〕，还由于石英单晶是透辐射的。其传热方式不同于石英砂球，即不是传导机构连续传热而是可以直接进行透射传热。因此固相反应不是在依序向球中心推进的界面上进行，而是在具有一定厚度范围内以至于在整个体积内同时进行，从而大大加速了固相反应的速度。

12.6　案例解析

12.6.1　高温固相反应制备 SiC 陶瓷粉体

碳化硅（SiC）材料具有优异的热稳定性、化学稳定性和宽禁带、高硬度、高熔点、热传导性能等特点，在航空航天、通信、石油钻探、电磁波吸收、汽车轮船、化工和高温辐射等特殊环境下具有潜在的应用前景。目前，可以采用固相法、液相法和气相法制备 SiC 陶瓷粉体，由于制备方法不同可以获得具有纳米线状、棒状、竹节状、纤维和管状等不同形貌的 SiC 陶瓷粉体。下面以固相法为例介绍 SiC 陶瓷粉体的合成机理。

固相反应法制备 SiC 陶瓷粉体应用最广泛的是碳热还原法和自蔓延高温合成法。其中所用的反应原料碳源主要包括炭黑、多壁碳纳米管、酚醛树脂、活性炭、石墨粉以及生物质材料、纸浆纤维素等。例如：以炭黑和 SiO_2 为原料，以 Fe_2O_3 为催化剂，在氩气保护下通过 1350℃碳热还原反应 3h 能够制备出 SiC 微粉；以多壁碳纳米管为碳源，在 1400～1600℃与硅粉和二氧化硅反应可以制备出不同形貌的 SiC 纳米线。

12.6.1.1　常压固相反应制备 SiC 的生长机制

常压固相反应制备 SiC 的生长机制主要包括气-液-固（VLS）机制以及气-固（VS）机制。两种反应机制中硅源与碳源的反应主要分为三部分：SiO 及 CO 气体的生成反应、SiC 晶核生成反应以及 SiC 生长反应。

$$SiO_2(s) + C(s) === SiO(g) + CO(g) \tag{12-33}$$
$$SiO_2(s) + Si(s) === 2SiO(g) \tag{12-34}$$
$$C(s) + CO_2(g) === 2CO(g) \tag{12-35}$$
$$C(s) + Si(s) === SiC(s) \tag{12-36}$$
$$SiO(g) + 2C(s) === SiC(s) + CO(g) \tag{12-37}$$

$$SiO(g) + 3CO(g) \Longrightarrow SiC(s) + 2CO_2(g) \tag{12-38}$$

$$3SiO(g) + CO(g) \Longrightarrow SiC(s) + 2SiO_2(g) \tag{12-39}$$

式中，反应式（12-33）和反应式（12-34）为 SiO 及 CO 气体的生成反应，同时反应中生成的 CO_2 在高温下不稳定，与周围的 C 迅速反应生成 CO。反应式（12-36）和反应式（12-37）为 SiC 晶核生成反应，最终经过反应式（12-38）和反应式（12-39）实现 SiC 材料的进一步生长。反应式（12-39）是 SiC 材料通常会形成 SiO_2 壳的主要原因。

（1）VLS 机制

VLS 反应机制通过气-液-固相反应实现 SiC 的成核生长（图 12-19）。催化剂（或称杂质）在整个制备过程中起着重要作用，原料中反应生成的 SiO 气体首先扩散至富碳的催化剂融球表面且进入液相催化剂内部，当温度达到合成温度时，气相反应物持续地溶入催化剂，从而达到过饱和状态，最终在界面处沿着具有低表面能的（111）晶面生长成为一定直径的 SiC 最终产物。通常，在 VLS 生长方式中，在最终产物的顶端会有一个金属液滴，该液滴促进了 SiC 结构的进一步生长，并且决定着产品的最终形貌和尺寸。例如：在 SiOC 多孔陶瓷中采用二茂铁为催化剂基于 VLS 生长机制原位制得 SiC 纳米线。

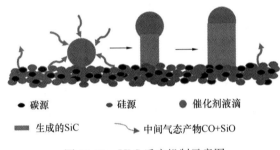

● 碳源　　　● 硅源　　　● 催化剂液滴

▬ 生成的SiC　　　→ 中间气态产物CO+SiO

图 12-19　VLS 反应机制示意图

（2）VS 机制

VS 机制是指具有特定条件（如具备氧化或活化的气氛、表面有小的颗粒、存在位错等）的反应体系通过气-固反应实现 SiC 的形核与生长，由反应式（12-33）～反应式（12-35）生成的 SiO 与 CO 气体，SiO 气体与 C 和 CO 分别发生气-固反应和气相反应生成 SiC。同时反应物中的 C 与 Si 也会以反应式（12-36）形式发生固相反应。扩散机制为反应提供条件使得 SiC 的持续稳定地生长。

12.6.1.2　高温固相反应制备 SiC 的影响机制

在高温固相反应制备 SiC 的过程中，对最终产物结构性能造成影响的因素主要有原料、反应温度、气体过饱和度等。

反应原料对 SiC 产物的微观结构和形貌有一定的影响。以生物质材料丝瓜瓤、杨梅、棉花、鸡蛋内膜以及针叶材纤维素为原料制备 SiC，SiC 产物保留了生物质原料的原始微观结构的同时可产生新型形貌。模板法制备的 SiC 会在一定程度上保留模板的形貌。除采用碳模板法外，以酚醛树脂和硅粉分别作为碳硅源，无催化剂下合成的 SiC 多为颗粒状，同时有少量晶须生成。以 SiO_2 微球和聚对苯二甲酸乙二醇酯为原料，在 1500℃恒温 4h，可制备出表面光滑且直径为 30～150nm 的 SiC 纳米线。

反应温度是影响固相反应过程的重要因素。反应温度的高低会直接影响 SiC 产物的形貌，常压固相碳热还原反应制备 β 相 SiC 的温度多高于 1300℃。以摩尔比 1:1:4 的 Si 粉、SiO₂ 和碳纳米管作为硅源和碳源，在无催化剂条件下，1400℃、1500℃ 以及 1600℃ 下分别制备出蠕虫状、过渡态和直线形 SiC 纳米线，由于温度的变化会影响 SiC 晶体内部晶体缺陷堆垛层错的数量以及生长倾斜方向，因而会影响 SiC 纳米线的形貌。一般来说，SiC 纳米线的数量、密度和长度会随着反应温度的升高而增加。总之，反应温度对制备 SiC 的形貌存在影响，在催化剂参与的常压反应制备 SiC 的研究中，温度对 SiC 材料的形貌以及直径的影响与无催化剂体系下也会有所不同。高温碳热还原反应温度对 SiC 产物的影响主要机制如下：（1）反应物 Si 的气体分压随温度的升高以指数形式升高，增大硅蒸气扩散到碳材料表面并提高内部发生反应的速率；（2）温度越高，碳的扩散速度越快，从而提高 SiC 成核和生长的速率。

气体过饱和度是影响 SiC 最终产品的重要因素。SiC 的成核和生长受动力学控制，基于以上 VLS 机制以及 VS 机制，气态 CO 以及 SiO 为主要反应物，因此，参与反应的 CO 和 SiO 的气体过饱和度是 SiC 最终产品的重要影响因素。目前，有关气体过饱和度的影响，有两种对立的观点。一种观点认为，参与成核的气体过饱和度低时 SiC 主要沿形成能最低的（111）表面方向生长，随着体系中 CO 和 SiO 气体分压增加，会引起参与成核的气体过饱和度升高，SiC 在沿（111）面生长的同时会向其他方向生长而生成 SiC 颗粒。另一种观点认为，较低的气体过饱和度适合一维 SiC 材料的生长，高气体过饱和度更适宜 SiC 颗粒的生长。此外，热平衡状态下的硅和碳的蒸气压随原料中 Si 与 C 的质量比变化，故气体过饱和度对于 SiC 的成核和生长的影响同样与反应物质量比相关。另有一些研究者认为，足够高的气体过饱和度由于具有足够时间参与反应从而利于制备超长 SiC 纳米线，低气体过饱和度则有利于制备 SiC 颗粒。

此外，催化剂对制备 SiC 粉体具有重要影响。可以作为制备 SiC 的金属催化剂主要包括 NiSi、WO₃、Ni、Al、Fe 和 Ga 等。催化剂通过改变体系的热力学活度和改变相平衡关系从而提高 SiC 的产率。在制得的 SiC 顶端会出现催化剂小液滴，可通过控制催化剂液滴的大小调节 SiC 材料的直径。采用复合催化剂时，可以通过改变催化剂组成来调节 SiC 产品的形貌和产量。另外，SiC 的生长速率随保温时间的增加而增加，其平均尺寸会随保温时间的增加而变大。

12.6.2　固相反应法制备 N、Se 共掺杂碳限域的 NiSe 纳米晶及其储钠性能

目前，锂离子电池已在电子产品、电动汽车、储能系统等领域获得广泛应用，然而，全球锂金属资源储量有限、分布不均匀及锂离子电池的低安全性问题，将严重制约锂离子电池进一步推广应用。由于钠离子电池的电化学工作机制与锂离子电池类似，其工作相对更加安全，且钠资源在地壳中储量丰富、分布广泛，因此，低成本、长寿命钠离子电池的研究受到关注。但由于 Na⁺ 半径（0.102nm）较 Li⁺ 半径（0.076nm）更大，导致在动力学上 Na⁺ 扩散相对缓慢。同时，锂离子电池中最常用的石墨负极材料，由于有限的层间距，使其储钠容量极低，在钠离子电池中难以得到应用。将过渡金属硒化物与更具导电性的碳材料进行复合，既可以增强材料导电性，还可以缩短 Na⁺ 以及电子的传输路径，缓冲材料在嵌/脱钠过程中产生的体积变化，并为储存 Na⁺ 提供更多的活性位点，从而有利于提高其储钠容量和循环稳定性。

采用简便的两步直接固相反应法，可以合成 NiSe 纳米粒子限域在 N，Se 共掺杂碳中的复合物。首先以四水合醋酸镍、邻香草醛以及邻苯二胺（物质的量之比为 $1:2:1$）为原料，在室温下研磨以发生固相自组装反应，生成黄色 Ni（Ⅱ）席夫碱配合物固体前驱体；然后，将该前驱体与硒粉在室温下研磨混合均匀后，在高温下进行煅烧，利用配合物发生热解碳化和硒化过程，原位合成 NiSe 纳米粒子限域在 N，Se 共掺杂碳中的复合物；在加热升温前，管式炉先通 1h 的高纯 N_2，以完全去除炉内的 O_2；之后，在保持通 N_2 下升温至 700℃，在 700℃下保温发生固相反应 3h；最后，管式炉自然冷却至室温，获得 N，Se 共掺杂碳限域的 NiSe 纳米晶复合物。电化学测试结果显示，该复合物表现出良好的储钠稳定性及较高的倍率容量。

12.7 思政拓展

材料是推动科技进步的重要力量

在第九届中国电子信息博览会（CITE2021）开幕论坛上，中国工程院院士、中国建材集团有限公司总工程师彭寿发表了题为"创新驱动新型显示材料高质量发展"的开幕演讲。彭寿谈道，一代材料一代技术、一代材料一代装备，新型显示材料的创新发展必将助推电子信息产业成为我国现代产业体系建设的主引擎。目前，全球已经进入到了高质量发展的关键时刻，特别是进入到了以智能化、数字化为核心的新工业的革命时代。每次革命性的变化，都带来了技术的发展。在众多技术中，材料已经成为推动世界科技进步的重要力量，成为大国博弈的撒手锏。目前，世界主要国家都围绕材料创新展开了竞争。全球制定了约 70 项与材料相关的国家战略，美国近十年来制定了十余项有关材料的战略计划，我国也发布了多项规范。

彭寿指出，新型显示领域主要包括显示玻璃、液晶材料、高纯靶材、OLED 材料等。显示材料离不开四块玻璃，它们分别是 TFT 玻璃、高强盖板玻璃、柔性玻璃、OLED 玻璃。发光材料的使用是未来显示产业的发展趋势。在技术创新方面，需要将材料创新与流程创新相结合。材料创新首先要把产品向薄型化发展，包括柔性、Micro-LED 等产品的薄型化；其次是要向大尺寸化方向发展，让材料的尺寸越来越大；再次是高纯化发展，即电子封装材料、发光材料等的高纯化；最后是复合化发展，指多组分材料复合掺杂，让材料的掺杂和变化产生新的功能。

当前，中国已成为世界"材料大国"。彭寿表示，我国材料产业基础非常齐全、完整，同时，我国材料的研究发展速度非常快，产业规模也不断扩大，材料在我国每年以 20%左右的速度增长，然而，我国"材料强国"之路仍是任重道远。国际先进制造国家已将先进材料，即电子信息材料、新能源材料和生物医用材料列入基础材料范畴，而我国先进材料却有超过 50 种高度依赖进口。新型显示材料更是材料短板中的短板，整体国产化率仅48%，因此，新型显示材料的创新发展迫在眉睫。

材料工业在现代工业体系中占据着基础性地位。发展新材料是中国从制造大国转变为制造强国的必然要求，是中国摆脱关键材料与技术"卡脖子"困境的根本性举措。习近平总书记指出，新材料产业是战略性、基础性产业，也是高技术竞争的关键领域，我们要奋起直追、迎头赶上。这一重要论述，为我们把握历史机遇、跑赢新材料产业赛道提供了根本遵循，指明了前进方向。作为材料类专业的大学生，同学们应当踔厉奋发，笃行不怠，力争使自己成为材料行业的创新人才，在我国材料强国的进程中贡献自己的青春和热血！

本章总结

　　固相反应是制备无机材料的一个重要的高温过程。广义上讲，凡是有固相参与的反应均可称为固相反应。固相反应是非均相反应，反应过程复杂，不仅包含化学反应本身，还包含相变、熔化、结晶等过程。不同的固相反应在反应机理上可能相差很大，但都包含接触界面上的化学反应以及反应物通过产物层的扩散两个基本过程，因而，固相反应动力学主要包含化学反应控制的反应动力学范围，以及扩散控制的反应动力学范围。在扩散控制的反应动力学中，金斯特林格方程能够描述转化率较大情况下的固相反应，而杨德尔方程只能在转化率较小时才适用。采用固相反应法制备无机功能材料时，需要仔细分析影响固相反应的因素，从而掌握最佳的制备工艺路线。影响固相反应的因素有：（1）反应物化学组成与结构；（2）反应物颗粒尺寸与分布；（3）反应温度、压力与气氛的影响；（4）矿化剂及其他影响因素。

课后习题

　　12-1　纯固相反应在热力学上有何特点？为何固相反应有气体或液体参加时，范特霍夫规则就不适用了？

　　12-2　MoO_3 和 $CaCO_3$ 反应时，反应机理受到 $CaCO_3$ 颗粒大小的影响。当 MoO_3 : $CaCO_3 = 1:1$，$r_{MoO_3} = 0.036mm$，$r_{CaCO_3} = 0.13mm$ 时，反应是扩散控制的；当 $CaCO_3$: $MoO_3 = 15$，$r_{CaCO_3} < 0.03mm$ 时，反应是升华控制的，试解释这种现象。

　　12-3　试比较杨德尔方程、金斯特林格方程和卡特方程的优缺点及其适用条件。

　　12-4　如果要合成镁铝尖晶石，可提供选择的原料为 $MgCO_3$、$Mg(OH)_2$、MgO、$Al_2O_3 \cdot 3H_2O$、γ-Al_2O_3、α-Al_2O_3。从提高反应速率的角度出发，选择什么原料较好？说明原因。

　　12-5　当测量氧化铝-水化物的分解速率时，发现在等温试验期间，质量损失随时间线性增加到 50% 左右。超过 50% 时，质量损失的速率就小于线性规律。线性等温速率随温度指数增加而增加，温度从 451℃ 增大到 493℃ 时速率增大 10 倍。试计算激活能，并指出这是一个扩散控制的反应、一级反应还是界面控制的反应。

　　12-6　当通过产物层的扩散控制速率时，试考虑从 NiO 和 Cr_2O_3 的球形颗粒形成 $NiCr_2O_4$ 的问题。（1）认真绘出假定的几何形状示意图并推导出过程中早期的形成速率关系。（2）在颗粒上形成产物层后，是什么控制着反应？（3）在 1300℃，$NiCr_2O_4$ 中 $D_{Cr} > D_{Ni} > D_O$，试问哪一个控制着 $NiCr_2O_4$ 的形成速率？为什么？

　　12-7　由 MgO 和 Al_2O_3 固相反应生成 $MgAl_2O_4$，试问：（1）反应时什么离子是扩散离子？请写出界面反应方程。（2）当用 $MgO:Al_2O_3 = 1:n$（分子数比）进行反应时，在 1415℃ 测得尖晶石厚度为 $340\mu m$，分离比为 3.4，试求 n 值。（3）已知 1415℃ 和 1595℃ 时，生成 $MgAl_2O_4$ 的反应速率常数分别为 $1.4 \times 10^{-9} cm^2/s$ 和 $1.4 \times 10^{-3} cm^2/s$，试求反应活化能。

　　12-8　固体内的同质多晶转变导致小尺寸的（细晶粒的）或大尺寸的（粗晶粒的）多

晶材料，取决于成核率与晶体生长速度，（1）试问这些速率如何变化才能产生细晶粒或粗晶粒产品？（2）试对每个晶粒给出时间与尺寸的曲线来说明细晶粒长大与粗晶粒长大的对比（在时间坐标轴上以转变的时刻为时间起点）。

13 烧结过程

本章导读

烧结是无机材料制备过程中的一个重要工艺过程，烧结的目的是把粉状物料转变为致密的烧结体，并赋予材料特殊的性能。人们很早就利用烧结这个工艺来生产陶瓷、粉末冶金、耐火材料、超高温材料等。当原料配方、粉体粒度、成型等工序完成以后，烧结是使材料获得预期的显微结构以使材料性能充分发挥的关键工序。

一般说来，粉体经过成型后，通过烧结得到的致密体是一种多晶材料，其显微结构由晶体、玻璃体和气孔组成。烧结过程直接影响显微结构中晶粒尺寸、气孔尺寸及分布以及晶界体积分数等。无机材料的性能不仅与材料组成（化学组成和矿物组成）有关，还与材料的显微结构有密切关系。因此，研究原料在烧结过程中的各种物理化学变化，分析粉末烧结体烧结过程的现象及烧结机理，掌握烧结动力学及影响烧结因素，对指导无机材料生产、控制产品质量、改进材料性能和研制新型材料具有十分重要的实际意义。

本章重点讨论粉末烧结过程的现象和机理，介绍烧结的各种因素对控制和改进材料性能的影响。

13.1　烧结概论

13.1.1　烧结定义

粉料成型后形成具有一定外形的坯体，坯体的强度较低。将成型后的坯体放在一定的气氛条件下，以一定的加热速率加热到某一特定温度并进行保温，这个过程称为坯体的烧结过程。

宏观定义：粉体原料经过成型、加热到低于熔点的温度，发生固结、气孔率下降、收缩加大、致密度提高、晶粒增大，变成坚硬的烧结体，这个现象称为烧结。

微观定义：固态中分子（或原子）间存在相互吸引，通过加热使质点获得足够的能量进行迁移，使粉末体产生颗粒黏结，产生强度并导致致密化和再结晶的过程称为烧结。

13.1.2　烧结过程示意图

粉料成型后的坯体内颗粒之间只有点接触，坯体内一般包含气体（35%～60%）（图13-1）。在高温下颗粒间接触面积扩大、颗粒聚集、颗粒中心距逼近、逐渐形成晶界，气孔形状发生变化，从连通的气孔变成各自孤立的气孔并且体积逐渐缩小，以致最后大部分甚至全部气孔从晶体中排除，这就是烧结所包含的主要物理过程，这些物理过程随烧结温度的升高而逐渐推进。

烧结体宏观上出现体积收缩、致密度提高和强度增加，因此烧结程度可以用坯体收缩率、气孔率、吸水率或烧结体密度与理论密度之比（相对密度）等指标来表示。同时，随着烧结温度升高，粉末压块的性质也随这些物理过程的进展而出现坯体收缩、气孔率下降、晶粒尺寸增大、致密度提高、强度增加、电阻率下降等变化，如图 13-2 所示。

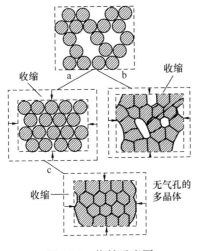

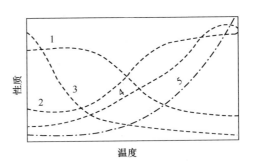

图 13-1　烧结示意图
a—气体以开口气孔排除；b—气体封闭在
闭口气孔内；c—无闭口气孔的烧结体

图 13-2　粉末压块性质与烧结温度的关系
1—气孔率变化曲线；2—密度变化曲线；
3—电阻变化曲线；4—强度变化曲线；
5—晶粒尺寸变化曲线

13.1.3　与烧结有关的概念

在材料制备科学与技术中经常会遇到与烧结有关但又有明显区别的一些概念，如烧成、熔融和固相反应等，下面对与烧结有关的概念进行简单介绍。

（1）烧结与烧成

烧成是在一定的温度范围内烧制成致密体的过程。烧成包括多种物理和化学变化，例如，脱水、坯体内气体分解、多相反应和熔融、溶解、烧结等。烧结指粉料经加热而致密化的简单物理过程，不包括化学变化。烧结仅仅是烧成过程的一个重要部分，而烧成的含义包括的范围更广，例如，普通陶瓷或耐火材料制备过程中从坯体进入隧道窑到制品离开隧道窑的整个过程可称为陶瓷或耐火材料的烧成。

（2）烧结与熔融

烧结是在低于固态物质的熔融温度下进行的。熔融指固体熔化成熔体过程。烧结和熔融这两个过程都是由原子热振动而引起的，但熔融时全部组元都转变为液相，而烧结时至少有一组元是处于固态的。

（3）烧结温度（T_s）和熔点（T_m）关系

金属粉末：$T_s \approx (0.3 \sim 0.4) T_m$

盐类：$T_s \approx 0.57 T_m$

硅酸盐：$T_s \approx (0.8 \sim 0.9) T_m$

（4）烧结与固相反应的区别

相同点：这两个过程均在低于材料熔点或熔融温度之下进行，并且自始至终都至少有一相是固态。

不同点：固相反应发生化学反应。固相反应必须至少有两组元参加，如 A 和 B 发生固相反应，最后生成化合物 AB，AB 结构与性能不同于 A 与 B。

烧结不发生化学反应。烧结可以只有单组元，也可以两组元参加，但两组元并不发生化学反应，仅仅是在表面能驱动下，由粉体变成致密体。烧结体除可见的收缩外，微观晶相组成并未发生变化，仅仅是晶相显微组织上排列致密和结晶程度更完善。当然随着粉末体变为致密体，物理性能也随之有相应的变化。

实际生产中往往不可能是纯物质的烧结。烧结、固相反应往往是同时穿插进行的。例如，采用 $BaCO_3$ 和 TiO_2 粉末为原料通过传统的固相反应烧结法制备 $BaTiO_3$ 铁电陶瓷，烧结过程中会同时发生固相反应。

13.1.4　烧结过程推动力

由于烧结的致密化过程是通过物质传递和迁移实现的，因此存在某种推动力推动物质的定向迁移和致密化过程。一般认为，粉体颗粒表面能是烧结过程的根本推动力。

为了便于烧结，通常都是将物料制备成超细粉末，粉末越细比表面积越大，表面能就越高，颗粒表面活性也越强，成型体就越容易烧结成致密的陶瓷。烧结过程推动力的表面能具体表现在烧结过程中的能量差、压力差和空位差。

13.1.4.1　能量差

能量差是指粉状物料的表面能与多晶烧结体的晶界能之差。

粉料在粉碎与研磨过程中消耗的机械能以表面能形式储存在粉体中，粉料的粒度越小，粉体的表面能越高；同时由于粉碎会引起晶格缺陷，因此，与烧结体相比，粉末体由于比表面积大而具有较高的活性，并处于能量的不稳定状态。任何系统降低能量是一种自发趋势，近代烧结理论的研究认为，粉状物料的表面能大于多晶烧结体的晶界能，这就是烧结的推动力。粉体经烧结后，晶界能取代了表面能，这是多晶材料稳定存在的原因。

粒度为 $1\mu m$ 的材料烧结时所发生的自由焓降低约 8.3J/g，而 α-石英转变为 β-石英时能量变化为 1.7kJ/mol，一般化学反应前后能量变化超过 200kJ/mol。可见，烧结推动力与相变和化学反应的能量相比还是极小的。因此，烧结不能自发进行，必须对粉体加以高温，才能促使粉末体转变为烧结体。

常用 γ_{GB} 晶界能和 γ_{sv} 表面能之比来衡量烧结的难易，某材料 γ_{GB}/γ_{sv} 越小越容易烧结，反之越难烧结。为了促进烧结，必须使 $\gamma_{sv} \gg \gamma_{GB}$。一般 Al_2O_3 粉的表面能约为 $1J/m^2$，而晶界能为 $0.4J/m^2$，两者之差较大，比较易烧结。而一些共价键化合物如 Si_3N_4、SiC、AlN 等，它们的 γ_{GB}/γ_{sv} 比值高，烧结推动力小，因而不易烧结。清洁的 Si_3N_4 粉末 γ_{sv} 为 $1.8J/m^2$，但它极易在空气中被氧污染而使 γ_{sv} 降低，同时由于共价键材料原子之间强烈的方向性而使 γ_{GB} 增高。

固体表面能一般不等于表面张力，但当界面上原子排列是无序的，或在高温下烧结时，这两者仍可当作数值相同来对待。

13.1.4.2 压力差

颗粒弯曲的表面上与烧结过程中出现的液相接触会产生压力差。粉末体紧密堆积以后，颗粒间存在很多细小的气孔通道，烧结过程中这些颗粒弯曲的表面上由于液相表面张力的作用而造成的压力差为：

$$\Delta P = 2\gamma/r \tag{13-1}$$

式中，γ 为粉末体表面张力（液相表面张力与表面能相同）；r 为粉末球形半径。

若为非球形曲面，可用两个主曲率 r_1 和 r_2 表示：

$$\Delta P = \gamma\left(\frac{1}{r_1} + \frac{1}{r_2}\right) \tag{13-2}$$

以上两个公式表明，弯曲表面上的附加压力与球形颗粒（或曲面）曲率半径成反比，与粉料表面张力（表面能）成正比。由此可见，粉料越细，由曲率面引起的烧结动力越大。同样，表面能越大附加压力越大，烧结推动力越大。

13.1.4.3 空位差

颗粒表面上的空位浓度与内部的空位浓度之差称空位差。

颗粒表面上的空位浓度一般比内部空位浓度大，两者之差可以由下式描述：

$$\Delta c = \frac{\gamma\delta^3}{\rho RT}c_0 \tag{13-3}$$

式中，Δc 为颗粒内部与表面的空位差；γ 为表面能；δ^3 为空位体积；ρ 为曲率半径；c_0 为平表面的空位浓度；R 为玻尔兹曼常数；T 为热力学温度。

粉料越细，ρ 曲率半径就越小，颗粒内部与表面的空位浓度差就越大；同时，粉料越细表面能也越大，由式（13-3）可知空位浓度差 Δc 就越大，烧结推动力就越大。所以，空位浓度差 Δc 导致内部质点向表面扩散，推动质点迁移，可以加速烧结。

13.1.5 烧结模型

烧结是一个古老的工艺过程，人们很早就利用烧结来生产陶瓷、水泥、耐火材料等。但关于烧结现象及其机理的研究还是从 1922 年才开始的。直到 1949 年，库津斯基（G. C. Kuczynski）提出孤立的两个颗粒或颗粒与平板的烧结模型，为研究烧结机理开拓了新的方法。烧结分烧结初期、中期、后期。中期和后期由于烧结历程不同，烧结模型各样，很难用一种模型描述。烧结初期因为是从初始颗粒开始烧结，可以看成圆形颗粒的点接触，其烧结模型可以有下面三种形式。

图 13-3（a）是球形颗粒的点接触模型，烧结过程的中心距离不变；图 13-3（b）是球形颗粒的点接触模型，但是烧结过程的中心距离变小；图 13-3（c）是球形颗粒与平面

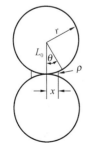 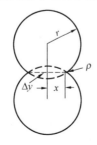 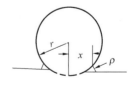

(a) $\rho=x^2/2r$，$A=\pi^2x^3/r$，$V=\pi x^4/2r$　　(b) $\rho=x^2/4r$，$A=\pi^2x^3/2r$，$V=\pi x^4/4r$　　(c) $\rho=x^2/2r$，$A=\pi x^3/2r$，$V=\pi x^4/2r$

图 13-3　烧结模型

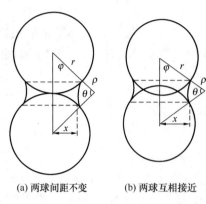

(a) 两球间距不变　　(b) 两球互相接近

图 13-4　两球颈部生长示意图

的点接触模型，烧结过程中心距离也变小。图 13-3 介绍了三种模型，并列出由简单的几何关系计算得到的颈部曲率半径 ρ、颈部体积 V、颈部表面积 A 与颗粒半径 r 和接触颈部半径 x 之间的关系（假设烧结初期 r 变化很小，$x \gg \rho$）。

描述烧结程度或速率一般用颈部生长率 x/r 和烧结收缩率 $\Delta L/L_0$ 来表示，因实际测量 x/r 比较困难，故常用烧结收缩率 $\Delta L/L_0$ 来表示烧结的速率。对于模型（a）虽然存在颈部生长，但烧结收缩率 $\Delta L/L_0 = 0$；对于模型（b），烧结时两球靠近，中心距缩短，设两球中心之间缩短的距离为 ΔL，如图 13-4所示，则：

$$\frac{\Delta L}{L_0} = \frac{r - (r + \rho)\cos\varphi}{r} \tag{13-4}$$

式中，L_0 为两球初始时的中心距离，烧结初期很小，则式（13-4）变为

$$\frac{\Delta L}{L_0} = \frac{r - r - \rho}{r} = -\frac{\rho}{r} = -\frac{x^2}{4r^2} \tag{13-5}$$

式中的负号表示 $\Delta L/L_0$ 是一个收缩过程，所以式（13-5）可以写成

$$\frac{\Delta L}{L_0} = -\frac{x^2}{4r^2} \tag{13-6}$$

以上三种模型对烧结初期一般是适用的，但随着烧结的进行，球形颗粒逐渐变形，因此在烧结中、后期应采用其他模型。

13.2　固相烧结

单一粉末体的烧结常常属于典型的固相烧结，没有液相参与。固相烧结的主要传质方式有蒸发-凝聚、扩散传质和塑性流变。

13.2.1　蒸发-凝聚传质

13.2.1.1　概念

固体颗粒表面曲率不同，在高温时必然在系统的不同部位有不同的蒸气压。质点通过蒸发，再凝聚实现质点的迁移，促进烧结。

这种传质过程仅仅在高温下蒸气压较大的系统内进行，如氧化铅、氧化铍和氧化铁的烧结。这是烧结中定量计算最简单的一种传质方式，也是了解复杂烧结过程的基础。

蒸发-凝聚传质采用的模型如图 13-5 所示。在球形颗粒表面有正曲率半径，而在两个颗粒连接处有一个小的负曲率半径的颈部，根据开尔文公式可以得出，物质将从蒸气压高的凸形颗粒表面蒸发，通过气

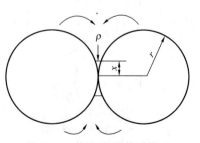

图 13-5　蒸发-凝聚传质模型

相传递而凝聚到蒸气压低的凹形颈部，从而使颈部逐渐被填充。

13.2.1.2 颈部生长速率关系式

根据图 13-4 所示，球形颗粒半径和颈部半径 x 之间的开尔文关系式为

$$\ln \frac{P_1}{P_0} = \frac{\gamma M}{dRT}\left(\frac{1}{\rho} + \frac{1}{x}\right) \tag{13-7}$$

式中，P_1 为曲率半径为 ρ 处的蒸气压；P_0 为球形颗粒表面的蒸气压；γ 为表面张力；d 为密度；M 为分子的相对质量；R 为气体常数；T 为烧结温度；ρ 为曲率半径。

式（13-7）反映了蒸发-凝聚传质产生的原因（曲率半径差别）和条件（颗粒足够小时压差才显著），同时也反映了颗粒曲率半径与相对蒸气压差的定量关系。只有当颗粒半径在 $10\mu m$ 以下，蒸气压差才较明显地表现出来，而约在 $5\mu m$ 以下时，由曲率半径差异而引起的压差已十分显著，因此一般粉末烧结过程较合适的粒度至少为 $10\mu m$。

在式（13-7）中，由于压力差 $P_0 - P_1$ 是很小的，由高等数学可知，当 y 充分小时，$\ln(1+y) \approx y$，则有 $\ln P_1/P_0 = \ln(1 + \Delta P/P_0) \approx \Delta P/P_0$。

又由于 $x \gg \rho$，式（13-7）又可写作：

$$\Delta P \approx \frac{\gamma M P_0}{dRT}\frac{1}{\rho} \tag{13-8}$$

式中，ΔP 为负曲率半径颈部和接近于平面的颗粒表面上的饱和蒸气压之间的压差；M 为分子的相对质量；P_0 为饱和蒸气压；d 为密度；R 为气体常数；T 为烧结温度；ρ 为曲率半径。

根据气体分子运动论可以推出物质在单位面积上凝聚速率正比于平衡气压和大气压差的朗格缪尔（Langmuir）公式为

$$U_m = \alpha \left(\frac{M}{2\pi RT}\right)^{1/2} \Delta P \tag{13-9}$$

式中，U_m 为凝聚速率（$g/cm^2 \cdot s$）；α 为调节系数，其值接近于 1；ΔP 为凹面与平面之间的蒸气压差。

当凝聚速率等于颈部体积增加时则有

$$\frac{U_m \cdot A}{d} = \frac{dV}{dt} \quad (cm^3/s) \tag{13-10}$$

根据烧结模型图 13-3（a）中，相应的颈部曲率半径 ρ、颈部表面积 A 和体积 V 代入式（13-10），并将式（13-9）代入式（3-10）得

$$\frac{\gamma M P_0}{d\rho RT}\left(\frac{M}{2\pi RT}\right)^{1/2} \cdot \frac{\pi^2 \, x^2}{r} \cdot \frac{1}{d} = \frac{d\left(\frac{\pi x^4}{2r}\right)}{dx} \cdot \frac{dx}{dt} \tag{13-11}$$

将式（13-11）移项并积分，可以得到球形颗粒接触面积颈部生长速率关系式为

$$\frac{x}{r} = \left[\frac{3\sqrt{\pi}\gamma M^{3/2} p_0}{\sqrt{2}\, R^{3/2} T^{3/2} d^2}\right]^{1/3} r^{-2/3} \cdot t^{1/3} \tag{13-12}$$

式中，$\frac{x}{r}$ 为颈部生长速率；x 为颈部半径；r 为颗粒半径；γ 为颗粒表面能；M 为相对分子质量；P_0 为球型颗粒表面蒸气压；R 为气体常数；T 为温度；t 为时间。此方程得出了

颈部半径（x）和影响生长速率的其他变量（r，P_0，t）之间的相互关系。

13.2.1.3 试验证实

蒸气压较高的物质的烧结，其机理符合蒸发—冷凝机理。肯格雷（Kingery）等曾以氯化钠球进行烧结试验，氯化钠在烧结温度下有很高的蒸气压，试验证明式（13-12）是正确的。

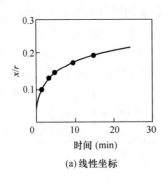

(a) 线性坐标

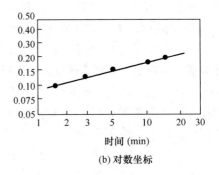

(b) 对数坐标

图 13-6　氯化钠在 750℃时球形颗粒之间颈部生长

（a）线性坐标；（b）对数坐标

由式（13-12）可见，在烧结初期接触颈部的生长 x/r 随时间 t 的 $1/3$ 次方而变化。对于以蒸发-凝聚传质的烧结，颈部增长只在开始时比较显著，随着烧结的进行，颈部增长很快就停止了。因此对这类传质过程用延长烧结时间不能达到促进烧结的效果。

从工艺控制考虑，两个重要的变量是原料起始粒度（r）和烧结温度（T）。粉末的起始粒度越小，烧结速率越大。由于饱和蒸气压（P_0）随温度而呈指数地增加，因而提高温度对烧结有利。

13.2.1.4　蒸发-凝聚传质的特点

蒸发-凝聚传质的特点：（1）坯体不发生收缩。烧结时颈部区域扩大，球的形状改变为椭圆，气孔形状改变，但球与球之间的中心距不变，也就是在这种传质过程中坯体不发生收缩。（2）坯体密度不变。气孔形状的变化对坯体的一些宏观性质有可观的影响，但不影响坯体密度。

气相传质过程要求把物质加热到可以产生足够蒸气压的温度。对于几微米的粉末体，要求蒸气压最低为 $1\sim10$Pa，才能看出传质的效果。而烧结氧化物材料往往达不到这样高的蒸气压，如 Al_2O_3 在 1200℃时蒸气压只有 10^{-41}Pa，因而一般硅酸盐材料的烧结中这种传质方式并不多见。但近年来一些研究报道，ZnO 在 1100℃以上烧结和 TiO_2 在 $1300\sim1350$℃烧结时，发现了符合式（13-12）的烧结速率方程。

13.2.2　扩散传质

在大多数的固体材料中，由于高温下蒸气压低，则传质更易通过固态内质点扩散过程来进行。

13.2.2.1　颈部应力分析

烧结的推动力是如何促使质点在固态中发生迁移的呢？库津斯基（Kuczynski）1949

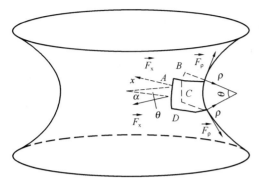

图 13-7　作用在颈部表面的力

年提出颈部应力模型。假定晶体是各向同性的。图 13-7 表示两个球形颗粒的接触颈部，从其上取一个弯曲的曲颈基元 $ABCD$，ρ 和 x 为两个主曲率半径。假设指向接触面颈部中心的曲率半径 x 具有正号，而颈部曲率半径 ρ 为负号。又假设 x 与 ρ 各自间的夹角均为 θ，作用在曲颈基元上的表面张力 F_x 和 F_ρ 可以通过表面张力的定义来计算。由图 13-7 可得：

$$\vec{F}_x = \gamma \overline{AD} = \gamma \overline{BC}$$

$$\vec{F}_\rho = -\gamma \overline{AB} = -\gamma \overline{DC}$$

$$\overline{AD} = \overline{BC} = 2\rho\sin\frac{\theta}{2} = 2\rho \times \frac{\theta}{2} = \rho\theta$$

$$\overline{AB} = \overline{DC} = x\theta$$

由于 θ 很小，所以 $\sin\theta \approx \theta$，因而得到：$\vec{F}_x = \gamma\rho\theta$；$\vec{F}_\rho = \gamma x\theta$

作用在垂直于 $ABCD$ 元上的力 F 为：

$$\vec{F} = 2\left[\vec{F}_x\sin\frac{\theta}{2} + \vec{F}_\rho\sin\frac{\theta}{2}\right]$$

将 $\vec{F}_x$ 和 $\vec{F}_\rho$ 代入上式，并考虑 $\sin\frac{\theta}{2} \approx \frac{\theta}{2}$，可得：

$$\vec{F} = \gamma\theta^2(\rho - x)$$

力除以其作用的面积即得应力，$ABCD$ 元的面积 $= \overline{AB} \times \overline{BC} = \rho\theta \cdot x\theta = \rho x\theta^2$，作用在面积元上的应力 σ 为：

$$\sigma = F/A = \frac{\gamma\theta^2(\rho - x)}{x\rho\theta^2} = \gamma\left(\frac{1}{x} - \frac{1}{\rho}\right) \tag{13-13}$$

因为 $x \gg \rho$，所以　　$\sigma \approx -\gamma/\rho$ $\tag{13-14}$

式（13-14）表明作用在颈部的应力主要由 $\vec{F}_\rho$ 产生，$\vec{F}_x$ 可以忽略不计。从图 13-7 与式（13-13）和式（13-14）可见 σ_ρ 是张应力。两个相互接触的晶粒系统处于平衡，如果将两晶粒看作弹性球模型，根据应力分布分析可以预料，颈部的张应力 σ_ρ，由两个晶粒接触中心处的同样大小的压应力 σ_2 平衡，这种应力分布如图 13-8 所示。

若有两颗粒直径均为 $2\mu m$，接触颈部半径 x 为 $0.2\mu m$，此时颈部表面的曲率半径 ρ 为 $0.001 \sim 0.01\mu m$。若表面张力为 $72J/m^2$，由式（13-14）可计算得 $\sigma_\rho \approx 10^9 \sim 10^{10} N/m^2$。

综上分析可知，应力分布如下：①无应力区，即球体内部；②压应力区，两球接触的中心部位承受压应力 σ_2，③张应力区，

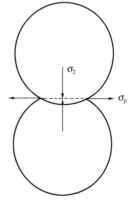

图 13-8　颈部表面的应力

颈部承受张应力 σ_ρ。

在烧结前的粉末体如果是由同径颗粒堆积而成的理想紧密堆积，颗粒接触点上最大压应力相当于外加一个静压力。在真实系统中，由于球体尺寸不一、颈部形状不规则、堆积方式不相同等原因，使接触点上应力分布产生局部的应力。因此在剪应力作用下可能出现晶粒彼此沿晶界剪切滑移，滑移方向由不平衡的应力方向而定。烧结开始阶段，在这种局部的应力和流体静压力的影响下，颗粒间出现重新排列，从而使坯体堆积密度提高，气孔率降低，坯体出现收缩，但晶粒形状没有变化，颗粒重排不可能导致气孔完全消除。

13.2.2.2 颈部空位浓度分析

在扩散传质中要达到颗粒中心距离缩短必须有物质向气孔迁移，气孔作为空位源，空位进行反向迁移。颗粒点接触处的应力促使扩散传质中物质的定向迁移。下面通过晶粒内不同部位空位浓度的计算来说明晶粒中心靠近的机理。

在无应力的晶体内空位浓度 C_0 是温度的函数，可写作：

$$C_0 = \frac{n_0}{N}\exp\left(-\frac{E_v}{RT}\right) \tag{13-15}$$

式中，N 为晶体内原子总数；n_0 为晶体内空位数；E_v 为空位生成能（J）；R 为玻尔兹曼常数；T 为绝对温度。

颗粒接触的颈部受到张应力，而颗粒接触中心处受到压应力。由于颗粒间不同部位所受的应力不同，不同部位形成空位所做的功也有差别。

在颈部区域和颗粒接触区域由于有张应力和压应力的存在，而使空位形成所做的附加功为：

$$E_t = -\frac{\gamma}{\rho}\Omega = -\sigma\Omega, \; E_c = \frac{\gamma}{\rho}\Omega = \sigma\Omega \tag{13-16}$$

式中，E_t、E_c 分别为颈部受张应力和压应力时，形成体积为 Ω 空位所做的附加功。

在颗粒内部未受应力区域形成空位所做功为 E_v。因此在颈部或接触点区域形成一个空位做功 E_v' 为：

$$E_v' = E_v \pm \sigma\Omega \tag{13-17}$$

在压应力区（接触点） $\qquad E_v' = E_v + \sigma\Omega \tag{13-18}$

张应力区（颈表面） $\qquad E_v' = E_v - \sigma\Omega \tag{13-19}$

由式（13-17）可见，在不同部位形成一个空位所做的功的大小次序为：张应力区＜无应力区＜压应力区。由于空位形成功不同，因而不同区域会引起空位浓度差异。

若 c_c、c_0、c_t 分别代表压应力区、无应力区和张应力区的空位浓度，则：

$$c_c = \exp\left(-\frac{E_v'}{RT}\right) = \exp\left[-\frac{E_v + \sigma\Omega}{RT}\right] = c_0\exp\left(-\frac{\sigma\Omega}{RT}\right) \tag{13-20}$$

若 $\sigma\Omega/kT \ll 1$，由于当 $x \to 0$，$e^{-x} = 1 - x + \frac{x^2}{2!} - \frac{x^3}{3!} + \frac{x^4}{4!}\cdots$

则有 $\exp\left(-\frac{\sigma\Omega}{RT}\right) = 1 - \frac{\sigma\Omega}{RT}$，有

$$c_c = c_0\left(1 - \frac{\sigma\Omega}{RT}\right) \tag{13-21}$$

$$c_t = c_0\left(1 + \frac{\sigma\Omega}{RT}\right) \tag{13-22}$$

由式（13-21）和式（13-22）可以得到颈表面与接触中心处之间空位浓度的最大差值

Δ_{1c} 为：

$$\Delta_{1c} = c_t - c_c = 2c_0 \frac{\sigma\Omega}{RT} \qquad (13\text{-}23)$$

由式（13-22）可以得到颈表面与内部之间空位浓度的差值 $\Delta_{2[c]}$

$$\Delta_{2c} = c_t - c_0 = c_0 \frac{\sigma\Omega}{RT} \qquad (13\text{-}24)$$

由以上计算可见，$c_t > c_0 > c_c$，$\Delta_{1[c]} > \Delta_{2[c]}$。这表明颗粒不同部位的空位浓度不同，颈表面张应力区空位浓度大于晶粒内部，受压应力的颗粒接触中心的空位浓度最低。空位浓度差是自颈至颗粒接触点大于颈至颗粒内部。系统内不同部位空位浓度的差异对扩散时空位的迁移方向是十分重要的。扩散首先从空位浓度最大的部位（颈表面）向空位浓度最低的部位（颗粒接触点）进行。其次是颈部向颗粒内部扩散、空位扩散即原子或离子的反向扩散。因此，扩散传质时，原子或离子由颗粒接触点向颈部迁移，从而达到气孔充填的结果。

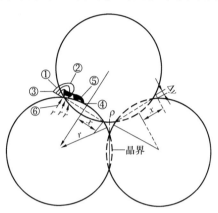

图 13-9　烧结初期物质扩散路线
图中，①～⑥见表 13-1。

13. 2. 2. 3　扩散传质途径

图 13-9 为扩散传质途径。从图中可以看到扩散可以沿颗粒表面进行，也可以沿着两颗粒之间的界面进行或在晶粒内部进行，我们分别称为表面扩散、界面扩散和体积扩散。无论扩散途径如何，扩散的终点是颈部。烧结初期物质迁移路线见表 13-1。

表 13-1　烧结初期物质迁移路线

编号	迁移路线	迁移开始点	迁移结束点
①	表面扩散	表面	颈部
②	晶格扩散	表面	颈部
③	气相转移	表面	颈部
④	晶界扩散	晶界	颈部
⑤	晶格扩散	晶界	颈部
⑥	晶格扩散	位错	颈部

当晶格内结构基元（原子或离子）移至颈部，原来结构基元所占位置成为新的空位，晶格内其他结构基元补充新出现的空位，就这样物质以"接力"方式向内部传递而空位向外部转移。空位在扩散传质中可以在以下三个部位消失，自由表面、内界面（晶界）和位错。随着烧结进行，晶界上的原子（或离子）活动频繁，排列很不规则，因此晶格内的空位一旦移动到晶界上，结构基元的排列只需稍加调整，空位就易消失。随着颈部填充和颗粒接触点处结构基元的迁移，出现了气孔的缩小和颗粒中心距逼近，宏观表现为气孔率下降和坯体的收缩。

13. 2. 2. 4　扩散传质三个阶段

扩散传质过程按烧结温度及扩散进行的程度可分为烧结初期、中期和后期三个阶段。

(1) 初期阶段 在烧结初期，表面扩散的作用较显著，表面扩散开始的温度远低于体积扩散。例如 Al_2O_3 的体积扩散约在 $900℃$ 开始（即 $0.5T_熔$），表面扩散约 $330℃$（即 $0.26T_熔$）。烧结初期坯体内有大量的连通气孔，表面扩散使颈部充填（此阶段 $x/r <$ 0.3），促使孔隙表面光滑和气孔球形化。由于表面扩散对孔隙的消失和烧结体的收缩无显著影响，因而该阶段坯体的气孔率大，收缩约在 1%。

由式（13-24）得知颈部与晶粒内部空位浓度差为：

$$\Delta_{2c} = c_0\sigma\Omega$$

代入 $\sigma = \gamma/\rho$，得：

$$\Delta c = c_0\gamma\Omega/\rho \tag{13-25}$$

在此空位浓度差下，每秒内从每厘米周长上扩散离开颈部的空位扩散流量 J，可以用图解法确定并由下式给出：

$$J = 4D_v\Delta c \tag{13-26}$$

式中，D_v 为空位扩散系数，假如 D^* 为自扩散系数，则 $D_v = \dfrac{D^*}{\Omega c_0}$，颈部总长度为 $2\pi x$，每秒颈部周长上扩散出去的总体积为 $J2\pi x\Omega$，由于空位扩散速率等于颈部体积增长速率，即

$$J2\pi x\Omega = dV/dt \tag{13-27}$$

将式（13-25）、式（13-26）、式（13-12）代入式（13-27），然后积分得：

$$x/r = \left(\frac{160\gamma\Omega D^*}{kT}\right)^{1/5} r^{-3/5} t^{1/5} \tag{13-28}$$

在扩散传质时除颗粒间接触面积增加外，颗粒中心距逼近的速率为：

$$\frac{d(2\rho)}{dt} = \frac{d\left(\dfrac{x^2}{2r}\right)}{dt}$$

$$\frac{\Delta V}{V} = 3\frac{\Delta L}{L} = 3\left(\frac{5\gamma\Omega D^*}{kT}\right)^{2/5} r^{-6/5} t^{2/5} \tag{13-29}$$

式（13-28）和式（13-29）是扩散传质初期动力学公式，这两个公式的正确性已由试验所证实。

当以扩散传质为主的初期烧结中，影响因素主要有以下几方面：

① 烧结时间。接触颈部半径（x/r）与时间 1/5 次方成正比，颗粒中心距逼近与时间的 2/5 次方成正比。即致密化速率随时间增长而稳定下降，并产生一个明显的终点密度。从扩散传质机理可知，随细颈部扩大，曲率半径增大。传质的推动力——空位浓度差逐渐减小。因此以扩散传质为主要传质手段的烧结，用延长烧结时间来达到坯体致密化的目的是不妥当的。对这一类烧结宜采用较短的保温时间，如 99.99% 的 Al_2O_3 瓷保温时间为 1～2h，不宜过长。

② 原料的起始粒度。由式（13-28）可见，$x/r \propto r^{-3/5}$，即颈部增长约与粒度的 3/5 次方成反比。大颗粒原料在很长时间内也不能充分烧结（x/r 始终小于 0.1），而小颗粒原料在同样时间内致密化速率很高（$x/r \to 0.4$）。因此在扩散传质的烧结过程中，起始粒度的控制是相当重要的。

③ 温度对烧结过程有决定性的作用。由式（13-28）和式（13-29）知，温度（T）出现在分母上，似乎温度升高，$\Delta L/L$、x/r 会减小。但实际上温度升高自扩散系数 $D^* =$

$D_0 \exp（-Q/RT）$ 明显增大，因此升高温度必然会加快烧结的进行。

如果将式（13-28）和式（13-29）中各项可以测定的常数归纳起来，可以写成：

$$Y^p = Kt \qquad (13\text{-}30)$$

式中，Y 为烧结收缩率 $\Delta L/L$；K 为烧结速率常数；当温度不变时，界面张力 γ、扩散系数 D^* 等均为常数。在此式中颗粒半径 r 也归入 K 中；t 为烧结时间。

将式（13-30）对数得：

$$\lg Y = \frac{1}{P} \lg t + K' \qquad (13\text{-}31)$$

用收缩率 Y 的对数和时间对数作图，得一条直线，其截距为 K'（截距 K' 随烧结温度升高而增加），而斜率为 $1/P$（斜率不随温度变化）。

烧结速率常数和温度关系与化学反应速率常数与温度关系一样，也服从阿仑尼乌斯方程，即

$$\ln K = A - \frac{Q}{T} \qquad (13\text{-}32)$$

式中，Q 为相应的烧结过程激活能；A 为常数。在烧结试验中通过式（13-32）可以求得 Al_2O_3 烧结的扩散激活能。

在以扩散传质为主的烧结过程中，除体积扩散外，质点还可以沿表面、界面或位错等处进行多种途径的扩散。这样相应的烧结动力学公式也不相同。库津斯基综合各种烧结过程的典型方程为：

$$\left(\frac{x}{r}\right)^n = \frac{F_T}{r^m} t \qquad (13\text{-}33)$$

式中，F_t 是温度的函数。在不同的烧结机构中，包含不同的物理常数，如扩散系数、饱和蒸气压、黏滞系数和表面张力等，这些常数均与温度有关。各种烧结机制的区别反映在指数 m 与 n 的不同上，其值见表 13-2。

表 13-2　式（13-33）中指数 m 和 n 的值

传质方式	黏性流动	蒸发-凝聚	体积扩散	晶界扩散	表面扩散
m	1	1	3	2	3
n	2	3	5	6	7

（2）中期阶段　烧结进入中期，颗粒开始黏结。颈部扩大，气孔由不规则形状逐渐变成由三个颗粒包围的圆柱形管道，气孔相互连通，晶界开始移动，晶粒正常生长。这一阶段以晶界和晶格扩散为主。坯体气孔率降低 5%，收缩达 $80\% \sim 90\%$。

经过初期烧结后，由于颈部生长使球形颗粒逐渐变成多面体形。此时晶粒分布及空间堆积方式等均很复杂，使定量描述更为困难。科布尔（Coble）提出一个简单的多面体模型，他假设烧结体此时由众多十四面体构成的。十四面体顶点是四个晶粒交会点，每个边是三个晶粒交界线。它相当于圆柱形气孔通道，成为烧结时的空位源。空位从圆柱形空隙向晶粒接触面扩散，而原子反向扩散使坯体致密。

Coble 根据十四面体模型确定烧结中期坯体气孔率（P_c）随烧结时间（t）变化的关系式：

$$P_c = \frac{10\pi D^* \Omega\gamma}{KTL^3}(t_f - t) \tag{13-34}$$

式中，L 为圆柱形空隙的长度；t 为烧结时间；t_f 为烧结进入中期的时间。

由式（13-34）可见，烧结中期气孔率与时间 t 成一次方关系，因而烧结中期致密化速率较快。

（3）后期阶段　烧结进入后期，气孔已完全孤立，气孔位于四个晶粒包围的顶点，晶粒已明显长大，坯体收缩达 $90\%\sim100\%$。

由十四面体模型来看气孔已由圆柱形孔道收缩成位于十四面体的 24 个顶点处的孤立气孔。根据此模型 Coble 导出后期孔隙率为：

$$P_t = \frac{6\pi D^* \Omega\gamma}{\sqrt{2}KTL^3}(t_f - t) \tag{13-35}$$

上式表明，烧结中期和后期并无显著的差异，当温度和晶粒尺寸不变时，气孔率随烧结时间而线性地减少。

13.3　液相烧结

13.3.1　液相烧结的特点

凡有液相参与的烧结过程称为液相烧结。

由于粉末中总含有少量的杂质，因而大多数材料在烧结中都会或多或少地出现液相。即使在没有杂质的纯固相系统中，高温下还会出现"接触"熔融现象。因而纯粹的固相烧结实际上不易实现。在无机材料制造过程中，液相烧结的应用范围很广泛。如长石质瓷、水泥熟料、高温材料（如氮化物、碳化物）等都采用液相烧结原理。

液相烧结与固相烧结的共同点：液相烧结与固相烧结的推动力都是表面能；液相烧结过程也是由颗粒重排、气孔充填和晶粒生长等阶段组成。

液相烧结与固相烧结的不同点：由于流动传质速率比扩散传质快，因而液相烧结致密化速率高，可使坯体在比固相烧结温度低得多的情况下获得致密的烧结体。此外，液相烧结过程的速率与液相数量、液相性质（黏度和表面张力等）、液相与固相润湿情况、固相在液相中的溶解度等有密切的关系。因此，影响液相烧结的因素比固相烧结更为复杂，为定量研究带来困难。

液相烧结根据液相数量及液相性质可分为两类三种情况，见表 13-3。

表 13-3　液相烧结模型

类型	条件	液相数量	烧结模型	传质方式
I	$\theta_{LS}>90°$ $C=0$	少	双球模型	扩散
II	$\theta_{LS}<90°$	少	Kingery 模型	溶解—沉淀
	$C>0$	多	LSW 模型	

注：表中 θ_{LS} 为固-液润湿角；C 为固相在液相中的溶解度。

如表 13-3 所示，除双球模型外，液相烧结模型还包括 Kingery（金格尔）液相烧结模型和 LSW（Lifshitz-Slyozov-Wagner，小晶粒溶解至大晶粒处沉淀）模型。

金格尔液相烧结模型：在液相量较少时，溶解—沉淀传质过程在晶粒接触界面处溶解，通过液相传递扩散到球型晶粒自由表面上沉积。

LSW 模型：当坯体内有大量的液相而且晶粒大小不等时，由于晶粒间曲率差导致小晶粒溶解通过液相传质到大晶粒上沉积。

13.3.2 流动传质机理

烧结过程就是质点迁移的过程，那么在液相参与的烧结中是如何进行质点传递的呢？因为液相的存在，质点的传递可以流动的方式进行。有黏性流动和塑性流动两种传质机理。

13.3.2.1 黏性流动

（1）黏性流动传质 在液相烧结时，由于高温下黏性液体（熔融体）出现牛顿型流动而产生的传质称为黏性流动传质（或黏性蠕变传质）。

在高温下依靠黏性液体流动而致密化是大多数硅酸盐材料烧结的主要传质过程。

黏性蠕变是通过黏度（η）把黏性蠕变速率与应力联系起来，有

$$\varepsilon = \sigma/\eta \tag{13-36}$$

式中，ε 为黏性蠕变速率；σ 为应力；η 为黏度系数。

由计算可得烧结系统的宏观黏度系数 $\eta = KTd^2/(8D^*\Omega)$。式中，$d$ 为晶粒尺寸，因而 ε 写作：

$$\varepsilon = 8D^*\Omega\sigma/KTd^2 \tag{13-37}$$

对于无机材料粉体的烧结，将典型数据代入上式（$T=2000\text{K}$，$D^* = 1\times10^{-2}\,\text{cm}^2/\text{s}$，$\Omega = 1\times10^{-24}\,\text{cm}^3$，可以发现，当扩散路程分别为 $0.01\mu m$、$0.1\mu m$、$1\mu m$ 和 $10\mu m$ 时，对应的宏观黏度分别为 $10^8\,\text{dPa}\cdot\text{s}$、$10^{10}\,\text{dPa}\cdot\text{s}$、$10^{13}\,\text{dPa}\cdot\text{s}$ 和 $10^{14}\,\text{dPa}\cdot\text{s}$，而烧结时宏观黏度系数的数量级为 $10^8\sim10^9\,\text{dPa}\cdot\text{s}$，由此推测，在烧结时黏性蠕变传质起决定性作用的仅限于路程为 $0.01\sim0.1\mu m$ 数量级的扩散，即通常限于晶界区域或位错区域，尤其是在无外力的作用下。烧结晶态物质形变只限于局部区域。如图 13-10 所示，黏性蠕变使空位通过对称晶界上的刃型位错攀移

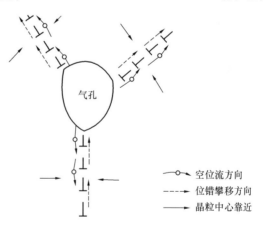

图 13-10 空位移动与位错攀移的烧结过程

而消失。然而当烧结体内出现液相时，由于液相中扩散系数比结晶体中大几个数量级，因而整排原子的移动甚至整个颗粒的形变也是能发生的。

（2）黏性流动初期 在高温下物质的黏性流动可以分为两个阶段，首先是相邻颗粒接触面增大，颗粒黏结直至孔隙封闭；然后，封闭气孔的黏性压紧，残留闭气孔逐渐缩小。

弗伦克尔导出黏性流动初期颈部增长公式：

$$\frac{x}{r} = \left(\frac{3\gamma}{2\eta}\right)^{1/2} r^{-1/2} t^{1/2} \tag{13-38}$$

式中，r 为颗粒半径；x 为颈部半径；η 为液体黏度；γ 为液-气表面张力；t 为烧结时间。

由颗粒间中心距逼近而引起的收缩是：

$$\frac{\Delta V}{V} = \frac{3\Delta L}{L} = \frac{9\gamma}{4\eta r}t \tag{13-39}$$

式（13-39）说明收缩率正比于表面张力，反比于黏度和颗粒尺寸。

（3）黏性流动全过程的烧结速率公式　随着烧结进行，坯体中的小气孔经过长时间烧结后，会逐渐缩小形成半径为 r 的封闭气孔。这时，每个闭口孤立气孔内部有一个负压力等于 $-2\gamma/r$，相当于作用在压块外面使其致密的一个相等的正压。麦肯基等推导了带有相等尺寸的孤立气孔的黏性流动坯体内的收缩率关系式。利用近似法得出的方程式为：

$$\frac{\mathrm{d}\theta}{\mathrm{d}t} = \frac{3}{2} \times \frac{\gamma}{r\eta}(1-\theta) \tag{13-40}$$

式中，θ 为相对密度，即为体积密度/理论密度；r 为颗粒半径；μ 为液体黏度；γ 为液-气表面张力；t 为烧结时间。式（13-40）是适合黏性流动传质全过程的烧结速率公式。

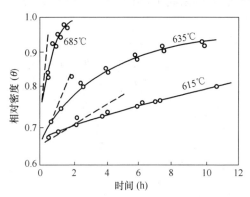

图 13-11　硅酸盐玻璃的致密化

根据硅酸盐玻璃致密化的一些试验数据绘制的曲线如图 13-11 所示。图中实线是由方程式（13-40）计算而得。起始烧结速率用虚线表示，它们是由式（13-39）计算而得。由图可见，随温度升高，因黏度降低而导致致密化速率迅速提高，图中圆点是试验结果，它与实线很吻合，说明式（13-40）适用于黏性流动的致密化过程。

由黏性流动传质动力学公式可以看出决定烧结速率的三个主要参数是颗粒起始粒径、黏度和表面张力。颗粒尺寸从 $10\mu m$ 减少至 $1\mu m$，烧结速率增大 10 倍。黏度随温度的迅速变化是需要控制的最重要因素。一个典型的钠钙硅玻璃，若温度变化 $100℃$，黏度约变化 1000 倍。如果某种坯体烧结速率太低，可以采用加入黏度较低的液相组分来提高烧结速率。对于常见的硅酸盐玻璃，其表面张力不会因组分变化而有很大的改变。

13.3.2.2　塑性流动

当坯体中液相含量很少时，高温下流动传质不能看成纯牛顿型流动，而类似于塑性流动型。也即只有作用力超过屈服值（f）时，流动速率才与作用的剪应力成正比。此时式（13-40）改变为：

$$\frac{\mathrm{d}\theta}{\mathrm{d}t} = \frac{3\gamma}{2\eta} \times \frac{1}{r}(1-\theta)\left[1 - \frac{fr}{\sqrt{2}\gamma}\ln\left(\frac{1}{1-\theta}\right)\right] \tag{13-41}$$

式中，η 是作用力超过 f 时液体的黏度；r 为颗粒原始半径。f 值越大，烧结速率越低。当屈服值 $f=0$ 时，式（13-41）即式（13-40）。当方括号中的数值为零时，$\mathrm{d}\theta/\mathrm{d}t$ 也趋于零，此时即为终点密度。为了尽可能达到致密烧结，应选择最小的 r、η 和较大的 γ。

在固态烧结中也存在塑性流动。在烧结早期，表面张力较大，塑性流动可以靠位错的运动来实现；而烧结后期，在低应力作用下靠空位自扩散而形成黏性蠕变，高温下发生的蠕变是以位错的滑移或攀移来完成的。塑性流动机理目前应用在热压烧结的动力学过程是很成功的。

13.3.2.3 溶解-沉淀传质机理

（1）溶解-沉淀传质概念

在有固-液两相的烧结中，当固相在液相中有可溶性，这时烧结传质过程为部分固相溶解而在另一部分固相上沉积，直至晶粒长大和获得致密的烧结体。

（2）发生溶解-沉淀传质的条件

①有显著数量的液相；②固相在液相内有显著的可溶性；③液体润湿固相。

（3）溶解-沉淀传质过程的推动力

颗粒的表面能是溶解-沉淀传质过程的推动力。由于液相润湿固相，每个颗粒之间的空间都组成一系列毛细管。表面能（表面张力）以毛细管力的方式使颗粒拉紧，毛细管中的熔体起着把分散在其中的固态颗粒结合起来的作用。毛细管力的数值为 $\Delta P = 2\gamma_{LV}/r$（$r$ 是毛细管半径），微米级颗粒之间有 $0.1\sim1\mu m$ 直径的毛细管，如果其中充满硅酸盐液相，毛细管压力达 $1.23\sim12.3MPa$。可见毛细管压力所造成的烧结推动力是很大的。

（4）溶解-沉淀传质过程

溶解-沉淀传质过程包括以下几个方面：首先，随着烧结温度升高，出现足够量液相，分散在液相中的固体颗粒在毛细管力的作用下，颗粒相对移动，发生重新排列，颗粒的堆积更紧密；其次，被薄的液膜分开的颗粒之间搭桥，在那些点接触处有高的局部应力导致塑性变形和蠕变，促进颗粒进一步重排；再次，由于较小的颗粒或颗粒接触点处溶解，通过液相传质，而在较大的颗粒或颗粒的自由表面上沉积从而出现晶粒长大和晶粒形状的变化，同时颗粒不断进行重排而致密化；最后，如果固-液不完全润湿，此时形成固体骨架的再结晶和晶粒长大。

现将颗粒重排和溶解-沉淀两个阶段分述如下：

① 过程1——颗粒重排

颗粒在毛细管力的作用下，通过黏性流动或在一些颗粒间接触点上由于局部应力的作用而进行重新排列，结果得到了更紧密的堆积。在这阶段可粗略地认为，致密化速率是与黏性流动相应，线收缩与时间呈线性关系。

$$\Delta L/L \propto t^{1+x} \tag{13-42}$$

式中，指数 $1+x$ 的意义是约大于1，这是考虑到烧结进行时，被包裹的小尺寸气孔减小，作为烧结推动力的毛细管压力增大，所以略大于1。

颗粒重排对坯体致密度的影响取决于液体的数量。如果溶液数量不足，则溶液既不能完全包围颗粒，也不能填充粒子间空隙。当溶液由甲处流到乙处后，在甲处留下空隙，这时能产生颗粒重排但不足以消除气孔。当液相数量超过颗粒边界薄层变形所需的量时，在重排完成后，固体颗粒占总体积的 $60\%\sim70\%$，多余的液相可以进一步通过流动传质、溶解-沉淀传质，达到填充气孔的目的。这样可使坯体在这一阶段的烧结收缩率达到总收缩率的 60% 以上。图13-12表示液相含量与坯体气孔率的关系。

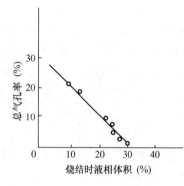

图 13-12　黏土锻烧时的液相
含量和气孔率的关系

颗粒重排促进致密化的效果还与固-液二面角及固-液的润湿性有关。当二面角越大，熔体对固体的润湿性越差时，对致密化越不利。

②过程 2——溶解-沉淀

溶解-沉淀传质根据液相数量不同可以有 Kingery（金格尔）模型（颗粒在接触点处溶解，到自由表面上沉积）或 LSW 模型（小晶粒溶解至大晶粒处沉淀）。其原理都是由于颗粒接触点处（或小晶粒）在液相中的溶解度大于自由表面（或大晶粒）处的溶解度。这样就在两个对应部位上产生化学位梯度 $\Delta\mu$。$\Delta\mu = T\ln a/a_0$。式中，a 为凸面处（或小晶粒处）离子活度，a_0 为平面处（或大晶粒处）离子活度。化学位梯度使物质发生迁移，通过液相传递而导致晶粒生长和坯体致密化。

金格尔运用与固相烧结动力学公式类似的方法并做了合理的分析，导出溶解沉淀过程收缩率为：

$$\frac{\Delta L}{L} = \frac{\Delta\rho}{r} = \left(\frac{K\gamma_{LV}\delta Dc_0V_0}{RT}\right)^{1/3} r^{-4/3}\, t^{1/3} \tag{13-43}$$

式中，$\Delta\rho$ 为中心距收缩的距离；K 为常数；γ_{LV} 为液-气表面张力；D 为被溶解物质在液相中的扩散系数；δ 为颗粒间液膜厚度；c_0 为固相在液相中的溶解度；V_0 为液相体积；r 为颗粒起始粒度；t 为烧结时间；R 为玻尔兹曼常数；T 为烧结温度。

式（13-43）中 γ_{LV}、δ、D、c_0、V_0 均是与温度有关的物理量，因此当烧结温度和起始粒度固定以后，上式可写为

$$\frac{\Delta L}{L} = Kt^{1/3} \tag{13-44}$$

由式（13-43）和式（13-44）可以看出溶解-沉淀致密化速率与时间 t 的 1/3 次方成正比。影响溶解-沉淀传质过程的因素还有颗粒起始粒度、粉末特性（溶解度、润湿性）、液相数量、烧结温度等。由于固相在液相中的溶解度、扩散系数以及固-液润湿性等目前几乎没有确切的数值可以利用，因此液相烧结的研究远比固相烧结更为复杂。

图 13-13 列出 MgO＋2％（质量分数）高岭土在 1730℃时测得的 lg（$\Delta L/L$）-lg$t$ 关系图。由图 13-13 可以明显看出液相烧结三个不同的传质阶段。开始阶段直线斜率约为 1，符合颗粒重排过程即方程式（13-42）；第二阶段直线斜率约为 1/3，符合方程式（13-44），即为溶解-沉淀传质过程；最后阶段曲线趋于水平，说明致密化速率更缓慢，坯体已接近终点密度。此时在高温反应产生的气泡包入液相形成封闭气孔，只有依靠扩散传质充填气孔，若气孔内气体不溶入液相，则随着烧结温度的升高，气泡内气压增高，抵消了表面张力的作用，烧结就停止了。从图 13-13 中还

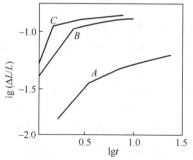

图 13-13　MgO＋2％（质量分数）
高岭土在 1730℃下烧结的情况
烧结前 MgO 粒度 $A = 3\mu m$，
$B = 1\mu m$，$C = 0.52\mu m$

可以看出，在这类烧结中，起始粒度对促进烧结有显著作用。图中粒度是 $A>B>C$，而 $\Delta L/L$ 是 $C<B<A$。溶解沉淀传质中，金格尔模型与 LSW 模型两种机理在烧结速率上的差异为：

$$\left(\frac{\mathrm{d}V}{\mathrm{d}t}\right)_{\mathrm{K}} : \left(\frac{\mathrm{d}V}{\mathrm{d}t}\right)_{\mathrm{LSW}} = \frac{\delta}{h} : 1$$

式中，δ 为两颗粒间液膜厚度，一般估计为 $10^{-3}\mu m$；h 为两颗粒中心相互接近程度，h 随烧结进行很快达到和超过 $1\mu m$，因此 LSW 机理烧结速率往往比金格尔机理大几个数量级。

13.3.2.4　各种传质机理分析比较

在本章中分别讨论了四种烧结传质过程，在实际的固相或液相烧结中，这四种传质过程可以单独进行或几种传质同时进行，但每种传质的产生都有其特有的条件。现用表 13-4 对各种传质进行综合比较。

表 13-4　各种传质产生原因、条件、特点等的综合比较

项目	蒸发-凝聚	扩散	流动	溶解-沉淀
原因	压力差 ΔP	空位浓度差 ΔC	应力-应变	溶解度 AC
条件	$\Delta P>1\sim10Pa$　$r<10\mu m$	$\Delta C>\dfrac{n_0}{N}$，$r<5\mu m$	黏性流动 η 小　塑性流动 $\tau>f$	1. 可观的液相量；　2. 固相在液相中溶解度大；　3. 固-液润湿
特点	1. 凸面蒸发，凹面凝聚；　2. $\dfrac{\Delta L}{L}=0$	1. 空位与结构基元相对扩散；　2. 中心距缩短	1. 流动同时引起颗粒重排；　2. $\dfrac{\Delta L}{L}\propto t$ 致密化速率最高	1. 接触点溶解到平面上沉积，小晶粒溶解到大晶粒处沉积；　2. 传质同时又是晶粒生长过程
公式	$\dfrac{x}{r}=Kr^{-2/3}\,t^{1/3}$　$\Delta L/L=0$	$\dfrac{x}{r}=Kr^{-\frac{2}{3}}\,t^{\frac{1}{3}}$　$\dfrac{\Delta L}{L}=Kr^{-6/5}\,t^{2/5}$	$\dfrac{\mathrm{d}\theta}{\mathrm{d}t}=K(1-\theta)/r$　$\dfrac{\Delta L}{L}=\dfrac{3}{4}\dfrac{\gamma}{\eta r}t$	$\dfrac{x}{r}=Kr^{-2/3}\,t^{1/6}$　$\dfrac{\Delta L}{L}=Kr^{-\frac{4}{3}}\,t^{\frac{1}{3}}$
工艺控制	温度（蒸气压）、粒度	温度（扩散系数）、粒度	黏度、粒度	温度（溶解度）、液相数量、黏度、粒度

从固相烧结和有液相参与的烧结过程传质机理的讨论可以看出烧结是一个很复杂的过程。前面的讨论主要是限于单元纯固相烧结或纯液相烧结，并假定在高温下不发生固相反应，纯固相烧结时不出现液相，此外在做烧结动力学分析时是以十分简单的两颗粒圆球模型为基础。这样就把问题简化了许多，这对于纯固相烧结的氧化物材料和纯液相烧结的玻璃料来说，情况还是比较接近的。从科学的观点看，把复杂的问题做这样的分解与简化，以求得比较接近的定量了解是必要的。但从制造材料的角度看，问题常常要复杂得多。以固相烧结而论，实际上经常是几种可能的传质机理在互相起作用，有时是一种机理起主导作用，有时则是几种机理同时出现。有时条件改变了传质方式也随之变化。例如 BeO 材料的烧结，气氛中的水汽就是一个重要的因素。在干燥的气氛中，扩散是主导的传质方式，当气氛中水汽分压很高时，则蒸发-凝聚变为传质主导方式。又例如，长石瓷或滑石

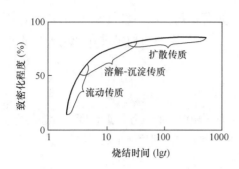

图 13-14 液相烧结时的致密化过程

瓷都是有液相参与的烧结，随着烧结进行，往往是几种传质交替发生的。致密化与烧结时间的关系如图 13-14 所示。图中表示坯体分别由流动传质、溶解-沉淀传质和扩散传质而导致致密化。

再如氧化钛的烧结，TiO_2 在真空中的烧结符合体积扩散传质的结果，氧空位的扩散是控制因素。但将氧化钛在空气和湿氢条件下烧结，测得出与塑性流动传质相符的结果，并认为大量空位产生位错从而导致塑性流动。事实上空位扩散和晶体内塑性流动并不是没有联系的。塑性流动是位错运动的结果，而一整排原子的运动（位错运动）可能同样会导致缺陷的消除。处于晶界上的气孔，在剪切应力下也可能通过两个晶粒的相对滑移，在晶界上吸收空位（来自气孔表面）而把气孔消除，从而使这两个机理又能在某种程度上协调起来。

总之，烧结体在高温下的变化是很复杂的，影响烧结体致密化的因素也是众多的，产生典型的传质方式都是有一定条件的。因此，必须对烧结全过程的各个方面（原料、粒度、粒度分布、杂质、成型条件、烧结气氛、温度时间等）都有充分的了解，才能真正掌握和控制整个烧结过程。

13.4　晶粒生长与二次再结晶

晶粒生长与二次再结晶过程往往与烧结中、后期的传质过程是同时进行的。

晶粒生长：无应变的材料在热处理时，平均晶粒尺寸在不改变其分布的情况下连续增大的过程。

初次再结晶：在已发生塑性形变的基质中出现新生的无应变晶粒的成核和长大过程。这个过程的推动力是基质塑性变形所增加的能量。储存在形变基质里的能量 0.4～4.2 J/g。虽然此数值与熔融热相比是很小的（熔融热是此值的 1000 倍或更多倍），但它提供了足以使晶界移动和晶粒长大的能量。初次再结晶在金属中较为重要，硅酸盐材料在热加工时塑性形变较小。

二次再结晶（或称晶粒异常生长和晶粒不连续生长）：是少数巨大晶粒在细晶消耗时成核长大的过程。

13.4.1　晶粒生长

在烧结的中后期，细晶粒要逐渐长大，而一些晶粒生长过程也是另一部分晶粒缩小或消灭的过程，其结果是平均晶粒尺寸都增长了。这种晶粒长大并不是小晶粒的相互黏结，而是晶界移动的结果。在晶界两边物质的自由焓之差是使界面向曲率中心移动的驱动力。小晶粒生长为大晶粒，则使界面面积和界面能降低。晶粒尺寸由 $1\mu m$ 变化到 1cm，对应的能量变化为 0.42～21J/g。

13.4.1.1　界面能与晶界移动

图 13-15（a）表示两个晶粒之间的晶界结构，弯曲晶界两边各为一晶粒，小圆代表各

个晶粒中的原子。对凸面晶粒表面 A 处与凹面晶粒的 B 处而言，曲率较大的 A 点自由焓高于曲率小的 B 点。位于 A 点晶粒内的原子必然有向能量低的位置跃迁的自发趋势。当 A 点原子到达 B 点并释放出 ΔG^*［图 13-15（b）］的能量后就稳定在 B 晶粒内。如果这种跃迁不断发生，则晶界就向着 A 晶粒的曲率中心不断推移，导致 B 晶粒长大而 A 晶粒缩小，直至晶界平直化，界面两侧自由焓相等为止。由此可见晶粒生长是晶界移动的结果，而不是简单的晶粒之间的黏结。

由许多颗粒组成的多晶体界面移动情况如图 13-16 所示。从图 13-16 看出大多数晶界都是弯曲的。从晶粒中心往外看，大于六条边时边界向内凹，由于凸面界面能大于凹面，因此晶界向凸面曲率中心移动。结果小于六条边的晶粒缩小，甚至消灭，而大于六条边的晶粒长大，总的结果是平均晶粒增长。

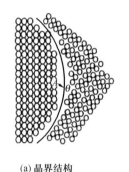
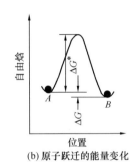

(a) 晶界结构　　　　(b) 原子跃迁的能量变化

图 13-15　液相烧结的致密化过程

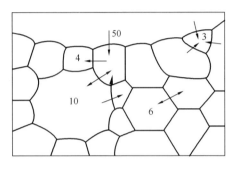

图 13-16　多晶粒生长示意图

13.4.1.2　晶界移动的速率

晶粒生长取决于晶界移动的速率。图 13-15（a）中，A、B 晶粒之间由于曲率不同而产生的压力差为：

$$\Delta P = \gamma \left(\frac{1}{r_1} + \frac{1}{r_2} \right)$$

式中，γ 为表面张力；r_1、r_2 为曲面的主曲率半径。

由热力学可知，当系统只做膨胀功时：

$$\Delta G = -S\Delta T + V\Delta P$$

当温度不变时：

$$\Delta G = V\Delta P = \gamma V' \left(\frac{1}{r_1} + \frac{1}{r_2} \right)$$

式中，ΔG 为跨越一个弯曲界面的自由焓变化；V' 为摩尔体积。

粒界移动速率还与原子跃过粒界的速率有关。原子由 $A \rightarrow B$ 的频率 f 为原子振动频率（v）与获得 ΔG^* 能量的粒子的概率（P）的乘积。

$$f = Pv\exp\left(\frac{\Delta G^*}{RT} \right)$$

由于可跃迁的原子的能量是量子化的，即 $E = hv$，一个原子平均振动能量 $E = kT$，所以：

$$v = \frac{E}{h} = \frac{kT}{h} = \frac{RT}{Nh}$$

式中，h 为普朗克常数；k 为玻尔兹曼常数；R 为气体常数；N 为阿伏伽德罗常数。因此，原子由 $A \rightarrow B$ 跳跃频率为：

$$f_{AB} = \frac{RT}{Nh} \cdot \exp\left(-\frac{\Delta G^*}{RT}\right)$$

原子由 $B \rightarrow A$ 跳跃频率：

$$f_{BA} = \frac{RT}{Nh} \cdot \exp\left(-\frac{\Delta G^* + \Delta G}{RT}\right)$$

粒界移动速率 $v = \lambda f$，λ 为每次跃迁的距离。

$$v = \lambda(f_{AB} - f_{BA}) = \frac{RT}{Nh}\lambda \cdot \exp\left(-\frac{\Delta G^*}{RT}\right)\left[1 - \exp\left(-\frac{\Delta G}{RT}\right)\right]$$

因为：

$$1 - \exp\left(-\frac{\Delta G}{RT}\right) \approx \frac{\Delta G}{RT}$$

式中：

$$\Delta G = \gamma V'\left(\frac{1}{r_1} + \frac{1}{r_2}\right) \quad \Delta G^* = \Delta H^* - T\Delta S^*$$

所以

$$v = \frac{RT}{Nh}\lambda\left[\frac{\gamma \bar{V}}{RT}\left(\frac{1}{r_1} + \frac{1}{r_2}\right)\exp\frac{\Delta S^*}{R}\left(-\frac{\Delta H^*}{RT}\right)\right] \tag{13-45}$$

由式（13-45）得出：晶粒生长速率随温度成指数规律增加。因此，晶界移动的速率与晶界曲率以及系统的温度有关。温度越高和曲率半径越小，晶界向其曲率中心移动的速率也越快。

13.4.1.3　晶粒长大的几何学原则

所有晶粒长大的几何学情况可以从三个一般性原则推知：

① 晶界上有晶界能的作用，因此晶粒形成一个在几何学上与肥皂泡沫相似的三维阵列。

② 晶粒边界如果都具有基本上相同的表面张力，则界面间交角成 120°，晶粒呈正六边形。实际多晶系统中多数晶粒间界面能不等，因此从一个三界汇合点延伸至另一个三界会合点的晶界都具有一定的曲率，表面张力将使晶界移向其曲率中心。

③ 在晶界上的第二相夹杂物（杂质或气泡），如果它们在烧结温度下不与主晶相形成液相，则将阻碍晶界移动。

13.4.1.4　晶粒长大平均速率

晶界移动速率与弯曲晶界的半径成反比，因而晶粒长大的平均速率与晶粒的直径成反比。晶粒长大定律为：

$$dD/dt = K/D$$

式中，D 为时刻 t 时的晶粒直径；K 为常数，积分后得：

$$D^2 - D_0^2 = Kt \tag{13-46}$$

式中，D_0 为时间 $t = 0$ 时的晶粒平均尺寸。当达到晶粒生长后期，$D \gg D_0$，此时式（13-46）为 $D = Kt^{1/2}$。用 $\log D$ 对 $\log t$ 作图得到直线，其斜率为 $1/2$。然而一些氧化物材料的晶粒生长试验表明，直线的斜率常常在 $1/2 \sim 1/3$，且经常还更接近 $1/3$，主要原因是晶界移动时遇到杂质或气孔而限制了晶粒的生长。

13.4.1.5 晶粒生长的影响因素

（1）夹杂物如杂质、气孔等阻碍作用。经过相当长时间的烧结后，应当从多晶材料烧结至一个单晶，但实际上由于存在第二相夹杂物如杂质、气孔等阻碍作用使晶粒长大受到阻止。晶界移动时遇到夹杂物如图 13-17 所示。晶界为了通过夹杂物，界面能就被降低，降低的量正比于夹杂物的横截面积。通过障碍以后，弥补界面又要付出能量，结果使界面继续前进能力减弱，界面变得平直，晶粒生长就逐渐停止。通过障碍以后，弥补界面又要付出能量，结果使界面继续前进能力减弱，界面变得平直，晶粒生长就逐渐停止。

随着烧结的进行，气孔往往位于晶界上或三个晶粒交会点上。气孔在晶界上是随晶界移动还是阻止晶界移动，这与晶界曲率有关，也与气孔直径、数量、气孔作为空位源向晶界扩散的速度、包围气孔的晶粒数等因素有关。当气孔汇集在晶界上时，晶界移动会出现以下情况，如图 13-18 所示。

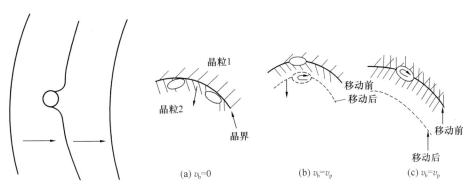

图 13-17 晶界通过夹
杂物的形态示意图

图 13-18 晶界通过气孔的形态示意图

在烧结初期，晶界上气孔数目很多，气孔牵制了晶界的移动，如果晶界移动速率为 v_b，气孔移动速率为 v_p，此时气孔阻止晶界移动，因而 $v_b = 0$ ［图 13-18（a）］。烧结中、后期，温度控制适当，气孔逐渐减少，可以出现 $v_b = v_p$，此时晶界带动气孔以正常速率移动，使气孔保持在晶界上，如图 13-18（b）所示，气孔可以利用晶界作为空位传递的快速通道而迅速汇集或消失。图 13-19 说明气孔随晶界移动而聚集在三晶粒交会点的情况。

当烧结达到 $v_b = v_p$ 时，烧结过程已接近完成，严格控制温度是十分重要的。继续维持 $v_b = v_p$，气孔易迅速排除而实现致密化，如图 13-20 所示。此时烧结体应适当保温，如果再继续升高温度，由于晶界移动速率随温度而呈指数增加，必然导致 $v_b \gg v_p$，晶界越过气孔而向曲率中心移动，一旦气孔包入晶体内部（图 13-20），只能通过体积扩散来排除，这是十分困难的。在烧结初期，当晶界曲率很大和晶界迁移驱动力也大时，气孔常常被遗留在晶体内，结果在个别大晶粒中心会留下小气孔群。烧结后期，若局部温度过高或以个别大晶粒为核出现二次再结晶，由于晶界移动太快，也会把气孔包入晶粒内部，晶粒内的气孔不仅使坯体难以致密化，而且还会严重影响材料的各种性能。因此，烧结中控制晶界的移动速率是十分重要的。

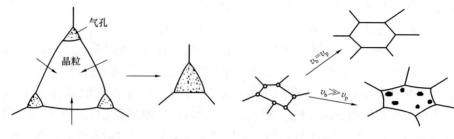

图 13-19　气孔在晶界处汇集　　　　图 13-20　晶界移动与坯体致密化

气孔在烧结过程中能否排除，除了与晶界移动速率有关外，还与气孔内压力的大小有关。随着烧结的进行，气孔逐渐缩小，而气孔内的气压不断增高，当气压增加至 $2\gamma/r$ 时，即气孔内气压等于烧结推动力，此时烧结就停止了。如果继续升高温度，气孔内气压大于 $2\gamma/r$，这时气孔不仅不能缩小反而膨胀，对致密化不利。烧结如果不采取特殊措施是不可能达到坯体完全致密化的。如要获得接近理论密度的制品，必须采用气氛或真空烧结和热压烧结等方法。

（2）晶界上液相的影响。约束晶粒生长的另一个因素是有少量的液相出现在晶界上。少量的液相使晶界上形成两个新的固-液界面，从而界面移动的推动力降低，扩散距离增加。因此少量的液相可以起到抑制晶粒长大的作用。例如，95％Al_2O_3 中加入少量石英、黏土，使之产生少量硅酸盐液相，阻止晶粒异常生长。但当坯体中有大量液相时，可以促进晶粒生长和出现二次再结晶。

（3）晶粒生长极限尺寸。在晶粒正常的生长过程中，由于夹杂物对晶界移动的牵制而使晶粒大小不能超过某一极限尺寸。晶粒正常生长时的极限尺寸 D_l 由下式决定：

$$D_l \propto d/f \tag{13-47}$$

式中，d 是夹杂物或气孔的平均直径；f 是夹杂物或气孔的体积分数。D_l 在烧结过程中是随 d 和 f 的改变而变化的，f 越大，D_l 将越小，当 f 一定时，d 越大则晶界移动时与夹杂物相遇的机会越小，于是晶粒长大而形成的平均晶粒尺寸就越大。烧结初期，坯体内有许多小而数量多的气孔，因而 f 相当大，此时晶粒的起始尺寸 D_0 总大于 D_l，这时晶粒不会长大。随着烧结的进行，小气孔不断沿晶界聚集或排除，d 由小增大，f 由大变小，D_l 也随之增大，当 $D_l > D_0$ 时晶粒开始均匀生长。烧结后期，一般可以假定气孔的尺寸为晶粒初期平均尺寸的 1/10，$f = d/D_l = d/10d = 0.1$。这就表示烧结达到气孔的体积分数为 10％时，晶粒长大就停止了。这也是普通烧结中坯体终点密度低于理论密度的原因。

13.4.2　二次再结晶

13.4.2.1　二次再结晶概念

二次再结晶是指少数晶粒在细晶消耗时，成核长大形成少数巨大晶粒的过程。当正常的晶粒生长由于夹杂物或气孔等的阻碍作用而停止以后，如果在均匀基相中有若干大晶粒，这个晶粒的边界比邻近晶粒的边界多，晶界曲率也较大，导致晶界可以越过气孔或夹杂物而进一步向邻近小晶粒曲率中心推进，而使大晶粒成为二次再结晶的核心，不断吞并周围小晶粒而迅速长大，直至与邻近大晶粒接触为止。

13.4.2.2　二次再结晶的推动力

二次再结晶的推动力是表面能差，即大晶粒晶面与邻近高表面能的小曲率半径的晶面相比有较低的表面能。在表面能驱动下，大晶粒界面向曲率半径小的晶粒中心推进，以致造成大晶粒进一步长大与小晶粒的消失。

13.4.2.3　晶粒生长与二次再结晶的区别

晶粒生长与二次再结晶的区别在于前者坯体内晶粒尺寸均匀地生长，服从式（13-47）；而二次再结晶是个别晶粒异常生长，不服从式（13-47）。晶粒生长是平均尺寸增长，界面处于平衡状态，界面上无应力；二次再结晶的大晶粒的界面上有应力存在。晶粒生长时气孔都维持在晶界上或晶界交会处，二次再结晶时气孔容易被包裹到晶粒内部。

13.4.2.4　二次再结晶影响因素

（1）晶粒晶界数。大晶粒的长大速率开始取决于晶粒的边缘数。在细晶粒基相中，少数晶粒比平均晶粒尺寸大，这些大晶粒就会成为二次再结晶的晶核。如果坯体中原始晶粒尺寸是均匀的，在烧结时，晶粒长大按式（13-46）进行，直至达到式（13-47）的极限尺寸为止。此时烧结体中每个晶粒的晶界数为3～7或3～8个。晶界弯曲率都不大，不能使晶界超过夹杂物运动，则晶粒生长停止。如果烧结体中有大于晶界数为10的大晶粒，当长大达到某一程度时，大晶粒直径（d_g）远大于基质晶粒直径（d_m），即大晶粒长大的驱动力随着晶粒长大而增加，晶界移动时快速扫过气孔，在短时间内第一代小晶粒为大晶粒吞并，而生成含有封闭气孔的大晶粒。这就导致不连续的晶粒生长。

（2）起始物料颗粒的大小。当由细粉料制成多晶体时，则二次再结晶的程度取决于起始物料颗粒的大小。粗的起始粉料的二次再结晶的程度要小得多，图13-21为BeO晶粒相对生长率与原始粒度的关系。由图可推算出：起始粒度为$2\mu m$，二次再结晶后晶粒尺寸为$60\mu m$；而起始粒度为$10\mu m$，二次再结晶粒度约为$30\mu m$。

（3）工艺因素。从工艺控制考虑，造成二次再结晶的原因主要是原始粒度不均匀、烧结温度偏高和烧结速率太快。其他还有坯体成型压力不均匀、局部有不均匀液相等。在原始粉料很细的基质中夹杂个别粗颗粒，最终烧结后产品中的晶粒尺寸比原始粉料粗而均匀的坯体中的晶粒尺寸要粗大得多。

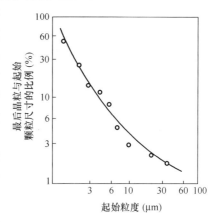

图13-21　BeO在2000℃下保温0.5h晶粒生长率与原料粒度的关系

为避免气孔封闭在晶粒内，避免晶粒异常生长，应防止致密化速率太快。在烧结体达到一定的体积密度以前，应该用控制温度来抑制晶界移动速率。

13.4.2.5　控制二次再结晶的方法

防止二次再结晶的最好方法是引入适当的添加剂，它能抑制晶界迁移，有效地加速气孔的排除。如MgO加入Al_2O_3中可制成达到理论密度的制品。Y_2O_3加入ThO_2中或ThO_2加入CaO中等。当采用晶界迁移抑制剂时，晶粒生长公式（13-46）应写成以下形式：

$$D^3 - D_0^3 = Kt \tag{13-48}$$

式中，D_0为时间$t=0$时的晶粒平均尺寸；D为时间t时的晶粒直径。

烧结体中出现二次再结晶，由于大晶粒受到周围晶界应力的作用或由于本身易产生缺陷，结果常在大晶粒内出现隐裂纹，导致材料机电性能恶化，因而工艺上需采取适当的措施防止其发生。但在硬磁铁氧体 $BaFe_{12}O_{14}$ 的烧结中，在形成择优取向方面利用二次再结晶是有益的。在成型时通过高强磁场的作用，使颗粒取向，烧结时控制大晶粒为二次再结晶的核心，从而得到高度取向、高磁导率的材料。

13.4.3 晶界在烧结中的应用

晶界是多晶体中不同晶粒之间的交界面，据估计，晶界宽度为 $5\sim60nm$，晶界上原子排列疏松混乱，在烧结传质和晶粒生长过程中晶界对坯体致密化起着十分重要的作用。

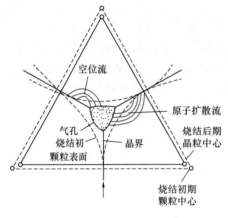

晶界是气孔（空位源）通向烧结体外的主要扩散通道。如图 13-22 所示，在烧结过程中坯体内空位流与原子流利用晶界做相对扩散，空位经过无数个晶界传递最后排泄出表面，同时导致坯体的收缩。接近晶界的空位最易扩散至晶界，并于晶界上消失。

由于烧结体中气孔形状是不规则的，晶界上气孔的扩大、收缩或稳定与表面张力、润湿角、包围气孔的晶粒数有关，还与晶界迁移率、气孔半径、气孔内气压高低等因素有关。

在离子晶体中，晶界是阴离子快速扩散的通道。离子晶体的烧结与金属材料不同。阴、阳离子

图 13-22　晶界上气孔的排除

必须同时扩散才能导致物质的传递与烧结。究竟何种离子的扩散决定着烧结速率，一般来说，阴离子体积大，扩散总比阳离子慢，故烧结速率一般由阴离子扩散速率控制。一些试验表明，在氧化铝中，O^{2-} 在 $20\sim30\mu m$ 多晶体中的自扩散系数比在单晶体中约大两个数量级，而 Al^{3+} 自扩散系数则与晶粒尺寸无关。Coble 等提出在晶粒尺寸很小的多晶体中，O^{2-} 依靠晶界区域所提供的通道而大大加速其扩散速率，并有可能使 Al^{3+} 的体积扩散成为控制因素。

晶界上溶质的偏聚可以延缓晶界的移动，加速坯体致密化。为了从坯体中完全排除气孔，获得致密的烧结体，空位扩散必须在晶界上保持相当高的速率。只有通过抑制晶界的移动才能使气孔在烧结的始终都保持在晶界上，避免晶粒的不连续生长。利用溶质易在晶界上偏析的特征，在坯体中添加少量的溶质（烧结助剂），就能达到抑制晶界移动的目的。

晶界对扩散传质烧结过程是有利的。在多晶体中晶界阻碍位错滑移，因而对位错滑移传质不利。由于晶界组成、结构和特性是一个比较复杂的问题，晶界范围仅几十个原子间距，因研究手段的限制，其特性还有待进一步探索。

13.5　影响烧结的因素

13.5.1 原始粉料的粒度

无论在固相烧结或液相烧结中，细颗粒由于能够增加烧结的推动力，缩短原子扩散距

离，提高颗粒在液相中的溶解度，因而细颗粒能够导致烧结过程的加速。如果烧结速率与起始粒度的 1/3 次方成比例，从理论上计算，当起始粒度从 $2\mu m$ 缩小到 $0.5\mu m$，烧结速率增加 64 倍。这结果相当于粒径小的粉料烧结温度降低 $150\sim300\,^\circ\!C$。

有资料报道 MgO 的起始粒度为 $20\mu m$ 以上时，即使在 $1400\,^\circ\!C$ 下保持很长时间，仅能达到相对密度 70% 而不能进一步致密化；若粒径在 $20\mu m$ 以下，温度为 $1400\,^\circ\!C$，或粒径在 $1\mu m$ 以下，温度为 $1000\,^\circ\!C$ 时烧结速率很快；如果粒径在 $0.1\mu m$ 以下时，其烧结速率与热压烧结相差无几。

从防止二次再结晶考虑，起始粒径必须细而均匀，如果细颗粒内有少量的大颗粒存在，则易发生晶粒异常生长而不利烧结。一般氧化物材料最适宜的粉末粒度为 $0.05\sim0.5\mu m$。

原料粉末的粒度不同，烧结机理有时也会发生变化。例如 AlN 烧结，据报道，当粒度为 $0.78\sim4.4\mu m$ 时，粗颗粒按体积扩散机理进行烧结，而细颗粒按晶界扩散或表面扩散机理进行烧结。

13.5.2 外加剂的作用

在固相烧结中，少量的外加剂（烧结助剂）可与主晶相形成固溶体促进缺陷增加；在液相烧结中外加剂能改变液相的性质（如黏度、组成等），因而能起促进烧结的作用。外加剂在烧结体中的作用表现如下：

(1) 外加剂与烧结主体形成固溶体

当外加剂与烧结主体的离子大小、晶格类型及电价数接近时，它们能互溶形成固溶体，致使主晶相晶格畸变，缺陷增加，便于结构基元移动而促进烧结。一般地说，它们之间形成有限置换型固溶体比形成连续固溶体更有助于促进烧结。外加剂离子的电价和半径与烧结主体离子的电价半径相差越大，使晶格畸变程度越增加，促进烧结的作用也越明显。例如 Al_2O_3 烧结时，加入 3% 的 Cr_2O_3 形成连续固溶体可以在 $1860\,^\circ\!C$ 烧结，而加入 $1\%\sim2\%$ 的 TiO_2 只需在 $1600\,^\circ\!C$ 左右就能致密化。

(2) 外加剂与烧结主体形成液相

外加剂与烧结体的某些组分生成液相，由于液相中扩散传质阻力小、流动传质速率快，因而降低了烧结温度，提高了坯体的致密度。例如，在制造 95% Al_2O_3 材料时，一般加入 CaO、SiO_2，在 $CaO:SiO_2=1$ 时，由于生成 $CaO\text{-}Al_2O_3\text{-}SiO_2$ 液相，而使材料在 $1540\,^\circ\!C$ 即能烧结。

(3) 外加剂与烧结主体形成化合物

在烧结透明的 Al_2O_3 制品时，为抑制二次再结晶，消除晶界上的气孔，一般加入 MgO 或 MgF_2。高温下形成镁铝尖晶石（$MgAl_2O_4$）而包裹在 Al_2O_3 晶粒表面，抑制晶界移动速率，充分排除晶界上的气孔，对促进坯体致密化有显著作用。

(4) 外加剂阻止多晶转变

ZrO_2 由于有多晶转变，体积变化较大而使烧结发生困难。当加入 5%CaO 以后，Ca^{2+} 进入晶格置换 Zr^{4+}，由于电价不等而生成阴离子缺位固溶体，同时抑制晶形转变，使致密化易于进行。

（5）外加剂能扩大烧结温度范围

加入适当外加剂能扩大烧结温度范围，给工艺控制带来方便。例如，锆钛酸铅材料的烧结范围只有 20～40℃，如加入适量的 La_2O_3 和 Nb_2O_5 以后，烧结范围可以扩大到 80℃。

必须指出的是，外加剂只有加入量适当时才能促进烧结，如不恰当地选择外加剂或加入量过多，反而会引起阻碍烧结的作用。因为，过多的外加剂会妨碍烧结相颗粒的直接接触，影响传质过程的进行。Al_2O_3 烧结时外加剂种类和数量对烧结活化能的影响较大。加入 2% 的 MgO 使 Al_2O_3 烧结活化能降低到 398kJ/mol，比纯 Al_2O_3 活化能 502kJ/mol 低，因而促进烧结过程；而加入 5%MgO 时，烧结活化能升高到 645kJ/mol，则起抑制烧结的作用。

13.5.3 烧结温度和保温时间

在晶体中晶格能越大，离子结合也越牢固，离子的扩散也越困难，所需烧结温度也就越高。各种晶体键合情况不同，因此烧结温度也相差很大，即使是同一种晶体烧结温度也不是一个固定不变的值。提高烧结温度无论对固相扩散或对溶解-沉淀等传质都是有利的。但是单纯提高烧结温度不仅浪费燃料，很不经济，而且还会促使二次再结晶而使制品性能恶化。在有液相的烧结中温度过高使液相量增加，黏度下降，使制品变形。因此不同制品的烧结温度必须仔细试验来确定。

由烧结机理可知，只有体积扩散导致坯体致密化，表面扩散只能改变气孔形状而不能引起颗粒中心距的逼近，因此不出现致密化过程。在烧结高温阶段主要以体积扩散为主，而在低温阶段以表面扩散为主。如果材料的烧结在低温时间较长，不仅不引起致密化，反而会因表面扩散改变了气孔的形状而给制品性能带来损害。因此从理论上分析应尽可能快地从低温升到高温以创造体积扩散的条件。高温短时间烧结是制造致密陶瓷材料的好方法，但还要结合考虑材料的传热系数、二次再结晶温度、扩散系数等各种因素，合理制定烧结温度。

13.5.4 盐类的选择及其煅烧条件

在通常条件下，原始配料均以盐类形式加入，经过加热后以氧化物的形式发生烧结。盐类具有层状结构，当将其分解时，这种结构往往不能完全破坏。原料盐类与生成物之间若保持结构上的关联性，那么盐类的种类、分解温度和时间将影响烧结氧化物的结构缺陷和内部应变，从而影响烧结速率与性能。

（1）煅烧条件

关于盐类的分解温度与生成氧化物性质之间的关系有大量的研究报道。例如，$Mg(OH)_2$ 分解温度与生成的 MgO 的性质关系如图 13-23 和图 13-24 所示。由图 13-23 可知，低温下煅烧所得的 MgO，其晶格常数较大，结构缺陷较多，随着煅烧温度升高，结晶性较好，烧结温度相应提高。图 13-24 表明随 $Mg(OH)_2$ 煅烧温度的变化，烧结表观活化能 E 及频率因子 A 发生较大变化，试验结果显示在 900℃下煅烧的 $Mg(OH)_2$ 所得的烧结活化能最小，烧结活性较高。可以认为，煅烧温度越高，烧结活性越低的原因是 MgO 的结晶良好，活化能增高。

（2）盐类的选择

原料盐种类对烧结性能具有较大影响，例如，用不同的镁的化合物分解所制得活性MgO的烧结性能有明显差别。由碱式碳酸镁、醋酸镁、草酸镁、氢氧化镁制得的MgO，其烧结体可以分别达到理论密度的$82\%\sim93\%$，而由氯化镁、硝酸镁、硫酸镁等制得的MgO，在同样条件下烧结，仅能达到理论密度的$50\%\sim66\%$，对煅烧获得的MgO性质进行比较，发现用能够生成粒度小、晶格常数较大、微晶较小、结构松弛的MgO的原料盐来获得活性MgO，其烧结性良好；反之，用生成结晶性较高、粒度大的MgO的原料来制备MgO，其烧结性差。

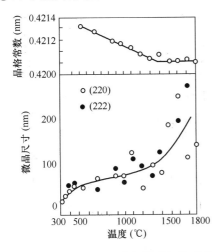

图13-23　Mg(OH)$_2$分解温度与生成的
MgO的晶格常数及晶粒尺寸的关系

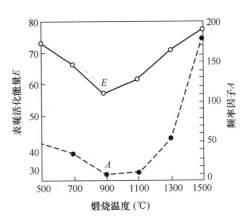

图13-24　Mg(OH)$_2$分解温度与所得MgO
形成体相对于扩散烧结活化能
和频率因子的关系

13.5.5　气氛的影响

烧结气氛一般分为氧化、还原和中性三种，在烧结中气氛的影响是很复杂的。

一般地说，在由扩散控制的氧化物烧结中，气氛的影响与扩散控制因素有关，与气孔内气体的扩散和溶解能力有关。例如，Al_2O_3材料是由阴离子（O^{2-}）扩散速率控制烧结过程，当它在还原气氛中烧结时，晶体中的氧从表面脱离，从而在晶格表面产生很多氧离子空位，使O^{2-}扩散系数增大，导致烧结过程加速。用透明氧化铝制造的钠光灯管必须在氢气炉内烧结，就是利用加速O^{2-}扩散使气孔内气体在还原气氛下易于逸出的原理来使材料致密，从而提高透光度。若氧化物的烧结是由阳离子扩散速率控制，则在氧化气氛中烧结，表面积聚大量氧，使阳离子的空位增加，则有利于阳离子扩散的加速而促进烧结。

进入封闭气孔内气体的原子尺寸越小越易于扩散，气孔消除也越容易。如像氩或氮那样的大分子气体，在氧化物晶格内不易自由扩散最终残留在坯体中。但若像氢或氦那样的小分子气体，扩散性强，可以在晶格内自由扩散，因而烧结与这些气体的存在无关。

当样品中含有铅、锂、铋等易挥发物质时，控制烧结时的气氛更为重要。如锆钛酸铅材料烧结时，必须要控制一定分压的铅气氛，以抑制坯体中铅的大量逸出，并保持坯体严格的化学组成，否则将影响材料的性能。

关于烧结气氛的影响，常会出现不同的结论。这与材料组成、烧结条件、外加剂种类和数量等因素有关，必须根据具体情况慎重选择。

13.5.6　成型压力的影响

粉料成型时必须施加一定的压力，除了使其具有一定形状和一定强度外，同时也给烧结创造颗粒间紧密接触的条件，使其烧结时扩散阻力减小。一般地说，成型压力越大，颗粒间接触越紧密，对烧结越有利。但若压力过大使粉料超过塑性变形限度，就会发生脆性断裂。适当的成型压力可以提高生坯的密度，而生坯的密度与烧结体的致密化程度有正比关系。

13.5.7　烧结外压力的影响

在烧结的同时加上一定的外压力称为热压烧结。普通烧结（无压烧结）的制品一般还存在小于 5% 的气孔，这是因为一方面随着气孔的收缩，气孔中的气压逐渐增大而抵消了作为推动力的界面能的作用；另一方面封闭气孔只能由晶格内扩散物质填充。为了克服这两个弱点而制备高致密度的材料，可以采用热压烧结。采用热压后制品密度可以达到理论密度的 99% 甚至 100%。

影响烧结的因素除了以上几点以外，还有生坯内粉料的堆积程度、加热速度、保温时间、粉料的粒度分布等。影响烧结的因素很多，而且相互之间的关系也较复杂，在研究烧结时如果不充分考虑这些因素，就难以获得具有重复性和高致密度的制品。下面列举工艺条件对氧化铝瓷坯性能与结构影响的实例来综合分析以上众多影响因素。由表 13-5 可以看出，要获得性能优异的烧结制品，必须对原料粒度、外加剂和烧结条件进行仔细分析和控制，只有这样才能真正了解烧结过程和获得理想性能，从而进一步调控烧结体的显微结构和机、电、光、热等性能。

表 13-5　工艺条件对瓷坯性能与结构的影响

	试样号	1	2	3	4	5	6	7	8	9	10
组成	α-Al_2O_3	细	细	细	粗	粗	粗	细	细	细	细
	外加剂	无	无	无	无	1% MgO					
	黏结剂	8%油酸									
烧结条件	烧结温度（℃）	1910	1910	1910	1800	1800	1800	1600	1600	1600	1600
	保温时间（min）	120	60	15	60	15	5	240	40	60	90
	烧结气氛	真空湿 H_2									
性能	体积密度（g/cm³）	3.88	3.87	3.86	3.82	3.92	3.93	3.94	3.91	3.92	3.92
	总气孔率（%）	3.0	3.3	3.3	3.3	2.0	1.8	1.6	2.2	2.0	1.8
	常温抗折强度（MPa）	75.2	140.3	208.8	208.8	431.1	483.6	484.8	552	579	581
结构	晶粒平均尺寸（μm）	193.7	90.5	54.3	25.1	11.5	8.7	9.7	3.2	2.1	1.9

注："粗"指原料粉碎后小于 $1\mu m$ 的有 35.2%；"细"指粉碎后小于 $1\mu m$ 的有 90.2%。

13.6 特种烧结简介

13.6.1 热压烧结

在烧结的同时加上一定的外压力称为热压烧结。BeO 的热压烧结与普通烧结对坯体密度的影响如图 13-25 所示。可以看出，热压烧结制品的密度明显大于普通烧结。尤其对以共价键结合为主的材料如碳化物、硼化物、氮化物等，由于它们在烧结温度下有高的分解压力和低的原子迁移率，因此用无压烧结是很难使其致密化的。例如 BN 粉末，用等静压在 200MPa 压力下成型后，在 2500℃ 下无压烧结相对密度为 66%，而采用压力为 25MPa，在 1700℃ 下热压烧结能制得相对密度为 97% 的 BN 材料。由此可见热压烧结对提高材料的致密度和降低烧结温度有显著的效果。一般无机非金属材料的普通烧结温度 $T_S \approx 0.7 \sim 0.8 T_m$（熔点），而热压烧结温度 $T_{HP} \approx 0.5 \sim 0.6 T_m$。但以上关系也并非绝对，$T_{HP}$ 与压力有关。如 MgO 的熔点为 2800℃，用 $0.05 \mu m$ 的 MgO 在 140MPa 压力下仅在 800℃ 就能烧结，此时 T_{HP} 约为 $0.33 T_m$（熔点）。

与无压烧结相比，热压烧结在制造无气孔多晶透明无机材料以及控制材料显微结构方面具有无可比拟的优越性，因此热压烧结的适用范围也越来越广泛。

热压烧结是一种单向加压的压力烧结方法。常用的热压机主要由加热炉、加压装置、模具和测温测压装置组成。热压烧结中加热方法仍为电加热法，加压方式为油压法，模具根据不同要求可使用石墨模具或氧化铝模具。通常使用的石墨模具必须在非氧化性气氛中使用，使用压力可达 70MPa。石墨模具制作简

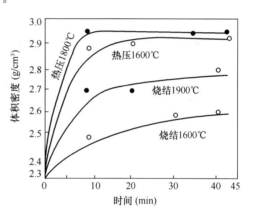

图 13-25 普通烧结与热压烧结的比较

单，成本较低。氧化铝模具使用压力可达 200MPa，适用于氧化气氛。氮化硅的热压烧结就是使用石墨模具。在石墨模型内涂上一层氮化硼，以防止氮化硅与石墨模型发生反应生成碳化硅，并便于脱模。在氮化硅粉末中，加入氧化镁等烧结辅助剂，在 1700℃ 下，施以 30MPa 的压力，即可热压烧结达到致密化。

关于热压烧结机理，由于热压烧结比普通烧结又增加了外压力的因素，所以致密化机理比普通烧结更为复杂。热压烧结的致密化速率比普通烧结高得多（常常可以在几分钟内达到接近理论密度），单纯靠扩散传质是不可能有这么高的致密化速率。根据学者们的研究，认为在热压烧结中像玻璃那样的非结晶物质主要靠黏性流动实现致密化，而离子晶体和金属主要靠塑性流动实现致密化。如对热压温度低而压力大的 Au、Pb 之类软质金属的致密化尤以塑性流动为主。而对氧化物、碳化物之类硬质粉末的热压在后期阶段致密化速度变得非常慢，此时又以扩散传质致密化为主。一般来说，对于各种不同材料的热压机理是随着各种条件而发生变化的，不是固定不变的。

热压烧结具有一系列的优点。如热压烧结由于加热加压同时进行，粉料处于热塑性状

态，有助于颗粒的接触扩散、流动传质过程的进行；还能降低烧结温度，缩短烧结时间。从而抵制晶粒长大，得到晶粒细小、致密度高和机械、电学性能良好的产品。在无须添加烧结助剂或成型助剂的情况下，可生产超高纯度的陶瓷产品。

热压烧结的缺点是过程及设备复杂，生产控制要求严，模具材料要求高，能源消耗大，生产效率较低，生产成本高。

热压烧结的发展方向是高压及连续。高压乃至超高压装置用于难烧结的非氧化物，以及立方氮化硼、金刚石的合成及烧结。连续热压的发展则为热压方法的工业化创造条件。

13.6.2 高温等静压烧结

尽管热压烧结有众多的优点，但由于是单向加压，故制得的样品形状简单，一般为片状或环状。另外对于非等轴晶系的样品热压后片状或柱状晶粒取向严重。

高温等静压是结合了热压法和无压烧结方法两者优点的陶瓷烧结方法，与传统无压烧结和普通单向热压烧结相比，高温等静压法不仅能像热压烧结那样提高致密度，抑制晶粒生长，提高制品性能，而且还能像无压烧结方法那样制造出形状十分复杂的产品，还可以实现金属—陶瓷间的封接。如封装得当，可获得表面光洁度很高的产品，从而减少或避免机械加工。

炉腔往往制成柱状，内部可通高压气氛，气体为压力传递介质，发热体则为电阻发热体。目前的高温等静压装置压力可达 200MPa，温度可达 2000℃ 或更高。由于高温等静压烧结时气体是承压介质，而陶瓷粉料或素坯中气孔是连续的，故样品必须封装，否则高压气体将渗入样品内部而使样品无法致密化。

高温等静压还可用于已进行过无压烧结样品的后处理，用以进一步提高样品致密度和消除有害缺陷。高温等静压与热压法一样，已成功地用于多种结构陶瓷，如 Al_2O_3、Si_3N_4、SiC、Y-TZP 等的烧结或后处理。

13.6.3 其他新型烧结技术

以上介绍的两种常用的烧结方法主要通过温度、压力和时间几个参数控制烧结过程。但在烧结升温过程中，加热升温是依靠发热体对样品的对流、辐射加热，故其升温速度一般较慢，小于 50℃/min。由于快速升温对烧结和显微结构的发展有利，人们一直试图获得极高的升温速度。而高速升温用常规的电加热法是无法实现的。

陶瓷材料的传统烧结受加热设备限制，通常需要 10h 以上，而新型快速烧结能在较低温度或较短时间内实现高度致密化，无论在节省能源还是经济效益方面都有巨大优势。

适用于先进陶瓷材料的快速烧结技术主要有：火花等离子烧结（spark plasma sintering，SPS）/场辅助烧结（field-assisted sintering technique，FAST），闪电烧结（flash sintering，FS），爆炸烧结选区激光烧结（ selective laser sintering，SLS），感应烧结（ induction heating，IH）和 微波烧结（ microwave heating，MH）等技术。

13.6.3.1 等离子体烧结

等离子体加热可获得电加热法所无法达到的极高的升温速率。所谓等离子体烧结是指利用气体放电时形成的高温和电子能量以及可控气氛对材料进行烧结。由于等离子体瞬间即可达到高温，其升温速度可达 1000℃/min 以上，所以等离子体烧结技术是一种比较新的实验室用快速高温烧结技术。这一方法于 1968 年被首次用于 Al_2O_3 陶瓷的烧结，经过几十多年的发展，这种方法现已成功地用于制备各种精细陶瓷，如 Al_2O_3、Y_2O_3-ZrO_2、MgO、SiC 等的烧结。

等离子体烧结的特点：

（1）气氛温度高，升温速度快。温度可达 2000℃或更高，升温速率可达 100℃/s。

（2）烧结速度快，线收缩速率可达（1～4）%/s，即约半分钟之内即可将样品烧结。

（3）烧结速度快，有效地抑制了样品的晶粒生长，但同时可能造成样品内外温度梯度及显微结构的不均匀。

（4）过快的升温和收缩可能使一些热膨胀系数较大、收缩量较大的物件在升温收缩过程中开裂。

（5）根据等离子体形状，目前以烧结棒状或管状（$\phi<15mm$）样品较为合适。

（6）等离子体加热的特点除对流外，粒子对表面轰击和粒子（离子）于样品表面复合对样品加热起很大作用。

用等离子体烧结的试样，目前多为长柱状或管状，直径小于 15mm，常用 5～10mm。试样可直接用等静压制备，也可用浇注法制备。试样必须保持干燥，具备较高强度和素坯密度。如试样素坯密度过低，则往往需要预烧并使其部分致密化，减少烧成时收缩量和开裂的可能性。试样尺寸不仅受等离子体等温区大小的限制，实际上更主要受到热冲击的制约。由于样品推入等离子体时，样品受等离子体包裹部分有极高的升温速率，而等离子体外的样品则温度基本没有上升，故样品不同部分温差很大，热冲击也大。另外如样品素坯密度过低，强度低，膨胀系数过高，则由于热冲击引起的应力和导致破坏的可能性也大。所以要烧制尺寸较大的样品，不仅要有较大的等离子区，样品推进速度快，还必须制得较高密度和强度的素坯样品，这对膨胀系数较高（如 Y-TZP）的材料尤为如此。

等离子体放电区温度达数千度，气体部分以离子状态存在。试样在放电区由于受到强对流传热和各种组分（离子、原子、电子等）在表面处冲击、复合而得以加热。由于等离子体温度高，热流量大，故升温速度高，随温度升高试样表面的辐射程度加剧，最终可达到某一加热与热损失的平衡并保持一定温度。一般的试样可达 1600～1900℃的温度。由于气体温度远高于试样温度，故试样温度主要与气流情况（气体种类、压力）及输入功率有关。1600～1900℃是较易达到的温度，也是较易控制的温度区间。更高温度时由于热损失增大难以进一步升温，更低温度时对等离子体的控制和调节不易。温度测量一般使用光学温度计，故温度测量和控制精度不佳。

火花等离子烧结 SPS 技术的主要特点为脉冲直流电流形成的直接焦耳加热以及机械压力辅助烧结。图 13-26 为火花等离子烧结原理图。在先进功能陶瓷方面，SPS 制备的压电介电陶瓷材料拥有极高的致密度，同时

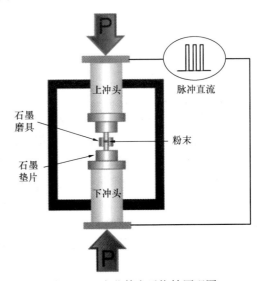

图 13-26　火花等离子烧结原理图

能对晶粒尺寸进行大范围调控（50nm ～ 50μm）而获得较高的压电常数及储能密度。在制备先进光学陶瓷材料如透明陶瓷等方面，SPS能通过高压强在几分钟内获得高透明度及高机械性能的透明陶瓷材料。

大部分 SPS 设备电源为脉冲直流电流（ pulsed direct current），其对烧结过程产生的影响主要有以下几方面：等离子体的产生和作用、焦耳加热对导电样品和绝缘样品的影响、脉冲直流电流引起的电磁场影响以及脉冲直流电流占空比（ON/OFF ratio）对烧结过程的影响 。

在脉冲直流电流的研究中，脉冲直流电的一个重要作用是产生等离子体来净化样品表面和晶界，这一点已被许多研究者报道。

除了等离子体问题外，脉冲直流电流引起的加热和热传递也非常重要，因为它影响到电流对物质的传输和其他内在过程。然而，导电材料与不导电材料在 SPS 加热时所呈现的结果完全不同。通过焦耳加热对导电样品进行加热时，烧结样品内部的温度远高于外部测量温度。

13.6.3.2 微波烧结

微波烧结是利用微波加热对材料进行烧结。微波烧结也是陶瓷的快速烧结方法，微波烧结法区别于其他方法的最大特点是其独特的加热机理。微波烧结是利用微波直接与物质粒子（分子、离子）相互作用，利用材料的介电损耗使样品直接吸收微波能量从而得以加热烧结的一种新型烧结方法。

（1）微波烧结技术的特点

微波烧结技术的研究起始于 20 世纪 70 年代。在 20 世纪 80 年代中期以前，由于微波装置的局限，微波烧结研究主要局限于一些容易吸收微波，烧结温度低的陶瓷材料，如 $BaTiO_3$ 等。随着研究的深入和试验装置的改进（如单模式腔体的出现），1986 年前后微波烧结开始在一些现代高技术陶瓷材料的烧结中得到应用，近几年来已经用微波成功地烧结了许多种不同的高技术陶瓷材料，如氧化铝、氧化钇稳定氧化锆、莫来石、氧化铝-碳化钛复合材料等。另外微波烧结装置还可用于陶瓷间的直接焊接。各种微波烧结装置相继问世，从高功率多模式腔体（数千瓦至上百千瓦）到小功率（≤1000W）的单模式腔体，频率从 915kHz 至 60GHz。此外对微波烧结的理论研究也在不断深入，如微波场中样品内部电场、磁场分布，样品微波加热升温特性、温场分布等的研究。但总体说来，微波烧结的研究目前仍处于试验阶段。

微波烧结有以下特点：

① 独特的加热机制。微波烧结是通过微波与材料直接作用而升温的，与一般的传热（对流、辐射）完全不同。样品自身可被视作热源，在热过程中样品一方面吸收微波能，另一方面通过表面辐射等方式损失能量。这一独特的加热机制使得材料升温不仅取决于微波系统特性如频率等，还与材料介电特性，如介电损耗有关，介电损耗越高，升温速率越快。

② 特殊的升温过程。由于材料介电损耗还与温度有关，故材料升温过程中，低温时介电损耗低，故升温速度慢；一定温度时，由于介电损耗随温度升高而增大，故升温速度加快；更高温度时由于热损失的原因，升温速度减慢。一般平均升温速率约 500℃/min。

③ 由于很高的升温速率引起与等离子体烧结相似的问题，如温度分布不均，热应力较大，样品尺寸受限制等。可降低烧结温度，抑制晶粒生长等。

（2）微波场中材料的升温

微波加热的本质是材料中分子或离子等与微波电磁场的相互作用。高频交变电场下，材料内部的极性分子、偶极子、离子等随电场的变化剧烈运动，各组元之间产生碰撞、摩擦等内耗作用使微波能转变成了热能，对于不同的介质，微波与之相互作用的情况是不同的。金属由于其导电性而对微波全反射（故腔体以导电性良好的金属制造），有些非极性材料对微波几乎无吸收而成为对微波的透明体（如石英），一些强极性分子材料对微波强烈吸收（如水）而成为全吸收体。一般无机非金属材料介于透明体和全吸收体之间。

由于材料介电损耗与温度有关，故不同温度时升温速率是不同的。一般温度越高，介电损耗越大，而且这种变化几乎是呈指数式的，如 Al_2O_3、BN、SiO_2 等材料均如此。材料介电损耗随温度迅速上升的规律对微波烧结过程影响很大。由于低温时介电损耗小因而升温速度慢，但随温度升高，升温速率加快，一定温度后必须及时调整输入功率（即场强）以防止升温速度过快。另外，如材料中温度分布不均匀，温度低的部位对微波吸收能力差，而温度高的部位吸收了大部分能量，因而可能导致温度分布越来越不均匀，即所谓"热失控"现象，故烧结时一定要随时控制能量输入和升温速度。

微波烧结同传统的烧结方式、烧结原理不同。传统的烧结是加热体通过材料将热能进行对流、传导或辐射方式传递至被加热物而加热，特点是热量从外向内传递，烧结时间长。微波烧结则是利用微波特殊波段与材料的结构耦合而产生热量，材料的介质损耗使其材料整体加热至烧结温度而实现致密化。材料对微波的吸收是关键，材料能够吸收微波与微波电场或磁场耦合使微波能转化为热能才能实现烧结。材料对微波的吸收源于材料对微波的电导损耗和极化损耗，且高温下电导损耗将占主要地位。在导电材料中，电磁能量损耗以电导损耗为主。而在陶瓷等介电材料中，由于大量的空间电荷能形成的电偶极子的取向极化，在交变电场中，极化响应跟不上快速变化的外电场，出现极化弛豫。极化弛豫的结果就是粒子的能量交换表现为能量损耗，产生热量，实现烧结。

13.6.3.3 爆炸烧结

爆炸烧结是利用炸药爆炸产生的瞬间巨大冲击力和由此产生的瞬间高温使材料被压实烧结的一种致密化方式。与压力烧结相比，这种方法也是利用高压和由此产生的一定温度使材料致密化，但所不同的是这种压力是瞬间冲击力而非静压力，高温是由于在冲击力作用下颗粒相互摩擦作用而间接引起，而并非直接加热产生，所以这是一种区别于传统压力烧结方法的一种特殊方法。

最初利用炸药爆炸产生的瞬间冲击力实现某些特殊材料如金刚石、立方氮化硼等的合成，这方面的工作从 20 世纪 50 年代开始，20 世纪 60 年代得到较快发展。

爆炸烧结的特点在于其过程（压力、温度）的瞬间性，这对实现非晶合金粉末的致密化有重要意义。由于这种瞬态过程可避免材料致密化时的晶化作用，故常被用于非晶合金体材料的制造。这种方法用于陶瓷的烧结一是由于高技术陶瓷的重要性日益得到认识，二是由于这种方法可以提供其他方法无法替代的作用；利用爆炸烧结可在使粉料实现致密化的同时抑制其晶粒生长，为获得高密、细晶材料开辟新的途径。

由于爆炸烧结是绝热过程，因而颗粒界面热能来自颗粒本身各种能量转化，主要是动能—热能的转化。一般认为激波加载引起的升温机制有以下 5 种：

（1）颗粒发生塑性畸变和流动，这种塑性流动将产生热能；

（2）由于绝热压缩而升温；

（3）粉料颗粒间绝热摩擦升温；

（4）粉料颗粒间碰撞动能转化为热能并使颗粒间发生"焊接"现象；

（5）空隙闭合时，孔隙周围由于黏塑性流动而出现灼热升温现象。

以上 5 种机制中，（1）（2）只能引起平均升温，不是主要升温机制，（3）（4）是主要的界面升温机制，（5）仅在后期起作用。界面升温由于过程极为短暂故能量效率极高。

爆轰过程中，在激波作用下颗粒发生塑性流动而相互错动，由于绝热升温使界面黏度明显下降，并有助于塑性流动的进一步进行。一定界面温度时还可能发生黏性流动。由于致密化过程历时极短，颗粒自身仍处于冷却状态，扩散传质不可能成为致密化机制，所以界面升温参与的颗粒塑性流动为爆炸烧结的主要机制。

爆炸烧结特征：

（1）瞬态绝热升温特征。粉料在爆轰过程中密实过程是瞬态冲击力造成的。激波压力与粉末压实密度存在对应关系，在压力达到最大时密度也最大，压力停止增加或撤消时，各种致密化过程和升温过程也停止。由于爆炸过程中样品升温是由于自身颗粒间撞击摩擦引起，而不是来自外界如爆炸释放的热能，而且速度极快，故这一过程是绝热过程。

（2）热量聚集颗粒表（界）面特征。晶相观察表明，爆炸烧结瞬间，颗粒界面邻近区域存在能量快速集聚现象，引起界面的高温甚至使界面区域熔化，而颗粒内部则相对处于冷却状态，对升温的边界起冷却作用甚至淬火作用，从而使界面形成极细的微晶甚至非晶组织。

（3）可能的界面层化学反应。两种不同的粉料组成复合粉料时，在激波作用下不同颗粒界面可发生反应，从而合成新的相。

13.6.3.4 闪电烧结

闪电烧结（Flash sintering，简称闪烧）技术是近几年出现的一种新型电场辅助陶瓷烧结方法。闪烧是 2010 年由美国科罗拉多大学 Cologna（科洛尼亚）等所提出的一种新型的基于电场/电流辅助的陶瓷材料烧结技术。Cologna 将氧化锆陶瓷坯体通过两根铂丝悬吊在立式管式炉的热区处，铂丝将样品与电源联成回路。通过在 850℃ 的炉内温度下对样品两端加大于 40V/cm 的电场，使样品因焦耳热效应迅速升温，同时发出亮光形成"flash"过程，在几秒钟之内完成致密化。

传统的陶瓷烧结方法是指紧密堆积的陶瓷粉体在高温热驱动力的作用下，通过原子扩散排出晶粒间的气孔从而使材料致密化的过程；在高温条件下，原子扩散作用在帮助材料致密化的同时，也会不可避免地导致晶粒长大现象；对于多晶材料，高的密实度意味着更好的力学性能，而晶粒的长大则会造成材料性能的劣化，影响材料的应用；长时间的高温烧结也使陶瓷行业成为一种高能耗产业。闪电烧结被认为是陶瓷烧结领域最具有前途的创新之一，相对于传统烧结和其他快速烧结技术，极大地缩短了烧结时间，降低了烧结温度，能获得特殊的不平衡结构。

闪烧技术通常会伴随以下三个现象发生：（1）材料内部的热失控；（2）材料本身电阻率的突降；（3）强烈的闪光现象。

闪烧技术主要涉及三个工艺参数，即炉温（T_f）、场强（E）与电流（J）。对材料施加稳定的电场，炉温则以恒定速率升高。当炉温较低时，材料电阻率较高，流经材料的电流很小。随着炉温的升高，样品电阻率降低，电流逐渐增大，这一阶段称为孕育阶段，系统为电压控制。当炉温升高至临界温度时，材料电阻率突降，电流骤升，闪烧发生。由于此时场强仍稳定，因此系统功率（$W = EJ$）将快速达到电源的电功率上限，系统由电压控制转变为电流控制，这一阶段称为闪烧阶段。当材料电阻率不再升高时，场强再次稳定，烧结进入稳定阶段，即闪烧的保温阶段，保温阶段之后一次完整的闪烧过程结束。

与传统烧结相比，闪烧主要有以下优势：（1）缩短烧结时间，并降低烧结所需温度；（2）抑制晶粒生长，能够实现非平衡烧结；（3）设备简单，成本较低。闪电烧结（FS）是一种节能的烧结技术，涉及电焦耳加热，可以实现颗粒材料极快速致密化（$< 60s$）。

在闪电烧结中，当炉温和通过样品的电流超过临界值条件时，陶瓷坯体迅速实现致密化。这种现象出现在多种氧化物体系中，包括氧化钇稳定氧化锆、氧化镁掺杂氧化铝、钛酸锶、钴锰氧化物、二氧化钛、铝酸镁尖晶石等。

$BiFeO_3$-$BaTiO_3$陶瓷的低温快速烧结致密化有助于抑制 Bi 元素的挥发，降低能耗以及快速筛选出具有优异电学性能的 $BiFeO_3$-$BaTiO_3$ 基陶瓷材料。在 200V/cm 的直流电场和 280mA 的限制电流作用下，通过反应闪烧 Bi_2O_3、Fe_2O_3、TiO_2 和 $BaCO_3$ 混合粉体，能够在 415℃的炉温下，30s 内获得具有良好铁电及压电性能的致密 $BiFeO_3$-$BaTiO_3$ 陶瓷。反应闪烧过程中，固相化学反应和烧结致密化同时发生；限制电流值的大小对样品的相变和致密化程度有重要影响。反应闪烧技术可通过一步闪烧陶瓷材料的前驱体混合粉末而获得单相且致密的陶瓷材料，为陶瓷材料的快速制备提供了一个新的途径。

13.6.3.5　选区激光烧结

选区激光烧结（SLS）主要是通过聚焦激光束将粉末颗粒连接在一起形成固体物体而实现快速烧结。在选区激光烧结工艺中，一层薄薄的粉末通过刀片或滚柱机构在平台上扩散，调制激光器有选择地将计算机辅助设计（CAD）数据写入粉末床上，以便只有具有物体横截面的区域中的颗粒被激光能量熔化。当材料的特性适合于此工艺类型时，则选区激光烧结技术要优于其他快速烧结技术。

与闪电烧结一样，选区激光烧结工艺参数和物理机制也会影响烧结行为。选区激光烧结的物理机制主要是指结合合机制，包括黏性流动结合、曲率效应、颗粒润湿、固相烧结、液相烧结和真熔融等。对于大多数陶瓷粉末的直接烧结，激光束的功率是不够的，因为陶瓷材料需要非常高的能量密度，大约比金属所需的能量密度高。

此外，陶瓷/激光束的相互作用通常会导致熔融、蒸发和烧蚀，而不是烧结。其次，激光束通常用于陶瓷零件的精密加工，而不是用于烧结。因此，间接 SLS 可以作为制备陶瓷元件的合适替代品以避免上述缺点。在间接 SLS 工艺中，高熔点的陶瓷粉末被包覆或与低熔点聚合物黏合剂混合，这些黏合剂被熔化形成陶瓷颗粒之间的黏结颈，并通过高强度激光束熔融在一起形成生坯，然后去除黏合剂，熔炉烧结，通过后处理工艺得到最终的陶瓷零件。通常，为了制造各种陶瓷产品，如 Al_2O_3、ZrO_2、Si_3N_4 和 SiC，制备用于 SLS 的组合物时需要各种陶瓷粉末和黏合剂。

选区激光烧结相对于其他快速烧结方式的最大优点是烧结区域和烧结功率可控，其在制备复杂、梯度结构以及性能材料方面优势巨大。同时，由于激光束功率密度高，材料往往在短时间内发生熔化形成液相使其致密度显著提高，对材料性能有一定提高作用。然而，在使用 SLS 技术制备全致密陶瓷零件方面仍存在许多挑战，如粉末层沉积、激光-粉末相互作用、烧结或熔化机理和残余应力等问题。一旦这些问题得到解决，SLS 技术将对航空航天和生物医学等各个行业产生颠覆性影响。

13.6.3.6 感应烧结

感应烧结（IH）是一种非接触加热过程，感应线圈一端连接高频交流电源，另一端置入感应样品或容器，其产生的感应电流可以加热导电材料。由于这是一种非接触式方法，所以加热过程不会污染被加热材料。

感应烧结只有在加热材料导电性足够好时才能实现，如果材料同时也是导磁材料则加热效率更高，因为磁通量和感应电磁场的非线性关系，所以一部分的加热来自磁滞的贡献，然而这也仍然比直接焦耳加热的贡献要小。还应指出，随着频率的增加，感应加热会导致趋肤效应，即样品表面涡流产生的磁感应会抵消样品中心的磁感应。然而，大部分陶瓷材料都属于非铁磁材料，甚至绝缘材料，所以在感应烧结过程中必须使用坩埚或者模具进行热传递。由于陶瓷材料烧结温度高，所以一般使用石墨材料。与其他快速烧结方式类似，感应烧结也能在几分钟内得到致密且晶粒细小的样品。

电感加热是由于介电材料在高频振荡电场下极化交替时产生的损耗而产生的，而总极化强度与材料的介电属性相关。通常极化是多种极化机制的叠加：原子电子云中心相对于原子核的位移、偶极子取向、离子键变形，以及界面（表面或晶界）极化。其中离子极化是陶瓷中最常见的极化机制，电场导致离子从晶格平衡位置发生位移。离子键在外场作用下的拉伸和振动引起了电磁能量向热能的转换。这种极化效应在含有不同电负性元素的化合物中可见，因此表现出离子或部分离子键合。但是，相对于感应加热中涡流电流产生的焦耳加热，电感加热的贡献要小得多。

感应加热已经广泛应用于冶金和生物领域，然而在陶瓷材料应用领域还面临多种问题，如能量平衡、感应装置简化、生产安全、陶瓷材料磁感应强度问题等，总体来说是一种非常具有潜力的快速加热技术。

13.7 案例解析

镁铝尖晶石透明陶瓷既具有耐高温、耐腐蚀、耐磨损、抗冲击、高硬度、高强度以及良好的电绝缘性等性能，又具有光学玻璃和光学晶体在红外波段优异的光学透射性能，在防弹窗、航天器防护窗和潜艇红外传感器以及金属制品的陶瓷保护膜、精细陶瓷器皿等领域具有广泛的应用前景。由于镁铝尖晶石粉体自身较慢的物质扩散速率，通常的无压烧结工艺难以实现完全致密化，因此需要采用高温高压烧结方法制备镁铝尖晶石透明陶瓷。

本案例以镁铝尖晶石粉体为原料，研究不同烧结工艺对镁铝尖晶石透明陶瓷物相组成、显微结构以及光学性能的影响规律。具体试验过程如下：以镁铝尖晶石粉体为原料，加入质量分数为1%的氟化锂作为烧结助剂，加入适量聚乙烯醇（添加量20%）为黏结剂和适量水，将充分混合均匀后得到的料浆进行湿法球磨12h，然后干燥、过筛，获得改性处理后的镁铝尖晶石粉体。对改性处理后的粉体在1680℃、压力45MPa下进行热压烧结4h，得到热压烧结镁铝尖晶石样品，命名为HP。然后将热压样品烧结加工后在氩气气氛下进行热等静压，热等静压烧结温度1750℃，压力170～180MPa，时间2～4h，通过热等静压得到的样品命名为HIP。

图13-27为热压烧结以及热等静压烧结制备的 $MgAl_2O_4$ 透明陶瓷的光谱透过曲线，

由图可见，与热压烧结（HP）工艺相比，合适的热等静压（HIP）工艺可以提升陶瓷的透过性能。当 HIP 压力过大时，样品 HIP-3 透过率出现明显下降，平均透过率为77.46%，这是由于过高的压力会阻碍晶界移动，抑制了 $MgAl_2O_4$ 晶粒生长，产生了大量的小晶粒，进而引起晶界相对数量增多，随之导致了入射光在晶界处散射、折射的增加，从而降低了材料的透射性能。由图还可以看出，HIP 处理时间对 $MgAl_2O_4$ 透明陶瓷的红外透过率提升较小。

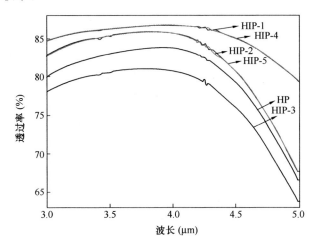

图 13-27　不同烧结工艺制备的陶瓷的透过曲线

HIP-1　170MPa 2h；HIP-2　180MPa　2h；

HIP-3　190MPa 2h；HIP-4　170MPa 4h；

HIP-5　180MPa 4h

13.8　思政拓展

高科技陶瓷与航空航天技术

当前，我国的航天技术迅速发展，不断地突破着自己的极限，而航天技术的发展，离不开背后材料技术的发展。其中，高科技陶瓷材料因其特殊的耐高温、耐腐蚀等性能在航天技术上发挥了巨大的作用。当以 5 马赫或更高的速度行驶时，产生的强烈热量会损害高超音速飞行器的结构完整性，腐蚀性气体和颗粒影响其表面，影响车辆外部轮廓的温度以致其升至 2000℃ 以上，导致表面层氧化和烧蚀。热保护系统（Thermal protection systems，TPS）必须承受这些极端温度和强烈的机械振动，以进入轨道或从太空重返大气层。在更恶劣的环境中，火箭发动机喷嘴必须承受极端的机械和热化学条件，温度超过2500℃。陶瓷基复合材料（ceramic matrix composites，CMCs）是唯一能够承受临界机械应力和高热冲击的材料，但高于 1600～1700℃ 的温度仍然是其使用的操作极限。超高温陶瓷基复合材料（ultra-high temperature ceramic matrix composites，UHTCMCs）是为航空航天恶劣环境而开发的下一代复合材料。

超高温陶瓷基复合材料由超耐火基体和碳纤维组成，其中碳纤维分布均匀地集成到超耐火烧结陶瓷基体中。纤维增强陶瓷材料质量轻，机械性能稳定，不易断裂，最主要的是极耐高温，主要用于喷气发动机中负担特别重的部位，以及火箭液体驱动装置的燃烧仓和喷嘴。该材料用热压或热等静压成型，轻且坚固，在承受强大的空气动压力的同时，还能经受航天器重返大气层时的极高温度。

陶瓷基板在火箭突破大气层时，会出现一个很大的外部摩擦力，从而影响内部的各种传感器，温度、压力等传感器最易受到影响。从外部传来的不仅有很大的力，还会产生大量的热。在压力传感器中，其精度是非常重要的，如果内部电路板因外力受损，压力传感器也就意味着废掉了。而氧化锆陶瓷基板凭着其很高的耐磨性与抗压性，不会出现损坏。

此外，陶瓷轴承也是在航空航天产业中使用较为广泛的一种产品，具有耐高温、耐寒、耐磨、耐腐蚀、抗磁电绝缘、高转速等特性。陶瓷轴承针对航空航天工业中恶劣环境下的调整、重载、低温、无润滑工况而开发，是新材料、新工艺、新结构的完美结合。陶瓷隔膜材料的使用则有利于延长卫星电池寿命，陶瓷隔膜是采用优质陶土、瓷土和稀土等复合材料经真空细密混合成型，然后高温烧结而成，能耐强酸、强碱，在铬酸槽液中不溶解。

材料是科技进步的基石，材料也是航空航天工程技术发展的决定性因素，在未来还会有更加广阔的应用空间。

本章总结

本章主要介绍了烧结的基本概念，烧结过程的推动力，烧结机理；固态烧结的传质方式，蒸发-凝聚传质，扩散传质；液态烧结特点和传质方式，流动传质，溶解-沉淀传质；晶粒生长与二次再结晶的特点，晶粒生长影响因素，二次再结晶影响因素；影响烧结的因素；特种烧结技术。

课后习题

13-1 名词解释（并进行比较）：

（1）熔融温度、烧结温度、泰曼温度；（2）体积密度、理论密度、相对密度；（3）液相烧结、固相烧结；（4）晶粒生长、二次再结晶；（5）晶粒极限尺寸、晶粒平均尺寸；（6）烧结与烧成。

13-2 烧结的模型有哪几种？各适用于哪些典型传质过程？

13-3 叙述烧结的推动力。烧结可凭哪些方式推动物质的迁移？

13-4 固-气界面能为 $0.1J/m^2$，若用直径为 $1\mu m$ 粒子组成压块，体积为 $1cm^2$，试计算由烧结推动力而产生的能量是多少？

13-5 设有粉末压块，其粉料粒度为 $5\mu m$，若烧结时间为 2h 时，颈部生长速率 x/r $=0.1$。如果不考虑晶粒生长，若烧结至 $x/r=0.2$，试比较蒸发-凝聚、体积扩散、黏性流动、溶解-沉淀传质各需要多少时间？若烧结时间为 8h，各个过程的 x/r 又各是多少？

13-6 如上题粉料粒度改为 $16\mu m$，烧结至 $x/r=0.2$，各个传质需多少时间？若烧结 8h，各个过程的 x/r 又是多少？从两题计算结果，讨论粒度与烧结时间对四种传质过程的影响程度。

13-7 下列过程中，哪些能使烧结产物强度增加，而不产生致密化过程，试说明理由。（1）蒸发-凝聚；（2）体积扩散；（3）黏性流动；（4）晶界扩散；（5）表面扩散；

（6）溶解-沉淀。

13-8 在制造透明 Al_2O_3 材料时，原始粉料粒度为 $2\mu m$，烧结至最高温度保温半小时，测得晶粒尺寸为 $10\mu m$，试问若保温 2h，晶粒尺寸多大？为抑制晶粒生长加入质量分数为 0.1%MgO，此时若保温 2h，晶粒尺寸又有多大？

13-9 在 1500℃ Al_2O_3 正常晶粒生长期间，观察到晶体在 1h 内从 $0.5\mu m$ 直径长大到 $10\mu m$。如已知晶界扩散激活能为 335kJ/mol，试预测在 1700℃下 4h 后，晶粒尺寸是多少？你估计加入 0.5%MgO 杂质对 Al_2O_3 晶粒生长速率会有什么影响？在与上面相同条件下烧结，会有什么结果，为什么？

13-10 晶界遇到夹杂物时会出现几种情况，从实现致密化的目的考虑，晶界应如何移动，怎样控制？

13-11 在烧结时，晶粒生长能促进坯体致密化吗？晶粒生长会影响烧结速率吗？试说明之。

13-12 为了减小烧结收缩，可把直径 $1\mu m$ 的细颗粒（约30%）和直径 $50\mu m$ 的粗颗粒进行充分混合，试问此压块的收缩率速率如何？如将 $1\mu m$ 和 $50\mu m$ 以及两种粒径混合料制成的烧结体的 $log\Delta L/L$ 对 $logt$ 曲线分别绘入适当位置，将得出什么结果？

13-13 试比较各种传质过程产生的原因、条件、特点和工艺控制要素。

13-14 烧结为什么在气孔率达约 5% 就停止了，烧结为什么达不到理论密度，采取哪些措施可使烧结材料接近理论密度（以制备透明 Al_2O_3 陶瓷为例），为什么？

13-15 什么是二次再结晶？影响二次再结晶的因素有哪些？控制二次再结晶的方法有哪些？

13-16 影响烧结的因素有哪些？最易控制的因素是哪几个？

附录1　146种结晶学单形

三斜晶系之单形

对称型	单形名称	
L^1	1. 单面	
C	2. 平行双面	

单斜晶系之单形

对称型	单形名称		
L^2	3.（轴）双面(2)	4.（平行）双面(2)	5. 单面(1)
P	6.（反映）双面(2)	7. 单面(1)	8. 平行双面(2)
L^2PC	9. 菱方柱(4)	10. 平行双面(2)	11. 平行双面(2)

正交晶系之单形

对称型	单形名称				
$3L^2$	12. 菱方四面体(4)	13. 菱方柱(4)		14. 平行双面(2)	
L^22P	15. 菱方锥(4)	16. 双面(2)	17. 菱方柱(4)	18. 平行双面(2)	19. 单面(1)
$3L^23PC$	20. 菱方双锥(8)	21. 菱方柱(4)		22. 平行双面(2)	

三方晶系之单形

对称型	单形名称					
L^3	23. 三方锥(3)			24. 三方柱(3)		25. 单面(1)
L^3C	26. 菱面体			27. 六方柱(6)		28. 平行双面(2)
L^33P	29. 复三方锥(6)	30. 六方锥(6)	31. 三方锥(3)	32. 复三方柱(6)	33. 六方柱(6)	34. 三方柱(3) · 35. 单面(1)
L^33L^2	36. 三方偏方面体(6)	37. 三方双锥(6)	38. 菱面体(6)	39. 复三方柱(6)	40. 三方柱(3)	41. 六方柱(6) · 42. 平行双面(2)
L^33L^23PC	43. 复三方偏三角面体(12)	44. 六方双锥(12)	45. 菱面体(6)	46. 复六方柱(12)	47. 六方柱(6)	48. 六方柱(6) · 49. 平行双面(2)

四方晶系之单形

对称型	单形名称				
L^4	50. 四方锥(4)		51. 四方柱(4)		52. 单面(1)
L^4PC	53. 四方双锥(8)		54. 四方柱(4)		55. 平行双面(2)
L^44P	56. 复四方锥(8)	57. 四方锥(4)	58. 复四方柱(8)	59. 四方柱(4)	60. 单面(1)
L^44L^2	61. 四方偏方面体(8)	62. 四方双锥(8)	63. 复四方柱(8)	64. 四方柱(4)	65. 平行双面(2)
L^4L^25PC	66. 复四方双锥(16)	67. 四方双锥(8)	68. 复四方柱(8)	69. 四方柱(4)	70. 平行双面(2)
L_i^4	71. 四方四面体(4)		72. 四方柱(4)		73. 平行双面(2)
$L_i^42L^22P$	74. 四方偏方面体(8) / 75. 四方四面体(4) / 76. 四方双锥(8)		77. 复四方柱(8) / 78. 四方柱(4) / 79. 四方柱(4)		80. 平行双面(2)

六方晶系之单形

对称型	单形名称				
L^6	81. 六方锥(6)		82. 六方柱(6)		83. 单面(1)
L^6PC	84. 六方双锥(12)		85. 六方柱(6)		86. 平行双面(2)
L^66P	87. 复六方锥(12)	88. 六方锥(6)	89. 复六方柱(12)	90. 六方柱(6)	91. 单面(1)
L^66L^2	92. 六方偏方面体(12)	93. 六方双锥(12)	94. 复六方柱(12)	95. 六方柱(6)	96. 平行双面(2)
L^66L^27PC	97. 复六方双锥(24)	98. 六方双锥(12)	99. 复六方柱(12)	100. 六方柱(6)	101. 平行双面(2)
L_i^6	102. 三方双锥(6)		103. 三方柱(3)		104. 平行双面(2)
$L_i^63L^23P$	105. 复三方双锥(6) / 106. 六方双锥(12) / 107. 三方双锥(6)		108. 复三方柱(6) / 109. 六方柱(6) / 110. 三方柱(3)		111. 平行双面(2)

等轴晶系之单形

对称型	单形名称						
$3L^24L^3$	112. 五角三四面体(12)	113. 四角三四面体(12)	114. 三角三四面体(12)	115. 四面体(4)	116. 五角十二面体(12)	117. 菱形十二面体(12)	118. 立方体(6)
$3L^24L^33PC$	119. 偏方复十二面体(24)	120. 三角三八面体(24)	121. 四角三八面体(24)	122. 八面体(8)	123. 五角十二面体(12)	124. 菱形十二面体(12)	125. 立方体(6)
$3L\varphi4L^36P$	126. 六四面体(24)	127. 四角三四面体(12)	128. 三角三四面体(12)	129. 四面体(4)	130. 四六面体(24)	131. 菱形十二面体(12)	132. 立方体(6)
$3L_i^44L^36L^2$	133. 五角三八面体(24)	134. 三角三八面体(24)	135. 四角三八面体(24)	136. 八面体(8)	137. 四六面体(24)	138. 菱形十二面体(12)	139. 立方体(6)
$3xL^44L^36L^29PC$	140. 六八面体(48)	141. 三角三八面体(24)	142. 四角三八面体(24)	143. 八面体(8)	144. 四六面体(24)	145. 菱形十二面体(12)	146. 立方体(6)

附录 2　晶体的 230 种空间群

对称性	空间群 国际符号	空间群 圣佛利斯符号	对称性	空间群 国际符号	空间群 圣佛利斯符号
$1C_1$	$P1$	C_i^1		$Pmn2_1$	C_{2v}^7
$\bar{1}C_1$	$P\bar{1}$	C_i^1		$Pba2$	C_{2v}^8
2 C_2	$P2$	C_2^1		$Pna2_1$	C_{2v}^9
	$P2_1$	C_2^2		$Pnn2$	C_{2v}^{10}
	$C2$	C_2^3		$Cmm2$	C_{2v}^{11}
m C_s	Pm	C_s^1		$Cmc21$	C_{2v}^{12}
	Pc	C_s^2		$Ccc2$	C_{2v}^{13}
	Cm	C_s^3	$mm2$ C_{2v}	$Amm2$	C_{2v}^{14}
	Cs	C_s^4		$Abm2$	C_{2v}^{15}
2/m C_{2h}	$P2/m$	C_{2h}^1		$Ama2$	C_{2v}^{16}
	$P2_1/m$	C_{2h}^2		$Aba2$	C_{2v}^{17}
	$C2/m$	C_{2h}^3		$Fmm2$	C_{2v}^{18}
	$P2/c$	C_{2h}^4		$Fdd2$	C_{2v}^{19}
	$P2_1/C$	C_{2h}^5		$Imm2$	C_{2v}^{20}
	$C2/c$	C_{2h}^6		$Iba2$	C_{2v}^{21}
222 D_2	$P222$	D_2^1		$Ima2$	C_{2v}^{22}
	$P222_1$	D_2^2		$Pmmm$	D_{2h}^1
	$P2_12_12$	D_2^3		$Pnnn$	D_{2h}^2
	$P2_12_12_1$	D_2^4		$Pccm$	D_{2h}^3
	$C222_1$	D_2^5		$Pban$	D_{2h}^4
	$C222$	D_2^6		$Pmma$	D_{2h}^5
	$F222$	D_2^7		$Pnna$	D_{2h}^6
	$I222$	D_2^8		$Pmna$	D_{2h}^7
	$I2_12_12_1$	D_2^9		$Pcca$	D_{2h}^8
mm2 C_{2v}	$Pmmm$	C_{2v}^1		$Pbam$	D_{2h}^9
	$Pmc2_1$	C_{2v}^2		$Pccn$	D_{2h}^{10}
	$pcc2$	C_{2v}^3		$Pbam$	D_{2h}^{11}
	$Pma2$	C_{2v}^4		$Pnnm$	D_{2h}^{12}
	$Pca2_1$	C_{2v}^5		$Pmmm$	D_{2h}^{13}
	$Pnc2$	C_{2v}^6	mmm D_{2h}	$Pbcn$	D_{2h}^{14}
	$Pmn2_1$	C_{2v}^7		$Pbca$	D_{2h}^{15}
				$Pnma$	D_{2h}^{16}
				$Cmcm$	D_{2h}^{17}
				$Cmca$	D_{2h}^{18}
				$Cmmm$	D_{2h}^{19}
				$Cccm$	D_{2h}^{20}
				$Cmma$	D_{2h}^{21}
				$Ccca$	D_{2h}^{22}
				$Fmmm$	D_{2h}^{23}
				$Fddd$	D_{2h}^{24}
				$Immm$	D_{2h}^{25}
				$Ibam$	D_{2h}^{26}
				$Ibca$	D_{2h}^{27}
				$Imma$	D_{2h}^{28}

对称性	空间群		对称性	空间群	
	国际符号	圣佛利斯符号		国际符号	圣佛利斯符号
4 C_4^3	$P4$	C_4^1	4/mmm D_{4h}	$P4/mmm$	D_{4h}^1
	$P4_1$	C_4^2		$P4/mcc$	D_{4h}^2
	C_4	$P4_2$		$P4/nbm$	D_{4h}^3
	$P4_3$	C_4^4		$P4/nnc$	D_{4h}^4
	$I4$	C_4^5		$P4/mbm$	D_{4h}^5
	$I4_1$	C_4^6		$P4/mnc$	D_{4h}^6
$\bar{4}$ S_4	$P\bar{4}$	S_4^1		$P4/nmm$	D_{4h}^7
	$I\bar{4}$	S_4^2		$P4/ncc$	D_{4v}^8
4/m $C4_h$	$P4/m$	C_{4h}^1		$P4_2/mmc$	D_{4v}^9
	$P4_2/m$	C_{4h}^2		$P4_2/mcm$	D_{4v}^{10}
	$P4/n$	C_{4h}^3		$P4_2/nbc$	D_{4v}^{11}
	$P4_2/n$	C_{4h}^4		$P4_2/nnm$	D_{4v}^{12}
	$I4/m$	C_{4h}^5		$P4_2/mbc$	D_{4h}^{13}
	$I4_1/a$	C_{4h}^6		$P4_2/mmm$	D_{4h}^{14}
422 D_4	$P422$	D_4^1		$P4_2/nmc$	D_{4h}^{15}
	$P42_12$	D_4^2		$P4_2/ncm$	D_{4h}^{16}
	$P4_122$	D_4^3		$I4/mmm$	D_{4h}^{17}
	$P4_12_12$	D_4^4		$I4/mcm$	D_{4h}^{18}
	$P4_222$	D_4^5		$I4_1/amd$	D_{4h}^{19}
	$P4_22_12$	D_4^6		$I4_1/acd$	D_{4h}^{20}
	$P4_322$	D_4^7	3 C_3	$P3$	C_3^1
	$P4_32_12$	D_4^8		$P3_1$	C_3^2
	$I422$	D_4^9		$P3_2$	C_3^3
	$I4_122$	D_4^{10}		$R3$	C_3^4
4mm C_{4v}	$P4mm$	C_{4v}^1	$\bar{3}$ C_{3i}	$P\bar{3}$	C_{3i}^1
	$P4bm$	C_{4v}^2		$R\bar{3}$	D_{3i}^2
	$P4_2cm$	C_{4v}^3	32 D_3	$P312$	D_3^1
	$P4_2nm$	C_{4v}^4		$P321$	D_3^2
	$P4cc$	C_{4v}^5		$P3_112$	D_3^3
	$P4nc$	C_{4v}^6		$P3_121$	D_3^4
	$P4_2mc$	C_{4v}^7		$P3_212$	D_3^5
	$P4_2bc$	C_{4v}^8		$P3_221$	D_3^6
	$I4mm$	C_{4v}^9		$R32$	D_3^7
	$I4cm$	C_{4v}^{10}	C_{3v}^3 D_{3v}	$P31m$	C_{3v}^1
	$I4_1md$	C_{4v}^{11}		$3m$	C_{3v}^2
	$I4_1cd$	C_{4v}^{12}		$P31c$	$P3c1$
42m D_2d	$P\bar{4}2m$	D_{2d}^1		$R3m$	C_{3v}^4
	$P\bar{4}2c$	D_{2d}^2		$R3c$	C_{3v}^5
	$P\bar{4}2_1m$	D_{2d}^3		$P\bar{3}1m$	C_{3v}^6
	$P\bar{4}2_1c$	D_{2d}^4			
	$P\bar{4}m2$	D_{2d}^5			
	$P\bar{4}c2$	D_{2d}^6			
	$P\bar{4}b2$	D_{2d}^7			
	$P\bar{4}n2$	D_{2d}^8			
	$I\bar{4}m2$	D_{2d}^9			
	$I\bar{4}c2$	D_{2d}^{10}			
	$I\bar{4}2m$	D_{2d}^{11}			
	$I\bar{4}2d$	D_{2d}^{12}			

对称性	空间群		对称性	空间群	
	国际符号	圣佛利斯符号		国际符号	圣佛利斯符号
$\bar{3}m$ D_{3d}	$P\bar{3}1c$	D_{3d}^1	23 T	$P23$	T^1
	$P\bar{3}m1$	D_{3d}^2		$F23$	T^2
	$P\bar{3}c1$	D_{3d}^3		$I23$	T^3
	$R\bar{3}m$	D_{3d}^4		$P2_13$	T^4
	$R\bar{3}c$	D_{3d}^5		$I2_13$	T^5
		D_{6d}^6	$m3$ T_h	$Pm3$	T_h^1
6 C_6 $\bar{6}$ C_{3h}	$P6$	D_6^1		$Pn3$	T_h^2
	$P6_1$	D_6^2		$Fm3$	T_h^3
	$P6_5$	D_6^3		$Fd3$	T_h^4
	$P6_2$	D_6^4		$Im3$	T_h^5
	$P6_4$	C_6^5		$Pa3$	T_h^6
	$P6_3$	C_6^6		$Ia3$	T_h^7
	$P\bar{6}$	C_{3h}^1	432 O	$P432$	O^1
$6/m$ C_{6h}	$P6/m$	C_{6h}^1		$P4_232$	O^2
	$P6_3/m$	C_{6h}^2		$F432$	O^3
622 D_6	$P622$	D_6^1		$F4_132$	O^4
	$P6_122$	D_6^2		$I432$	O^5
	$P6_522$	D_6^3		$I4_332$	O^6
	$P6_222$	D_6^4		$P4_132$	O^7
	$P6_422$	D_6^5		$I4_132$	O^8
	$P6_322$	D_6^6	$\bar{4}3m$ T_d	$P43m$	T_d^1
$6mm$ C_{6v} $6mm$ C_{6v}	$P6mm$	C_{6v}^1		$F43m$	T_d^2
	$P6cc$	C_{6v}^2		$I43m$	T_d^3
	$P6_3cm$	C_{6v}^3		$P43n$	T_d^4
	$P6_3mc$	C_{6v}^3		$F43c$	T_d^5
$\bar{6}m2$ D_{3h}	$P\bar{6}m2$	D_{3h}^1		$I43d$	T_d^6
	$P\bar{6}c2$	D_{3h}^2	$m3m$ O_h	$Pm3m$	O_h^1
	$P\bar{6}2m$	D_{3h}^3		$Pn3n$	O_h^2
	$P\bar{6}2c$	D_{3h}^4		$Pm3n$	O_h^3
$6/mmm$ D_{6h}	$P6/mmm$	D_{6h}^1		$pn3m$	O_h^4
	$P6/mcc$	D_{6h}^2		$Fm3m$	O_h^5
	$P6_3/mcm$	D_{6h}^2		$Fm3c$	O_h^6
	$P6_3/mmc$	D_{6h}^4		$Fd3m$	O_h^7
				$Fd3c$	O_h^8
				$Im3m$	O_h^9
				$Ia3d$	O_h^{10}

附录3 哥希密特及鲍林离子半径值（配位数6）

离子	离子半径（×10⁻¹）（nm）		离子	离子半径（×10⁻¹）（nm）	
	哥希密特	鲍林		哥希密特	鲍林
Li^+	0.78	0.60	Br^+	1.96	1.95
Na^+	0.98	0.95	I^+	2.20	2.16
K^+	1.33	1.33	Cu^+	—	0.96
Rb^+	1.49	1.48	Ag^+	1.13	1.26
Cs^+	1.65	1.69	Au^+	—	1.37
Be^+	0.34	0.31	Zn^{2+}	0.83	0.74
Mg^{2+}	0.78	0.65	Cd^{2+}	1.03	0.94
Ca^{2+}	1.06	0.99	Hg^{2+}	1.12	1.10
Sr^{2+}	1.27	1.31	Se^{3+}	0.83	0.81
Ba^{2+}	1.43	1.35	Y^{3+}	1.06	0.93
B^{3+}	—	0.20	La^{3+}	1.22	1.15
Al^{3+}	0.57	0.50	Ce^{3+}	1.18	—
Ga^{3+}	0.62	0.62	Ce_a^{4+}	1.02	1.01
C^{4+}	0.20	0.15	Ti^{4+}	0.64	0.68
Si^{4+}	0.39	0.41	Zr^{4+}	0.87	0.80
Ge^{4+}	0.44	0.53	Hf^{4+}	0.84	—
Sn^{4+}	0.74	0.71	Th^{4+}	1.10	1.02
Pb^{4+}	0.84	0.84	V^{5+}	0.40	0.59
Pb^{2+}	1.32	1.21	Nb^{5+}	0.69	0.70
N^{5+}	0.15	0.11	Ta^{5+}	0.68	—
P^{5+}	0.35	0.34	Cr^{3+}	0.64	—
As^{5+}	—	0.47	Cr^{6+}	0.35	0.52
Sb^{3+}	—	0.62	Mo^{6+}	—	0.62
Bi^{3+}	—	0.74	W^{6+}	—	0.62
O^{2-}	1.32	1.40	U^{4+}	1.05	0.97
S^{2-}	1.74	1.84	Mn^{2+}	0.91	0.80
S^{2-}	0.34	0.29	Mn^{4+}	0.52	0.50
Se^{2-}	1.91	1.98	Mn^{7+}	—	0.46
Se^{6+}	0.35	0.42	Fe^{2+}	0.82	0.80
Te^{2-}	2.11	2.21	Fe^{3-}	0.67	—
F^-	1.33	1.36	Co^{2+}	0.82	0.72
Cl^-	1.81	1.81	Ni^{2-}	0.78	0.69

附录4 肖纳和泼莱威脱离子半径

离子	配位数	半径（nm）	离子	配位数	半径（nm）	离子	配位数	半径（nm）
Ac^{3+}	6	0.112	Be^{2+}	3	0.016	CP^+	6	0.095
				4	0.027	Cf^+	6	0.082
Ag^+	2	0.067		6	0.045		8	0.092
	4	0.100	Bi^{3+}	5	0.096	Cl^-	6	0.181
	4 (Sq)	0.102		6	0.103	Cl^{5+}	3 (Py)	0.012
	5	0.109		8	0.117	Cl^{2+}	4	0.008
	6	0.115	Bi^{5+}	6	0.076		6	0.027
	7	0.122	Bk^{5+}	6	0.096	Cm^{3+}	6	0.097
	8	0.128	Bk^{4+}	6	0.083	Cm^{4+}	6	0.085
Ag^{2+}	4 (Sq)	0.079		8	0.093		8	0.095
	6	0.094	Br^+	6	0.196	Co^{2+}	4 (HS)	0.058
Ag^{3+}	4 (Sq)	0.067	Br^{3+}	4 (Sq)	0.059		5	0.067
	6	0.075	Br^{5+}	3 (Py)	0.031		6 (LS)	0.065
Ag^{3+}	4	0.039	Br^{7+}	4	0.025		6 (HS)	0.075
	5	0.048		6	0.039		8	0.090
	6	0.054	C^{4+}	3	−0.008	Co^{3+}	6 (LS)	0.055
Am^{2+}	7	0.121		4	0.015		6 (HS)	0.061
	8	0.126		6	0.016	Co^{4+}	4	0.040
	9	0.131	Ca^{2+}	6	0.100		6 (HS)	0.053
Am^{3+}	6	0.098		7	0.106	Cr^{2+}	6 (LS)	0.073
	8	0.109		8	0.112		6 (HS)	0.080
Am^{4+}	6	0.085		9	0.118	Cr^{3+}	6	0.062
	8	0.095		10	0.123	Cr^{4+}	4	0.041
As^{3+}	6	0.058		12	0.134		6	0.055
As^{5+}	4	0.034	Cd^{2+}	4	0.078	Cr^{5+}	4	0.035
	6	0.046		5	0.087		6	0.049
At^{7+}	6	0.062		6	0.095		8	0.057
Au^+	6	0.137		7	0.103	Cr^{6+}	4	0.026
Au^{3+}	4 (Sq)	0.068		8	0.125		6	0.044
	6	0.085		9	0.130	Cs^+	6	0.167
Au^{5+}	6	0.057		10	0.135		8	0.174
B^{3+}	3	0.001	Ce^{3+}	8	0.110		9	0.178
	4	0.011		12	0.131		10	0.181
	6	0.027		6	0.101		11	0.185
Ba^{2+}	6	0.135		7	0.107		12	0.188
	7	0.138		8	0.114	Cu^+	2	0.046
	8	0.142	Ce^{3+}	9	0.120		4	0.060
	9	0.147		10	0.125		6	0.077
	10	0.152		12	0.134	Cu^{2+}	4	0.057
	11	0.157	Ce^{4+}	6	0.087			
	12	0.161		8	0.097			
				10	0.107			
				12	0.114			

续表

离子	配位数	半径(nm)	离子	配位数	半径(nm)	离子	配位数	半径(nm)
Cu^{2+}	4(Sq)	0.057	Ge^{2+}	6	0.073	Mg^{2+}	4	0.057
	5	0.065	Ge^{4+}	4	0.039		5	0.066
	6	0.073		6	0.053		6	0.072
Cu^{3+}	6(LS)	0.054	H^+	1	-0.038		8	0.089
D^+	2	-0.010		2	-0.018	Mn^{2+}	4(HS)	0.066
Dy^{2+}	6	0.107	Hf^{4+}	4	0.058		5(HS)	0.075
	7	0.113		6	0.071		6(LS)	0.067
	8	0.119		7	0.076		6(HS)	0.083
Dy^{3+}	6	0.019		8	0.083		7(HS)	0.090
	7	0.097	Hg^+	3	0.097		8	0.096
	8	0.103		6	0.119	Mn^{3+}	5	0.058
	9	0.108	Hg^{2+}	2	0.069		6(LS)	0.058
Er^{3+}	6	0.189		4	0.096		6(HS)	0.065
	7	0.095		6	0.102	Mn^{4+}	4	0.039
	8	0.100		8	0.114		6	0.053
	9	0.106	Ho^{3+}	6	0.090	Mn^{5+}	4	0.033
Eu^{2+}	6	0.117		8	0.102	Mn^{6+}	4	0.026
	7	0.102		9	0.107	Mn^{7+}	4	0.025
	8	0.125		10	0.112		6	0.046
	9	0.130	I^-	6	0.220	Mo^{3+}	6	0.069
	10	0.135	I^{5-}	3(Py)	0.044	Mo^{4+}	6	0.065
Eu^{3+}	6	0.095		6	0.095	Mo^{5+}	4	0.046
	7	0.101	I^{7+}	4	0.042		6	0.061
	8	0.107		6	0.053	Mo^{6+}	4	0.041
	9	0.112	In^{3+}	4	0.062		5	0.050
F^+	2	0.129		6	0.080		6	0.059
	3	0.130		8	0.092		7	0.073
	4	0.131	Ir^{3+}	6	0.068	N^{3+}	4	0.146
	6	0.133	Ir^{4+}	6	0.063		6	0.016
F^{7+}	6	0.008	Ir^{5+}	6	0.057	N^{5+}	3	-0.010
Fe^{2+}	4(HS)	0.063	K^+	4	0.137		6	0.013
	4(Sq,HS)	0.064		6	0.138	Na^+	4	0.099
	6(LS)	0.061		7	0.146		5	0.100
	6(HS)	0.078		8	0.151		6	0.102
	8(HS)	0.092		9	0.155		7	0.112
Fe^{3+}	4(HS)	0.049		10	0.159		8	0.118
	5	0.058		12	0.164		9	0.124
	6(LS)	0.055	La^{3+}	6	0.103		12	0.139
	6(HS)	0.065		7	0.110	Nb^{3+}	6	0.072
	8(HS)	0.078		8	0.116	Nb^{4+}	6	0.068
Fe^{4+}	6	0.059		9	0.122		8	0.079
Fe^{3+}	4	0.025		10	0.127	Nb^{5+}	4	0.048
Fr^+	6	0.180		12	0.136		6	0.064
Ga^{3+}	4	0.047	Li^+	4	0.059		7	0.069
	5	0.055		6	0.076		8	0.074
	6	0.062		8	0.092			
Gd^{3+}	6	0.094	Lu^{3+}	6	0.086			
	7	0.100		8	0.098			
	8	0.105		9	0.103			
	9	0.111						

离子	配位数	半径(nm)	离子	配位数	半径(nm)	离子	配位数	半径(nm)
Nd^{2+}	8	0.129		8	0.129	Rh^{3+}	6	0.067
	9	0.135		9	0.135	Rh^{4+}	6	0.060
Nd^{3+}	6	0.098	Pb^{2+}	10	0.140	Rh^{5+}	6	0.055
	8	0.111		11	0.145	Ru^{3+}	6	0.068
	9	0.116		12	0.149	Ru^{4+}	6	0.062
	12	0.127		4	0.065	Ru^{5+}	6	0.057
Ni^{2+}	4	0.055	Pb^{4+}	5	0.073	Ru^{7+}	6	0.038
	4(Sq)	0.049		6	0.078	Ru^{8+}	4	0.036
	5	0.063		8	0.094	S^{2-}	6	0.184
	6	0.069	Pd^{+}	2	0.059	S^{4+}	6	0.037
Ni^{3+}	6(LS)	0.056	Pd^{2+}	4(Sq)	0.064	S^{6+}	4	0.012
	6(HS)	0.060		6	0.086		6	0.029
Ni^{4+}	6(LS)	0.048	Pd^{3+}	6	0.076		4(Py)	0.076
No^{2+}	6	0.110	Pd^{4+}	6	0.062	Sb^{3+}	5	0.080
Np^{2+}	6	0.110		6	0.097		6	0.076
Np^{3+}	6	0.101	Pm^{3+}	8	0.109	Sb^{5+}	6	0.060
Np^{4+}	6	0.087		9	0.114	Sc^{3+}	6	0.070
	8	0.098	Po^{4+}	6	0.094		8	0.087
Np^{5+}	6	0.075		8	0.108	Se^{2-}	6	0.198
Np^{6+}	6	0.072	Po^{6+}	6	0.067	Se^{4+}	6	0.050
Np^{7+}	6	0.071		6	0.099	Se^{6+}	4	0.028
	2	0.135	Pr^{3+}	8	0.113		6	0.042
	3	0.136		9	0.118	Si^{4+}	4	0.026
O^{2-}	4	0.138	Pr^{4+}	6	0.085		6	0.040
	6	0.140		8	0.096		7	0.122
	8	0.142	Pt^{2+}	4(Sq)	0.060	Sm^{2+}	8	0.127
	2	0.132		6	0.080		9	0.132
OH^{-}	3	0.134	Pt^{4+}	6	0.063		6	0.096
	4	0.135	Pt^{5+}	6	0.057		7	0.102
	6	0.137	Pu^{3+}	6	0.100	Sm^{3+}	8	0.108
Os^{4+}	6	0.063	Pu^{4+}	6	0.086		9	0.113
Os^{5+}	6	0.058		8	0.096		12	0.124
Os^{6+}	5	0.049	Pu^{5+}	6	0.074		4	0.055
	6	0.055	Pu^{6+}	6	0.071		5	0.062
Os^{7+}	6	0.053	Ra^{2+}	8	0.148	Sn^{4+}	6	0.069
Os^{8+}	4	0.039		12	0.170		7	0.075
P^{3+}	6	0.044		6	0.152		8	0.081
P^{5+}	4	0.017		7	0.156		6	0.118
	5	0.029		8	0.161		7	0.121
	6	0.039	Rb^{+}	9	0.163	Sr^{2+}	8	0.126
Pa^{3+}	6	0.104		10	0.166		9	0.131
Pa^{4+}	6	0.090		11	0.169		10	0.136
	8	0.101		12	0.172		12	0.144
Pa^{5+}	6	0.078		14	0.183	Ta^{3+}	6	0.072
	8	0.091	Re^{4+}	6	0.063	Ta^{4+}	6	0.068
	9	0.095	Re^{5+}	6	0.058		6	0.064
	4(Py)	0.098	Re^{6+}	6	0.055	Ta^{5+}	7	0.069
Pb^{2+}	6	0.119	Re^{7+}	4	0.038		8	0.074
	7	0.123		6	0.053			

续表

离子	配位数	半径(nm)
Tb³⁺	6	0.092
	7	0.098
	8	0.104
	9	0.110
Tb⁴⁺	6	0.076
	8	0.088
Tc⁴⁺	6	0.065
Tc⁵⁺	6	0.060
Tc⁷⁺	4	0.037
	6	0.056
Te²⁻	6	0.221
Te⁴⁺	3	0.052
	4	0.066
	6	0.097
Te⁶⁺	4	0.043
	6	0.056
Th⁴⁺	6	0.094
	8	0.105
	9	0.109
	10	0.113
	11	0.118
	12	0.121
Ti²⁺	6	0.086
Ti³⁺	6	0.067
Ti⁴⁺	4	0.042
	5	0.051
	6	0.061
	8	0.074
Tl⁺	6	0.150

离子	配位数	半径(nm)
Tl⁺	8	0.159
	12	0.170
Tl³⁺	4	0.075
	6	0.089
	8	0.098
Tm²⁺	6	0.103
Tm³⁺	7	0.109
	6	0.088
	8	0.099
U³⁺	9	0.105
U⁴⁺	6	0.103
	6	0.089
	7	0.095
	8	0.100
	9	0.105
	12	0.117
U⁵⁺	6	0.076
	7	0.084
U⁶⁺	2	0.045
	4	0.052
	6	0.073
	7	0.081
	8	0.086
V²⁺	6	0.079
V³⁺	6	0.064
V⁴⁺	5	0.053
	6	0.058
	8	0.072
V⁵⁺	4	0.036

离子	配位数	半径(nm)
V⁵⁺	5	0.046
	6	0.054
W⁴⁺	6	0.066
W⁵⁺	6	0.062
W⁶⁺	4	0.042
	5	0.051
	6	0.060
Xe⁸⁺	4	0.040
	6	0.048
Y³⁺	6	0.090
	7	0.096
	8	0.102
	9	0.108
Yb²⁺	6	0.102
	7	0.108
	8	0.114
Yb⁶⁺	6	0.087
	7	0.093
	8	0.099
	9	0.104
Zn²⁺	4	0.060
	5	0.068
	6	0.074
	8	0.090
Zr⁴⁺	4	0.059
	5	0.066
	6	0.072
	7	0.078
	8	0.084
	9	0.089

注：Sq 为平面正方形配位；Py 为锥状配位；HS 为高自旋态；LS 为低自旋态。

附录 5　无机物热力学性质数据

Ⅰ. 计算式：

1. $C_P = a_1 + b_1 T + c_1 T^{-2} + d_1 T^2 + e_1 T^{-3}$ [J/(K·mol)]

2. $H_T^0 - H_{2q8}^0 = a_2 T + b_2 T^2 + c_2 T^{-1} + d_2 T^3 + e_2 T^{-2} + f_2$ (J/mol)

3. $S_T^0 = a_3 \ln T + b_3 T + c_3 t^{-2} + d_3 T^2 + d_3 T^2 + e_3 T^{-3} + f_3$ [J/(K·mol)]

$$\Phi_T' = -\frac{G_T^0 - H_{298}^0}{T} = -\frac{H_T^0 - H_{298}^0}{T} + S_T^0 \ [J/(K \cdot mol)]$$

Ⅱ. 数据表：

物质	性质	a	$b \times 10^3$	$c \times 10^{-5}$	$d \times 10^6$	$e \times 10^{-3}$	f	
氧化铝 Al_2O_3	C_P 固(α)	114.35	12.81	−35.42	0	0	298~1800K	$T_{tr}=1273K$ $T_M=2303K$
	固(γ)	106.22	17.79	−28.55	0	0	298~1800K	
	液	144.32	0	0	0	0	1600~3500K	
	$H_T^0 - H_{293}^0$	114.35	6.41	35.46	0	0	−46687	ΔH_{298}^0 · 生成= −1674.72 (kJ/mol)
		106.22	8.88	28.55	0	0	−17848	
		144.32	0	0	0	0	51305	
	S_T^0	115.05	12.81	17.71	0	0	626.97	
		106.68	17.79	14.28	0	0	557.47	
		144.95	0	0	0	0	756.18	
莫来石 （富铝红柱石） $3Al_2O_3 \cdot 2SiO_2$	C_P 固	453.3	105.6	−140.5	−23.4	0	298~2000K	ΔH_{298}^0 · 生成= −6780 (kJ/mol)
	$H_T^0 - H_{293}^0$	453.3	52.8	140.5	−7.8	0	−186702	
	S_T^0	453.3	105.6	70.2	−11.7	0	−2417	
一氧化碳 CO	C 气	119.0	4.1	−0.5	0	0	298~2500K	ΔH_{298}^0 · 生成= −111
	$H_T^0 - H_{298}^0$	119.0	2.1	0.5	0	0	−8890	
	S_T^0	119.0	4.1	0.2	0	0	34.3	
二氧化碳 CO_2	C_P 气	44.2	9.0	−8.6	0	0	298~2500K	ΔH_{298}^0 · 生成= 394
	$H_T^0 - H_{298}^0$	44.2	4.5	8.6	0	0	−16425	
	S_T^0	44.2	9.0	4.3	0	0	−45.3	
氧化钙 CaO	C_P 固	49.7	4.5	−7.0	0	0	298~2888K	$T_M=2888K$
	液	62.8	0	0	0	0		
	$H_T^0 - H_{298}^0$	49.7	2.3	7.0	0	0	−17325	$(\Delta H_{298}^0 \cdot$ 生成) 固 = −635
		62.8	0	0	0	0	43346	
	S_T^0	49.7	4.5	3.48	0	0	−248.3	
		62.8	0	0	0	0	−312.5	

物质	性质	a	$b\times10^3$	$c\times10^{-5}$	$d\times10^6$	$e\times10^{-3}$	f	
氢氧化钙 $Ca(OH)_2$	C_P固	105.3	11.9	−19.0	0	0	298~1000K	$\Delta H^0_{298}\cdot$生成= −987
	$H^0_T-H^0_{298}$	105.3	6.0	19.0	0	0	−38280	
	S^0_T	105.3	11.9	9.5	0	0	−530.9	
硫酸钙 $CaSO_4$	C_P固	70.3	98.8	0	0	0	298~1400K	$\Delta H^0_{298}\cdot$生成= −1434
	$H^0_T-H^0_{298}$	70.3	49.4	0	0	0	−25318	
	S^0_T	70.3	98.8	0	0	0	−322.9	
半水硫酸钙 $CaSO_4\cdot\frac{1}{2}H_2O$	C_P固	108.0	98.8	0	0	0	298~1000K	$\Delta H^0_{298}\cdot$生成= −1576
	$H^0_T-H^0_{298}$	108.0	49.4	0	0	0	−36559	
	S^0_T	108.0	98.8	0	0	0	−514.0	
二水硫酸钙 $CaSO_4\cdot2H_2O$	C_P固	221.2	98.8	0	0	0	298~1000K	$\Delta H^0_{298}\cdot$生成= −2023
	$H^0_T-H^0_{298}$	221.2	49.4	0	0	0	−70309	
	S^0_T	221.2	98.8	0	0	0	−109.6	
碳酸钙 $CaCO_3$	C_P固(α)	104.6	21.9	−26.0	0	0	298~1200K	$T_{tr}=323K$
	(方解石)固(β)	104.6	21.9	−26.0	0	0	298~1200K	
	$H^0_T-H^0_{298}$	104.6	11.0	26.0	0	0	−40846	($\Delta H^0_{298}\cdot$生成)
		104.6	11.0	26.0	0	0	−40658	$\alpha=-1208$
	S^0_T	104.6	21.9	13.0	0	0	−528.2	
		104.6	21.9	13.0	0	0	−527.6	
白云石 $Ca\cdot Mg(CO_3)_2$	C_P固	156.3	80.6	−21.6	0	0		$\Delta H^0_{298}\cdot$生成= −2328
	$H^0_T-H^0_{298}$	156.3	40.3	21.6	0	0	−57397	
	S^0_T	156.3	80.6	10.8	0	0	−808.5	
硅灰石 $CaO\cdot SiO_2$	C_P固(β)	111.5	15.1	−27.3	0	0	298~1463K	$T_{tr}=1463K$ $T_M=1813K$
	固(α)	108.2	16.5	−23.7	0	0	298~1700K	
	液	150.7	0	0	0	0	1813~3000K	
	$H^0_T-H^0_{293}$	111.5	7.5	27.3	0	0	−43057	
		108.2	8.3	23.7	0	0	−32372	
		150.7	0	0	0	0	−24903	($\Delta H^0_{298}\cdot$生成)
	S^0_T	109.9	15.1	13.7	0	0	−573.2	$\beta=-1585$
		108.2	16.5	11.8	0	0	−546.3	
		150.7	0	0	0	0	−809.3	
硅酸二钙 $2CaO\cdot SiO_2$	C_P固(γ)	113.7	82.1	0	0	0	298~948K	$T_{trl}=948K$
	固(β)	146.0	40.8	−26.2	0	0	298~1800K	$T_{tr}=1693K$
	固(α)	134.7	46.1	0	0	0	1000~1500K	$T_M=2403K$

物质	性质	a	$b\times10^3$	$c\times10^{-5}$	$d\times10^6$	$e\times10^{-3}$	f	
硅酸二钙 $2CaO\cdot SiO_2$	$H_T^0-H_{298}^0$	113.7	41.0	0	0	0	−37526	($\Delta H_{298}^0\cdot$生成) $\gamma=-2257$
		146.0	20.4	26.2	0	0	−47897	
		134.7	23.1	0	0	0	−31627	
	S	113.7	82.1	0	0	0	−551.7	
		146.0	40.8	13.1	0	0	−730.6	
		134.7	46.1	0	0	0	653.3	
硅酸三钙 $3CaO\cdot SiO_2$	C_P固	208.7	36.1	−42.5	0	0	298~1800K	$\Delta H_{298}^0\cdot$生成= −2881
	$H_T^0-H_{298}^0$	208.7	18.1	42.5	0	0	−78055	
	S_T^0	208.7	36.1	21.2	0	0	−1055	
二硅酸三钙 $3CaO\cdot2SiO_2$	C_P固	267.9	37.9	−69.5	0	0		$\Delta H_{298}^0\cdot$生成= −3828
	$H_T^0-H_{298}^0$	267.9	18.9	69.5	0	0	−104850	
	S_T^0	267.9	37.9	34.8	0	0	−1366	
水(汽) H_2O	C_P气	30.0	10.7	0.34	0	0	298~2500K	$\Delta H_{298}^0\cdot$生成= −243
	$H_T^0-H_{298}^0$	30.0	5.4	−0.34	0	0	−9307	
	S_T^0	30.0	10.7	0.17	0	0	14.8	
钾长石 $K(AlSi_2O_3)$	C_P固	267.2	50.6	−71.4	0	0		$\Delta H_{298}^0\cdot$生成= −3802 (kJ/mol)
	$H_T^0-H_{298}^0$	267.2	27.0	71.4	0	0	−105985	
	S_T^0	267.2	50.6	35.7	0	0	−1316	
碳酸镁 $MgCO_3$	C_P固(分解)	78.0	57.8	−17.4	0	0	298~750K	$\Delta H_{298}^0\cdot$生成= −1097
	$H_T^0-H_{298}^0$	78.0	28.9	17.4	0	0	−31631	
	S_T^0	78.0	57.8	8.7	0	0	−405.4	
顽火辉石 $MgO\cdot SiO_2$	C_p固(α_1)	92.3	32.9	−17.9	0	0	298~903K	$T_{tr1}=903K$
	固(α_2)	120.4	0	0	0	0	903~1258K	$T_{tr2}=1258K$
	固(α_3)	122.5	0	0	0	0	1258~1850K	$T_M=1850K$
	液	146.5	0	0	0	0	1850~3000K	
		92.3	16.5	17.9	0	0	−34993	
		120.4	0	0	0	0	−44267	
		122.5	0	0	0	0	−45268	($\Delta H_{298}^0\cdot$生成)
		146.5	0	0	0	0	−14365	$\alpha_1=-1550$
		92.3	32.9	8.9	0	0	−478.0	
		120.4	0	0	0	0	−637.8	
		122.5	0	0	0	0	−651.5	
		146.5	0	0	0	0	−791.6	
镁橄榄石 $2MgO\cdot SiO_2$	C_p固	154.0	23.66	38.5	0	0	298~2171K	$T_M=2171K$
	液	205.2	0	0	0	0	2171~3000K	
	$H_T^0-H_{298}^0$	154.0	11.81	38.5	0	0	−59871	($\Delta H_{298}^0\cdot$生成) 固=−2178
		205.2	0	0	0	0	−42165	
	S_T^0	154.0	23.7	19.3	0	0	−811.0	
		205.2	0	0	0	0	−1119	

物质	性质	a	$b\times10^3$	$c\times10^{-5}$	$d\times10^6$	$e\times10^{-3}$	f	
氧化镁 MgO	C_P固	49.0	3.1	−11.4	0	0	298～3098K	$T_M=3098$K
	液	60.7	0	0	0	0	3098～3533K	
	$H_T^0-H_{298}^0$	49.0	1.6	11.4	0	0	−18568	$(\Delta H_{298}^0\cdot$生成$)$
		60.7	0	0	0	0	37999	固$=-601.6$
	S_T^0	49.0	3.1	5.7	0	0	−259.4	
		60.7	0	0	0	0	−319.0	
氢氧化镁 Mg(OH)$_2$	C_P固	47.0	104.0	0	0	0	298～541K	$(\Delta H_{298}^0\cdot$生成$)=$ -925.3
	$H_T^0-H_{298}^0$	47.0	51.5	0	0	0	−18577	
	S_T^0	47.0	104.0	0	0	0	−235.3	
石英 SiO$_2$	C_P固(α)	43.9	38.0	−9.7	0	0	298～847K	$T_{tr}=847$K $T_M=1646\sim$ 1746K
	(β)	59.0	10.1	0	0	0	847～1696K	
	$H_T^0-H_{298}^0$	43.9	19.4	−9.7	0	0	−18054	
		59.0	5.0	0	0	0	−18601	$(\Delta H_{298}^0\cdot$生成$)$
	S_T^0	43.9	38.8	4.8	0	0	−225.7	$\alpha=-911.5$
		59.0	10.1	0	0	0	−301.2	
鳞石英 SiO$_2$	C_P固(α)	13.7	103.8	0	0	0	298～390K	$T_{tr}=390$K
	(β)	57.1	11.1	0	0	0	390～1953K	$T_M=1953$K
	$H_T^0-H_{298}^0$	13.7	51.9	0	0	0	−8688	
		57.1	5.5	0	0	0	−18393	$(\Delta H_{298}^0\cdot$生成$)$
	S_T^0	13.7	103.8	0	0	0	−66.2	$\alpha=-876.7$
		57.1	11.1	0	0	0	−288.6	
方石英 SiO$_2$	C_P固(α)	46.9	31.5	−10.1	0	0	298～543K	$T_{tr}=543$K
	(β)	71.7	1.9	−39.1	0	0	543～1996K	$T_M=1996$K
	液	85.8	0	0	0	0	1996～3000K	
	$H_T^0-H_{298}^0$	46.9	15.7	10.1	0	0	−18761	
		71.7	0.9	39.1	0	0	−31828	
		85.8	0	0	0	0	−44782	$(\Delta H_{298}^0\cdot$生成$)$
	S_T^0	46.9	31.5	5.0	0	0	−238.9	$\alpha=-909.0$
		71.7	1.9	19.5	0	0	−381.1	
		85.8	0	0	0	0	−479.8	
石英玻璃 SiO$_2$	C_P固	56.0	15.4	−14.4	0	0	298～2000K	$\Delta H_{298}^0\cdot$生成$=$ -847.8
	$H_T^0-H_{298}^0$	56.0	7.7	14.4	0	0	−22219	
	S_T^0	56.0	15.4	7.2	0	0	−284.9	

附录6 单位换算和基本物理常数

1. 长度和面积

1 微米(μm)$=10^{-6}$米(m)

1 毫微米(mμ)$=1$ 纳米(nm)$=10^{-9}$米(m)

1 埃(Å)$=10^{-10}$米(m)

1 英尺(ft)$=12$ 英寸(in)$=0.3048$ 米(m)

1 英寸(in)$=25.44$ 毫米(mm)

1 密尔(mil)$=0.02544$ 毫米(mm)

1 平方英尺(ft^2)$=0.09290304$ 米^2(m^2)

1 平方英寸(in^2)$=6.4516$ 厘米^2(cm^2)

2. 质量、力和压力

1 磅(lb)$=0.4536$ 千克(kg)

1 千克力(kgf)$=9.80665$ 牛(N)

1 达因(dyne)$=10^{-5}$牛(N)

1 磅力(lbf)$=0.4536$ 千克力(kgf)

1 磅力(lbf)$=4.44822$ 牛(N)

1 达因/厘米(dyne/cm)$=1$ 毫牛/米(mN/m)

1 巴(bar)$=10^5$ 帕(Pa)或牛/米^2(N/m^2)

1 毫米水柱(mmH$_2$O)$=9.80665$ 帕(Pa)

1 毫米汞柱(mmHg)$=1$ 托(torr)

1 托(torr)$=133.322$ 帕(Pa)

1 大气压(atm)$=101.325$ 千帕(kPa)

1 大气压(atm)$=10^5$ 牛/米^2(N/m^2)

1 磅/英寸^2(psi)$=6.89476$ 千帕(kPa)

3. 能量和功率

1 焦(J)$=10^7$ 尔格(erg)

1 千克·米(kg·m)$=9.80665$ 焦(J)

1 磅·英寸(lb·in)$=0.113$ 焦(J)

1 千瓦·小时(kW·h)$=3.6$ 兆焦(MJ)

1 卡(cal)$=4.1868$ 焦(J)

1 电子伏(eV)$=1.6022\times10^{-19}$焦(J)

用波数表示的电磁波能量(hcλ^{-1})1 厘米$^{-1}$(cm^{-1})$=1.98631\times10^{-23}$焦(J)

用频率表示的电磁波能量(hν)1 赫(Hz)$=0.66256\times10^{-33}$焦(J)

1 英热单位(Btu)$=1.05506$ 千焦(kJ)

1 英热单位(Btu)＝252 卡(cal)

1 千瓦(kW)＝102 千克・米/秒(kg・m/s)

4. 其他单位

自由焓：1 千卡/摩尔＝4.1868×10³ 焦/(摩尔・开)[J/(mol・K)]

熵：1 熵单位(eu)＝4.1868 焦/(摩尔・开)[J/(mol・K)]

比热：1 卡/克(cal/g)＝4.1868 焦/(克・开)[J/(g・K)]

热传热导系数：1 卡/(厘米・秒・开)[cal/(cm・s・K)]＝418.68 焦/(米・秒・开)[J/(m・s・K)]

1 英热单位/(英尺・时・°F)[Bfu/(开・h・°F)]＝1.731 焦/(米・秒・开)[J/(m・s・K)]

电场：1 静电伏特/厘米＝3×10² 伏/米(V/m)

电位移：1 静电库仑/厘米²＝$\frac{1}{12\pi}$×10⁵ 库/米²(C/m²)

介电常数：1 静电法拉/厘米＝$\frac{1}{36\pi}$×10⁹ 法/米(F/m)

极化强度：1 静电库仑/厘米²＝$\frac{1}{3}$ 库/米²(C/m²)

压电常数：1 静电库仑/达因＝1/3 库/牛(C/N)

磁场强度：1 奥斯特(Oc)＝$\frac{1}{4\pi}$×10³ 安/米(A/m)

磁化强度：1 高斯(G)＝10³ 安/米(A/m)

辐射剂量：1 伦琴(R)＝2.58×10⁻⁴ 库/千克(C/kg)

吸收剂量：1 拉德(rad)＝10⁻² 戈(Gy)

5. 基本物理常数

阿伏伽德罗常数(NA)为 6.022×10²³ 摩尔⁻¹(mol⁻¹)

玻尔磁子(μB)为 9.27×10⁻²⁴安・米²(A・m²)

玻兹曼常数(k)为 1.381×10⁻²³焦/开(J/K)

电子的电荷(e)为 −1.602×10⁻¹⁹库(C)

法拉第常数(F)为 9.646×10⁴ 库/摩尔(C/mol)

气体常数(R)为 8.314 焦/(摩尔・开)[J/(mol・K)]

真空磁导率(μ₂)为 4π×10⁻⁷亨/米(H/m)

真空电容率(ε₂)为 8.854×10⁻¹²法/米(F/m)

普朗克常数(h)为 6.626×10⁻³⁴焦・秒(J・s)

普朗克常数/2π(h)为1.055×10⁻³⁴焦・秒(J・s)＝6.582×10⁻¹⁶电子伏・秒(eV・s)

理想气体物质的量体积(标准状态)为 22.41×10⁻³米³/摩尔(m³/mol)

参考文献

[1] 胡庚祥,蔡珣,戎咏华. 材料科学基础[M]. 上海:上海交通大学出版社,2017.

[2] 秦善. 晶体学基础[M]. 北京:北京大学出版社,2021.

[3] 胡志强. 无机材料科学基础教程[M]. 北京:化学工业出版社,2014.

[4] 陶杰,姚正军,薛烽. 材料科学基础[M]. 北京:化学工业出版社,2006.

[5] 曹学强. 热障涂层新材料和新结构[M]. 北京:科学出版社,2016.

[6] 小威廉·卡丽斯特,大卫·来斯威什. 材料科学与工程基础[M]. 郭福,马立民,等译. 北京:化学工业出版社,2021.

[7] 张联盟,黄学辉,宋晓岚. 材料科学基础[M]. 武汉:武汉理工大学出版社,2019.

[8] 廖立兵等. 晶体化学及晶体物理学[M]. 北京:科学出版社,2022.

[9] 刘云圻等. 石墨烯从基础到应用[M]. 北京:化学工业出版社,2018.

[10] 张兴祥,耿宏章. 碳纳米管、石墨烯纤维及薄膜[M]. 北京:科学出版社,2020.

[11] 马铁成. 陶瓷工艺学[M]. 北京:中国轻工业出版社,2016.

[12] 宋晓岚,黄学辉. 无机材料科学基础[M]. 北京:化学工业出版社,2019.

[13] 杨华明,等. 硅酸盐矿物功能材料[M]. 北京:科学出版社,2021.

[14] 张蓓莉. 系统宝石学[M]. 北京:地质出版社,2020.

[15] 冯步云. 点滴凝聚铸人生:冯端传[M]. 南京:南京大学出版社,2012.

[16] 蔡忆宁. 一个大写的人——记冯端院士[J]. 江苏科技信息,2009(11):1-5.

[17] 王进萍. 以有涯之生逐无涯之知[J]. 物理. 2008,37(4),264-270.

[18] Qi Zhu, Qishan Huang, Cao Guang, et al. Metallic nanocrystals with low angle grain boundary for controllable plastic reversibility[J]. Nature Publishing Group. 2020(1),1-8.

[19] 武华君. 稀土光功能陶瓷的制备及其光学性质研究[D]. 长春:中国科学院长春光学精密机械与物理研究所,2020,8.

[20] 魏雅妮. 钛酸锶晶界层电容器陶瓷的烧结性能与介电性能研究[D]. 广州:华南理工大学,2021,5.

[21] CHEN, I-W WANG XH. Sintering dense nanocrystalline ceramics without final-stage grain growth [J]. Nature,2000,404(6774):168-171.

[22] DEHUI WANG, QIANGQIANG SUN, MATTI J. HOKKANEN, et al. Design of robust superhydrophobic surfaces [J]. Nature,2020,582,55-59.

[23] 任雯. ZnO压敏电阻晶界相预合成及微波烧结研究[D]. 西安:西安理工大学,2019.

[24] 广东省科学院周克崧院士荣获全球热喷涂领域最高荣誉奖[EB/OL]. https://new. qq. com/rain/a/20210526A06UID00.

[25] 中国工程院网站人物介绍[EB/OL]. https://ysg. ckcest. cn/html/details/8107/index. html.

[26] 李亮佐. 中国平板玻璃发展的现状和未来[D]. 上海:复旦大学,2004.

[27] 黄晓晨,金效齐,李宗群. 课程思政在《玻璃窑炉》课程教学中的实施探索[J]. 青年与社会,2020,7:130-131.

[28] 王怡洁. 始终心怀"国之大者"科技创新引领建材行业高质量发展[N/OL]. 中国建材报,

2021，001.

［29］ 冯端，师昌绪，刘治国. 材料科学导论［M］. 北京：化学工业出版社，2002.

［30］ 顾宜. 材料科学与工程基础［M］. 北京：化学工业出版社，2002.

［31］ 林营. 无机材料科学基础［M］. 西安：西北工业大学出版社，2020.

［32］ 罗绍华. 无机非金属材料科学基础［M］. 北京：北京大学出版社，2013.

［33］ 陆佩文. 无机材料科学基础［M］. 武汉：武汉理工大学出版社，1996.

［34］ 马爱琼，任耘，段峰. 无机非金属材料科学基础［M］. 2版. 北京：冶金工业出版社，2020.

［35］ 谭划，南博，马伟刚，等. 先进陶瓷材料快速烧结技术发展现状及趋势［J］. 硅酸盐通报，2021，40(9)：3065-3080.

［36］ 兰晓琳，郑红星，张依帆，等. 常压高温固相反应制备 SiC 陶瓷粉体的研究进展［J］. 应用化学，2023，40(4)：476-485.

［37］ 王壮壮，刘桑鑫，后启瑞，等. 简便的两步直接固相反应法制备 N、Se 共掺杂碳限域的 NiSe 纳米晶及其储钠性能［J］. 无机化学学报，2020，36(8)：1524-1534.

［38］ HAOJIE ZHANG, JINGXIAO LUI, FEI SH, et al. Controlling the microstructure and properties of lithium disilicate glass-ceramics by adjusting the content of MgO［J］. Ceramics International，2023，49：216-225.

［39］ 郑树亮，黑恩成. 应用胶体化学［M］. 上海：华东理工大学出版社，1996.

［40］ 章莉娟，郑忠. 胶体与界面化学［M］. 广州：华南理工大学出版社，2006.

［41］ 李文利，周宏志，刘卫卫，等. 光固化 3D 打印陶瓷浆料及流变性研究进展［J］. 材料工程，2022，50(7)：40-50.

［42］ 刘文进，周国相，林坤鹏，等. 基于浆料形态的陶瓷 3D 打印技术的浆料体系研究进展［J］. 硅酸盐通报，2021，40(6)：1918-1926.

［43］ 孙文彬，周婧，段国林. 微流挤出成型 3D 打印氧化锆陶瓷浆料的制备及性能［J］. 硅酸盐学报，2020，48(3)：399-407.

［44］ 王士强，伍权，彭昭勇，等. 可打印硼硅酸盐玻璃陶瓷浆料的制备及其流变性能研究［J］. 电子元件与材料. 2019，38(1)：56-60.

［45］ 中国科协创新战略研究院优质科学领域创作者，全景科学家，他是美国两次都留不住的科学家，为科研注入幽默"元素"［EB/OL］. https：//baijiahao. baidu. com/s? id=1744115193294647901&wfr=spider&for=pc.

［46］ 王承遇. 关于玻璃化学钢化问题的探讨［J］. 玻璃，1982(3)：15-17.

［47］ 乔勇，何峰，张卓恒，等. K_2SiO_3 对钠铝硅系化学钢化玻璃性能的影响［J］. 玻璃，2018(2)：40-46.

［48］ 刘锡宇，何峰，陈七，等. 熔盐 K_2CO_3 含量对超薄玻璃化学钢化性能的影响研究［J］. 硅酸盐通报，2019，38(7)：2314-2320.

［49］ 王承遇，卢琪，陶瑛. 手机玻璃面板化学钢化若干问题的探讨［J］. 玻璃与搪瓷. 2015，43(4)：15-19.

［50］ 单正杰. 齿科用二硅酸锂微晶玻璃的制备研究［D］. 大连：大连工业大学，2018.

［51］ 姜妍彦，刘敬肖，汤华娟. 大连现代科技专家［M］. 大连：辽宁科学技术出版社，2023.

［52］ 郭立，赵永田，石红春，等. 烧结工艺对镁铝尖晶石透明陶瓷物相、显微结构及光学性能的影响［J］. 硅酸盐学报，2022，50(12)：3230-3235.